개정판

편머리 편입수학 선형대수 WORKBOOK

김영편입 컨텐츠평가연구소 지음

김영편입

Preface

자연계 편입학생들을 선발하기 위해 각 대학별로 실시되는 편입수학 시험은 대학 1, 2 학년 과정의 대학수학으로, 기본 개념에 대한 이해와 함께 빠르고 정확한 계산능력이 요구되는 시험입니다. 따라서 어느 시험보다 기본 개념과 기출 유형에 대한 반복 훈련이 중요하다고 할 수 있습니다. 김영 편입이 펴내는 [편머리 Work Book] 시리즈는 편머리 편입수학 기본서 시리즈의 부교재로, 개념설명은 최소화하고 영역별 기초 개념 문제와 함께 기출 유형, 출제 가능성이 높은 유형의 문제를 반복적으로 연습하기 위해 만든 책입니다.

편머리 기본 시리즈와 동일하게 미분법, 적분법, 선형대수, 다변수 미적분, 공학수학 5권으로 구성되며 영역 별, 난이도 별로 문제를 나누어 배치하여 효율적으로 학습할 수 있도록 하였습니다.

[편머리 Work Book] 과 편머리 기본시리즈와 병행을 통해 수험생들은 자신의 수준에 맞는 난이도의 문제를 더욱 폭 넓게 선택할 수 있습니다, 또한 반복적인 문제풀이를 통해 문제해결력 향상 및 풀이 시간의 단축, 효율적인 시간 배분 능력을 기를 수 있습니다.

유형별 반복연습이 필요한 수험생, 풍부한 편입수학 문제가 필요한 수험생, 중간 난이도의 편입수학 문제를 찾는 수험생, 편머리 기본시리즈의 보조교재를 필요로 하는 수험생에게 적극 추천합니다.

김영편입과 함께 목표대학을 향해 거침없이 도약합시다!

학습가이드 | 편머리 Work Book 선형대수

How To Study

선형대수,
이렇게 출제된다.

- 선형대수는 행렬과 벡터를 다루는 과목으로 단독 출제비중은 15%~25% 정도로 그리 높지 않지만 고득점을 위해서는 반드시 마스터해 두어야 하는 과목입니다.
- 행렬 영역에서는 일차연립방정식의 풀이에서 시작되는 행렬의 여러 가지 성질, 즉 행렬식과 계수, 선형계의 해의 존재성과 유일성 등을 묻는 문제들이, 벡터 영역에서는 선형변환과 이의 행렬 표현, 벡터공간과 그 부분공간들에 대한 개념 이해 문제들이 자주 출제되고 있습니다.

편입수학,
필수 학습단계가 있다.

- [1단계] 짧은 시간에 많은 문제를 해결해야하는 편입수학은 시간 배분이 point입니다. 특히 선형대수는 계산이 복잡한 문제보다는 개념을 이해하고 있는지를 묻는 문제들 위주로 출제되므로 개념 파악을 확실히 해두는 것이 중요합니다.
- [2단계] 각각의 개념을 이해하는 것은 물론, 이 개념이 어떻게 유형화되고 문제풀이에 사용되는지 파악하고 유형별로 문제 풀이법을 반복적으로 익혀야 합니다.
- [3단계] 기출문제는 유형을 달리하여 출제되는 경우가 많으므로 영역별 기출문제를 확실 자기 것으로 만들어야합니다.

맞춤교재,
합격의 지름길이다.

- 최신출제경향과 학습의 필수 단계를 모두 파악했다면 이제 실력향상을 위한 맞춤교재를 선택해야 합니다.
- [편머리 선형대수 Work Book] 은 필수 개념, 공식, 출제 빈도가 높았던 유형, 재 출제 가능성이 높은 문제, 최근 기출문제를 topic 별로 실었습니다.
- 어떤 난이도에서도 흔들리지 않는 실력을 만들길 원한다면 편머리 선형대수 기본서와 함께 [편머리 선형대수 Work Book] 을 추천합니다.

편머리 Work Book 선형대수 살펴보기

Zoom In

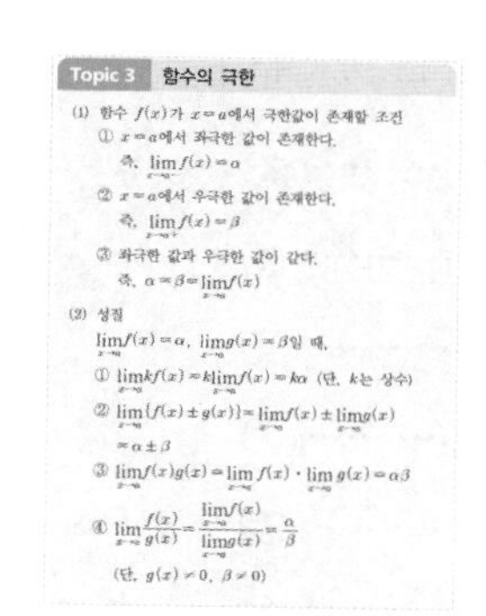
Topic 3 함수의 극한

(1) 함수 $f(x)$가 $x=a$에서 극한값이 존재할 조건
① $x=a$에서 좌극한 값이 존재한다.
즉, $\lim_{x\to a-} f(x)=\alpha$
② $x=a$에서 우극한 값이 존재한다.
즉, $\lim_{x\to a+} f(x)=\beta$
③ 좌극한 값과 우극한 값이 같다.
즉, $\alpha=\beta=\lim_{x\to a} f(x)$

(2) 성질
$\lim_{x\to a} f(x)=\alpha$, $\lim_{x\to a} g(x)=\beta$일 때,
① $\lim_{x\to a} kf(x)=k\lim_{x\to a} f(x)=k\alpha$ (단, k는 상수)
② $\lim_{x\to a}\{f(x)\pm g(x)\}=\lim_{x\to a} f(x)\pm\lim_{x\to a} g(x)=\alpha\pm\beta$
③ $\lim_{x\to a} f(x)g(x)=\lim_{x\to a} f(x)\cdot\lim_{x\to a} g(x)=\alpha\beta$
④ $\lim_{x\to a}\frac{f(x)}{g(x)}=\frac{\lim_{x\to a} f(x)}{\lim_{x\to a} g(x)}=\frac{\alpha}{\beta}$
(단, $g(x)\neq 0$, $\beta\neq 0$)

▶ 주요개념 정리

- 선형대수의 필수적인 개념과 공식을 Topic으로 구분하여 정리하였습니다.

▶ 핵심문제

- Topic별로 대표유형 문제를 개념문제, 기출문제, 변별력 문제 3-step으로 구성하였습니다.
- 문제 간 충분한 간격을 두어 문제풀이 혹은 필요한 개념을 정리할 수 있는 공간을 두었습니다.

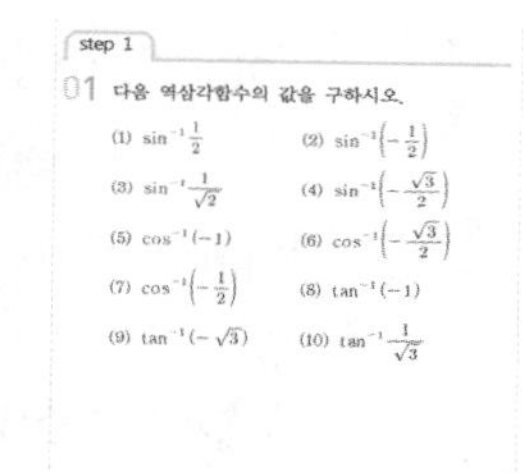
step 1

01 다음 역삼각함수의 값을 구하시오.

(1) $\sin^{-1}\frac{1}{2}$ (2) $\sin^{-1}\left(-\frac{1}{2}\right)$
(3) $\sin^{-1}\frac{1}{\sqrt{2}}$ (4) $\sin^{-1}\left(-\frac{\sqrt{3}}{2}\right)$
(5) $\cos^{-1}(-1)$ (6) $\cos^{-1}\left(-\frac{\sqrt{3}}{2}\right)$
(7) $\cos^{-1}\left(-\frac{1}{2}\right)$ (8) $\tan^{-1}(-1)$
(9) $\tan^{-1}(-\sqrt{3})$ (10) $\tan^{-1}\frac{1}{\sqrt{3}}$

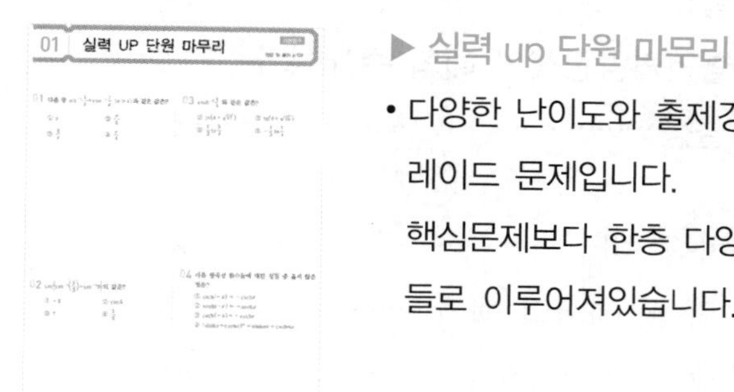
01 실력 UP 단원 마무리

▶ 실력 up 단원 마무리

- 다양한 난이도와 출제경향을 반영한 실력 업그레이드 문제입니다.
  핵심문제보다 한층 다양하고 난이도 있는 문제들로 이루어져있습니다.

▶ 정답 및 풀이

- 하나의 풀이과정이 아니라 여러 가지 풀이과정을 제시하여 하나의 문제를 다양한 개념을 이용하여 해결할 수 있게 하였다.
- 문제 풀이에 필요한 추가적인 개념, 공식 및 Tip을 소개하였습니다.

CONTENTS

01 행렬과 행렬식

02 선형연립방정식과 행렬

03 평면벡터와 공간벡터

CONTENTS

CONTENTS

07 선형변환 (Linear Transformation)

08 내적공간과 이차형식

01 행렬과 행렬식

Topic 1 행렬의 정의
Topic 2 행렬의 연산(1)
Topic 3 행렬의 연산(2)
Topic 4 행렬의 연산(3)
Topic 5 특수행렬
Topic 6 행렬식(determinant)
Topic 7 행렬식의 성질
Topic 8 역행렬(inverse matrix)
Topic 9 역행렬의 성질
Topic 10 기본행변환과 행사다리꼴

01 핵심 문제

Topic 1 행렬의 정의

(1) 행렬의 정의

행렬은 숫자나 문자 또는 함수의 직사각형 배열이다.

$m \times n$행렬을 다음과 같이 정의한다.

$$A = [a_{ij}]_{m \times n} = \begin{bmatrix} a_{11} & a_{12} & \cdots & a_{1n} \\ a_{21} & a_{22} & \cdots & a_{2n} \\ \vdots & \vdots & \ddots & \vdots \\ a_{m1} & a_{m2} & \cdots & a_{mn} \end{bmatrix}$$

$a_{ij}\ (1 \le i \le m,\ 1 \le j \le n)$

: 행렬 A 의 성분 또는 원소

(2) n차 정방행렬 (square matrix)

$$A = [a_{ij}]_{n \times n} = \begin{bmatrix} a_{11} & a_{12} & \cdots & a_{1n} \\ a_{21} & a_{22} & \cdots & a_{2n} \\ \vdots & \vdots & \ddots & \vdots \\ a_{n1} & a_{n2} & \cdots & a_{nn} \end{bmatrix}$$

$a_{11},\ a_{22},\ \cdots,\ a_{nn}$: 주대각원소(main diagonal)

(3) 행렬의 상등

두 행렬 $A=[a_{ij}]_{m \times n}$, $B=[b_{ij}]_{m \times n}$ 에 대해

$A=B \Leftrightarrow a_{ij}=b_{ij}\ \ (1 \le i \le m,\ 1 \le j \le n)$

step 1

01 다음 행렬의 열의 수와 행의 수를 구하고 정방행렬인 것을 말하시오.

(1) $\begin{bmatrix} 1 & 2 & 3 \\ 4 & 5 & 6 \end{bmatrix}$ (2) $\begin{bmatrix} a & b & c \end{bmatrix}$

(3) $\begin{bmatrix} 2 \\ 3 \\ 4 \end{bmatrix}$ (4) $\begin{bmatrix} 1 & 4 \\ 2 & 5 \\ 3 & 6 \end{bmatrix}$

(5) $\begin{bmatrix} x & y \\ z & t \end{bmatrix}$ (6) $\begin{bmatrix} 1 & 0 & 0 & 0 & 0 \\ 0 & 1 & 0 & 0 & 0 \\ 0 & 0 & 1 & 0 & 0 \\ 0 & 0 & 0 & 1 & 0 \\ 0 & 0 & 0 & 0 & 1 \end{bmatrix}$

02 행렬 $\begin{bmatrix} 1 & 3 & 5 \\ 2 & 4 & 6 \end{bmatrix}$에 대하여 다음을 구하시오.

(1) 제1행 (2) 제2행

(3) 제1열 (4) 제2열

(5) 제3열

03 행렬 $[a_{ij}] = \begin{bmatrix} 2 & 4 & 3 \\ 1 & 5 & 7 \\ 6 & 8 & 9 \end{bmatrix} (1 \le i, j \le 3)$에 대하여 다음을 구하시오.

(1) a_{11} (2) a_{21}

(3) a_{32} (4) a_{23}

(5) 주대각원소

step 2

04 행렬의 상등 조건을 이용하여 미지수 x, y의 값을 각각 구하시오.

(1) $\begin{bmatrix} 2 & 1 \\ 3 & x+1 \end{bmatrix} = \begin{bmatrix} 2 & 1 \\ 3 & 5 \end{bmatrix}$

(2) $\begin{bmatrix} 1 & 2 \\ 5 & y+1 \end{bmatrix} = \begin{bmatrix} 1 & 2 & 3 \\ 5 & 4 & 6 \end{bmatrix}$

05 등식 $\begin{bmatrix} 2 & x \\ -3 & y \end{bmatrix} = \begin{bmatrix} z & 3 \\ u & -1 \end{bmatrix}$을 만족하는 실수 x, y, z, u의 곱 $xyzu$의 값을 구하시오.

06 행렬 $A = \begin{bmatrix} 1 & 2 & 0 \\ 4 & 2a-1 & 3 \\ -3 & 7 & -5 \end{bmatrix}$에서 $(3, 1)$성분과 $(2, 2)$ 성분의 합이 0일 때, a의 값을 구하시오.

step 3

07 x, y, z, t의 값을 구하시오.

$$\begin{bmatrix} x+y & 2z+t \\ x-y & z-t \end{bmatrix} = \begin{bmatrix} 3 & 7 \\ 1 & 5 \end{bmatrix}$$

Topic 2 행렬의 연산(1)

(1) 행렬의 덧셈과 뺄셈

두 행렬 $A=(a_{ij})_{m\times n}$, $B=(b_{ij})_{m\times n}$ 에 대하여

$$A \pm B = (a_{ij} \pm b_{ij})_{m\times n} = \begin{bmatrix} a_{11} \pm b_{11} & a_{12} \pm b_{12} & \cdots & a_{1n} \pm b_{1n} \\ a_{21} \pm b_{21} & a_{22} \pm b_{22} & \cdots & a_{2n} \pm b_{2n} \\ \vdots & \vdots & \ddots & \vdots \\ a_{m1} \pm b_{m1} & a_{m2} \pm b_{m2} & \cdots & a_{mn} \pm b_{mn} \end{bmatrix}$$

(2) 행렬의 실수배 (스칼라 곱)

행렬 $A=(a_{ij})_{m\times n}$ 과 임의의 실수 $k \in R$ 에 대하여

$$kA = (ka_{ij})_{m\times n} = \begin{bmatrix} ka_{11} & ka_{12} & \cdots & ka_{1n} \\ ka_{21} & ka_{22} & \cdots & ka_{2n} \\ \vdots & \vdots & \ddots & \vdots \\ ka_{m1} & ka_{m2} & \cdots & ka_{mn} \end{bmatrix}$$

(3) 영행렬(zero matrix)의 정의

모든 성분이 0인 행렬을 영행렬이라 하고 기호 O로 나타낸다.

(4) 행렬의 덧셈과 뺄셈, 실수배의 성질

A, B, C는 모두 $m\times n$ 행렬이고 k, $k' \in R$일 때,

① $A+B=B+A$

② $(A+B)+C=A+(B+C)$

③ $A+O=A$(O는 영행렬)

④ $A+(-A)=O$

⑤ $k(A+B)=kA+kB$

⑥ $(k+l)A=kA+lA$

⑦ $(kl)A=k(lA)$

⑧ $1A=A$

step 1

01 다음 행렬 연산을 계산하시오.

(1) $\begin{bmatrix} 3 & 1 & 4 \\ 2 & 0 & -1 \\ -2 & -1 & 0 \end{bmatrix} + \begin{bmatrix} 0 & -1 & 3 \\ 2 & -9 & 4 \\ 7 & 6 & 1 \end{bmatrix}$

(2) $\begin{bmatrix} 1 & 4 & 6 & 0 & 1 \\ 2 & 0 & -1 & 7 & 9 \end{bmatrix} - \begin{bmatrix} 0 & -1 & 1 & -4 & -7 \\ 1 & 2 & 3 & -7 & -9 \end{bmatrix}$

(3) $4\begin{bmatrix} 3 & 1 \\ 7 & 4 \\ 6 & -4 \end{bmatrix}$

(4) $2\begin{bmatrix} 1 \\ 2 \\ 3 \end{bmatrix} - 4\begin{bmatrix} 3 \\ 2 \\ 1 \end{bmatrix} + 8\begin{bmatrix} 1 \\ 0 \\ 1 \end{bmatrix}$

(5) $2\begin{bmatrix} 3 & 1 & 4 & -1 \\ 2 & 0 & -1 & 2 \end{bmatrix} - 3\begin{bmatrix} 1 & 0 & -1 & 7 \\ -1 & -2 & 0 & -4 \end{bmatrix}$

step 2

02 두 행렬 A, B에 대하여 $C=2A-3B$라 할 때, C의 성분 c_{12}, c_{23}을 구하시오.

(1) $A=\begin{bmatrix} 2 & -3 & -1 \\ 1 & -6 & 0 \end{bmatrix}$, $B=\begin{bmatrix} -4 & 2 & 6 \\ 1 & 3 & -3 \end{bmatrix}$

(2) $A=\begin{bmatrix} 1 & 1 & 1 \\ 2 & -2 & 1 \\ 0 & -4 & 1 \end{bmatrix}$, $B=\begin{bmatrix} 2 & 0 & -5 \\ 0 & 4 & -1 \\ -3 & 0 & 7 \end{bmatrix}$

03 두 행렬

$$A=\begin{bmatrix} 4 & -5 \\ -6 & 9 \end{bmatrix},\ B=\begin{bmatrix} -2 & 6 \\ 8 & -10 \end{bmatrix}$$

에 대하여 다음을 구하시오.

(1) $A+B$

(2) $B-A$

(3) $2A+2B$

step 3

04 두 행렬 $A=\begin{bmatrix} 4 & 1 \\ 6 & 3 \end{bmatrix}$, $B=\begin{bmatrix} 2 & 0 \\ 1 & -1 \end{bmatrix}$에 대하여 $A=2B-X$를 만족시키는 행렬 X를 구하면?

① $\begin{bmatrix} 0 & -1 \\ -4 & -5 \end{bmatrix}$ ② $\begin{bmatrix} 0 & 1 \\ 4 & 5 \end{bmatrix}$

③ $\begin{bmatrix} 6 & 2 \\ 11 & 7 \end{bmatrix}$ ④ $\begin{bmatrix} 6 & 2 \\ -4 & 5 \end{bmatrix}$

Topic 3 행렬의 연산(2)

(1) 행렬의 곱셈

두 행렬 $A=(a_{ij})_{m\times l}$ 와 $B=(b_{ij})_{l\times n}$ 에 대하여

$$AB = C = (c_{ij})_{m\times n} = \begin{bmatrix} c_{11} & c_{12} & \cdots & c_{1n} \\ c_{21} & c_{22} & \cdots & c_{2n} \\ \vdots & \vdots & \ddots & \vdots \\ c_{m1} & c_{m2} & \cdots & c_{mn} \end{bmatrix}$$

(단, $c_{ij} = \sum_{k=1}^{l} a_{ik}b_{kj} = a_{i1}b_{1j} + a_{i2}b_{2j} + \cdots + a_{il}b_{lj}$)

(2) 행렬의 곱셈의 성질

또한, 곱셈이 정의되는 세 행렬 A, B, C 와 임의의 실수 $k \in R$ 에 대하여

① $(AB)C = A(BC)$

② $C(A+B) = CA+CB$,
$(A+B)C = AC+BC$

③ $(kA)B = k(AB) = A(kB)$

④ $AB \neq BA$, $ABC \neq CBA$

⑤ $(A-B)(A+B) \neq A^2-B^2$

⑥ $(A\pm B)^2 \neq A^2 \pm 2AB+B^2$

(3) 단위행렬(항등행렬)

주대각원소가 모두 1이고 나머지 성분은 모두 0인 행렬을 단위행렬이라 하고 기호 I 또는 E로 나타낸다.

$$I_{2\times2} = \begin{bmatrix} 1 & 0 \\ 0 & 1 \end{bmatrix}, \ I_{3\times3} = \begin{bmatrix} 1 & 0 & 0 \\ 0 & 1 & 0 \\ 0 & 0 & 1 \end{bmatrix}$$

A가 $n\times n$ 행렬이고 I가 n차 단위행렬일 때, $AI = IA = A$이다.

(4) 행렬의 거듭제곱

① $A^2 = AA$, $A^3 = A^2A$, $A^4 = A^3A$, $\cdots$, $A^{n+1} = A^nA$

② $A^mA^n = A^{m+n}$, $(A^m)^n = A^{mn}$

③ $I^2 = I$, $I^3 = I$, $\cdots$, $I^n = I$

step 1

01 행렬 A, B, C, D, E의 크기가 다음과 같을 때, 곱셈이 가능한 지를 알아보고 곱 행렬의 크기를 구하시오.

$A: 4\times5$	$B: 4\times5$	$C: 5\times2$
$D: 2\times5$	$E: 5\times4$	$F: 4\times1$

(1) AB　　(2) BC

(3) CD　　(4) DE

(5) EF　　(6) FA

02 다음 행렬의 곱이 성립하도록 행렬 A의 크기를 정하시오.

(1) $\begin{bmatrix} 1 & 3 & 2 & 2 \\ 7 & 8 & 0 & 9 \end{bmatrix} A \begin{bmatrix} 0 \\ 9 \\ 2 \\ 7 \\ 8 \end{bmatrix}$

(2) $\begin{bmatrix} 3 & 7 & 5 \\ 4 & 8 & 1 \\ 9 & 4 & 3 \end{bmatrix} A \begin{bmatrix} 2 & 5 \\ 8 & 4 \end{bmatrix}$

03 다음 곱셈을 계산하시오.

(1) $\begin{bmatrix}1 & 2 & 3\end{bmatrix}\begin{bmatrix}1\\2\\3\end{bmatrix}$

(2) $\begin{bmatrix}6 & -1 & 7 & 5\end{bmatrix}\begin{bmatrix}4\\-9\\-3\\2\end{bmatrix}$

(3) $\begin{bmatrix}1 & 6\\-3 & 5\end{bmatrix}\begin{bmatrix}2\\-7\end{bmatrix}$

(4) $\begin{bmatrix}0 & 1 & 0\\1 & 1 & 0\\0 & 0 & 2\end{bmatrix}\begin{bmatrix}1 & 0\\0 & 1\\1 & 0\end{bmatrix}$

(5) $\begin{bmatrix}1 & 2 & 3\\4 & 5 & 6\\7 & 8 & 9\end{bmatrix}\begin{bmatrix}0 & 0 & 0\\1 & 0 & 0\\0 & 0 & 0\end{bmatrix}$

(6) $\begin{bmatrix}0 & 0 & 0\\1 & 0 & 0\\0 & 0 & 0\end{bmatrix}\begin{bmatrix}1 & 2 & 3\\4 & 5 & 6\\7 & 8 & 9\end{bmatrix}$

04 행렬 $A=\begin{bmatrix}2 & 0\\0 & 3\end{bmatrix}$에 대하여 A^2, A^3을 각각 구하시오.

step 2

05 행렬 A, B, C, D, E, F에 대하여 다음을 계산하시오.

$A=\begin{bmatrix}2 & 0\\-4 & 6\end{bmatrix}$ $B=\begin{bmatrix}1 & -7 & 3\\5 & 3 & 0\end{bmatrix}$

$C=\begin{bmatrix}4 & -9\\-3 & 0\\2 & 1\end{bmatrix}$ $D=\begin{bmatrix}-2 & 1 & 8\\3 & 0 & 2\\4 & -6 & 3\end{bmatrix}$

$E=\begin{bmatrix}0 & 3 & 0\\-5 & 1 & 1\\7 & 6 & 2\end{bmatrix}$ $F=\begin{bmatrix}2 & 3 & -1\\4 & -2 & 5\end{bmatrix}$

(1) AF (2) $2BC$

(3) $D+E$ (4) $BD+F$

(5) $(AB)C$ (6) $A(BC)$

06 두 함수 $f(x)=2x^3-4x$, $g(x)=x^2+2x$와 행렬 $A=\begin{bmatrix}1 & 2\\-2 & 3\end{bmatrix}$에 대하여 다음을 계산하시오.

(1) A^2 (2) A^3

(3) $f(A)$ (4) $g(A)$

07 두 행렬 $A=\begin{bmatrix}3 & -2 & 7\\6 & 5 & 4\\0 & 4 & 9\end{bmatrix}$, $B=\begin{bmatrix}6 & -2 & 4\\0 & 1 & 3\\7 & 7 & 5\end{bmatrix}$에 대하여 다음을 구하시오.

(1) $AB_{(1,1)}$　　(2) AB의 2행

(3) $BA_{(1,2)}$　　(4) BA의 2열

(5) $AA_{(2,1)}$　　(6) AA의 1열

08 A는 $k\times l$ 행렬, B는 4×3 행렬, C는 $m\times n$ 행렬, D는 $p\times q$ 행렬이고 $ABC+D=\begin{bmatrix}1\\1\\9\end{bmatrix}$일 때, $k+l+m+p$의 값은? 가톨릭대 기출

① 9　　② 11

③ 13　　④ 15

step 3

09 이차정사각행렬 A가 $A\begin{bmatrix}2\\1\end{bmatrix}=\begin{bmatrix}3\\3\end{bmatrix}$, $A^2\begin{bmatrix}2\\1\end{bmatrix}=\begin{bmatrix}4\\7\end{bmatrix}$을 만족할 때, $A\begin{bmatrix}8\\7\end{bmatrix}$은? 한성대 기출

① $\begin{bmatrix}7\\10\end{bmatrix}$　　② $\begin{bmatrix}10\\7\end{bmatrix}$

③ $\begin{bmatrix}17\\11\end{bmatrix}$　　④ $\begin{bmatrix}11\\17\end{bmatrix}$

10 6×6 행렬 $A=\begin{bmatrix}0&0&0&0&0&0\\1&0&0&0&0&0\\0&1&0&0&0&0\\0&0&1&0&0&0\\0&0&0&1&0&0\\0&0&0&0&1&0\end{bmatrix}$와

$B=\begin{bmatrix}0&1&0&0&0&0\\0&0&2&0&0&0\\0&0&0&3&0&0\\0&0&0&0&4&0\\0&0&0&0&0&5\\0&0&0&0&0&0\end{bmatrix}$에 대하여 $C=AB-BA$

일 때, 행렬 C의 성분들의 합은? 한양대 에리카 기출

① -3　　② 0

③ 3　　④ 5

Topic 4 행렬의 연산(3)

(1) 전치행렬 : A^T 또는 A^t

행렬 $A=[a_{ij}]_{m\times n}$ 에 대하여

$$A^T=[a_{ji}]_{n\times m}=\begin{bmatrix} a_{11} & a_{21} & \cdots & a_{m1} \\ a_{12} & a_{22} & \cdots & a_{m2} \\ \vdots & \vdots & \ddots & \vdots \\ a_{1n} & a_{2n} & \cdots & a_{mn} \end{bmatrix}$$

또한, 덧셈과 곱셈이 정의되는 행렬 A, B 와 임의의 실수 $k\in R$ 에 대하여

① $(kA)^T = kA^T$

② $(A^T)^T = A$

③ $(A+B)^T = A^T + B^T$

④ $(AB)^T = B^T A^T$

⑤ $(A+A^T)^T = A^T + A$

⑥ $(ABC)^T = C^T B^T A^T$

(2) 정방행렬의 대각합(trace)

n 차 정방행렬 A 의 주대각원소들의 합을 trace라하고 $tr(A)$로 나타낸다. 즉,

$tr(A) = a_{11} + a_{22} + \cdots + a_{nn}$

또한 임의의 n차 정방행렬 A, B 에 대하여

① $tr(A^t) = tr(A)$

② $tr(A+B) = tr(A) + tr(B)$

③ $tr(kA) = k\,tr(A)$

④ $tr(AB) = tr(BA)$

⑤ $m\times n$ 행렬 A에 대하여

$$tr(AA^T) = \sum_{i=1}^{m}\sum_{j=1}^{n} {a_{ij}}^2$$

step 1

01 다음 행렬의 전치행렬을 구하시오.

(1) $\begin{bmatrix} 1 & 2 & 3 \\ 4 & 5 & 6 \end{bmatrix}$

(2) $\begin{bmatrix} 1 & 2 & 3 \\ 4 & 5 & 6 \\ 7 & 8 & 9 \end{bmatrix}$

(3) $\begin{bmatrix} 1 & -3 & 5 & -7 \end{bmatrix}$

(4) $\begin{bmatrix} -2 \\ 4 \\ -6 \end{bmatrix}$

02 두 행렬 $A=\begin{bmatrix} 1 & 5 \\ 2 & 3 \end{bmatrix}$, $B=\begin{bmatrix} 1 & 2 & 4 \\ 1 & 1 & 3 \end{bmatrix}$에 대하여 다음을 계산하고 결과를 비교하시오.

(1) $(AB)^T$　　　(2) $B^T A^T$

03 두 행렬 $A=\begin{bmatrix} 2 & 4 \\ -3 & 2 \end{bmatrix}$, $B=\begin{bmatrix} 4 & 10 \\ 2 & 5 \end{bmatrix}$에 대하여 다음 식을 계산하시오.

(1) $(A+B)^T$　　　(2) A^T+B^T

(3) $(2A-3B)^T$　　　(4) $2A^T-3B^T$

04 다음 행렬의 대각합(trace)을 구하시오.

(1) $\begin{bmatrix} 3 & 0 \\ -1 & 2 \\ 1 & 1 \end{bmatrix}$

(2) $\begin{bmatrix} 1 & 1 \\ 3 & -3 \end{bmatrix}$

(3) $\begin{bmatrix} 2 & 1 & 5 \\ -3 & 1 & -1 \\ 4 & 0 & -2 \end{bmatrix}^T$

(4) $\dfrac{1}{3}\begin{bmatrix} 1 & 5 & 2 \\ -1 & 0 & 1 \\ 3 & 2 & 5 \end{bmatrix}$

(5) $\begin{bmatrix} 1 & 4 & 2 \\ 3 & 1 & 5 \end{bmatrix}\begin{bmatrix} 1 & 4 & 2 \\ 3 & 1 & 5 \end{bmatrix}^T$

step 2

05 $A=\begin{bmatrix} 2 & 1 & 0 & 5 \\ -1 & -1 & 5 & 0 \\ 0 & 1 & -2 & -1 \\ 0 & 2 & 2 & 3 \end{bmatrix}$, $B=\begin{bmatrix} 3 & 1 & 1 & 4 \\ 1 & 3 & 5 & 0 \\ 1 & 1 & -2 & -1 \end{bmatrix}$ 에 대해 $AB^T=[c_{ij}]$라 할 때, c_{32} 의 값은? (단, B^T는 B의 전치행렬)

① -5　　② -7

③ 5　　④ 7

06 A, B, C가 서로 다른 정방행렬이고 O는 영행렬일 때, 다음 중 옳은 것은?(단, A^T는 A의 전치행렬이다.)

① $ABC=CBA$

② $(ABC)^T=C^TB^TA^T$

③ $A(B+C)=O$이면 $A=O$ 또는 $B+C=O$

④ $(A+B+C)-(A+B+C)\neq O$

step 3

07 3×3 행렬 A와 B가 $tr(2AAB-3BAA)=3$을 만족할 때 $tr(2ABA)$의 값은? (단, $tr(M)$은 행렬 M의 대각합(trace)) 한양대 에리카 기출

① -6　② -3
③ 3　④ 6

08 행렬 $D=\frac{1}{\sqrt{6}}\begin{bmatrix}\sqrt{2} & \sqrt{2} & \sqrt{2}\\ \sqrt{3} & -\sqrt{3} & 0\\ 1 & 1 & -2\end{bmatrix}$와 전치행렬 D^T에 대하여 DD^T의 주대각원소를 바르게 나열한 것은? 중앙대 기출

① $1, 0, 1$　② $-1, 0, 1$
③ $1, 1, 1$　④ $1, 0, 0$

Topic 5 특수행렬

(1) 삼각행렬(Triangular matrix)

① 상삼각행렬(Upper triangular matrix) : 주대각원소 아래에 있는 원소들이 모두 0 인 정방행렬

② 하삼각행렬(Lower triangular matrix) : 주대각원소 위에 있는 원소들이 모두 0 인 정방행렬

(2) 대각행렬(Diagonal matrix)

주대각원소 이외의 다른 원소들이 모두 0 인 정방행렬

(3) 단위행렬(Identity matrix) : I 또는 E (I_n 또는 E_n)

대각행렬에서 주대각원소들이 모두 1 인 정방행렬

(4) 대칭행렬(Symmetric matrix)

$A^T = A$ (즉, $a_{ji} = a_{ij}$)를 만족하는 정방행렬 A

즉, 주대각원소를 중심으로 원소들이 대칭인 배열을 한다.

(5) 반대칭(또는 교대)행렬(Skew-symmetric matrix)

$A^T = -A$ (즉, $a_{ji} = -a_{ij}$)를 만족하는 정방행렬 A 즉, 주대각원소를 중심으로 원소들이 부호가 반대인 배열을 하고, 주대각원소는 모두 0 이다.

또한 임의의 정방행렬 A 는 대칭행렬과 교대행렬의 합으로 나타낼 수 있다.

$$A = \frac{1}{2}(A+A^T) + \frac{1}{2}(A-A^T)$$

step 1

01 보기에서 다음 행렬을 모두 고르시오.

보기

(가) $\begin{bmatrix} 1 & 2 \\ -2 & 1 \end{bmatrix}$ (나) $\begin{bmatrix} 1 & 0 & 0 \\ -8 & 2 & 0 \\ 1 & -2 & 0 \end{bmatrix}$

(다) $\begin{bmatrix} 2 & -1 \\ -1 & 2 \end{bmatrix}$ (라) $\begin{bmatrix} 8 & -57 \\ 0 & 27 \end{bmatrix}$

(마) $\begin{bmatrix} 1 & 0 & 0 \\ 0 & 1 & 0 \\ 0 & 0 & 1 \end{bmatrix}$ (바) $\begin{bmatrix} 0 & 0 & 0 \\ 0 & 0 & 0 \\ 0 & 0 & 0 \end{bmatrix}$

(사) $\begin{bmatrix} 0 & -1 & 2 \\ 1 & 0 & 3 \\ -2 & -3 & 0 \end{bmatrix}$ (아) $\begin{bmatrix} 4 & 0 & 0 \\ -2 & 0 & 0 \\ 3 & 1 & -1 \end{bmatrix}$

(1) 상삼각행렬 (2) 하삼각행렬

(3) 대각행렬 (4) 대칭행렬

(5) 반대칭행렬 (6) 단위행렬

02 다음 행렬이 반대칭행렬이 되도록 x의 값을 정하면?

$$\begin{bmatrix} 0 & x+2 \\ 2x+1 & x+1 \end{bmatrix}$$

① -1 ② 0

③ 1 ④ 2

step 2

03 A가 임의의 $n\times n$행렬일 때, 다음 중 항상 대칭행렬이 되는 행렬이 아닌 것은?

① A^TA　　② AA^T
③ $A+A^T$　　④ $A-A^T$

04 다음 행렬이 대칭행렬이 되도록 $a+b+c$의 값을 구하면?

$$\begin{bmatrix} 2 & a-2b+2c & 2a+b+c \\ 3 & 5 & a+c \\ 0 & -2 & 7 \end{bmatrix}$$

① -11　　② 0
③ 6　　④ 13

step 3

05 행렬 $A=\begin{bmatrix} 1 & 2 & 3 \\ 2 & 5 & 3 \\ 1 & 0 & 8 \end{bmatrix}$는 대칭행렬 S와 반대칭행렬 T의 합으로 표현될 수 있다. 이때 반대칭 행렬 T를 구하면?

① $\frac{1}{2}\begin{bmatrix} 0 & 0 & -2 \\ 0 & 0 & 3 \\ 2 & -3 & 0 \end{bmatrix}$　　② $\frac{1}{2}\begin{bmatrix} 0 & 0 & 2 \\ 0 & 0 & 3 \\ -2 & -3 & 0 \end{bmatrix}$

③ $\begin{bmatrix} 0 & 0 & -2 \\ 0 & 0 & 3 \\ 2 & -3 & 0 \end{bmatrix}$　　④ $\begin{bmatrix} 0 & 0 & 2 \\ 0 & 0 & 3 \\ -2 & -3 & 0 \end{bmatrix}$

06 행렬 $\begin{bmatrix} 2 & -1 & 1 \\ 3 & 0 & 4 \\ -1 & 2 & -3 \end{bmatrix}$을 대칭행렬(symmetric matrix)과 교대행렬 (skew-symetric matrix)의 합으로 나타내면 다음과 같다.

$$\begin{bmatrix} 2 & a & 0 \\ b & 0 & c \\ 0 & d & -3 \end{bmatrix}+\begin{bmatrix} 0 & e & 1 \\ f & 0 & g \\ -1 & h & 0 \end{bmatrix}$$

이때, $abcd-efgh$의 값은?

① -10　　② -5
③ 0　　④ 5

Topic 6 행렬식(determinant)

(1) 정의

n 차 정방행렬 $A=[a_{ij}]_{n\times n}$ 에 연관된 스칼라 함수로 다음과 같이 표기한다.

$$\det(A) = |A| = \begin{vmatrix} a_{11} & a_{12} & \cdots & a_{1n} \\ a_{21} & a_{22} & \cdots & a_{2n} \\ \vdots & \vdots & \ddots & \vdots \\ a_{n1} & a_{n2} & \cdots & a_{nn} \end{vmatrix}$$

(2) 행렬식의 계산법

① i 행에 관한 여인수 전개 : $\det(A) = \sum_{j=1}^{n} a_{ij}C_{ij}$

② j 행에 관한 여인수 전개 : $\det(A) = \sum_{i=1}^{n} a_{ij}C_{ij}$

단, $C_{ij}=(-1)^{i+j}M_{ij}$: a_{ij} 의 여인수(cofactor)

M_{ij} : a_{ij} 의 소행렬식(minor), 행렬 A 로부터 원소 a_{ij} 를 포함하는 i 행과 j 열을 소거하여 얻은 행렬 A 의 부분행렬의 행렬식

(3) 3×3 이하인 행렬의 행렬식

① $\det[a_{11}] = a_{11}$

② $\det\begin{bmatrix} a_{11} & a_{12} \\ a_{21} & a_{22} \end{bmatrix} = a_{11}a_{22} - a_{12}a_{21}$

$\left(\text{참고 : } \begin{vmatrix} a_{11} & a_{12} \\ a_{21} & a_{22} \end{vmatrix}\right)$

③ $\det\begin{bmatrix} a_{11} & a_{12} & a_{13} \\ a_{21} & a_{22} & a_{23} \\ a_{31} & a_{32} & a_{33} \end{bmatrix}$

$= a_{11}a_{22}a_{33} + a_{12}a_{23}a_{31} + a_{13}a_{21}a_{32}$
$\quad - a_{13}a_{22}a_{31} - a_{12}a_{21}a_{33} - a_{11}a_{23}a_{32}$

참고 **사루스(Sarrus)전개법**

$$\begin{vmatrix} a_{11} & a_{12} & a_{13} \\ a_{21} & a_{22} & a_{23} \\ a_{31} & a_{32} & a_{33} \end{vmatrix} \begin{matrix} a_{11} & a_{12} \\ a_{21} & a_{22} \\ a_{31} & a_{32} \end{matrix}$$

step 1

01 다음 행렬의 행렬식을 구하시오.

(1) $[23]$ (2) $[-27]$

(3) $\begin{bmatrix} 5 & 3 \\ 4 & 6 \end{bmatrix}$ (4) $\begin{bmatrix} 3 & 2 \\ -5 & 7 \end{bmatrix}$

(5) $\begin{bmatrix} 6 & 5 \\ 2 & 3 \end{bmatrix}$ (6) $\begin{bmatrix} t-2 & 3 \\ 6 & t+3 \end{bmatrix}$

02 사루스 전개법을 사용하여 다음 행렬의 행렬식을 구하시오.

(1) $\begin{bmatrix} 2 & 1 & 1 \\ 0 & -5 & 2 \\ 1 & -3 & 4 \end{bmatrix}$ (2) $\begin{bmatrix} 1 & 2 & 3 \\ 4 & -2 & 3 \\ 0 & 5 & -1 \end{bmatrix}$

(3) $\begin{bmatrix} 2 & 3 & 4 \\ 5 & 4 & 3 \\ 1 & 2 & 1 \end{bmatrix}$ (4) $\begin{bmatrix} 1 & -2 & 1 \\ 2 & 3 & -1 \\ 1 & 5 & -2 \end{bmatrix}$

03 다음 행렬의 소행렬식과 여인수를 모두 구하시오.

(1) $\begin{bmatrix} 1 & -2 & 3 \\ 6 & 7 & -1 \\ -3 & 1 & 4 \end{bmatrix}$ (2) $\begin{bmatrix} -1 & 1 & 2 \\ 3 & 0 & -5 \\ 1 & 7 & 2 \end{bmatrix}$

04 여인수 전개를 사용하여 다음 행렬의 행렬식을 구하시오.

(1) $\begin{bmatrix} 1 & 3 & -4 \\ 0 & 2 & 7 \\ 1 & 5 & -3 \end{bmatrix}$ (2) $\begin{bmatrix} 3 & 0 & 1 \\ 2 & 5 & 1 \\ -1 & 0 & 5 \end{bmatrix}$

(3) $\begin{bmatrix} 4 & -1 & 1 & 6 \\ 0 & 0 & -3 & 3 \\ 4 & 1 & 0 & 14 \\ 4 & 1 & 3 & 2 \end{bmatrix}$ (4) $\begin{bmatrix} 1 & 2 & -1 & 0 \\ 1 & 0 & 0 & 1 \\ -3 & 4 & 4 & 5 \\ 0 & 1 & 0 & 1 \end{bmatrix}$

step 2

05 다음 등식을 만족하는 정수 x, y의 값을 각각 구하시오.

(1) $\begin{vmatrix} x & -1 \\ 7 & 2-x \end{vmatrix} = \begin{vmatrix} 1 & 0 & 0 \\ 2 & x & 6 \\ 1 & 3 & x-3 \end{vmatrix}$

(2) $\begin{vmatrix} 2y & y \\ 4 & 2+y \end{vmatrix} = \begin{vmatrix} -1 & 1 & 0 \\ 0 & -y & 5 \\ 3 & 3 & 1+y \end{vmatrix}$

06 다음 행렬에서 $\det[A]=0$이 되는 λ의 값을 구하시오.

(1) $A = \begin{bmatrix} \lambda-1 & -1 \\ 2 & \lambda+2 \end{bmatrix}$

(2) $A = \begin{bmatrix} \lambda-4 & 0 & 0 \\ 0 & \lambda & 2 \\ 0 & 3 & \lambda-1 \end{bmatrix}$

step 3

07 $A=\begin{bmatrix} a & a^2 & a^3 \\ a^2 & a^3 & a \\ a^3 & a & a^2 \end{bmatrix}$에 대하여 A의 행렬식이 0이 되게 하는 서로 다른 실수 a의 합은?

경기대 기출

① -1 ② 0
③ 1 ④ 2

08 두 행렬

$A=\begin{bmatrix} 1 & a & -2 \\ 0 & -1 & 2 \\ -1 & 1 & 0 \end{bmatrix}$, $B=\begin{bmatrix} 1 & 0 & -1 \\ 0 & b & 1 \\ 1 & 0 & 0 \end{bmatrix}$

에 대하여 $\det(AB)=\det(A+B)$가 성립할 때, ab의 값은? (단, a, b는 실수이다.)

단국대 기출

① -6 ② -3
③ 3 ④ 6

Topic 7 행렬식의 성질

1. 행렬식의 성질

n 차 정방행렬 A 와 임의의 스칼라 $k \in R$ 에 대해

① $|A^T| = |A|$ 또는 $\det(A^T) = \det(A)$
② 두 행(열)을 바꾸면 행렬식 값은 부호만 바뀐다.
③ 한 행(열)에 k 배하여 다른 행에 더해도 행렬식 값은 변하지 않는다.
④ 한 행(열)의 모든 원소에 k 배하여 얻은 행렬식 값은 처음 행렬식 값의 k 배이다. 즉, 행(열)의 공통인수는 행렬식 밖으로 빼낼 수 있다.(⑤ 번 참조)
⑤ $|kA| = k^n|A|$ 또는 $\det(kA) = k^n\det(A)$
⑥ $|AB| = |A||B|$ 또는 $\det(AB) = \det(A)\det(B)$
⑦ $|A^n| = |A|^n$ 또는 $\det(A^n) = \{\det(A)\}^n$
⑧ $|AB| = |BA|$ 또는 $\det(AB) = \det(BA)$
⑨ $\det(A+B) \neq \det(A) + \det(B)$
⑩ 한 행(열)의 원소가 모두 0 이면 행렬식 값은 0이다.
⑪ 두 행(열)의 원소가 서로 비례관계에 있으면 행렬식 값은 0이다.
⑫ 삼각행렬 또는 대각행렬의 행렬식은 대각원소들의 곱이다.
⑬ 단위행렬의 행렬식은 1이다.
⑭ 홀수차 반대칭(교대)행렬의 행렬식은 0이다.
⑮ 한 행(열)의 각 성분이 두 수의 합일 때 다음과 같이 계산할 수 있다.

$$\begin{vmatrix} a & b_1+b_2 & c \\ d & e_1+e_2 & f \\ g & h_1+h_2 & i \end{vmatrix} = \begin{vmatrix} a & b_1 & c \\ d & e_1 & f \\ g & h_1 & i \end{vmatrix} + \begin{vmatrix} a & b_2 & c \\ d & e_2 & f \\ g & h_2 & i \end{vmatrix}$$

2. 블록삼각행렬의 행렬식

(1) 블록 삼각행렬: 정사각행렬 M이 다음과 같이 분할 될 때 M을 블록삼각행렬이라 한다.

$$M = \begin{pmatrix} A & O \\ C & B \end{pmatrix} \text{또는 } M = \begin{pmatrix} A & C \\ O & B \end{pmatrix}$$

(단, A, B는 정사각행렬, O는 영행렬)

(2) 블록 삼각행렬의 행렬식: $\det M = \det A \cdot \det B$

3. 방데르몽드(Vandermonde) 행렬식

$$\begin{vmatrix} 1 & 1 & 1 \\ x & y & z \\ x^2 & y^2 & z^2 \end{vmatrix} = \begin{vmatrix} 1 & x & x^2 \\ 1 & y & y^2 \\ 1 & z & z^2 \end{vmatrix} = (z-x)(z-y)(y-x),$$

$$\begin{vmatrix} 1 & 1 & 1 & 1 \\ x & y & z & w \\ x^2 & y^2 & z^2 & w^2 \\ x^3 & y^3 & z^3 & w^3 \end{vmatrix} = \begin{vmatrix} 1 & x & x^2 & x^3 \\ 1 & y & y^2 & y^3 \\ 1 & z & z^2 & z^3 \\ 1 & w & w^2 & w^3 \end{vmatrix}$$

$$= (w-x)(w-y)(w-z)(z-x)(z-y)(y-x)$$

step 1

01 다음 행렬식을 구하시오.

(1) $\begin{vmatrix} 1 & 2 & 3 \\ 2 & 3 & 4 \\ 3 & 4 & 5 \end{vmatrix}$　(2) $\begin{vmatrix} 1 & 1 & 2 \\ 0 & 3 & 1 \\ 3 & 2 & 4 \end{vmatrix}$

(3) $\begin{vmatrix} 3 & 3 & 1 \\ 1 & 0 & -4 \\ 1 & -3 & 5 \end{vmatrix}$　(4) $\begin{vmatrix} \frac{1}{2} & -1 & \frac{1}{3} \\ \frac{1}{4} & \frac{3}{2} & -1 \\ 1 & -3 & 1 \end{vmatrix}$

(5) $\begin{vmatrix} 1 & 1 & 1 \\ 1 & 2 & 4 \\ 1 & 3 & 9 \end{vmatrix}$　(6) $\begin{vmatrix} 1 & 1 & 0 & 0 \\ 2 & 4 & 0 & 0 \\ 0 & 0 & 1 & 0 \\ 0 & 0 & 3 & 2 \end{vmatrix}$

02 다음 행렬식을 구하시오.

(1) $\begin{vmatrix} 1 & -2 & 3 & 1 \\ 5 & -9 & 6 & 3 \\ -1 & 2 & -6 & -2 \\ 2 & 8 & 6 & 1 \end{vmatrix}$

(2) $\begin{vmatrix} 2 & 1 & 3 & 1 \\ 1 & 0 & 1 & 1 \\ 0 & 2 & 1 & 0 \\ 0 & 1 & 2 & 3 \end{vmatrix}$

(3) $\begin{vmatrix} 1 & 0 & 1 & 3 \\ -2 & 4 & 1 & 1 \\ 3 & -1 & 0 & 5 \\ -4 & 4 & 1 & 0 \end{vmatrix}$

(4) $\begin{vmatrix} 0 & 1 & 1 & 1 \\ \frac{1}{2} & \frac{1}{2} & 1 & \frac{1}{2} \\ \frac{2}{3} & \frac{1}{3} & \frac{1}{3} & 0 \\ -\frac{1}{3} & \frac{2}{3} & 0 & 0 \end{vmatrix}$

03 $\begin{vmatrix} a & b & c \\ d & e & f \\ g & h & i \end{vmatrix}=-3$일 때, 다음 행렬식을 구하시오.

(1) $\begin{vmatrix} d & e & f \\ g & h & i \\ a & b & c \end{vmatrix}$

(2) $\begin{vmatrix} 3a & 3b & 3c \\ -d & -e & -f \\ 2g & 2h & 2i \end{vmatrix}$

(3) $\begin{vmatrix} -b & -c & -a \\ e & f & d \\ h & i & g \end{vmatrix}$

(4) $\begin{vmatrix} a & c & b \\ d & f & e \\ 3g & 3i & 3h \end{vmatrix}$

(5) $\begin{vmatrix} a & b & c \\ a+d & b+e & c+f \\ g & h & i \end{vmatrix}$

(6) $\begin{vmatrix} a & b & c \\ -a+d & -b+e & -c+f \\ 2a+g & 2b+h & 2c+i \end{vmatrix}$

04 다음 행렬의 행렬식을 구하시오.

(1) $\begin{bmatrix} 1 & 0 & 0 \\ 0 & -1 & 0 \\ 0 & 0 & 2 \end{bmatrix}$

(2) $\begin{bmatrix} -1 & 3 & 2 \\ 0 & 1 & -1 \\ 0 & 0 & 5 \end{bmatrix}$

(3) $\begin{bmatrix} 3 & 0 & 0 \\ 0 & 3 & 0 \\ 0 & 0 & 3 \end{bmatrix}$

(4) $\begin{bmatrix} 1 & a & a^2 \\ 2 & a & a^2 \\ 3 & a & a^2 \end{bmatrix}$

(5) $\begin{bmatrix} 1 & 0 & 1 & 1 \\ 2 & 0 & 9 & 8 \\ 0 & 0 & 3 & 5 \\ -1 & 0 & 5 & 10 \end{bmatrix}$

(6) $\begin{bmatrix} -3 & 0 & 0 & 0 \\ 2 & 3 & 0 & 0 \\ -40 & 20 & -1 & 0 \\ -200 & 300 & 100 & -1 \end{bmatrix}$

step 2

05 다음 등식을 만족시키는 a와 b의 관계식은?

한양대 에리카 기출

$$\begin{vmatrix} 3 & -1 & 2 & 1 \\ 0 & 2 & -1 & -3 \\ -6 & 2 & -3 & a \\ 3 & 1 & 3 & b \end{vmatrix} = 0$$

① $2a-b+6=0$ ② $2a-b+2=0$

③ $2a+b+2=0$ ④ $2a+b+6=0$

06 $\begin{bmatrix} 1 & 1 & 1 & 1 \\ -1 & 2 & -2 & 3 \\ 1 & 4 & 4 & 9 \\ -1 & 8 & -8 & 27 \end{bmatrix}$의 행렬식(determinant)을 계산하면?

① 120 ② -120

③ 240 ④ -240

07

실수 행렬 $A=\begin{bmatrix} 1 & 0 & 1 & 0 \\ 0 & 1 & 0 & 1 \\ 1 & 0 & 1 & 1 \\ 0 & 1 & 0 & 0 \end{bmatrix}$에 대하여 $\det(A)$의 값은?

국민대 기출

① -1　② 0
③ 1　④ 3

08

크기가 5×5인 행렬 $A=\begin{bmatrix} 1 & 2 & 0 & 8 & 3 \\ 4 & 5 & 0 & 3 & 6 \\ 7 & 5 & 2 & 4 & 9 \\ 7 & 8 & 0 & 8 & 9 \\ 0 & 0 & 0 & 3 & 0 \end{bmatrix}$에 대하여, $\det(A^3)$의 값은?

성균관대 기출

① -216　② -6
③ 0　④ 6
⑤ 216

09

다음 식을 만족하는 실수 k의 값은?

$$\begin{vmatrix} 2a_1 & 2a_2 & 2a_3 \\ 3b_1+5c_1 & 3b_2+5c_2 & 3b_3+5c_3 \\ 7c_1 & 7c_2 & 7c_3 \end{vmatrix} = k\begin{vmatrix} a_1 & a_2 & a_3 \\ b_1 & b_2 & b_3 \\ c_1 & c_2 & c_3 \end{vmatrix}$$

① 7　② 14
③ 15　④ 42

step 3

10 행렬 $A=\begin{bmatrix} -1 & -1 & 0 & 1 \\ 1 & 2 & -1 & 0 \\ -1 & -2 & 0 & 1 \end{bmatrix}$와

$B=\begin{bmatrix} -1 & -1 & 1 & -1 \\ -1 & -2 & 1 & 0 \\ 1 & -1 & 1 & -1 \end{bmatrix}$에 대하여 $B=CA$를 만족하는 행렬 C의 행렬식의 절댓값은?

국민대 기출

① 0　② 1
③ 2　④ 3

11 방정식 $\det\begin{bmatrix} x & 1 & 1 & 1 & 1 & 1 \\ 1 & x & 2 & 2 & 2 & 2 \\ 2 & 2 & x & 3 & 3 & 3 \\ 3 & 3 & 3 & x & 4 & 4 \\ 4 & 4 & 4 & 4 & x & 5 \\ 1 & 1 & 1 & 1 & 1 & 1 \end{bmatrix}=0$ 의 서로 다른 해를 모두 더하면?

중앙대 자연대 기출

① 14　② 15
③ 16　④ 17

Topic 8 역행렬(inverse matrix)

1. 역행렬의 정의

n 차 정방행렬 A 에 대하여 $AB=BA=I$ 를 만족하는 정방행렬 B 가 존재할 때, A 는 가역적(invertible)이라 하고 B 를 A 의 역행렬(inverse matrix)이라 한다. 여기서 I는 n 차 단위행렬이고 B를 A^{-1} 로 나타낸다. 만약 A 가 역행렬을 가지면, 이때 A 를 정칙행렬(nonsingular matrix)이라 부르고, A 가 역행렬을 갖지 않으면 A 를 특이행렬(singular matrix)이라 한다.

2. 수반행렬(adjoint matrix)

n 차 정방행렬 A 의 수반행렬

$$adj(A)=\begin{bmatrix} C_{11} & C_{12} & \cdots & C_{1n} \\ C_{21} & C_{22} & \cdots & C_{2n} \\ \vdots & \vdots & \ddots & \vdots \\ C_{n1} & C_{n2} & \cdots & C_{nn} \end{bmatrix}^T = \begin{bmatrix} C_{11} & C_{21} & \cdots & C_{n1} \\ C_{12} & C_{22} & \cdots & C_{n2} \\ \vdots & \vdots & \ddots & \vdots \\ C_{1n} & C_{2n} & \cdots & C_{nn} \end{bmatrix}$$

단, C_{ij}는 a_{ij} 의 여인수

3. 역행렬의 계산법

$|A|\neq 0$일 때, $A^{-1}=\dfrac{1}{|A|}adj(A)$

특히, $A=\begin{bmatrix} a & b \\ c & d \end{bmatrix}$일 때,

$$A^{-1}=\frac{1}{ad-bc}\begin{bmatrix} d & -b \\ -c & a \end{bmatrix}$$

4. 블록삼각행렬의 역행렬

$M=\begin{bmatrix} A & O \\ C & B \end{bmatrix}$ 또는 $M=\begin{bmatrix} A & C \\ O & B \end{bmatrix}$ 일 때

$M^{-1}=\begin{bmatrix} A^{-1} & O \\ C & B^{-1} \end{bmatrix}$ 또는 $M^{-1}=\begin{bmatrix} A^{-1} & C \\ O & B^{-1} \end{bmatrix}$

이다.

step 1

01 다음 행렬의 역행렬을 구하시오.

(1) $\begin{bmatrix} 3 & 5 \\ 1 & 2 \end{bmatrix}$ (2) $\begin{bmatrix} 1 & 2 \\ 3 & 5 \end{bmatrix}$

(3) $\begin{bmatrix} -8 & 16 \\ -1 & -3 \end{bmatrix}$ (4) $\begin{bmatrix} 6 & 4 \\ -2 & -1 \end{bmatrix}$

(5) $\begin{bmatrix} 1 & 2 \\ 2 & 4 \end{bmatrix}$ (6) $\begin{bmatrix} \cos\theta & -\sin\theta \\ \sin\theta & \cos\theta \end{bmatrix}$

02 다음 행렬의 역행렬을 구하시오.

(1) $\begin{bmatrix} 1 & 0 & 1 \\ 0 & 1 & 1 \\ 1 & 1 & 0 \end{bmatrix}$ (2) $\begin{bmatrix} 1 & 2 & 0 \\ 2 & 1 & 2 \\ 0 & 2 & 1 \end{bmatrix}$

(3) $\begin{bmatrix} 2 & 1 & -1 \\ 0 & 6 & 4 \\ 0 & -2 & 2 \end{bmatrix}$ (4) $\begin{bmatrix} -1 & 3 & -4 \\ 2 & 4 & 1 \\ -4 & 2 & -9 \end{bmatrix}$

(5) $\begin{bmatrix} 2 & 5 & 5 \\ -1 & -1 & 0 \\ 2 & 4 & 3 \end{bmatrix}$ (6) $\begin{bmatrix} 2 & 0 & 3 \\ 0 & 3 & 2 \\ -2 & 0 & -4 \end{bmatrix}$

03 다음 행렬의 역행렬을 구하시오.

(1) $\begin{bmatrix} 4 & 0 \\ 0 & -2 \end{bmatrix}$ (2) $\begin{bmatrix} -1 & 0 & 0 \\ 0 & \dfrac{1}{3} & 0 \\ 0 & 0 & 2 \end{bmatrix}$

(3) $\begin{bmatrix} -1 & 0 & 0 & 0 \\ 0 & 5 & 0 & 0 \\ 0 & 0 & -2 & 0 \\ 0 & 0 & 0 & 1 \end{bmatrix}$ (4) $\begin{bmatrix} 1 & 0 & 0 & 0 \\ 1 & 1 & 0 & 0 \\ 0 & 0 & 1 & 0 \\ 0 & 0 & 1 & 1 \end{bmatrix}$

04 다음 행렬의 역행렬이 존재하지 않도록 상수 a의 값을 정하시오.

(1) $\begin{bmatrix} a-3 & 4 \\ 3 & a-2 \end{bmatrix}$ (2) $\begin{bmatrix} a-4 & 0 & 0 \\ 0 & a & 2 \\ 0 & 3 & a-1 \end{bmatrix}$

step 2

05 $A=\begin{bmatrix} 2 & 4 & 3 \\ -1 & 0 & 1 \\ 1 & 2 & 2 \end{bmatrix}$에 대하여 다음을 구하시오.

(1) $adj(A)$의 제 3열 성분들의 합

(2) A^{-1}의 제 3열 성분들의 합

06 행렬 $A=\begin{bmatrix} 1 & 2 & 3 \\ 0 & 1 & 2 \\ 1 & 1 & 2 \end{bmatrix}$의 역행렬 A^{-1}의 $(2, 2)$성분은? 동국대 기출

① -1 ② 1

③ -2 ④ 2

07 행렬 $\begin{bmatrix} 1 & 0 & 0 & 3 \\ 2 & -1 & 0 & 6 \\ 0 & 1 & 3 & 0 \\ -2 & 3 & 1 & -3 \end{bmatrix}$ 의 역행렬 $A=[a_{ij}]$ 에서 a_{13} 의 값은?

① 3 ② -3

③ $\frac{1}{3}$ ④ $-\frac{1}{3}$

step 3

08 다음과 같이 주어진 행렬 N에 대하여, $I+N+N^2$ 의 역행렬의 모든 성분의 합을 구하면? (단, I 는 4×4단위행렬이다.) 중앙대 기출

$$N=\begin{bmatrix} 0 & -1 & 1 & -1 \\ 0 & 0 & -1 & 1 \\ 0 & 0 & 0 & -1 \\ 0 & 0 & 0 & 0 \end{bmatrix}$$

① 4 ② 5

③ 6 ④ 7

Topic 9 역행렬의 성질

1. 역행렬의 성질

① $AA^{-1}=A^{-1}A=I$

② $(A^{-1})^{-1}=A$

③ $(AB)^{-1}=B^{-1}A^{-1}$

④ $(A^n)^{-1}=(A^{-1})^n$

⑤ $(kA)^{-1}=\frac{1}{k}A^{-1}$

⑥ $(A^T)^{-1}=(A^{-1})^T$

⑦ $(A+B)^{-1}\neq A^{-1}+B^{-1}$

⑧ $|A^{-1}|=\frac{1}{|A|}$

⑨ $|A^{-n}|=\frac{1}{|A|^n}$

2. 역행렬이 존재할 조건

① 역행렬이 존재하기 위한 필요충분조건은 $\det(A)\neq 0$이다.

② 역행렬이 존재하지 않기 위한 필요충분조건은 $\det(A)=0$이다.

(참고)

A가 가역일 때, A의 역행렬은 유일하게 존재한다.

① A, B가 가역이면 AB도 가역이다.

② A, B가 특이행렬이면 AB도 특이행렬이다.

3. 수반행렬의 성질

① $A\,adj(A)=|A|I$

② $|adj(A)|=|A|^{n-1}$

③ $adj(adj(A))=|A|^{n-2}A$

④ $adj(AB)=adj(B)adj(A)$

⑤ $adj(kA)=k^{n-1}adj(A)$(단, k는 스칼라)

step 1

01 두 행렬 A, B를 계산하여 다음 결과를 확인 하시오.

$$A=\begin{bmatrix}3 & 1\\5 & 2\end{bmatrix},\quad B=\begin{bmatrix}1 & 4\\2 & 7\end{bmatrix}$$

(1) $(AB)^{-1}=B^{-1}A^{-1}$

(2) $(A^T)^{-1}=(A^{-1})^T$

(3) $(2A)^{-1}=\frac{1}{2}A^{-1}$

(4) $(B^2)^{-1}=(B^{-1})^2$

(5) $|B^{-1}|=\frac{1}{|B|}$

(6) $|B^{-2}|=\frac{1}{|B|^2}$

02 주어진 행렬로부터 행렬 A를 구하시오.

(1) $(7A)^{-1}=\begin{bmatrix}-3 & 7\\ 1 & -2\end{bmatrix}$

(2) $(5A^T)^{-1}=\begin{bmatrix}-3 & -1\\ 5 & 2\end{bmatrix}$

(3) $(I+2A)^{-1}=\begin{bmatrix}2 & -2\\ -4 & 3\end{bmatrix}$

03

행렬 $A=\begin{bmatrix}3 & 1 & 0\\ -2 & -4 & 3\\ 5 & 4 & -2\end{bmatrix}$에 대하여 다음 물음에 답하시오.

(1) $\det(A)$를 구하시오.

(2) $\det(adj(A))$를 구하시오.

(3) $A(adj(A))$를 구하시오.

04 3×3행렬 (3차 정사각행렬) A의 행렬식이 2일 때, 다음 중 행렬식이 가장 큰 행렬은?

(단, A^{-1}은 A의 역행렬, A^T은 A의 전치행렬, $adjA$는 A의 딸림(수반)행렬이다.) **가천대 기출**

① $2A^{-1}$ ② $(2A)^{-1}$

③ $2A^T$ ④ $2(adjA)$

05 행렬 A가 아래와 같이 주어질 때, A의 역행렬의 행렬식 $\det(A^{-1})$은? **한국항공대 기출**

$$A=\begin{bmatrix}2 & 2 & 0\\ -2 & 1 & 1\\ 3 & 0 & 1\end{bmatrix}$$

① 1/12 ② 1/6

③ 6 ④ 12

step 2

06 다음 행렬 A 의 역행렬 A^{-1} 의 행렬식 $\det(A^{-1})$ 은? 광운대 기출

$$A=\begin{bmatrix} 1 & -1 & -1 & 1 \\ -1 & 1 & 3 & 1 \\ -3 & 1 & -1 & 1 \\ 1 & 3 & 1 & -1 \end{bmatrix}$$

① $\frac{1}{48}$　② $\frac{1}{24}$

③ $\frac{1}{8}$　④ -24

⑤ -48

07 행렬 $A=\begin{bmatrix} a & 1 & 1 \\ 1 & b & 1 \\ 1 & 1 & c \end{bmatrix}$ 의 대각선 합 $tr(A)$는 3이고, $abc=5$일 때, 행렬 A의 수반행렬 $adj(A)$의 행렬식의 값은?

① 4　② 5

③ 16　④ 25

08 $A=\begin{bmatrix} -1 & 1 & 2 & 0 \\ 0 & 2 & -1 & 0 \\ 1 & 0 & 1 & 2 \\ 0 & 1 & 2 & 2 \end{bmatrix}$ 일 때,

다음 중 $adj(adj(A))$와 같은 것은? 단, $adj(A)$는 행렬 A의 수반행렬(adjoint)이다. 한국항공대 기출

① $16A$　② $32A$

③ $48A$　④ $64A$

step 3

09 A, B, C가 n차 정사각행렬일 때, 〈보기〉에서 옳은 것만을 있는 대로 고른 것은?(단, $\det(A)$는 A의 행렬식이고, A^{-1}은 A의 역행렬이다.)

명지대 기출

| 보기 |

ㄱ. A가 영행렬이 아니고 $AB = AC$이면 $B = C$이다.

ㄴ. A의 한 행이 다른 행의 상수 배이면 $\det(A) = 0$이다.

ㄷ. 실수 k에 대하여 $\det(A + kB) = \det(A) + k\det(B)$이다.

ㄹ. A의 역행렬이 존재하면 0이 아닌 실수 k에 대하여 kA의 역행렬도 존재하고 $(kA)^{-1} = k^{-1}A^{-1}$이다.

① ㄱ ② ㄱ, ㄷ
③ ㄴ, ㄷ ④ ㄴ, ㄹ
⑤ ㄴ, ㄷ, ㄹ

10 n차 정사각행렬 A에 대한 다음 명제 중 옳은 것을 모두 고르면?

광운대 기출

ⓐ $\det(A^{-1}) = (\det A)^{-1}$
ⓑ AA^T는 대칭행렬이다.
ⓒ $\mathrm{tr}(A^T) = (\mathrm{tr}\, A)^{-1}$
ⓓ $\mathrm{tr}(A^{-1}) = (\mathrm{tr}\, A)^{-1}$

① ⓐ ② ⓑ
③ ⓐ, ⓑ, ⓒ ④ ⓐ, ⓑ
⑤ ⓐ, ⓑ, ⓓ

11 $A^T = A^TA$일 때 다음 중 옳은 것을 모두 고르면?

경기대 기출

ㄱ. $A = A^T$　　ㄴ. $\det(A) = 1$
ㄷ. $A^2 = A$　　ㄹ. $A^{-1} = A^T$

① ㄱ, ㄴ ② ㄱ, ㄷ
③ ㄱ, ㄴ, ㄷ ④ ㄱ, ㄴ, ㄹ

Topic 10 기본행변환과 행사다리꼴 행렬

1. 기본행(열)변환곽 행동치 행렬

E1. 두 행(열)을 교환하는 것

E2. 한 행(열)에 0이 아닌 스칼라를 곱하는 것

E3. 한 행(열)에 다른 행의 스칼라배를 더하는 것

하나의 행렬에 대하여 일련의 기본행연산을 통해 다른 행렬을 얻을 때, 두 행렬은 **행동치(row equivalent)**라 한다. 행동치 행렬을 얻기 위한 기본행연산을 수행하는 절차를 행축소(row reduction)라고 한다.

2. 기본행렬

단위행렬(identity matrix) I_n에 기본행연산을 적용하여 얻어진 행렬

(1) $E_{(i),(j)} = I_n$에 (E1)연산을 적용해서 얻어진 행렬

(2) $E_{k(i)} = I_n$에 (E2)연산을 적용해서 얻어진 행렬

(3) $E_{(i)+k(j)} = I_n$에 (E3)연산을 적용해서 얻어진 행렬

3. 행사다리꼴 행렬(row - echelon form matrix)

(1) 선두1(선행계수1, leading1)

한 행의 성분이 모두 0이 아니면 그 행에서 첫째로 0이 아닌 수를 "선두1(선행계수1, leading1)"이라 한다.

(2) 행사다리꼴 행렬(REF) row-echelon form matrix

$m \times n$ 행렬 A에 대하여

① 모두가 영으로 된 행(영행)이 존재하면 이들은 행렬의 가장 아래 행에 있음

② 모두가 영이 아닌 두 연속 행에 있어서 아랫행의 "선두1"은 윗행의 "선두1"보다 오른쪽에 존재함을 모두 만족하는 행렬을 행사다리꼴 행렬이라 한다.

(3) 기약행사다리꼴 행렬 (reduced row-echelon form matrix)

"선두1"이 포함된 열에서 "선두1"을 제외한 수를 모두 0인 행렬을 기약(행)사다리꼴 행렬이라 한다.

(4) 기본행변환을 통하여 행렬 A에 대하여 행사다리꼴 행렬, 기약행사다리꼴 행렬로 변환 할 수 있다.

3. 기본 행변환을 이용하여 역행렬 구하기

$n \times n$ 가역행렬A와 n차 단위행렬 I에 대하여 행렬 $[A \mid I]$의 왼쪽의 A를 단위행렬로 만드는 행변환을 행렬 $[A \mid I]$에 시행하면 오른쪽 I가 A^{-1}로 변환이 된다. 즉, 기본행변환을 통하여 $[A \mid I]$을 $[I \mid A^{-1}]$로 만들 수 있다.

step 1

01 다음 행렬이 기본행렬인지 판단하고 적용된 행 연산의 종류를 말하시오.

(1) $\begin{bmatrix} 1 & 0 \\ -3 & 1 \end{bmatrix}$ (2) $\begin{bmatrix} -5 & 1 \\ 1 & 0 \end{bmatrix}$

(3) $\begin{bmatrix} 1 & 0 & 0 \\ 0 & 0 & 1 \\ 0 & 1 & 0 \end{bmatrix}$ (4) $\begin{bmatrix} 2 & 0 & 0 & 2 \\ 0 & 1 & 0 & 0 \\ 0 & 0 & 1 & 0 \\ 0 & 0 & 0 & 1 \end{bmatrix}$

02 다음 행(열)연산에 해당하는 3×3기본행렬을 나타내시오.

(1) 1행과 3행 교환

(2) 2행에 5를 곱한다.

(3) 1행에 -3을 곱하여 3행에 더한다.

(4) 1열과 3열 교환

(5) 3열에 -2를 곱한다.

(6) 2열에 -2를 곱하여 3열에 더한다.

03 기본행연산을 사용하여 다음 행렬들의 행사다리꼴을 구하시오.

(1) $\begin{bmatrix} 1 & 2 & -5 \\ -2 & -3 & 15 \\ 6 & 13 & -25 \end{bmatrix}$

(2) $\begin{bmatrix} 4 & 0 & 6 \\ -1 & 1 & -1 \\ 2 & -4 & 1 \end{bmatrix}$

(3) $\begin{bmatrix} 1 & -7 & 2 & 10 \\ -3 & 18 & 0 & -15 \\ 2 & -2 & 1 & 2 \end{bmatrix}$

(4) $\begin{bmatrix} 2 & 2 & -1 & 6 & 4 \\ 4 & 4 & 1 & 10 & 13 \\ 8 & 8 & -1 & 26 & 23 \end{bmatrix}$

04 문제 3의 행렬들의 기약행사다리꼴을 구하시오.

05 다음 중 기약행사다리꼴인 것을 모두 찾으시오.

(1) $\begin{bmatrix} 1 & 0 & 0 \\ 0 & 1 & 0 \\ 0 & 0 & 1 \end{bmatrix}$ (2) $\begin{bmatrix} 1 & 2 & 0 \\ 0 & 1 & 0 \\ 0 & 0 & 0 \end{bmatrix}$

(3) $\begin{bmatrix} 0 & 1 & 0 \\ 0 & 0 & 1 \\ 0 & 0 & 0 \end{bmatrix}$ (4) $\begin{bmatrix} 1 & 0 & 0 & 4 \\ 0 & 1 & 0 & 7 \\ 0 & 0 & 1 & -1 \end{bmatrix}$

(5) $\begin{bmatrix} 1 & 0 & 3 & 1 \\ 0 & 1 & 2 & 4 \end{bmatrix}$ (6) $\begin{bmatrix} 1 & -5 & 7 & 5 \\ 0 & 1 & 3 & 2 \end{bmatrix}$

06 기본행연산을 사용하여 다음 행렬의 역행렬을 구하시오.

(1) $\begin{bmatrix} 4 & 0 \\ 0 & 2 \end{bmatrix}$ (2) $\begin{bmatrix} 6 & 0 \\ -2 & 4 \end{bmatrix}$

(3) $\begin{bmatrix} 1 & 2 & 3 \\ 0 & 1 & 4 \\ 0 & 0 & 8 \end{bmatrix}$ (4) $\begin{bmatrix} 1 & 0 & 2 \\ 2 & -1 & 3 \\ 4 & 1 & 8 \end{bmatrix}$

step 2

07 행렬 $A = \begin{bmatrix} 1 & 2 & 3 \\ 0 & 1 & 4 \\ 0 & 0 & 1 \end{bmatrix}$을 기본행렬의 곱으로 나타낼 때, 다음 중 사용되지 않는 기본행렬은?

① $\begin{bmatrix} 1 & 0 & 0 \\ 1 & 1 & 4 \\ 0 & 0 & 1 \end{bmatrix}$ ② $\begin{bmatrix} 1 & 2 & 0 \\ 0 & 1 & 0 \\ 0 & 0 & 1 \end{bmatrix}$

③ $\begin{bmatrix} 1 & -2 & 0 \\ 0 & 1 & 0 \\ 0 & 0 & 1 \end{bmatrix}$ ④ $\begin{bmatrix} 1 & 0 & 3 \\ 0 & 1 & 0 \\ 0 & 0 & 1 \end{bmatrix}$

step 3

08 행렬 M의 기약행사다리꼴 (row-reduced echelon form)이 $\begin{bmatrix} 1 & 0 & -2 & 0 & 2 \\ 0 & 1 & -3 & 0 & 5 \\ 0 & 0 & 0 & 1 & 6 \end{bmatrix}$으로 주어진다고 하자. M의 첫째, 둘째, 넷째 열이 각각 $\begin{bmatrix} 1 \\ 1 \\ 2 \end{bmatrix}$, $\begin{bmatrix} 3 \\ 1 \\ -1 \end{bmatrix}$, $\begin{bmatrix} 2 \\ 1 \\ 1 \end{bmatrix}$일 때, M의 다섯째 열의 성분을 모두 합하면?

중앙대 기출

① 29 ② 34
③ 42 ④ 47

01 실력 UP 단원 마무리

행렬과 행렬식

정답 및 풀이 p.233

01 행렬 $A=\begin{bmatrix}-1 & 3 & 0\\ 1 & -1 & 2\\ 2 & -2 & 2\end{bmatrix}$, $B=\begin{bmatrix}1 & 1 & -1\\ 0 & 3 & 1\\ 1 & 0 & 1\end{bmatrix}$에 대해 $AB=[c_{ij}]$ 일 때, c_{23} 의 값은?

① -2 ② -3

③ 3 ④ 0

02 $A=\begin{bmatrix}2 & 1 & 0 & 5\\ -1 & -1 & 5 & 0\\ 0 & 1 & -2 & -1\\ 0 & 2 & 2 & 3\end{bmatrix}$, $B=\begin{bmatrix}3 & 1 & 1 & 4\\ 1 & 3 & 5 & 0\\ 1 & 1 & -2 & -1\end{bmatrix}$에 대해 $AB^T=[c_{ij}]$라 할 때, c_{32} 의 값은? (단, B^T는 B의 전치행렬)

① -5 ② -7

③ 5 ④ 7

03 다음 행렬의 행렬식 값은?

$$\begin{bmatrix}6 & 0 & 0 & -6\\ 4 & -2 & 3 & -1\\ 2 & 1 & -7 & -2\\ -3 & 0 & 4 & 3\end{bmatrix}$$

① -54 ② -12

③ 30 ④ 72

04 행렬 $A \in M_{2\times 2}(R)$가 다음 두 조건을 만족시킬 때, $A\begin{bmatrix}2\\3\end{bmatrix}$을 구하면?

$$A^2=I_2,\ A\begin{bmatrix}1\\2\end{bmatrix}=\begin{bmatrix}1\\0\end{bmatrix}$$

① $\begin{bmatrix}-4\\3\end{bmatrix}$ ② $\begin{bmatrix}1\\-4\end{bmatrix}$

③ $\begin{bmatrix}2\\0\end{bmatrix}$ ④ $\begin{bmatrix}2\\1\end{bmatrix}$

⑤ $\begin{bmatrix}4\\2\end{bmatrix}$

05 가역행렬 A에 대하여 $A^{-1}=\frac{1}{|A|}\cdot adjA$ 이다. $A=\begin{bmatrix}1&a&1\\2&b&2\\1&3&8\end{bmatrix}$이고 $|adjA|=49$일 때, a와 b 사이의 관계식은?(단, $|A|>0$)

① $b-2a=1$ ② $b+a=1$
③ $2b+a=3$ ④ $2b-a=2$

06 행렬 $\begin{bmatrix}1&2&2\\3&1&0\\1&1&1\end{bmatrix}$의 역행렬을 $B=[b_{ij}]$라 할 때, b_{32}를 구하시오.

① -1 ② 1
③ -6 ④ 6

07 정사각행렬 A가 아래의 등식을 만족시킬 때, A의 역행렬은? (단, I는 단위행렬이고 O는 영행렬이다.)

$$A^3-3A+2I=O$$

① $-2I$ ② $-I$
③ $-\frac{1}{2}A^2+\frac{3}{2}I$ ④ $-A^3+3A$

08 행렬 $A=\begin{bmatrix}1&0&0&0\\0&2&5&0\\0&1&3&0\\0&0&0&4\end{bmatrix}$의 역행렬 A^{-1}에 대한 대각합(trace), 즉 $Tr(A^{-1})$은 얼마인가?

① $\frac{25}{4}$ ② $\frac{13}{2}$
③ $\frac{27}{4}$ ④ $\frac{14}{2}$

09 차원이 같고 실수 위에서 정의된 두 정사각행렬 A, B에 대해, 아래 〈보기〉에서 틀린 것의 개수는?

| 보기 |
ㄱ. $(AB)^T = A^T B^T$
ㄴ. $tr(A) = tr(A^T)$
ㄷ. $tr(AB) = tr(BA)$
ㄹ. $A^T A$는 대칭행렬이다.

① 1개　② 2개
③ 3개　④ 4개

10 행렬$A = \begin{bmatrix} 1 & 0 & 0 & 2 \\ 2 & -1 & 0 & 6 \\ 0 & 6 & -2 & 0 \\ 2 & 3 & 1 & -3 \end{bmatrix}$ 일 때, $|(A^{-1})^2|$를 구하면?

① $\frac{1}{100}$　② $-\frac{1}{100}$
③ $\frac{1}{121}$　④ $-\frac{1}{121}$

11 행렬 $C = \begin{bmatrix} 0 & 3 & 1 & 1 \\ 3 & 0 & 0 & 1 \\ 4 & 2 & 3 & 1 \\ 1 & 2 & 0 & 1 \end{bmatrix}$의 역행렬과 행렬식은 각각 C^{-1}와 $|C|$이고 전치행렬이 C^T일 때, $|C^T C| + 12|C^{-1}| + |C^T|$의 값은?

① 12　② 16
③ 23　④ 44

12 두 행렬 $A = \begin{bmatrix} a & 0 & 0 \\ 0 & b & 0 \\ 0 & 0 & c \end{bmatrix}$, $B = \begin{bmatrix} d & 0 & 0 \\ 0 & e & 0 \\ 0 & 0 & f \end{bmatrix}$에 대하여 옳은 것만을 〈보기〉에서 있는 대로 고른 것은? (단, $\det(A)$는 A의 행렬식이고, A^{-1}은 A의 역행렬이다.)

| 보기 |
ㄱ. $\det(2A) = 2\det(A)$
ㄴ. $(A-B)^2 = A^2 - 2AB + B^2$
ㄷ. $\det(A) \neq 0$이면
　$\det(A^{-1}B) = \det(A)\det(B)$이다.

① ㄱ　② ㄴ
③ ㄷ　④ ㄱ, ㄴ
⑤ ㄴ, ㄷ

13 $\begin{vmatrix} 1+x & 2 & 3 & 4 \\ 1 & 2+x & 3 & 4 \\ 1 & 2 & 3+x & 4 \\ 1 & 2 & 3 & 4+x \end{vmatrix}=0$을 만족하는 x를 구하여라.

① -10　　② -5
③ 5　　④ 10

14 다음 중에서 행렬 $A=(a_{ij})_{3\times3}$, $B=(b_{ij})_{3\times3}$에 대해 옳지 않은 것을 모두 선택한 것은?

보기
ㄱ. $(AB)^{-1}=B^{-1}A^{-1}$
ㄴ. $\det(AB)=\det A\cdot \det B$
ㄷ. $\det A=2$, $\det B=4$ 일 때, $\det(2(BA)^{-1})=1$ 이다.
ㄹ. $\det A=4$ 일 때, $A^t=B^2$ 이면 $\det B=\frac{1}{2}$ 이다. (단, A^t 는 A의 전치행렬)
ㅁ. $|adjA|=|A|^2$, $|adjB|=|B|^2$ 이다.

① ㄱ, ㄴ, ㄷ　　② ㄴ, ㄷ, ㅁ
③ ㄷ　　④ ㄹ
⑤ ㄹ, ㅁ

15 4차 정방행렬 A, B에 대하여 $\det A=2$, $\det B=1$ 일 때, $\det[(adjA\cdot adjB)^{-1}]$의 값은?

① $\frac{1}{8}$　　② $-\frac{1}{4}$
③ $\frac{3}{2}$　　④ $\frac{4}{19}$

02

선형연립방정식과 행렬

Topic 11 선형연립방정식의 해 구하기

Topic 12 LU분해

Topic 13 행렬의 계수

Topic 14 선형연립방정식의 해의 존재성과 유일성

02 핵심 문제

Topic 11 선형연립방정식의 해 구하기

1. 선형연립방정식의 표현

선형연립방정식 $\begin{cases} a_{11}x_1 + \cdots + a_{1n}x_n = b_1 \\ a_{21}x_1 + \cdots + a_{2n}x_n = b_2 \\ \vdots \\ a_{m1}x_1 + \cdots + a_{mn}x_n = b_m \end{cases}$ 은

단 하나의 행렬방정식 $A\boldsymbol{x} = \boldsymbol{b}$로 표시할 수 있다.

$$A = \begin{bmatrix} a_{11} & a_{12} & \cdots & a_{1n} \\ a_{21} & a_{22} & \cdots & a_{2n} \\ \vdots & \vdots & \ddots & \vdots \\ a_{m1} & a_{m2} & \cdots & a_{mn} \end{bmatrix},\ \boldsymbol{x} = \begin{bmatrix} x_1 \\ \vdots \\ x_n \end{bmatrix},\ \boldsymbol{b} = \begin{bmatrix} b_1 \\ \vdots \\ b_m \end{bmatrix}$$

이때, A를 **계수행렬**이라 하고 행렬

$$(A|\boldsymbol{b}) = \left[\begin{array}{cccc|c} a_{11} & a_{12} & \cdots & a_{1n} & b_1 \\ a_{21} & a_{22} & \cdots & a_{2n} & b_2 \\ \vdots & \vdots & \ddots & \vdots & \vdots \\ a_{m1} & a_{m2} & \cdots & a_{mn} & b_m \end{array}\right]$$

를 **첨가행렬**이라고 한다.

2. 선형연립방정식의 풀이

(1) 역행렬을 이용하는 방법

A가 $n \times n$ 가역행렬일 때, 선형연립방정식 $AX = b$에 대하여 $X = A^{-1}b$이다.

(2) 가우스 소거법

첨가행렬이 다음의 성질을 갖는 행사다리꼴의 행동치 첨가행렬이 될 때까지 행축소를 수행한다.

① 영이 아닌 행에서 첫 번째 나타나는 영이 아닌 원소는 1이다.

② 이어지는 영이 아닌 행들에서 아래 행에서의 처음으로 나타나는 1은 위 행의 1의 오른쪽에 나타난다.

③ 모든 원소가 영인 행은 행렬의 맨 아랫부분에 있다.

※ 가우스 조르당 소거법

기약행사다리꼴을 얻는 소거법으로 위의 ①, ②, ③ 외에 다음 성질을 갖는다.

④ 첫 원소 1을 포함하는 열의 다른 원소는 모두 0이다.

(3) 크라머의 규칙

선형연립방정식 $Ax = b$에서 $|A| \neq 0$이면

$x_j = \dfrac{\det(A_j)}{\det(A)}$ 이다.

행렬 A_j는 행렬 A의 j열을 열벡터 $[b_1 \ b_2 \ \cdots \ b_n]^T$로 바꾼 행렬이다.

step 1

01 다음 연립방정식의 첨가행렬을 구하시오.

(1) $\begin{cases} 2x + 2z = 1 \\ 3x - y + 4z = 7 \\ 6x + y - z = 0 \end{cases}$ (2) $\begin{cases} x = 1 \\ y = 2 \\ z = 3 \end{cases}$

(3) $\begin{cases} x - z = 4 \\ y + w = 9 \end{cases}$ (4) $\begin{cases} -3x - z + 6w = 0 \\ 2y - z - 5w = -2 \end{cases}$

02 다음 첨가행렬을 갖는 연립방정식을 구하시오.

(1) $\left[\begin{array}{cc|c} 2 & 5 & 6 \\ 0 & 1 & 2 \\ -1 & 0 & 0 \end{array}\right]$

(2) $\left[\begin{array}{ccc|c} 3 & 0 & -2 & 5 \\ 7 & 1 & 4 & -3 \\ 0 & -2 & 1 & 7 \end{array}\right]$

(3) $\left[\begin{array}{cccc|c} 0 & 3 & -1 & -1 & -1 \\ 5 & 2 & 0 & -3 & 6 \end{array}\right]$

(4) $\left[\begin{array}{ccc|c} 1 & 2 & 3 & 4 \\ -4 & -3 & -2 & -1 \\ 5 & -6 & 1 & 1 \\ -8 & 0 & 0 & 3 \end{array}\right]$

step 2

03 역행렬을 이용하여 다음 연립방정식을 푸시오.

(1) $\begin{cases} 6x_1+5x_2=0 \\ 5x_1+4x_2=1 \end{cases}$

(2) $\begin{cases} x+2y+3z=5 \\ 2x+5y+3z=3 \\ x \qquad +8z=17 \end{cases}$

(3) $\begin{cases} x_1+3x_2-4x_3=-2 \\ x_1+5x_2-x_3=3 \\ 3x_1+13x_2-6x_3=5 \end{cases}$

04 가우스 소거법을 사용하여 다음 일차연립방정식의 해를 구하시오.

(1) $\begin{cases} 2x+6y+z=7 \\ x+2y-z=-1 \\ 5x+7y-4z=9 \end{cases}$

(2) $\begin{cases} x+2y-z=0 \\ 2x+y+2z=9 \\ x-y+z=3 \end{cases}$

(3) $\begin{cases} x+2y+2z=2 \\ x+y+z=0 \\ x-3y-z=0 \end{cases}$

(4) $\begin{cases} x \qquad +z-w=1 \\ \quad 2y+z+w=3 \\ x-y \qquad +w=-1 \\ x+y+z+w=2 \end{cases}$

05 문제 4의 일차연립방정식들의 해를 가우스- 조르당 소거법을 사용하여 구하시오.

06 크라머 규칙을 이용하여 다음 선형연립방정식의 해를 구하시오.

(1) $\begin{cases} 4x+3y+2z=8 \\ -x \quad +2z=12 \\ 3x+2y+z=3 \end{cases}$

(2) $\begin{cases} 3x+2y+z=7 \\ x-y+3z=3 \\ 5x+4y-2z=1 \end{cases}$

(3) $\begin{cases} 2x_1 \quad + x_3=1 \\ -2x_1+3x_2+4x_3=-1 \\ -5x_1+5x_2+6x_3=0 \end{cases}$

(4) $\begin{cases} -2x_1+x_2-x_3 \quad =1 \\ x_1-2x_2 \quad +x_4=-5 \\ x_1 \quad -2x_3 +x_4=-7 \\ x_2 +x_3-2x_4=7 \end{cases}$

07 다음 연립방정식을 만족하는 x_3의 값은?

$$-2x_1+3x_2-x_3=1$$
$$x_1+2x_2-x_3=4$$
$$-2x_1-x_2+x_3=-3$$

① 1 ② 2
③ 3 ④ 4

step 3

08 연립방정식

$$\begin{aligned} 2x_1 - 5x_2 + 2x_3 - 3x_4 &= 2 \\ x_1 + x_2 - 5x_3 + 2x_4 &= 4 \\ x_2 - x_3 + 2x_4 &= 4 \\ x_2 - 3x_3 &= 10 \end{aligned}$$

에 대하여 다음 중 참인 것은? 한국 항공대 기출

(단, $M=\begin{bmatrix} 2 & -5 & 2 & -3 \\ 1 & 1 & -5 & 2 \\ 0 & 1 & -1 & 2 \\ 0 & 1 & -3 & 0 \end{bmatrix}$,

$A=\begin{bmatrix} -5 & 2 & 2 & -3 \\ 1 & -5 & 4 & 2 \\ 1 & -1 & 4 & 2 \\ 1 & -3 & 10 & 0 \end{bmatrix}$,

$B=\begin{bmatrix} 2 & 2 & 2 & -3 \\ 4 & 1 & -5 & 2 \\ 4 & 0 & -1 & 2 \\ 10 & 0 & -3 & 0 \end{bmatrix}$,

$C=\begin{bmatrix} 2 & -5 & -3 & 2 \\ 1 & 1 & 2 & 4 \\ 0 & 1 & 2 & 4 \\ 0 & 1 & 0 & 10 \end{bmatrix}$,

$D=\begin{bmatrix} 2 & 2 & 2 & -5 \\ 1 & 4 & -5 & 1 \\ 0 & 4 & -1 & 1 \\ 0 & 10 & -3 & 1 \end{bmatrix}$ 이고 $\det(M)$는 M의 행렬식을 의미한다.)

① $x_1 = \dfrac{\det(A)}{\det(M)}$ ② $x_2 = \dfrac{\det(B)}{\det(M)}$

③ $x_3 = \dfrac{\det(C)}{\det(M)}$ ④ $x_4 = \dfrac{\det(D)}{\det(M)}$

Topic 12 LU분해

1. 행렬의 LU분해 (LU decomposition)

행렬 A를 하부삼각행렬 L과 상부삼각행렬 U의 곱으로 나타내어 연립일차방정식의 해를 구하는 방법을 생각할 수 있는데 이를 LU분해라 한다.

(정리) 정사각행렬 A를 행교환 없이 Gauss 소거법에 의해 행사다리꼴로 변환할 수 있으면 A는 LU 분해를 갖는다.

(참고) 모든 행렬이 LU 분해를 갖는 것은 아니며, 존재하더라도 유일하게 결정되지 않는다.

(i) Gauss 소거법을 사용하여 A를 행교환 없이 기본행사다리꼴로 변환시킨다.

(ii) 실행된 행연산의 순서에 대응되는 기본행렬들을 $E_1, E_2, \cdots E_k$라고 하면

$$E_k \cdots E_2 E_1 A = U$$

이고 기본행렬은 가역행렬이므로 A에 대하여 풀면

$$A = (E_k \cdots E_2 E_1)^{-1} U = E_1^{-1} E_2^{-1} \cdots E_k^{-1} U$$

이때, $L = E_1^{-1} E_2^{-1} \cdots E_k^{-1}$ 즉, $A = LU$는 A의 LU 분해이다.

2. 행렬의 LU분해를 이용한 연립방정식의 풀이

(i) $A = LU$에서 선형계 $Ax = b$를 $LUx = b$로 놓는다.

(ii) $Ux = \boldsymbol{y}$로 놓고 $L\boldsymbol{y} = \boldsymbol{b}$를 미지수 $\boldsymbol{y}$에 대하여 풀어 벡터 $\boldsymbol{y}$를 구한다.

(iii) 벡터 y를 $U\boldsymbol{x} = \boldsymbol{y}$에 대입하고 $\boldsymbol{x}$에 관하여 풀어 벡터 $\boldsymbol{x}$를 구한다.

step 1

01 다음 행렬의 LU분해를 구하시오.

(1) $\begin{bmatrix} 1 & 2 & -3 \\ -3 & -4 & 13 \\ 2 & 1 & -5 \end{bmatrix}$ (2) $\begin{bmatrix} 2 & 6 & 2 \\ -3 & -8 & 0 \\ 4 & 9 & 2 \end{bmatrix}$

(3) $\begin{bmatrix} 6 & -2 & 0 \\ 9 & -1 & 1 \\ 3 & 7 & 5 \end{bmatrix}$ (4) $\begin{bmatrix} 3 & -6 & -3 \\ 2 & 0 & 6 \\ -4 & 7 & 4 \end{bmatrix}$

step 2

02 LU분해를 사용하여 다음 일차연립방정식을 푸시오. (문제1의 결과를 참조할 것)

(1) $\begin{cases} x_1 + 2x_2 - 3x_3 = 5 \\ -3x_1 - 4x_2 + 13x_3 = -17 \\ 2x_1 + x_2 - 5x_3 = 6 \end{cases}$

(2) $\begin{cases} 2x_1 + 6x_2 + 2x_3 = -16 \\ -3x_1 - 8x_2 = 14 \\ 4x_1 + 9x_2 + 2x_3 = -23 \end{cases}$

(3) $\begin{cases} 6x_1 - 2x_2 = -8 \\ 9x_1 - x_2 + x_3 = -7 \\ 3x_1 + 7x_2 + 5x_3 = 19 \end{cases}$

(4) $\begin{cases} 3x_1 - 6x_2 - 3x_3 = -3 \\ 2x_1 + 6x_3 = -22 \\ -4x_1 + 7x_2 + 4x_3 = 3 \end{cases}$

step 3

03 행렬 $A=\begin{bmatrix} 2 & 3 & 4 \\ 1 & 2 & 3 \\ 0 & 1 & 1 \end{bmatrix}$의 LU분해가 다음과 같을 때, U의 행렬식 $\det U$의 값은? 한성대 기출

$$A=LU=\begin{bmatrix} 1 & 0 & 0 \\ \square & 1 & 0 \\ \square & \square & 1 \end{bmatrix}\begin{bmatrix} \square & \square & \square \\ 0 & \square & \square \\ 0 & 0 & \square \end{bmatrix}$$

① -2
② -1
③ 1
④ 2

04 행렬 $A=\begin{bmatrix} 1 & -1 & -1 \\ 3 & -4 & -2 \\ 2 & -3 & -2 \end{bmatrix}$의 LU분해가 다음과 같을 때, $a+b+c+\det A$의 값은?

$$A=LU=\begin{bmatrix} 1 & 0 & 0 \\ 3 & a & 0 \\ b & -1 & c \end{bmatrix}\begin{bmatrix} 1 & -1 & -1 \\ 0 & 1 & -1 \\ 0 & 0 & 1 \end{bmatrix}$$

① 0
② 1
③ 2
④ 4

Topic 13 행렬의 계수

1. 행렬의 계수

행사다리꼴 행렬에서 영행이 아닌 행의 개수 즉, 선두 1의 개수를 그 행렬의 계수(rank)라 한다.

2. 행렬 계수의 성질

(1) $m \times n$ 행렬 A에 대하여

① 기본행변환 하여 얻은 행렬의 계수는 모두 동일하다. 즉, 행동치행렬들의 계수는 모두 같다.

② A가 $n \times n$행렬일 때, $\det A \neq 0$일 필요충분조건은 $rankA = n$이다.

③ $rankA = 0$이기 위한 필요충분조건은 $A = O$(영행렬)이다.

④ $rank(A) = rank(A^T) = rank(AA^T) = rank(A^TA)$

(2) 주요부등식

① $0 \leq rankA \leq \min\{m, n\}$

② $rank(A+B) \leq rankA + rankB$

③ $rankA \geq rank(AB) \geq 0$ 특히 P가 가역행렬일 때, $rankA = rank(PA) = rank(AP)$이다.

④ $m \times n$ 행렬 A, $n \times l$ 행렬 B에 대하여 $rankA + rankB - n \leq rank(AB)$ (실베스터 부등식)

step 1

01 다음 행렬의 랭크(rank)를 구하시오.

(1) $A = \begin{bmatrix} -2 & 4 & 6 \\ 1 & -2 & 3 \end{bmatrix}$

(2) $B = \begin{bmatrix} 2 & 0 & -1 \\ 4 & 0 & -2 \\ 0 & 0 & 0 \end{bmatrix}$

(3) $C = \begin{bmatrix} 6 & 0 & -3 & 0 \\ 0 & -1 & 0 & 5 \\ 2 & 0 & -1 & 0 \end{bmatrix}$

(4) $D = \begin{bmatrix} 1 & 3 & 1 & 4 \\ 2 & 4 & 2 & 0 \\ -1 & -3 & 0 & 5 \end{bmatrix}$

02 다음 행렬 A에 대하여 $rank(A)$와 $rank(A^T)$를 각각 구하시오.

$$A = \begin{bmatrix} 1 & 2 & 4 & 0 \\ -3 & 1 & 5 & 2 \\ -2 & 3 & 9 & 2 \end{bmatrix}$$

03 다음과 같이 주어진 행렬 A의 계수(rank)는?

항공대 기출

$$A = \begin{bmatrix} 2 & 4 & -2 & 0 \\ -3 & -4 & -1 & -2 \\ 4 & 6 & 0 & 2 \\ 1 & -2 & 7 & 4 \end{bmatrix}$$

① 1　　② 2

③ 3　　④ 4

step 2

04 다음 행렬의 계수(rank)가 2일 때, $\alpha+\beta$의 값은? 한양대 기출

$$\begin{bmatrix} 2 & 3 & 4 & 5 \\ 7 & 8 & 9 & 10 \\ 72 & 88 & \alpha & \beta \end{bmatrix}$$

① 224 ② 225
③ 226 ④ 227

05 행렬 $\begin{bmatrix} 1 & 5 & a \\ 2 & 6 & 48 \\ 3 & 7 & b \\ 4 & 8 & 72 \end{bmatrix}$의 계수(rank)가 2일 때, $a+b$의 값은? 가천대 기출

① 96 ② 97
③ 98 ④ 99

step 3

06 $a<b<c<d$일 때, 행렬 $\begin{bmatrix} 1 & a & a^2 & a^3 & 2+3a^3 \\ 1 & b & b^2 & b^3 & 2+3b^3 \\ 1 & c & c^2 & c^3 & 2+3c^3 \\ 1 & d & d^2 & d^3 & 2+3d^3 \end{bmatrix}$의 위수(rank)는? 경기대 기출

① 1 ② 2
③ 3 ④ 4

Topic 14 선형연립방정식의 해의 존재성과 유일성

1. 계수와 선형시스템의 해의 연관성

(1) m 개의 방정식과 n 개의 미지수를 가진 비동차 선형시스템 $A\boldsymbol{x}=\boldsymbol{b}$에서 $[A|\boldsymbol{b}]$는 시스템의 첨가 행렬을 나타낸다고 하자.

① $rank(A)=rank(A|\boldsymbol{b})$ 이면 해가 존재한다.
이때,
$rank(A)=n$ 이면 유일한 해가 존재한다.
$rank(A)<n$ 이면 무수히 많은 해가 존재한다.

② $rank(A)\neq rank(A|\boldsymbol{b})$ 이면 해가 존재하지 않는다.

(2) m 개의 방정식과 n 개의 미지수를 가진 동차 선형시스템 $A\boldsymbol{b}=\boldsymbol{0}$은 해가 항상 존재한다.

① $rank(A)=n$ 이면 자명해 $\boldsymbol{x}=\boldsymbol{0}$을 갖는다.

② $rank(A)<n$ 이면 무수히 많은 해를 갖는다.

(참고) n 차 정방행렬 A 에 대하여
A가 가역행렬 $\Leftrightarrow \det(A)\neq 0$
$\Leftrightarrow rank(A)=n$
$\Leftrightarrow$ 비동차 선형시스템 $A\boldsymbol{x}=\boldsymbol{b}$는 유일해 $\boldsymbol{x}=A^{-1}\boldsymbol{b}$를 갖는다.
$\Leftrightarrow$ 동차 선형시스템 $A\boldsymbol{b}=\boldsymbol{0}$은 자명해 $\boldsymbol{x}=\boldsymbol{0}$ 만을 갖는다.

step 1

01 다음 연립방정식의 해가 존재하는지, 존재한다면 유일해인지 판정하시오.

(1) $\begin{cases} x_1+x_2=0 \\ x_1+x_2=1 \end{cases}$

(2) $\begin{cases} x_1+x_2=3 \\ x_1-x_2=1 \end{cases}$

(3) $\begin{cases} x_1+2x_2+3x_3=0 \\ x_1-x_2-x_3=0 \end{cases}$

(4) $\begin{cases} x_1+2x_2+3x_3=7 \\ x_1-x_2-x_3=-4 \end{cases}$

(5) $\begin{cases} x_1+2x_2+3x_3=1 \\ x_1+x_2-x_3=0 \\ x_1+2x_2+x_3=3 \end{cases}$

(6) $\begin{cases} x_1+x_2+3x_3-x_4=0 \\ x_1+x_2+x_3+x_4=1 \\ x_1-2x_2+x_3-x_4=1 \\ 4x_1+x_2+8x_3-x_4=0 \end{cases}$

02 아래 연립방정식의 해에 대한 설명으로 참인 것은? 한국항공대 기출

$x_1+x_2-x_3=3$
$2x_1-2x_2+6x_3=8$
$3x_1+5x_2-7x_3=7$

① 해가 없음
② 단순해(trivial solution)
③ 유일해(unique solution)
④ 무수히 많은 해

03 다음 〈보기〉 중 옳은 것을 모두 고르면?

보기
ㄱ. 임의의 연립방정식은 적어도 하나의 해를 갖는다.
ㄴ. 임의의 동차 연립방정식은 적어도 하나의 해를 갖는다.
ㄷ. n개의 미지수와 n개의 일차방정식으로 이루어진 연립일차방정식은 적어도 하나의 해를 갖는다.
ㄹ. n개의 미지수와 n개의 일차방정식으로 이루어진 동차 연립일차방정식의 계수행렬이 가역이면 자명해만을 갖는다.

① ㄱ, ㄴ ② ㄱ, ㄷ
③ ㄴ, ㄷ ④ ㄴ, ㄹ

step 2

04 연립방정식 $\begin{pmatrix} a-1 & 2 \\ 6 & a-2 \end{pmatrix}\begin{pmatrix} x \\ y \end{pmatrix} = \begin{pmatrix} a+3 \\ 12 \end{pmatrix}$이 무수히 많은 해를 가질 때, 상수 a의 값은?

동덕여대 기출

① $a=5$　② $a=-2$
③ $a\neq 5, a\neq -2$　④ $a=5$ 또는 $a=-2$

05 다음 연립방정식의 해가 존재하지 않는 상수 k의 값은?

한성대 기출

$$\begin{pmatrix} 3x+ky \\ 2x+3y \end{pmatrix} = \begin{pmatrix} 5x+8 \\ 5y+4k \end{pmatrix}$$

① 1　② 2
③ 3　④ 4

step 3

06 x, y, z에 대한 다음의 일차연립방정식이 무한히 많은 해를 갖도록 하는 상수 a의 값을 모두 곱하면?

중앙대 수학과 기출

$$\begin{cases} x+y+2z=-3 \\ 2x+y+3z=-2\alpha \\ -3x+4y+z=\alpha^2 \end{cases}$$

① 14　② 6
③ -9　④ 33

02 실력 UP 단원 마무리

선형연립방정식과 행렬

정답 및 풀이 p.242

※ [1~3] 다음 선형연립방정식에 대하여 답하시오.

$$\begin{cases} \quad\quad\;\; 8y+6z=-4 \\ -2x+4y-6z=18 \\ \;\; x+y\;\;\; -z=2 \end{cases}$$

01 위의 선형연립방정식을 첨가행렬로 바르게 나타낸 것은?

① $\left[\begin{array}{ccc|c} 0 & -2 & 1 & -4 \\ 8 & 4 & 1 & 18 \\ 6 & -6 & -1 & 2 \end{array}\right]$ ② $\left[\begin{array}{ccc|c} 0 & 8 & 6 & -4 \\ -2 & 4 & -6 & 18 \\ 1 & 1 & -1 & 2 \end{array}\right]$

③ $\left[\begin{array}{ccc|c} 1 & 1 & -1 & -4 \\ -2 & 4 & -6 & 18 \\ 0 & 8 & 6 & 2 \end{array}\right]$ ④ $\left[\begin{array}{ccc|c} 0 & 8 & 6 & -4 \\ -2 & 4 & -6 & 18 \\ 1 & 1 & -1 & 2 \end{array}\right]$

02 Gauss 소거법을 사용하여 위 1번의 행렬을 행사다리꼴로 만든 것은?

① $\left[\begin{array}{ccc|c} 1 & 1 & -1 & 2 \\ 0 & 8 & 6 & -4 \\ 0 & 2 & -4 & 12 \end{array}\right]$

② $\left[\begin{array}{ccc|c} 1 & 1 & -1 & 2 \\ 0 & 8 & 6 & -4 \\ 0 & 6 & -8 & 22 \end{array}\right]$

③ $\left[\begin{array}{ccc|c} 1 & 1 & -1 & 2 \\ 0 & 8 & 6 & -4 \\ 0 & 0 & -\frac{25}{2} & 25 \end{array}\right]$

④ $\left[\begin{array}{ccc|c} 1 & 1 & -1 & 2 \\ 0 & 8 & 6 & -4 \\ 0 & 0 & -\frac{7}{2} & 25 \end{array}\right]$

03 위 선형계의 해를 바르게 구한 것은?

① $x=-1,\ y=1,\ z=-2$

② $x=1,\ y=-1,\ z=-2$

③ $x=-1,\ y=1,\ z=2$

④ $x=1,\ y=-1,\ z=2$

04 다음 행렬의 계수 (rank)를 구하시오.

$$\begin{bmatrix} 2 & -1 & -1 & 4 \\ 1 & 0 & -1 & 0 \\ 1 & -1 & 0 & 2 \\ 0 & 1 & -1 & -1 \end{bmatrix}$$

① 1 ② 2

③ 3 ④ 4

05 행렬 $\begin{bmatrix} 0 & \frac{1}{2} & 0 \\ 0 & 0 & \frac{1}{4} \\ \frac{1}{8} & 0 & 0 \end{bmatrix}$의 역행렬을 구하면?

① $\begin{bmatrix} 0 & 2 & 0 \\ 0 & 0 & 4 \\ 8 & 0 & 0 \end{bmatrix}$ ② $\begin{bmatrix} 0 & 2 & 0 \\ 4 & 0 & 0 \\ 0 & 0 & 8 \end{bmatrix}$

③ $\begin{bmatrix} 0 & 0 & 8 \\ 2 & 0 & 0 \\ 0 & 4 & 0 \end{bmatrix}$ ④ $\begin{bmatrix} 0 & 0 & 8 \\ 2 & 0 & 2 \\ 4 & 0 & 0 \end{bmatrix}$

※ [6~7] 다음 3×3 행렬 A에 대하여 다음 물음에 답하시오.

$$A = \begin{bmatrix} 1 & 2 & 1 \\ 2 & 3 & 3 \\ -3 & -10 & 2 \end{bmatrix}$$

06 행렬 A를 두 행렬 L, U의 곱으로 나타내시오. 이때, L은 하삼각 행렬이고, U는 상삼각행렬이다.

07 선형계 $A\boldsymbol{x}=b$의 해를 구하시오. 단, $\boldsymbol{x}=[x_1\ \ x_2\ \ x_3]^T$, $b=[1\ \ 1\ \ 1]^T$이다.

08 행렬 $\begin{bmatrix} 1 & 5 & a \\ 2 & 6 & 48 \\ 3 & 7 & b \\ 4 & 8 & 72 \end{bmatrix}$의 계수(rank)가 2일 때, $a+b$의 값은?

① 96 ② 97

③ 98 ④ 99

09 행렬 $\begin{bmatrix} 1 & 0 & -2 \\ 0 & 1 & 0 \\ 0 & 0 & 2 \end{bmatrix}$의 역행렬을 구하면?

① $\frac{1}{2}\begin{bmatrix} 2 & 0 & 0 \\ 0 & 2 & 0 \\ 2 & 0 & 1 \end{bmatrix}$　② $\frac{1}{2}\begin{bmatrix} 2 & 0 & 2 \\ 0 & 2 & 0 \\ 0 & 0 & 1 \end{bmatrix}$

③ $\begin{bmatrix} 4 & 0 & 0 \\ 0 & 4 & 0 \\ 4 & 0 & 2 \end{bmatrix}$　④ $\begin{bmatrix} 4 & 0 & 4 \\ 0 & 4 & 0 \\ 0 & 0 & 2 \end{bmatrix}$

10 선형연립방정식 $\begin{cases} 2x+3y-z=1 \\ 3x+5y+2z=8 \\ x-2y-3z=-1 \end{cases}$을 만족하는 y의 값을 구하면?

① -2　② -1

③ 1　④ 2

11 연립방정식$\begin{cases} x-y+z=0 \\ 2x+ay+2z=0 \\ x-2y+2z=0 \end{cases}$이 무수히 많은 해를 갖도록 하는 a의 값은?

① 2　② 1

③ -1　④ -2

12 A를 7×9행렬이라 하자. $rank(A)$가 가질 수 있는 최댓값은?

① 2　② 7

③ 8　④ 9

13 행렬$A=\begin{bmatrix}3&4&-1\\1&0&3\\2&5&-4\end{bmatrix}$에 대하여 A^{-1}의 2행 3열의 원소는?

① 1 ② $\frac{3}{2}$

③ 2 ④ $\frac{4}{3}$

14 다음 중 자명해($x=0,\ y=0$)이외의 해를 갖는 동차선형계는?

① $\begin{cases}x+2y=0\\2x+4y=0\end{cases}$ ② $\begin{cases}x-y=0\\2x+4y=0\end{cases}$

③ $\begin{cases}2y=0\\-x+3y=0\end{cases}$ ④ $\begin{cases}2x+y=0\\-x+4y=0\end{cases}$

15 첫째, 둘째, 넷째 열이 각각 $\begin{bmatrix}1\\-1\\3\end{bmatrix}$, $\begin{bmatrix}0\\-1\\1\end{bmatrix}$, $\begin{bmatrix}1\\-2\\1\end{bmatrix}$인 행렬 A의 기약 행사다리꼴이 $\begin{bmatrix}1&0&2&0&-2\\0&1&-5&0&-3\\0&0&0&1&6\end{bmatrix}$일 때, 행렬 A의 $(2,5)$-성분은?

① -7 ② -5

③ -3 ④ -1

memo

03

평면벡터와 공간벡터

03 핵심 문제

Topic 15 기하적 벡터

1. 스칼라와 벡터

① 스칼라(scalar) : 크기만을 갖는 양

② 벡터(vector) : 크기와 방향을 갖는 양

2. 기하적 벡터

기하적 벡터는 유향선분(화살표) $\vec{a}$ 또는 $\overrightarrow{AB}$로 표시하고, 이때 화살표의 길이는 크기, 화살표의 방향은 벡터의 방향을 나타낸다.

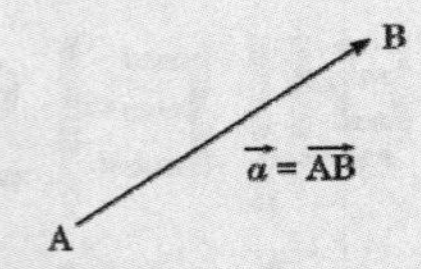

크기가 1인 벡터를 단위벡터, 크기 0인 벡터를 영벡터라 한다. 벡터 $\overrightarrow{AB}$와 크기가 같고 방향이 반대인 벡터를 역벡터라 한다.

3. 벡터의 연산

① 덧셈

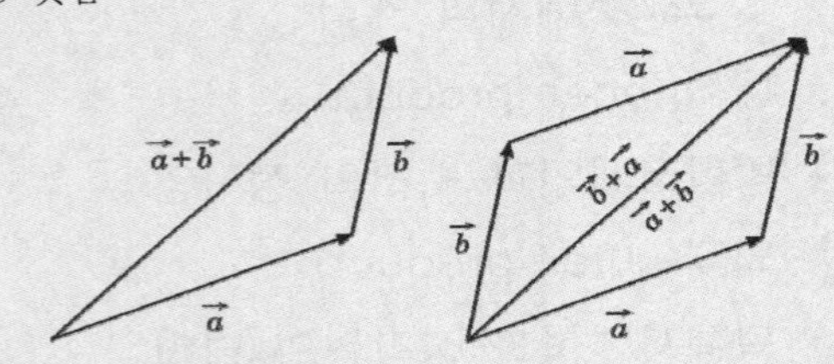

② 뺄셈

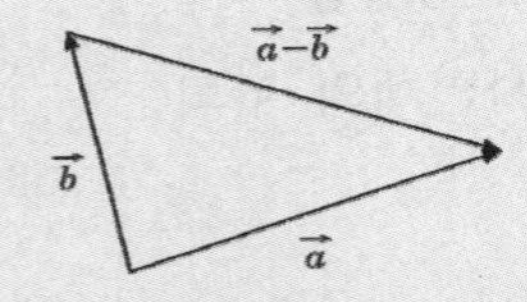

③ 스칼라배

m 이 스칼라이고 $\vec{a}$ 가 벡터이면 스칼라배 $m\vec{a}$ 는 크기가 벡터 $\vec{a}$ 의 크기에 $|m|$ 를 곱한 것과 같고, $m>0$ 이면 $\vec{a}$ 와 같은 방향이고 $m<0$ 이면 $\vec{a}$ 와 반대 방향의 벡터이다. 만일 $m=0$ 또는 $\vec{a}=\vec{0}$ 이면 $m\vec{a}=\vec{0}$ 이다.

④ 벡터의 평행과 상등

두 벡터 $\vec{a}, \vec{b}$의 방향이 같거나 반대일 때, 이 두 벡터는 서로 평행하다고 하고 $\vec{a}//\vec{b}$로 나타낸다.

크기와 방향이 각각 같은 두 벡터를 서로 같다(상등)고 하고, $\vec{a}=\vec{b}$ 로 나타낸다.

step 1

01 아래 그림의 삼각형에서 $\overrightarrow{AB}=\vec{a}$, $\overrightarrow{BC}=\vec{b}$, $\overrightarrow{CA}=\vec{c}$ 라 할 때, 다음을 구하시오.

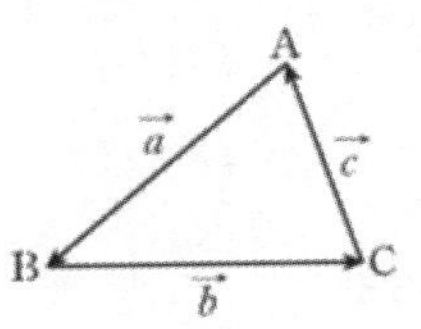

(1) $\vec{a}+\vec{b}$　　(2) $\vec{a}+\vec{c}$

(3) $-\vec{c}-\vec{a}$　　(4) $\vec{a}+\vec{b}+\vec{c}$

02 아래 그림의 직사각형 ABCD의 대각선의 교점을 O라 하고, $\overrightarrow{OA}=\vec{a}$, $\overrightarrow{OD}=\vec{b}$라 할 때, 다음 벡터들을 $\vec{a}, \vec{b}$로 나타내시오.

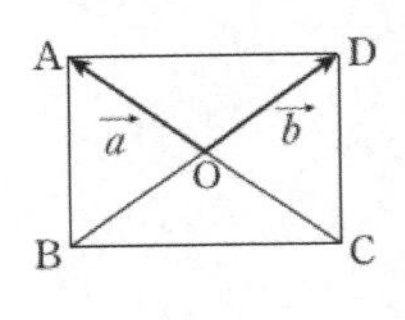

(1) $\overrightarrow{AB}$　　(2) $\overrightarrow{CB}$

step 2

03 아래 그림의 마름모 ABCD에서 벡터 $\overrightarrow{\mathrm{BD}}$의 크기를 구하시오.

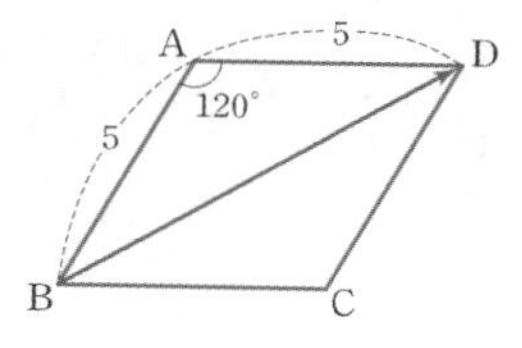

04 아래 그림의 정사각형 ABCD에서 $|\overrightarrow{\mathrm{AB}}+\overrightarrow{\mathrm{AC}}+\overrightarrow{\mathrm{AD}}|=10\sqrt{2}$일 때, 이 정사각형의 한 변의 길이를 구하시오.

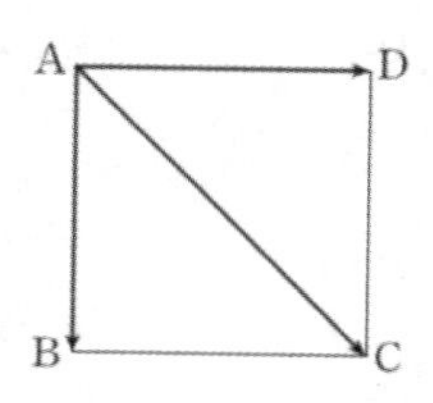

step 3

05 사각형 ABCD와 점 O에 대하여 $\overrightarrow{\mathrm{OA}}+\overrightarrow{\mathrm{OC}}=\overrightarrow{\mathrm{OB}}+\overrightarrow{\mathrm{OD}}$가 성립할 때, 사각형 ABCD는 어떤 사각형인지 말하시오.

Topic 16 $\mathbb{R}^2$와 $\mathbb{R}^3$에서의 벡터

1.벡터의 성분

직교좌표계의 원점과 벡터 $\vec{a}$ 의 시점을 일치시키면 좌표계가 2차원 또는 3차원인가에 따라서 $\vec{a}$ 의 끝점은 (a_1, a_2) 또는 (a_1, a_2, a_3) 형태의 좌표를 갖는다. 이들 좌표를 $\vec{a}$ 의 성분(component)이라 하고
$\vec{a}=(a_1, a_2)$ 또는 $\vec{a}=(a_1, a_2, a_3)$ 로 쓴다.

2. 벡터의 연산

$\vec{a}$, $\vec{b}$, $\vec{c}$ 가 벡터이고 m, n 이 스칼라일 때,

① 점 $A(x_1, y_1)$과 $B(x_2, y_2)$에 대하여
$\overrightarrow{AB} = (x_2-x_1, y_2-y_1)$

② 점 $A(x_1, y_1, z_1)$과 $B(x_2, y_2, z_2)$에 대하여
$\overrightarrow{AB} = (x_2-x_1, y_2-y_1, z_2-z_1)$

③ 2차원 벡터 $\vec{a}=(a_1, a_2)$의 크기는
$|\vec{a}| = \sqrt{{a_1}^2 + {a_2}^2}$

④ 3차원 벡터 $\vec{a}=(a_1, a_2, a_3)$의 크기는
$|\vec{a}| = \sqrt{{a_1}^2+{a_2}^2+{a_3}^2}$

⑤ $\vec{a}+\vec{b} = \vec{b}+\vec{a}$

⑥ $(\vec{a}+\vec{b})+\vec{c}=\vec{a}+(\vec{b}+\vec{c})$

⑦ $\vec{a}+\vec{0} = \vec{a}$

⑧ $\vec{a}+(-\vec{a}) = \vec{0}$

3. 기본단위벡터

(1) 평면

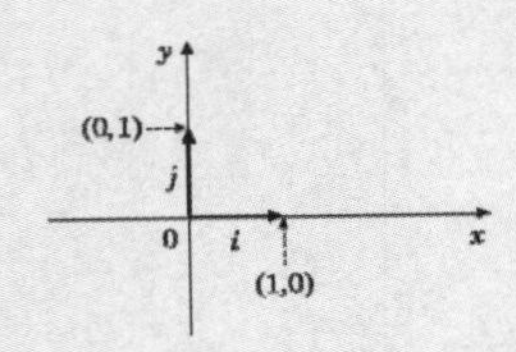

① $i = (1,0)$, $j = (0,1)$

② $\vec{a}=(a_1, a_2) = a_1 i + a_2 j$

(2) 공간

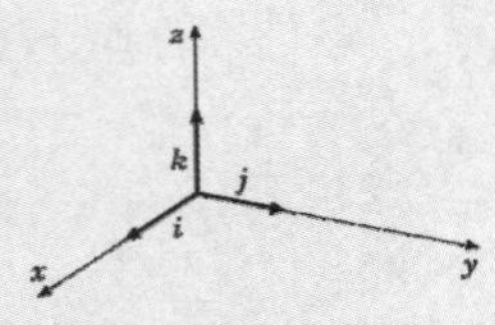

① $i = (1,0,0)$, $j = (0,1,0)$,
$k = (0,0,1)$

② $\vec{a}=(a_1, a_2, a_3) = a_1 i + a_2 j + a_3 k$

(참고) $\vec{a} \neq \vec{0}$ 이면, $\vec{a}$ 와 같은 방향을 가지는 단위벡터는 $\dfrac{\vec{a}}{|\vec{a}|}$ 이다.

step 1

01 $\vec{a}=(1, 3)$, $\vec{b}=(3, -2)$일 때, 다음 벡터를 성분으로 나타내시오.

(1) $\vec{a}+\vec{b}$　　(2) $3\vec{a}-2\vec{b}$

(3) $2(\vec{a}+5\vec{b})$　　(4) $3(2\vec{a}-\vec{b})-2(4\vec{a}-2\vec{b})$

02 $\vec{u}=(2, 4, -5)$, $\vec{v}=(1, -6, 9)$일 때, 다음 벡터를 성분으로 나타내시오.

(1) $\vec{u}+\vec{v}$　　(2) $3\vec{u}-5\vec{v}$

(3) $5(\vec{v}-4\vec{u})$　　(4) $(2\vec{u}-7\vec{v})+(\vec{u}+2\vec{v})$

03 다음 두 점 A, B에 대하여 $\overrightarrow{AB}$의 크기를 구하시오.

(1) $A(-3, 4)$, $B(2, -1)$

(2) $A(4, 2)$, $B(-1, 5)$

(3) $A(1, -3, 4)$, $B(-2, -3, 4)$

(4) $A(1, -1, 5)$, $B(9, 3, 5)$

04 다음 벡터와 같은 방향을 갖는 단위벡터를 구하시오.

(1) $\vec{u}=(1, 3, -4)$ (2) $\vec{v}=(2, 2, -1)$

05 $\vec{u}=3i-4j+8k$, $\vec{v}=5i+3k$ 일 때, $5\vec{u}-2\vec{v}$를 기본단위벡터로 나타내시오.

step 2

06 다음 벡터 $\vec{a}, \vec{b}, \vec{c}$에 대하여 $\vec{c}=m\vec{a}+n\vec{b}$의 꼴로 나타내시오. (단, m, n은 실수)

(1) $\vec{a}=(1, 1), \vec{b}=(-1, 1), \vec{c}=(5, -1)$

(2) $\vec{a}=(1, 2, 3), \vec{b}=(2, 3, 7), \vec{c}=(5, 7, 18)$

07 다음을 구하시오.

(1) $\vec{u}=(5, 2)$와 같고 $A(3, 2)$를 시점으로 하는 벡터의 종점

(2) $\vec{u}=(1, 2, 2)$와 같고 $B(3, -1, 0)$을 시점으로 하는 벡터의 종점

08 다음을 구하시오.

(1) $\vec{u}=(1, 2)$와 같고 $B(2, 0)$을 종점으로 하는 벡터의 시점

(2) $\vec{u}=(1, 1, 3)$과 같고 $B(0, 2, 0)$을 종점으로 하는 벡터의 시점

step 3

09 세 점 $A(-3, 5)$, $B(-1, 3)$, $C(2, 6)$에 대하여 $\overrightarrow{AB} = \overrightarrow{CD}$를 만족하는 점 D의 좌표를 구하시오.

10 두 벡터 $\mathrm{v} = (1, 1, -1)$, $\mathrm{w} = (1, -1, 1)$에 대하여 $s\mathrm{v} + t\mathrm{w} = (5, -1, 1)$일 때, 두 실수 s, t의 곱 st의 값은? 명지대 기출

① 3 ② 4
③ 5 ④ 6
⑤ 7

Topic 17 내적(inner product)

1. 내적의 정의

θ 가 영벡터가 아닌 두 벡터 $\vec{a}$ 와 $\vec{b}$ 사이의 각이면

$\vec{a} \cdot \vec{b} = |\vec{a}||\vec{b}|\cos\theta \ (0 \le \theta \le \pi)$

또한, 세 벡터 $\vec{a}$, $\vec{b}$, $\vec{c}$와 임의의 스칼라 m 에 대해

(1) 2차원 벡터 $\vec{a} = (a_1, a_2)$, $\vec{b} = (b_1, b_2)$의 내적은

$\vec{a} \cdot \vec{b} = a_1b_1 + a_2b_2$

(2) 3차원 벡터 $\vec{a}=(a_1, a_2, a_3)$, $\vec{b}=(b_1, b_2, b_3)$의 내적은

$\vec{a} \cdot \vec{b} = a_1b_1 + a_2b_2 + a_3b_3$

2. 내적의 성질

① $\vec{a} \cdot \vec{b} = \vec{b} \cdot \vec{a}$

② $\vec{a} \cdot (\vec{b}+\vec{c}) = \vec{a} \cdot \vec{b} + \vec{a} \cdot \vec{c}$,
$(\vec{a}+\vec{b}) \cdot \vec{c} = \vec{a} \cdot \vec{c} + \vec{b} \cdot \vec{c}$

③ $(\vec{a}+\vec{b}) \cdot (\vec{c}+\vec{d}) = \vec{a} \cdot \vec{c} + \vec{a} \cdot \vec{d} + \vec{b} \cdot \vec{c} + \vec{b} \cdot \vec{d}$

④ $(m\vec{a}) \cdot \vec{b} = m(\vec{a} \cdot \vec{b}) = \vec{a} \cdot (m\vec{b})$

⑤ $\vec{a} \cdot \vec{a} = |\vec{a}|^2$

⑥ $\vec{0} \cdot \vec{a} = \vec{0}$

3. 벡터의 사잇각

$\cos\theta = \dfrac{\vec{a} \cdot \vec{b}}{|\vec{a}||\vec{b}|}$

(참고) 두 벡터 $\vec{a}, \vec{b}$가 직교하기 위한 필요충분조건은 $\vec{a} \cdot \vec{b}=0$이다.

step 1

01 세 벡터 $\vec{u}=(2, -3, 4)$, $\vec{v}=(-1, 2, 5)$, $\vec{w}=(3, 6, -1)$에 대하여 다음을 구하시오.

(1) $\vec{u} \cdot \vec{v}$　　(2) $\vec{v} \cdot \vec{w}$

(3) $\vec{u} \cdot (2\vec{v})$　　(4) $(2\vec{v}) \cdot (3\vec{w})$

(5) $\vec{u} \cdot \vec{u}$　　(6) $\vec{u} \cdot (\vec{v}+\vec{w})$

(7) $(\vec{u}+\vec{v}) \cdot \vec{w}$　　(8) $(\vec{w} \cdot \vec{v})\vec{u}$

02 두 벡터 $\vec{a}, \vec{b}$와 사잇각이 다음과 같이 주어졌을 때, $\vec{a} \cdot \vec{b}$를 구하시오.

(1) $\|\vec{a}\|=8, \|\vec{b}\|=4, \theta=\dfrac{\pi}{3}$

(2) $\|\vec{a}\|=3, \|\vec{b}\|=6, \theta=\dfrac{\pi}{4}$

03 다음 <보기>에서 서로 직교하는 벡터를 모두 고르시오.

ㄱ. $(2, 0, 1)$	ㄴ. $(1, -1, 1)$
ㄷ. $i-4j+6k$	ㄹ. $3i+2j-k$
ㅁ. $(2, -1, -1)$	ㅂ. $-4i+3j+8k$

04 다음과 같이 주어진 두 벡터 $\vec{u}, \vec{v}$의 사잇각을 θ라 할 때, $\cos\theta$의 값을 구하시오.

(1) $\vec{u}=(-1, -1, 4)$, $\vec{v}=(2, 4, 0)$

(2) $\vec{u}=3i-j$, $\vec{v}=2i+2k$

(3) $\vec{u}=2i+j$, $\vec{v}=-3i-4j$

(4) $\vec{u}=(1, -1, 2)$, $\vec{v}=(1, 1, 1)$

step 2

05 3차원 공간상의 세 점 $X=(-1, 0, 1)$, $Y=(1, 0, 0)$, $O=(0, 0, 0)$을 고려하자. 세 점 사이의 각 $\angle XOY$ 는? 한국항공대 기출

① $45°$　② $60°$　③ $135°$　④ $150°$

06 공간상의 세 점 $A(-1, 0, 2)$, $B(0, 3, 2)$, $C(2, 1, 2)$에 대해서 선분AB와 AC가 이루는 예각을 θ라 할 때, $\sin\theta$의 값은? 한성대 기출

① $\frac{1}{5}$　② $\frac{2}{5}$　③ $\frac{3}{5}$　④ $\frac{4}{5}$

07 두 벡터 $\vec{a}=(1,\ -1,\ 3)$, $\vec{b}=(1,\ -3,\ 2)$에 대하여 $\vec{a}+t\vec{b}$와 $2\vec{a}-\vec{b}$가 서로 수직일 때, 실수 t의 값은?

① -2 ② -1
③ 0 ④ 1
⑤ 2

step 3

08 그림과 같은 직육면체에서 선분 DF와 BG가 이루는 각의 크기를 구하시오.

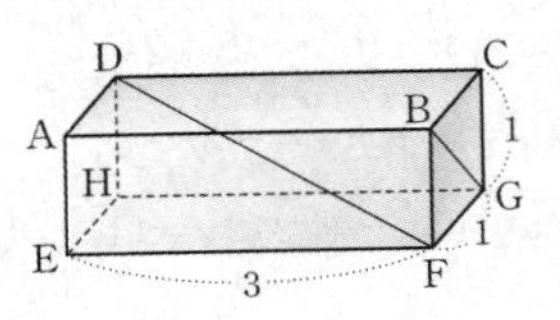

Topic 18 방향코사인과 벡터의 정사영

1. 방향각과 방향코사인

영이 아닌 벡터 $\vec{a} = a_1 i + a_2 j + a_3 k$에 대하여 $\vec{a}$와 각각의 단위벡터 i, j, k 사이의 각 α, β, γ를 $\vec{a}$의 방향각(direction angles)이라 한다.

$$\cos\alpha = \frac{\vec{a} \cdot i}{|\vec{a}||i|} = \frac{a_1}{|\vec{a}|},\ \cos\beta = \frac{\vec{a} \cdot j}{|\vec{a}||j|} = \frac{a_2}{|\vec{a}|},$$

$$\cos\gamma = \frac{\vec{a} \cdot k}{|\vec{a}||k|} = \frac{a_3}{|\vec{a}|}$$

이때 $\cos\alpha, \cos\beta, \cos\gamma$를 $\vec{a}$의 방향코사인(direction cosine)이라 한다.

(참고) 영이 아닌 벡터 $\vec{a}$의 방향코사인은 간단히 단위벡터 $\frac{\vec{a}}{|\vec{a}|}$의 성분들이다.

따라서 $\cos^2\alpha + \cos^2\beta + \cos^2\gamma = 1$이다.

2. 정사영

벡터 $\vec{a}$를 지나는 직선 위에 벡터 $\vec{b}$를 정사영하여 얻은 것을 $\vec{a}$ 위로의 $\vec{b}$의 정사영벡터라고 부르고 $proj_{\vec{a}}\vec{b}$로 나타낸다. $|\vec{b}|\cos\theta$는 $\vec{a}$ 방향의 $\vec{b}$ 스칼라 성분이라고 부른다.

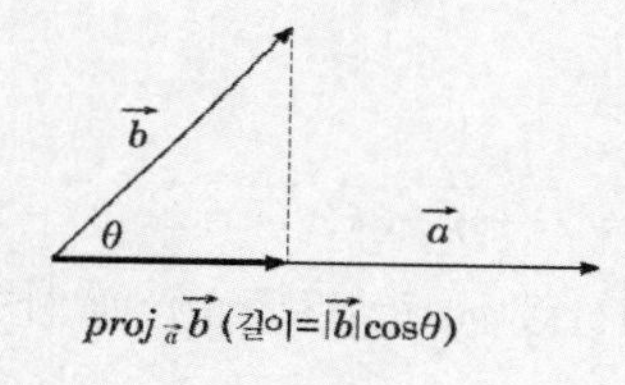

① $\vec{a}$ 위로의 $\vec{b}$의 벡터 사영 :

$$proj_{\vec{a}}\vec{b} = \frac{\vec{b} \cdot \vec{a}}{|\vec{a}|^2}\vec{a} = \left(\frac{\vec{b} \cdot \vec{a}}{|\vec{a}|}\right)\frac{\vec{a}}{|\vec{a}|}$$

② $\vec{a}$ 위로의 $\vec{b}$의 스칼라 사영 : $comp_{\vec{a}}\vec{b} = \dfrac{\vec{b} \cdot \vec{a}}{|\vec{a}|}$

step 1

01 주어진 벡터의 방향코사인을 구하시오.

(1) $\vec{a} = (1, 2, 3)$ (2) $\vec{b} = 4i + 4j - 2k$

(3) $\vec{c} = (1, 0, -\sqrt{3})$ (4) $\vec{d} = 5i + 7j + 2k$

(5) $\vec{e} = (1, 1, 1)$

02 벡터 $\vec{a}$의 벡터 $\vec{b}$ 위로의 스칼라 사영과 벡터사영을 각각 구하시오.

(1) $\vec{a} = (-5, 5)$, $\vec{b} = (3, -4)$

(2) $\vec{a} = 2i + j$, $\vec{b} = -i + j$

(3) $\vec{a} = i + j + k$, $\vec{b} = -2i + 2j - k$

(4) $\vec{a} = (-1, -2, 7)$, $\vec{b} = (6, -3, -2)$

step 2

03 두 벡터 $u=(1, 2, 3), v=(1, 2, 1)$에 대하여 u 위로의 v의 벡터사영 $proj_u v$를 구하면?

건국대 기출

① $\frac{4}{3}(1, 2, 3)$　② $\frac{4}{7}(1, 2, 3)$
③ $\frac{3}{4}(1, 2, 3)$　④ $\frac{4}{3}(1, 2, 1)$
⑤ $\frac{4}{7}(1, 2, 1)$

04 벡터 $\vec{u}=-i+2j-k$ 를 벡터 $\vec{v}=3i-2j+2k$ 에 정사영(projection)시킨 정사영 벡터가 $\alpha\vec{v}$ 일 때, α 의 값은?

① $-\frac{5}{17}$　② $-\frac{9}{17}$
③ $\frac{5}{13}$　④ $\frac{9}{13}$

step 3

05 두 벡터 $\vec{a}=(1, 0, -2)$, $\vec{b}=(1, 2, 1)$에 대하여 $\vec{a}$를 $\vec{b}$와 평행한 벡터 $\vec{a}_T$와 $\vec{b}$와 수직인 벡터 $\vec{a}_N$의 합으로 나타내자. 이때 $\vec{a}_T$는?

① $\vec{a}_T=\left(\frac{1}{6}, -\frac{1}{3}, \frac{1}{6}\right)$
② $\vec{a}_T=\left(-\frac{1}{6}, \frac{1}{3}, -\frac{1}{6}\right)$
③ $\vec{a}_T=\left(\frac{1}{6}, -\frac{1}{3}, \frac{1}{6}\right)$
④ $\vec{a}_T=\left(-\frac{1}{6}, -\frac{1}{3}, -\frac{1}{6}\right)$

06 벡터 $\vec{v}=2\vec{i}-\vec{j}+3\vec{k}$, $\vec{w}=\vec{i}-3\vec{j}+2\vec{k}$에 대하여 두 벡터사영 $proj_{\vec{w}}\vec{v}$와 $proj_{\vec{v}}\vec{w}$ 사이의 각은?

가천대 기출

① $\cos^{-1}\frac{11}{14}$　② $\cos^{-1}\frac{10}{14}$
③ $\cos^{-1}\frac{10}{13}$　④ $\frac{\pi}{6}$

Topic 19 외적(outer product)

1. 벡터의 외적

$\vec{a}=(a_1, a_2, a_3)$, $\vec{b}=(b_1, b_2, b_3)$ 일 때,

$$\vec{a}\times\vec{b} = \begin{vmatrix} i & j & k \\ a_1 & a_2 & a_3 \\ b_1 & b_2 & b_3 \end{vmatrix}$$

$$= (a_2b_3-a_3b_2,\ a_3b_1-a_1b_3,\ a_1b_2-a_2b_1)$$

또한, 세 벡터 $\vec{a}$, $\vec{b}$, $\vec{c}$와 스칼라 m에 대해

① $\vec{a}\times\vec{b}=-(\vec{b}\times\vec{a})$

② $\vec{a}\times(\vec{b}\times\vec{c}) \neq (\vec{a}\times\vec{b})\times\vec{c}$

③ $\vec{a}\times(\vec{b}+\vec{c})=\vec{a}\times\vec{b}+\vec{a}\times\vec{c}$,
$(\vec{a}+\vec{b})\times\vec{c}=\vec{a}\times\vec{c}+\vec{b}\times\vec{c}$

④ $(\vec{a}+\vec{b})\times(\vec{c}+\vec{d})=\vec{a}\times\vec{c}+\vec{a}\times\vec{d}+\vec{b}\times\vec{c}+\vec{b}\times\vec{d}$

⑤ $(m\vec{a})\times\vec{b}=m(\vec{a}\times\vec{b})=\vec{a}\times(m\vec{b})$

⑥ $\vec{a}\times\vec{a}=\vec{0}$

⑦ $|\vec{a}\times\vec{b}|^2=(\vec{a}\cdot\vec{a})(\vec{b}\cdot\vec{b})-(\vec{a}\cdot\vec{b})^2$

⑧ $i\times j=k$, $j\times k=i$, $k\times i=j$, $j\times i=-k$,
$k\times j=-i$, $i\times k=-j$

⑨ $|\vec{a}\times\vec{b}|=|\vec{a}||\vec{b}|\sin\theta$ (단, θ는 $0\leq\theta\leq\pi$ 인 두 벡터 $\vec{a}$, $\vec{b}$ 사이의 각)

⑩ 영벡터가 아닌 두 벡터 $\vec{a}$ 와 $\vec{b}$ 가 평행
$\Leftrightarrow \vec{a}\times\vec{b}=\vec{0}$

step 1

01 다음 벡터의 외적 $\vec{a}\times\vec{b}$를 구하시오.

(1) $\vec{a}=(1,\ -1,\ 0)$, $\vec{b}=(0,\ 3,\ 5)$

(2) $\vec{a}=(2,\ 1,\ 0)$, $\vec{b}=(4,\ 0,\ -1)$

(3) $\vec{a}=i+2j+3k$, $\vec{b}=4i+5j+6k$

(4) $\vec{a}=2i-3j+4k$, $\vec{b}=3i+j-2k$

02 다음 벡터 $\overrightarrow{P_1}$, $\overrightarrow{P_2}$, $\overrightarrow{P_3}$에 대하여 $\overrightarrow{P_1P_2}\times\overrightarrow{P_1P_3}$를 구하시오.

(1) $\overrightarrow{P_1}=(0,\ 0,\ 1)$, $\overrightarrow{P_2}=(0,\ 1,\ 2)$, $\overrightarrow{P_3}=(1,\ 2,\ 3)$

(2) $\overrightarrow{P_1}=(1,\ -2,\ 3)$, $\overrightarrow{P_2}=(0,\ 3,\ -1)$,
$\overrightarrow{P_3}=(-1,\ 2,\ 4)$

03 두 벡터 $\vec{u}, \vec{v}$에 수직인 벡터를 구하시오.

(1) $\vec{u}=i+3j+4k$, $\vec{v}=2i-6j-5k$

(2) $\vec{u}=(2,\ -7,\ 4)$, $\vec{v}=(1,\ -1,\ 1)$

04 $i=(1,0,0), j=(0,1,0), \ k=(0,0,1)$에 대하여 다음을 구하시오.

(1) $(2i)\times j$ (2) $i\times(-2)k$

(3) $k\times(2i-j)$ (4) $(2i-j+5k)\times i$

(5) $(i\times k)-3(j\times i)$ (6) $(i+j)\times(i+5k)$

step 2

05 3차원 공간상의 네 점

$$X=(1,0,1), Y=(1,1,1),$$
$$Z=(a,b,c), O=(0,0,0)$$

을 고려하자. $\overrightarrow{OZ}$가 $\overrightarrow{OX}$와 $\overrightarrow{OY}$ 모두에게 수직일 때, b 값은 얼마인가? **한국항공대 기출**

① 0 ② 2

③ $\sqrt{2}$ ④ 3

06 0이 아닌 두 벡터 a와 b에 대해 내적을 $a \cdot b$, 외적을 $a\times b$라 할 때, 다음의 값은? (단, $|a|$는 a의 크기) **한양대 에리카**

$$\frac{|a\cdot b|^2}{|a|^2|b|^2}+\frac{|a\times b|^2}{|a|^2|b|^2}$$

① 0 ② $|a|^2$

③ $|ab|^2$ ④ 1

07 구 $x^2+y^2+z^2=3$ 위의 두 점 $\mathrm{A}=(a_1, a_2, a_3)$, $\mathrm{B}=(b_1, b_2, b_3)$에 대하여 $\| A\times B\|^2+(A\cdot B)^2$을 구하시오.

이화여대 기출

① 3 ② 6
③ 9 ④ 18
⑤ 81

step 3

08 두 벡터 $\vec{a}, \vec{b}$가 xz 평면 위에 놓여 있다. $\|\vec{a}\|=3\sqrt{3}$, $\|\vec{b}\|=4$이고 사잇각 $\theta=\frac{2}{3}\pi$일 때, 가능한 $\vec{a}\times\vec{b}$의 값을 모두 구하시오.

Topic 20 평행사변형과 삼각형의 넓이

1. 두 벡터에 의해 결정되는 도형의 넓이

(1) $\vec{a}$와 $\vec{b}$에 의해 결정되는 평행사변형의 넓이는 $|\vec{a}\times\vec{b}|$이다.

(2) $\vec{a}$와 $\vec{b}$에 의해 결정되는 삼각형의 넓이는 $\frac{1}{2}|\vec{a}\times\vec{b}|$이다.

step 1

01 다음 벡터 $\vec{u}, \vec{v}$에 의해 결정되는 평행사변형의 넓이를 구하시오.

(1) $\vec{u}=(6, 3, 1)$, $\vec{v}=(5, 1, 2)$

(2) $\vec{u}=(3, -1, 4)$, $\vec{v}=(6, -2, 12)$

(3) $\vec{u}=(2, 3, 0)$, $\vec{v}=(-1, 2, -2)$

(4) $\vec{u}=(1, 1, -1)$, $\vec{v}=(3, 2, -5)$

02 주어진 꼭짓점을 갖는 평행사변형의 넓이를 구하시오.

(1) $P_1(2, 3)$, $P_2(1, 4)$, $P_3(5, 2)$, $P_4(4, 3)$

(2) $P_1(3, 2)$, $P_2(5, 4)$, $P_3(0, 4)$, $P_4(7, 2)$

03 주어진 꼭짓점을 갖는 삼각형의 넓이를 구하시오.

(1) $P_1(0, 0, 0)$, $P_2(0, 1, 2)$, $P_3(2, 2, 0)$

(2) $P_1(1, 1, 1)$, $P_2(1, 2, 1)$, $P_3(1, 1, 2)$

(3) $P_1(1, 0, 3)$, $P_2(0, 0, 6)$, $P_3(2, 4, 5)$

(4) $P_1(1, 2, 4)$, $P_2(1, -1, 3)$, $P_3(-1, -1, 2)$

04 주어진 꼭짓점을 갖는 평행사변형의 넓이를 구하시오.

(1) $P_1(2, 0, 0)$, $P_2(1, 3, 0)$, $P_3(0, 0, 4)$, $P_4(1, -3, 4)$

(2) $P_1(3, 4, 1)$, $P_2(-1, 4, 2)$, $P_3(2, 0, 2)$, $P_4(-2, 0, 3)$

step 2

05 삼차원 공간 상의 네 점 $(1, -3, 4)$, $(0, 0, 4)$, $(2, 0, 0)$, $(1, 3, 0)$으로 형성되는 사각형의 면적은? 한국 항공대 기출

① 7 ② 14
③ 20 ④ 28

06 좌표공간에서 두 점 $P(1, 2, 0)$, $Q(1, 0, 1)$에 대하여 벡터 $\overrightarrow{OP}$와 벡터 $\overrightarrow{OQ}$로 만들어지는 평행사변형의 넓이는? (단, O는 원점이다.) 명지대 기출

① 1 ② $\frac{3}{2}$
③ 2 ④ $\frac{5}{2}$
⑤ 3

step 3

07 벡터 $\vec{A}=2\hat{i}+\hat{j}+3\hat{k}$와 $\vec{B}=-2\hat{i}+3\hat{j}-2\hat{k}$가 두 변을 이루는 삼각형의 면적은? (단, $\hat{i}, \hat{j}, \hat{k}$는 공간의 기본단위벡터) 한성대 기출

① $\frac{1}{2}\sqrt{169}$ ② $\frac{1}{2}\sqrt{179}$
③ $\frac{1}{2}\sqrt{189}$ ④ $\frac{1}{2}\sqrt{199}$

08 3차원 공간의 세 점

$A=(1, 1, 1), B=(2, 3, 4), C=(2, -4, 5)$

를 꼭짓점으로 하는 평행사변형의 넓이는? 중앙대 자연과학대 기출

① $\sqrt{379}$ ② $\sqrt{479}$
③ $\sqrt{579}$ ④ $\sqrt{679}$

Topic 21 삼중곱(triple product)

1. 스칼라 삼중곱

(1) 정의

세 벡터 $\vec{a}=(a_1, a_2, a_3)$, $\vec{b}=(b_1, b_2, b_3)$, $\vec{c}=(c_1, c_2, c_3)$ 의 스칼라 삼중곱을 $\vec{a}\cdot(\vec{b}\times\vec{c})$ 라 하고 다음과 같이 계산한다.

$$\vec{a}\cdot(\vec{b}\times\vec{c}) = \begin{vmatrix} a_1 & a_2 & a_3 \\ b_1 & b_2 & b_3 \\ c_1 & c_2 & c_3 \end{vmatrix}$$

(2) 성질

$$\vec{a}\cdot(\vec{b}\times\vec{c}) = \vec{c}\cdot(\vec{a}\times\vec{b}) = \vec{b}\cdot(\vec{c}\times\vec{a})$$

참고

$$(\vec{a}\times\vec{b})\cdot(\vec{c}\times\vec{d}) = (\vec{a}\cdot\vec{c})(\vec{b}\cdot\vec{d}) - (\vec{a}\cdot\vec{d})(\vec{b}\cdot\vec{c})$$

2. 벡터 삼중곱

① $\vec{a}\times(\vec{b}\times\vec{c}) = (\vec{a}\cdot\vec{c})\vec{b} - (\vec{a}\cdot\vec{b})\vec{c}$

② $(\vec{a}\times\vec{b})\times\vec{c} = (\vec{a}\cdot\vec{c})\vec{b} - (\vec{b}\cdot\vec{c})\vec{a}$

참고

$(\vec{a}\times\vec{b})\times(\vec{c}\times\vec{d}) = \vec{a}\cdot(\vec{c}\times\vec{d})\vec{b} - \vec{b}\cdot(\vec{c}\times\vec{d})\vec{a}$

$(a\times b)\times(c\times d) = a\cdot(b\times d)c - a\cdot(b\times c)d$

step 1

01 다음 벡터들의 스칼라 삼중곱을 계산하시오.

(1) $\vec{u}=(2, 0, 0)$, $\vec{v}=(0, 3, 0)$, $\vec{w}=(0, 0, 5)$

(2) $\vec{u}=(5, 1, 0)$, $\vec{v}=(6, 2, 0)$, $\vec{w}=(4, 2, 2)$

(3) $\vec{u}=(-1, 2, 3)$, $\vec{v}=(3, 4, -2)$, $\vec{w}=(-1, 2, 5)$

(4) $\vec{u}=(3, -1, 6)$, $\vec{v}=(2, 4, 3)$, $\vec{w}=(5, -1, 6)$

02 $\vec{u}\cdot(\vec{v}\times\vec{w})=5$일 때, 다음을 구하시오.

(1) $\vec{w}\cdot(\vec{u}\times\vec{v})$

(2) $\vec{u}\cdot(\vec{w}\times\vec{v})$

(3) $(\vec{v}\times\vec{w})\cdot\vec{u}$

(4) $\vec{v}\cdot(\vec{u}\times\vec{w})$

(5) $(\vec{u}\times\vec{w})\cdot\vec{v}$

(6) $\vec{v}\cdot(\vec{w}\times\vec{w})$

03 $i=(1, 0, 0)$, $j=(0, 1, 0)$, $k=(0, 0, 1)$에 대하여 다음을 구하시오.

(1) $i\times(j\times k)$

(2) $i\times(i\times j)$

(3) $(i\times j)\times i$

(4) $(i\times k)\times(j\times i)$

04 다음 벡터 $\vec{u}, \vec{v}, \vec{w}$에 대하여 $\vec{u}\times(\vec{v}\times\vec{w})$와 $(\vec{u}\times\vec{v})\times\vec{w}$를 각각 구하시오.

(1) $\vec{u}=(-2, 0, 4), \vec{v}=(3, -1, 6)$, $\vec{w}=(2, -5, -5)$

(2) $\vec{u}=(1, 1, -2), \vec{v}=(1, -5, 0)$, $\vec{w}=(-7, 2, 4)$

step 2

05 벡터 $\vec{a}=(1, 1, 1)$, $\vec{b}=(1, -1, 0)$, $\vec{c}=(0, 2, 2)$에 대하여

$$(\vec{a}\times(\vec{b}\times(\vec{c}\times\vec{a}))+\vec{b}\times\vec{c})\cdot\vec{a}$$

의 값을 구하시오. **홍익대 기출**

① -1 ② -2

③ -3 ④ -4

06 임의의 세 벡터 $\vec{a}, \vec{b}, \vec{c}$에 대하여 다음 중 옳은 것을 모두 고르면? **국민대 기출**

ㄱ. $\vec{a}\times\vec{b}=\vec{b}\times\vec{a}$
ㄴ. $\vec{a}\cdot(\vec{b}\times\vec{c})=(\vec{a}\times\vec{b})\cdot\vec{c}$
ㄷ. $(\vec{a}\times\vec{b})\times\vec{c}=\vec{a}\times(\vec{b}\times\vec{c})$
ㄹ. $\vec{a}\times(\vec{b}\times\vec{c})=(\vec{a}\cdot\vec{c})\vec{b}-(\vec{a}\cdot\vec{b})\vec{c}$

① ㄱ, ㄷ ② ㄱ, ㄹ

③ ㄴ, ㄷ ④ ㄴ, ㄹ

step 3

07 삼차원 공간 R^3에서, 벡터 $\vec{a}, \vec{b}, \vec{c}, \vec{d}$의 관계식 중 참인 것을 모두 고르면? **한국 항공대 기출**

a. $(\vec{a}+\vec{b})\times(\vec{a}-\vec{b})=2\vec{a}\times\vec{b}$
b. $\vec{a}\cdot(\vec{b}\times\vec{c})=(\vec{a}\times\vec{b})\cdot\vec{c}$
c. $\vec{a}\times(\vec{b}\times\vec{c})+\vec{b}\times(\vec{c}\times\vec{a})+\vec{c}\times(\vec{a}\times\vec{b})=\vec{0}$
d. $(\vec{a}\times\vec{b})\cdot(\vec{c}\times\vec{d})$
$=(\vec{a}\cdot\vec{c})(\vec{b}\cdot\vec{d})+(\vec{a}\cdot\vec{d})(\vec{b}\cdot\vec{c})$

① a, b　② b, c
③ b, d　④ b, c, d

08 3 차원 공간 벡터 u, v, w 에 대하여 다음 중 옳은 것을 모두 찾으시오.
(단, •은 내적(inner product), ×는 외적(cross product), ‖ ‖는 놈(norm)이다.)

이화여대 기출

a. $u \cdot (u\times v)=0$
b. $u \cdot v=0$ 이고, $u\times v=0$ 이면 $u=0$ 이거나, $v=0$ 이다.
c. $u\times v=u\times w$ 이면 $v=w$ 이다.
d. $|u\cdot(v\times w)|\le \|u\|\,\|v\|\,\|w\|$

① a, b　② b, c
③ a, b, d　④ a, c, d
⑤ a, b, c

Topic 22 평행육면체와 사면체의 부피

1. 평행육면체와 사면체의 부피

① 벡터 $\vec{a}$, $\vec{b}$, $\vec{c}$에 의하여 결정되는 평행육면체의 부피는

$$|\vec{a} \cdot (\vec{b} \times \vec{c})|$$

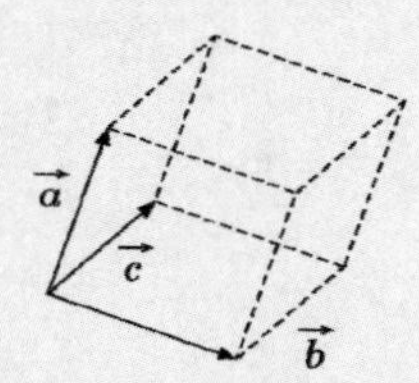

② 벡터 $\vec{a}$, $\vec{b}$, $\vec{c}$에 의하여 결정되는 사면체의 부피는

$$\frac{1}{6}|\vec{a} \cdot (\vec{b} \times \vec{c})|$$

step 1

01 다음 세 벡터 $\vec{u}, \vec{v}, \vec{w}$를 세 변으로 하는 평행육면체의 부피를 구하시오.

(1) $\vec{u}=(0, 2, -2)$, $\vec{v}=(1, 2, 0)$, $\vec{w}=(-2, 3, 1)$

(2) $\vec{u}=(5, -2, 1)$, $\vec{v}=(4, -1, 1)$ $\vec{w}=(1, -1, 0)$

02 네 점 P, Q, R, S를 꼭짓점으로 하는 사면체의 부피를 구하시오.

(1) P$(0, 0, 0)$, Q$(1, 2, -1)$, R$(3, 4, 0)$, S$(-1, -3, 4)$

(2) P$(-1, 2, 0)$, Q$(2, 1, -3)$, R$(1, 1, 1)$, S$(3, -2, 3)$

step 2

03 원점과 세 점 $(2, 1, -1)$, $(1, -1, 2)$, $(1, 2, -1)$을 인접하는 꼭짓점으로 하는 평행육면체의 부피는? 한양대 에리카

① 3 ② 6
③ 9 ④ 12

04 삼차원공간 $\mathbb{R}^3$의 네 점 $(0, 0, 0)$, $(2, 4, -1)$, $(1, 3, -2)$, $(3, 1, -3)$을 꼭짓점으로 갖는 사면체의 부피는? 경기대 기출

① -18 ② 6
③ 18 ④ 3

05 네 점 $P(0, 0, 0)$, $Q(2, 2, -2)$, $R(2, -2, 2)$, $S(-2, 2, 2)$에 대하여 이웃하는 세 변이 PQ, PR, PS인 평행육면체(parallelepiped)의 부피는? 단국대 기출

① 16 ② 24
③ 32 ④ 40

step 3

06 세 벡터 $(0, 1, 1)$, $(-1, 1, 2)$, $(x, y, 1)$로 이루어진 평행육면체의 부피의 최댓값은? (단, 벡터 $(x, y, 1)$의 길이는 $\sqrt{2}$이다.) 서강대 기출

① $1+\sqrt{2}$　② $2+\sqrt{2}$
③ $2-\sqrt{2}$　④ $3-\sqrt{2}$
⑤ $4-\sqrt{2}$

03 실력 UP 단원 마무리

평면벡터와 공간벡터

정답 및 풀이 p.252

01 두 벡터

$\vec{a}=(-2, 3-l, -2m-5)$, $\vec{b}=(2l, l+m, -1)$

에 대하여 $\vec{a}+\vec{b}=\vec{0}$일 때, 두 실수 l, m의 합 $l+m$의 값은?

① -2　② -1　③ 0　④ 1　⑤ 2

02 임의의 3차원 벡터 $\vec{u}$, $\vec{v}$ 에 대하여, $|\vec{u}|=3$ 이고 $|\vec{v}|=4$ 일 때, $|\vec{u}-\vec{v}|$ 의 최댓값은?

① 1　② 7　③ 9　④ 16

03 두 벡터 $x=(1, 2, -1)$와 $y=(2, 1, 1)$에 모두 수직인 벡터는?

① $(1, -1, 2)$　② $(-1, 1, 2)$　③ $(-1, 1, 1)$　④ $(1, -1, 1)$

04 두 벡터 $\vec{a}$, $\vec{b}$ 가 $|\vec{a}+\vec{b}|=2$, $|\vec{a}-\vec{b}|=1$ 을 만족시킬 때, $|2\vec{a}-\vec{b}|^2+|\vec{a}-2\vec{b}|^2$ 의 값은?

① -3　② $\frac{9}{2}$　③ 5　④ $\frac{13}{2}$

05 $\vec{a}, \vec{b}$가 3차원 공간벡터일 때, $(\vec{a}-2\vec{b})\times(2\vec{a}+\vec{b})$는?

① $-3\vec{a}\times\vec{b}$ ② $\vec{a}\times 3\vec{b}$

③ 0 ④ $\vec{a}\times 5\vec{b}$

06 공간상의 세 점 $A(-1, 0, 2)$, $B(0, 3, 2)$, $C(2, 1, 2)$에 대해서 선분 AB와 AC가 이루는 예각을 θ라 할 때, $\sin\theta$의 값은?

① $\frac{1}{5}$ ② $\frac{2}{5}$

③ $\frac{3}{5}$ ④ $\frac{4}{5}$

07 벡터 $2i-j+2k$의 벡터 $-2i-2j+2k$ 위로의 벡터사영(vector projection)을 구하시오.

① $\left(-\frac{1}{3}, \frac{2}{3}, \frac{1}{3}\right)$ ② $\left(-\frac{1}{3}, \frac{2}{3}, -\frac{1}{3}\right)$

③ $\left(-\frac{1}{3}, -\frac{1}{3}, \frac{1}{3}\right)$ ④ $\left(-\frac{1}{3}, -\frac{2}{3}, \frac{1}{3}\right)$

08 세 점 $A(2, 1, 3)$, $B(3, 0, 2)$, $C(1, 1, 2)$를 꼭짓점으로 가지는 삼각형의 넓이는?

① $\frac{3}{2}$ ② 3

③ 6 ④ $\frac{\sqrt{6}}{2}$

09 좌표평면의 두 점 A(1, 3), B(4, 1)에 대하여 벡터 $\overrightarrow{OA}$와 벡터 $\overrightarrow{OB}$로 만들어지는 평행사변형의 넓이는? (단, O는 원점이다)

① 5 ② 7
③ 9 ④ 11

10 세 벡터 $\vec{a}=(1, 0, 2)$, $\vec{b}=(0, 1, 0)$, $\vec{c}=(1, 3, 5)$에 대하여 $\vec{a}\cdot(\vec{b}\times\vec{c})$의 값은?

① 0 ② 1
③ 3 ④ 4

11 벡터공간 R^3의 세 벡터 a, b, c에 대하여 〈보기〉에서 옳은 것을 모두 고른 것은? (단, $|a|$는 a의 크기)

가. $a\times(b+c)=a\times b+a\times c$
나. $a\cdot(b\times c)=(a\times b)\cdot c$
다. $|a\times b|^2=(a\cdot a)(b\cdot b)-(a\cdot b)(a\cdot b)$
라. $(a\times b)\times c=(a\cdot c)b-(b\cdot c)a$

① 가 ② 가, 나
③ 가, 나, 다 ④ 가, 나, 다, 라

12 $\vec{u}, \vec{v}, \vec{w}$를 R^3의 벡터라 할 때, 다음 〈보기〉 중에서 항상 참인 것은 모두 몇 개인가?

ㄱ. $(\vec{u}-\vec{v})\times\vec{u}=\vec{u}\times\vec{v}$
ㄴ. $\vec{u}\cdot\vec{v}=\vec{0}$이고 $\vec{u}\times\vec{v}=\vec{0}$이면 $\vec{u}=\vec{0}$ 또는 $\vec{v}=\vec{0}$이다.
ㄷ. $(\vec{u}\times\vec{v})\cdot\vec{w}=\vec{u}\cdot(\vec{v}\times\vec{w})$
ㄹ. $(\vec{u}\times\vec{v})\times\vec{w}=\vec{u}\times(\vec{v}\times\vec{w})$

① 1개 ② 2개
③ 3개 ④ 4개

13 $\mathbb{R}^3$의 네 점 $(2, 3, 1)$, $(3, 1, 2)$, $(3, 3, 0)$, $(3, 4, 2)$을 꼭짓점으로 하는 삼각뿔의 부피는?

① 1　　② 2
③ 3　　④ 6

14 세 벡터 $\vec{a} = <1, 1, 1>$, $\vec{b} = <-1, 0, 1>$과 $\vec{c} = <x, y, z>$로 결정되는 평행육면체의 부피가 0이 되는 $x+y+z$의 값은?

① y　　② $2y$
③ $3y$　　④ $4y$

15 3차원 공간의 세 단위벡터 A, B, C가 다음 조건을 만족한다. $A \cdot B = 0$, $A \cdot C = 0$, $B \cdot C = \frac{1}{4}$
이 때, $(A \times B) \cdot (A \times C)$의 값을 구하면?

① $\frac{1}{2}$　　② $\frac{1}{4}$
③ $\frac{\sqrt{3}}{2}$　　④ $\frac{\sqrt{3}}{4}$

16 벡터 $\vec{u} = -i + 2j - k$를 벡터 $\vec{v} = 3i - 2j + 2k$에 정사영(projection)시킨 정사영 벡터가 $\alpha\vec{v}$일 때, α의 값은?

① $-\frac{5}{17}$　　② $-\frac{9}{17}$
③ $\frac{5}{13}$　　④ $\frac{9}{13}$

17 기본단위벡터 i, j, k 에 대해 다음 중 옳은 것은?

① $i \times (i \times j) = -j$

② $(i \times i) \times j = -i$

③ $k \times (i \times j) = -k$

④ $(i \times j) \cdot (j \times k) = -1$

18 기본단위벡터 i, j, k 에 대해
$[i - j] \times [(j - k) \times (j + 5k)]$ 와 같은 것은?

① $2j + k$ ② $6k$

③ $-3k$ ④ $-5j$

04

직선과 평면의 방정식

04 핵심 문제

Topic 23 직선의 방정식

1. 직선의 방정식

(1) 한 점을 지나고 주어진 벡터에 평행한 직선의 방정식

점 $A(x_1, y_1, z_1)$ 을 지나고 벡터 $\vec{d}=(l, m, n)$ 에 평행한 직선의 방정식은

매개변수 방정식 $\begin{cases} x = x_1 + lt \\ y = y_1 + mt \\ z = z_1 + nt \end{cases}$ 또는

대칭방정식 $\dfrac{x-x_1}{l} = \dfrac{y-y_1}{m} = \dfrac{z-z_1}{n}$

(단, $lmn \neq 0$)

이때 벡터 $\vec{d}=(l, m, n)$ 을 직선의 방향벡터라 한다.

(2) 두 점을 지나는 직선의 방정식

두 점 $A(x_1, y_1, z_1)$, $B(x_2, y_2, z_2)$를 지나는 직선의 방정식은

$\dfrac{x-x_1}{x_2-x_1} = \dfrac{y-y_1}{y_2-y_1} = \dfrac{z-z_1}{z_2-z_1}$ (단, $x_1 \neq x_2, y_1 \neq y_2, z_1 \neq z_2$)

이때 직선의 방향벡터는 $\overrightarrow{AB}=(x_2-x_1, y_2-y_1, z_2-z_1)$ 이다.

step 1

01 주어진 점 P를 지나고 벡터 $\vec{d}$에 평행한 직선의 벡터 방정식과 매개방정식, 대칭방정식을 각각 구하시오.

(1) $P(0, 0)$, $\vec{d}=(-2, 3)$

(2) $P(2, -1)$, $\vec{d}=(2, 1)$

(3) $P(0, 0, 0)$, $\vec{d}=(-3, 0, 1)$

(4) $P(1, 2, 1)$, $\vec{d}=(3, 5, -2)$

02 두 점을 지나는 직선의 벡터방정식과 매개방정식, 대칭방정식을 각각 구하시오.

(1) $(1, 1, 1)$, $(3, 4, -5)$

(2) $(4, 2, 1)$, $(-7, 2, 5)$

(3) $(0, 4, 5)$, $(-2, 6, 3)$

(4) $(1, 1, -2)$, $(4, -1, 0)$

03 다음 직선의 방정식으로부터 직선 위의 한 점과 직선에 평행인 벡터를 구하시오.

(1) $\boldsymbol{x}=(-2+4t, 3-t)$

(2) $(x, y, z)=(4t, 7, 4t+3)$

(3) $\boldsymbol{x}=t(1, 4)+(1-t)(2, -2)$

(4) $\boldsymbol{x}=(1-t)(0, -5, 1)$

step 2

04 점 $(3, 2, -1)$을 지나고 직선 $\frac{x}{2}=\frac{1-y}{3}=\frac{z-5}{6}$에 평행한 직선의 매개방정식을 구하시오.

05 점 $(1, 2, 8)$을 지나고 y축에 평행한 직선의 매개방정식을 구하시오.

step 3

06 원점을 지나고 다음 벡터 $\vec{v}$에 직교하는 R^2의 직선 L의 대칭방정식을 구하시오.

(1) $\vec{v}=(3, -1)$

(2) $\vec{v}=(1, -4, 3)$

Topic 24 평면의 방정식

1. 평면의 방정식

① 점 $P_0(x_0, y_0, z_0)$를 지나고, 법선벡터가 $\vec{d} = <a, b, c>$인 평면의 방정식 :

$a(x-x_0)+b(y-y_0)+c(z-z_0)=0$

② 세 점 (x_1, y_1, z_1), (x_2, y_2, z_2), (x_3, y_3, z_3)를 지나는 평면의 방정식 :

$$\det\begin{bmatrix} x & y & z & 1 \\ x_1 & y_1 & z_1 & 1 \\ x_2 & y_2 & z_2 & 1 \\ x_3 & y_3 & z_3 & 1 \end{bmatrix} = 0$$

③ x 절편이 a, y 절편이 b, z 절편이 c인 평면의 방정식 :

$$\frac{x}{a}+\frac{y}{b}+\frac{z}{c}=1$$

step 1

01 다음과 같이 주어진 점 P를 포함하고 벡터 $\vec{v}$에 수직인 평면의 방정식을 구하시오.

(1) $P(1, -2, 0)$, $\vec{v}=(-1, 1, -2)$

(2) $P(0, 6, -2)$, $\vec{v}=(0, -1, -1)$

02 다음과 같이 주어진 점 P와 두 벡터 $\overrightarrow{v_1}$, $\overrightarrow{v_2}$를 포함하는 평면의 벡터방정식과 매개방정식을 구하시오.

(1) $P(-1, 1, 4)$, $\overrightarrow{v_1}=(6, -1, 0)$, $\overrightarrow{v_2}=(-1, 3, 1)$

(2) $P(0, 5, -4)$, $\overrightarrow{v_1}=(0, 0, -5)$, $\overrightarrow{v_2}=(1, -3, -2)$

03 (1) 문제 1의 (1), (2)에 대한 벡터방정식과 매개방정식을 구하시오.

(2) 문제 2의 (1), (2)에 대한 대칭방정식을 구하시오.

04 다음 세 점에 의해 결정되는 평면의 방정식을 구하시오.

(1) $(0, 0, 0)$, $(1, 1, 1)$, $(3, 2, -1)$

(2) $(0, 1, 0)$, $(0, 1, 1)$, $(1, 3, -1)$

(3) $(1, 2, -1)$, $(4, 3, 1)$, $(7, 4, 3)$

(4) $(3, 5, 2)$, $(2, 3, 1)$, $(-1, -1, 4)$

(5) $(2, 0, 0)$, $(0, 3, 0)$, $(0, 0, 5)$

step 2

05 세 점 $(1, 1, -1)$, $(3, 4, 1)$, $(-5, -1, -3)$을 지나는 평면의 방정식이 $ax+by+cz=24$일 때 $a+b+c$의 값은? 아주대 기출

① 0 ② -2
③ 2 ④ -4
⑤ 4

06 다음 중에서 세 점

$$\mathrm{P}=(2, -2, 0), \mathrm{Q}=(3, 0, 0), \mathrm{R}=(-3, -2, 2)$$

을 지나는 평면상에 있는 점은?

① $(2, -9, -1)$ ② $(1, -7, -1)$
③ $(1, -9, -1)$ ④ $(-2, -7, -1)$

step 3

07 두 점 $(3, 1, 1)$, $(-2, 0, 2)$ 을 포함하고, 두 점 $(0, 4, 1)$, $(2, 0, -3)$ 을 잇는 선분에 평행인 평면의 방정식을 구하시오.

08 공간상의 세 벡터 $\alpha = (1-t, 4, 7)$, $\beta = (0, 3-t, 3)$, $\gamma = (0, 1, 5-t)$가 원점을 포함하는 평면 안에 있게 하는 t 값들의 합을 구하시오. 이화여대 기출

Topic 25 직선과 평면의 위치 관계

1. 직선과 평면의 위치 관계

① 두 직선의 위치관계

두 직선 L_1 과 L_2 의 방향벡터를 각각 $\overrightarrow{d_1}$, $\overrightarrow{d_2}$ 라 하면

(평행) $L_1 \ // \ L_2 \Leftrightarrow \overrightarrow{d_1} \ // \ \overrightarrow{d_2}$

$\Leftrightarrow \overrightarrow{d_1} = t\overrightarrow{d_2}$

(수직) $L_1 \perp L_2 \Leftrightarrow \overrightarrow{d_1} \perp \overrightarrow{d_2}$

$\Leftrightarrow \overrightarrow{d_1} \cdot \overrightarrow{d_2} = 0$

② 두 평면의 위치 관계

두 평면 P_1 과 P_2 의 법선벡터를 각각 $\overrightarrow{n_1}$, $\overrightarrow{n_2}$ 라 하면

(평행) $P_1 \ // \ P_2 \Leftrightarrow \overrightarrow{n_1} \ // \ \overrightarrow{n_2}$

$\Leftrightarrow \overrightarrow{n_1} = t\overrightarrow{n_2}$

(수직) $P_1 \perp P_2 \Leftrightarrow \overrightarrow{n_1} \perp \overrightarrow{n_2}$

$\Leftrightarrow \overrightarrow{n_1} \cdot \overrightarrow{n_2} = 0$

③ 직선과 평면의 위치 관계

직선 L 의 방향벡터를 $\vec{d}$, 평면 P 의 법선벡터를 $\vec{n}$ 이라 하면

(평행) $L \ // \ P \Leftrightarrow \vec{d} \perp \vec{n} \Leftrightarrow \vec{d} \cdot \vec{n} = 0$

(수직) $L \perp P \Leftrightarrow \vec{d} \ // \ \vec{n} \Leftrightarrow \vec{d} = t\vec{n}$

step 1

01 다음 직선들 중 서로 수직인 것과 평행인 것을 고르시오.

$l : (1, 0, 0) + t(3, -4, 2)$

$m : x = 2t, \ y = -3t, \ z = 4t$

$n : x = 2 + t, \ y = 4t, \ z = 3 + \frac{5}{2}t$

$s : \frac{x-1}{-3} = \frac{y+2}{4} = \frac{z-3}{-2}$

02 다음 평면들 중 서로 직교하는 것과 평행인 것을 고르시오.

$a : 2x - y + 2z = 3$ $\quad$ $b : x + 2y + 2z = 9$

$c : x + y - \frac{3}{2}z = 1$ $\quad$ $d : -5x - 2y + 4z = 0$

$e : -2x + y - 2z = 5$ $\quad$ $f : -6x - 6y + 9z = 2$

03 〈보기〉 중 직선 $x = -2t, \ y = 4 + 3t, \ z = 2 + t$에 수직인 평면을 모두 고르시오.

보기

ㄱ. $2x - 3y + z = 1$ $\quad$ ㄴ. $4x + y + 2z = 3$

ㄷ. $8x - 12y - 4z = 5$ $\quad$ ㄹ. $-4x + 6y + 2z = 7$

step 2

04 다음 직선이 서로 수직일 때, 실수 k의 값을 구하시오.

$\frac{x-1}{k}=y+3=2-z$, $\frac{3-x}{2}=\frac{y+1}{-3}=\frac{z-3}{3}$

05 두 평면

$(k-2)x+5y+z=3$, $x+(k+2)y+z=2$

가 서로 평행하도록 하는 실수 k의 값을 α, 서로 수직이 되도록 하는 실수 k의 값을 β라 할 때, $\frac{\alpha}{\beta}$의 값을 구하시오.

06 점 $(1, -1, 1)$과 직선 $\frac{x-1}{3}=\frac{y+1}{2}=z$를 포함하는 평면의 방정식을 고르면? 경기대 기출

① $2x+3y+1=0$ ② $2x+4y-z+3=0$
③ $2x-3y-5=0$ ④ $2x-4y-z-5=0$

07 평면 $x-2y+z=1$에 수직이고 직선 $x=2y=3z$를 포함하는 평면의 방정식은? 가톨릭대 기출

① $7x-4y-15z=0$ ② $4x+y-2z=0$
③ $6x+3y+2z=0$ ④ $x-4y+3z=0$

08 평면 $2x+ky-2kz+2=0$ 과

직선 $\frac{x-1}{2}=\frac{1-y}{2}=\frac{z+1}{k}$ 이 평행할 때,

k 의 값들의 합은?

① -2 ② -1
③ 0 ④ 1

step 3

09 좌표공간에서 점 $(1, 0, -2)$를 지나고 두 평면 $2x+y-z=2$, $x-y-z=3$에 각각 수직인 평면의 방정식은? 국민대 기출

① $2x-y+3z+4=0$
② $2x+y+3z+4=0$
③ $2x-y-3z-8=0$
④ $2x+y-3z-8=0$

10 직선 $\frac{x}{2}=y-1=\frac{z-3}{-2}$ 에 대하여 점 $\mathrm{P}(-2, 4, 7)$과 대칭인 점의 좌표를 구하시오.

Topic 26 직선과 평면의 사잇각

1. 직선과 평면의 사잇각

① 직선과 직선의 사잇각

두 직선 L_1 과 L_2 의 방향벡터를 각각 d_1 , d_2 , 두 직선의 사잇각을 θ 라 하면

$$\cos\theta = \frac{d_1 \cdot d_2}{\|d_1\|\|d_2\|}$$

② 평면과 평면의 사잇각

두 평면 P_1 과 P_2 의 법선벡터를 각각 n_1 , n_2 , 두 평면의 사잇각을 θ 라 하면

$$\cos\theta = \frac{n_1 \cdot n_2}{\|n_1\|\|n_2\|}$$

③ 직선과 평면의 사잇각

직선 L 의 방향벡터를 d, 평면 P 의 법선벡터를 n, 직선과 평면의 사잇각을 θ 라 하면

$$\sin\theta = \frac{d \cdot n}{\|d\|\|n\|}$$

step 1

01 다음 두 직선이 이루는 각의 크기를 구하시오.

(1) $(x, y, z) = (1, 0, -3) + t(3, 2, -1)$,

$x+1 = \frac{y-1}{3} = \frac{z}{2}$

(2) $x = 3t, y = 1+5t, z = -2+4t$,

$1-x = \frac{y+2}{10} = \frac{z-3}{7}$

(3) $x = 4-t, y = 3+2t, z = -2t$,

$x = 5+2s, y = 1-3s, z = 5-6s$

(4) $\frac{x-1}{2} = \frac{y+5}{7} = \frac{z-1}{-1}$, $\frac{x+3}{-2} = y-9 = \frac{z}{4}$

02 다음 두 평면이 이루는 각의 크기를 구하시오.

(1) $2x-y+3z+2=0$, $3x+2y+z-1=0$

(2) $x-4y-z+3=0$, $y-z+1=0$

(3) $2x-y-2z+1=0$, $x+y-4z+3=0$

(4) $2x-3y+z+1=0$, $3x-y-2z-1=0$

03 다음 직선과 평면이 이루는 각의 크기를 구하시오.

(1) $\frac{x+1}{4} = \frac{y-2}{-5} = \frac{z-3}{3}$, $3x-5y-4z=1$

(2) $x-7 = y-1 = \frac{z}{\sqrt{2}}$, $x-y+\sqrt{2}z+5=0$

step 2

04 두 평면 $2x+y-z+4=0$, $x+ay+z-2=0$이 이루는 각의 크기가 $\frac{\pi}{3}$일 때, 실수 a의 값을 구하시오.

05 두 점 $A(3, 2, 1)$, $B(7, 2, -2)$를 지나는 직선과 두 점 $C(1, 2, 4)$, $D(-1, 4, 3)$을 지나는 직선이 이루는 각의 크기를 θ라고 할 때, $\cos\theta$의 값을 구하시오.

06 두 평면 $2x-y-2z=7$, $5x+3y-4z=4$의 사잇각은?

① $\frac{\pi}{6}$
② $\cos^{-1}\frac{2}{15}$
③ $\frac{\pi}{4}$
④ $\frac{\pi}{2}$

07 직선 $\frac{x+1}{2}=y-3=1-z$과

평면 $x+2y+z-3=0$이 이루는 각의 크기는?

① $\frac{\pi}{6}$
② $\frac{\pi}{4}$
③ $\frac{\pi}{3}$
④ $\frac{\pi}{2}$

step 3

08 평면 $r=i-3j+k+\lambda(-i-3j+2k)+\mu(2i+j-3k)$ (λ, μ는 임의의 실수)와 직선 $r=3i-k+t(i-j-k)$ (t는 임의의 실수)가 이루는 각을 θ라 할 때, $\cos\theta$의 값은? 서강대 기출

① $\frac{\sqrt{14}}{15}$
② $\frac{\sqrt{211}}{15}$
③ $\frac{1}{15}$
④ $\frac{4\sqrt{14}}{15}$
⑤ $\frac{\sqrt{13}}{15}$

Topic 27 교점과 교선

1. 직선과 평면의 교점

직선의 매개변수방정식을 평면의 방정식에 대입한다.

2. 평면과 평면의 교선

교선의 방향벡터 $\vec{d}$는 두 평면의 법선벡터 $\overrightarrow{n_1}$과 $\overrightarrow{n_2}$에 동시 수직이어야 하므로 $\vec{d}=\overrightarrow{n_1}\times\overrightarrow{n_2}$ 이다.

step 1

01 다음 직선과 세 좌표평면의 교점을 구하시오.

(1) $x=2-t,\ y=1+2t,\ z=3+t$

(2) $\dfrac{x-1}{2}=\dfrac{y+2}{3}=\dfrac{z-4}{2}$

02 주어진 두 직선의 교점을 구하시오.

(1) $x=4+3t,\ y=5-2t,\ z=2t-5,$

$x=1+3s,\ y=1+s,\ z=3s-9$

(2) $x=3-t,\ y=2+t,\ z=8+2t,$

$x=2+2s,\ y=3s-2,\ z=8s-2$

03 두 직선 l_1과 l_2로 결정되는 평면과 주어진 점에서 수직으로 만나는 직선의 매개방정식을 구하시오.

(1) $l_1: x=3+t,\ y=-2+t,\ z=9+t,$

$l_2:\ x=1-2s,\ y=5+s,\ z=-2-5s$

; $(2,\ 1,\ 4)$

(2) $l_1: x-2=\dfrac{y-3}{2}=\dfrac{z-3}{5},$

$l_2: x+1=y-2=\dfrac{z-4}{2}$

; $(1,\ -1,\ 2)$

04 다음 두 평면이 만나서 생기는 교선의 대칭 방정식을 구하시오.

(1) $x+y-2z-1=0$, $x-y+3z+6=0$

(2) $x+y-z-1=0$, $2x+y-3z-4=0$

05 다음 두 평면이 만나서 생기는 교선의 매개방정식을 구하시오.

(1) $x+2y-z=2$, $3x-y+2z=1$

(2) $2x-5y+z=0$, $y=0$

step 2

06 평면 $3x-2y+z=2$와 직선 $\dfrac{x-1}{1}=\dfrac{y-2}{2}=\dfrac{z}{4}$은 교점 (x_0, y_0, z_0)에서 만난다. $x_0+y_0+z_0$의 값은?

한성대 기출

① 10 ② 15

③ 20 ④ 25

07 두 평면 $4x+2y+2z+7=0$과 $2x-3y+z-4=0$의 교선과 수직이면서 점 $(-1, 2, 1)$을 지나는 평면의 방정식은?

숭실대 기출

① $x+2z-1=0$ ② $x-2z+3=0$

③ $x+y+2z-3=0$ ④ $x+y-2z+1=0$

08 좌표공간에서 두 평면 $3x-2y+z=1$, $2x+y+7z=9$의 교선의 방향벡터를 $<a, b, c>$라 할 때, $\frac{a}{b}$의 값은? 명지대 기출

① $\frac{11}{19}$ ② $\frac{13}{19}$
③ $\frac{15}{19}$ ④ $\frac{17}{19}$
⑤ 1

09 좌표공간에서 두 평면 $x-y+z=1$과 $3x+4y-5z=3$의 교선의 방정식이 $\frac{x-1}{a}=\frac{y}{b}=\frac{z}{c}$이다. abc의 값은? (단, a, b, c는 서로소인 자연수이다.) 명지대 기출

① 40 ② 44
③ 48 ④ 52
⑤ 56

step 3

10 세 점 $P_1(2, 1, -1)$, $P_2(-1, 3, 0)$, $P_3(3, 2, -5)$는 α 위에 있고, 점 $A(-2, 2, -6)$을 지나고 벡터 $u=<1, 1, -2>$에 평행한 직선이 평면 α와 만나는 점을 B라 하자. 두 벡터 $\overrightarrow{BA}$와 $\overrightarrow{BP_2}$ 사이의 각을 θ라 할 때, $\cos\theta$의 값은? 단국대 기출

① $-\frac{5}{9}\sqrt{3}$ ② $-\frac{2}{9}\sqrt{3}$
③ $\frac{2}{9}\sqrt{3}$ ④ $\frac{5}{9}\sqrt{3}$

Topic 28 공간에서의 거리

1. 공간에서의 거리

① 두 점 $A(x_1, y_1, z_1)$, $B(x_2, y_2, z_2)$ 사이의 거리 $\overline{AB}$는

$\overline{AB} = \sqrt{(x_1 - x_2)^2 + (y_1 - y_2)^2 + (z_1 - z_2)^2}$

② 점 P와 방향벡터가 $\vec{d}$이고 점 Q를 지나는 직선 사이의 거리는

$\dfrac{|\overrightarrow{PQ} \times \vec{d}|}{|\vec{d}|}$

③ 점 $P(x_1, y_1, z_1)$과 평면 $ax+by+cz+d=0$ 사이의 거리는

$\dfrac{|ax_1+by_1+cz_1+d|}{\sqrt{a^2+b^2+c^2}}$

④ 꼬인 위치의 두 직선 L_1, L_2가 각각 점 P, Q를 지나고 방향벡터가 $\overrightarrow{d_1}$, $\overrightarrow{d_2}$일 때, 두 직선 사이의 거리는

$\dfrac{|\overrightarrow{PQ} \cdot (\overrightarrow{d_1} \times \overrightarrow{d_2})|}{\|\overrightarrow{d_1} \times \overrightarrow{d_2}\|}$

⑤ 평행한 두 평면 $ax+by+cz=d_1$과 $ax+by+cz=d_2$ 사이의 거리는

$\dfrac{|d_1-d_2|}{\sqrt{a^2+b^2+c^2}}$

step 1

01 다음 점과 직선 사이의 거리를 구하시오.

(1) $(0, 0, 0)$, $x+2=y-2=\dfrac{z-3}{2}$

(2) $(1, 2, -1)$, $\dfrac{x-3}{3}=\dfrac{2-y}{4}=\dfrac{z+1}{5}$

(3) $(-1, 4, 3)$, $x=10+4t, y=-3, z=4t$

(4) $(2, 1, -1)$, $x=2t, y=1+2t, z=2t$

02 다음 점과 평면 사이의 거리를 구하시오.

(1) $(2, 1, -3)$, $2x-y-2z=6$

(2) $(0, 3, -2)$, $x-y-z=3$

(3) $(-1, -1, 2)$, $2x+5y-6z=4$

(4) $(3, -1, 2)$, $x+3y-2z=6$

03 꼬인 위치에 있는 다음 두 직선 사이의 거리를 구하시오.

(1) $x=3+2t, y=4-t, z=1+3t$,
$x=1+4s, y=3-2s, z=4+5s$

(2) $x=1-y=\dfrac{z-2}{3}$, $\dfrac{x-2}{2}=\dfrac{3-y}{2}=\dfrac{z}{7}$

(3) $x=3+2t, y=4t-1, z=2-t$,
$x=3+2s, y=2+s, z=2s+2$

(4) $\dfrac{x-1}{2}=-y-1=\dfrac{z}{3}$, $2-x=\dfrac{y}{3}=z-1$

04 서로 평행인 다음 두 평면 사이의 거리를 구하시오.

(1) $x+2y+6z=1$, $x+2y+6z=10$

(2) $2x-3y+z=4$, $4x-6y+2z=3$

(3) $2x-y-z=5$, $-4x+2y+2z=12$

(4) $3z=-4x+y$, $6z=1-8x+2y$

step 2

05 좌표공간에서 두 평면 $10x+2y-2z=5$와 $5x+y-z=2$ 사이의 거리는? 국민대 기출

① $\frac{\sqrt{3}}{3}$　② $\frac{\sqrt{3}}{9}$

③ $\frac{\sqrt{3}}{12}$　④ $\frac{\sqrt{3}}{18}$

06 꼬인 위치의 두 직선 $x-1=y-1=z$, $x=\frac{y-1}{2}=\frac{z}{3}$ 사이의 거리는? 아주대 기출

① $\frac{1}{\sqrt{6}}$　② $\frac{3}{\sqrt{6}}$

③ $\sqrt{6}$　④ $3\sqrt{6}$

⑤ $5\sqrt{6}$

07

직선 $\frac{x-3}{2} = y-5 = \frac{z+4}{3}$과 평면 $-2x+y+z=3$ 사이의 최단거리는?

① 0 ② $\frac{4\sqrt{6}}{3}$

③ $\frac{2\sqrt{6}}{3}$ ④ $\frac{\sqrt{6}}{3}$

08

원점에서 직선 $x=1+t,\ y=2-t,\ z=-1+2t$까지의 거리는? 아주대 기출

① $\frac{1}{\sqrt{2}}$ ② $\frac{3}{\sqrt{2}}$

③ $\frac{5}{\sqrt{2}}$ ④ $\frac{7}{\sqrt{2}}$

⑤ $\frac{9}{\sqrt{2}}$

step 3

09

원점과 점 $(2,\ 0,\ -1)$을 지나는 직선과 점 $(1,\ -1,\ 1)$, $(7,\ 3,\ 5)$를 지나는 직선이 있다. 이 두 직선 사이의 거리는? 숙명여대 기출

① $\frac{12}{\sqrt{69}}$ ② $\frac{13}{\sqrt{69}}$

③ $\frac{14}{\sqrt{69}}$ ④ $\frac{15}{\sqrt{69}}$

⑤ $\frac{16}{\sqrt{69}}$

04 실력 UP 단원 마무리

직선과 평면의 방정식

정답 및 풀이 p.261

01 세 점$(1, -2, 4)$, $(4, 1, 7)$, $(-1, 5, 1)$을 지나는 평면에 수직이며 점$(1, 1, 1)$을 지나는 직선의 식은?

① $\frac{x-1}{2}=y-1=\frac{z-1}{-9}$

② $\frac{x-1}{-2}=y-1=\frac{z-1}{-3}$

③ $\frac{x-1}{10}=\frac{y-1}{-1}=\frac{z-1}{-9}$

④ $\frac{x-1}{21}=\frac{y-1}{-1}=\frac{z-1}{-10}$

02 좌표공간에서 세 점 $\mathrm{A}(1, 3, 2)$, $\mathrm{B}(3, 1, 6)$, $\mathrm{C}(4, 2, 0)$을 지나는 평면의 방정식은?

① $2x+4y+z=16$　② $2x-4y+z=16$
③ $2x-4y-z=16$　④ $2x+4y-z=16$

03 평면 $x+2y+z=4$에 수직이고 두 점 $\mathrm{P}_1(-1, 0, 1)$과 $\mathrm{P}_2(0, -2, -1)$을 포함하는 평면의 방정식이 $ax+by+cz=1$일 때, $a+b+c$의 값은?

① $-\frac{3}{2}$　② $-\frac{4}{3}$
③ $\frac{4}{3}$　④ $\frac{3}{2}$

04 3차원 공간에서 직선 $x=2+3t$, $y=-4t$, $z=5+t$와 평면 $2x-3y+2z=34$가 만나는 점을 (a, b, c)라 할 때, $a+b-c$의 값은?

① -5　② -4
③ -3　④ -2

05 두 직선 $x=\frac{y-7}{2}=-1-\frac{z}{4}$,

$\frac{x+4}{2}=4-y=\frac{7-z}{3}$ 의 교점의 좌표를 (α, β, γ)

라 할 때, $\alpha+\beta+\gamma$ 의 값은?

① 1 ② 3
③ 5 ④ 7

06 두 평면 $x+2y-3z=1$, $x+y-z=4$ 의 교선의

방정식이 $\frac{x-p}{a}=\frac{y-q}{b}=z$ 라 할 때, $a+b+p+q$

의 값을 구하면?

① 3 ② 4
③ 5 ④ 6

07 직선 $\frac{x+1}{2}=y-1=\frac{z-2}{3}$ 를 평면 $2x+y-z=1$

에 정사영 시킨 직선을 구하면?

① $\frac{x-3}{2}=y-3=\frac{z-8}{5}$

② $\frac{x-2}{3}=y-3=\frac{z-8}{5}$

③ $\frac{x-3}{2}=y+3=\frac{z-8}{5}$

④ $\frac{x-3}{2}=y-3=\frac{z-5}{8}$

08 다음 세 평면이 한 직선을 공유한다. 직선의 방정식은?

$$\begin{cases} \lambda x+y-2z=0 \\ 2x+y-\lambda z=0 \\ -4x-y+(\lambda+1)z=0 \end{cases}$$

① $3x=-y=2z$ ② $-2x=3y=z$
③ $2x=y=z$ ④ $2x=2y=3z$

09 평면 $x-2y-4z=0$ 위로의 벡터 $a=(0,0,1)$ 의 정사영벡터를 구하면?

① $\frac{1}{25}(-1, -3, 1)$　② $\frac{1}{25}(4, -3, 2)$

③ $\frac{1}{21}(2, -3, 4)$　④ $\frac{1}{21}(4, -8, 5)$

10 두 평면 $2x-z=1$ 과 $y-3z=1$ 의 사잇각은?

① $\frac{\pi}{2}$　② $\frac{\pi}{3}$

③ $\cos^{-1}\frac{1}{3}$　④ $\cos^{-1}\frac{3}{\sqrt{50}}$

11 좌표공간의 두 직선 $l_1:\ x+1=\frac{y}{k}=z-2$, $l_2:\ \frac{x-1}{k}=y=1-z$ 가 이루는 예각의 크기가 $60°$일 때, 상수 k 의 최댓값을 구하면?

① -4　② -2

③ 0　④ 2

12 꼬인 위치에 있는 다음의 두 직선 L_1과 L_2 사이의 거리는?

$L_1: x-1=\frac{y+2}{2}=z,\ L_2: \frac{x}{2}=y-1=z+3$

① 13　② $\sqrt{11}$

③ $\sqrt{7}$　④ 4

13 두 평면 $x+2y+z=7$, $x-y-z=4$의 교선 위의 점 중에서 원점에 가장 가까운 점을 (a, b, c)라 할 때, $a+b+c$의 값은?

① $\frac{27}{4}$ ② $\frac{31}{5}$

③ $\frac{35}{6}$ ④ $\frac{39}{7}$

14 평면 $x-2y+3z=4$와 $x-2y+3z=9$ 사이의 거리는?

① 5 ② $\frac{5}{2}$

③ 2 ④ $\frac{5}{\sqrt{14}}$

15 두 평면 $x+2y+3z=4$ 와 $-x+3y+z=1$의 교선과 $\mathrm{A}(-1,2,3)$, $\mathrm{B}(2,1,5)$를 지나고 평면 $4x-y+3z=2$에 수직인 평면이 이루는 각을 θ라 할 때, $\sin\theta$는?

① $\frac{16}{3\sqrt{30}}$ ② $\frac{16}{\sqrt{260}}$

③ $\frac{8}{\sqrt{30}}$ ④ $\frac{8}{\sqrt{28}}$

05

벡터공간 (vector spaces)

05 핵심 문제

Topic 29 벡터공간과 부분공간

1. 벡터와 벡터공간(vecotr and vector space)

일반적으로 어떤 집합 V에 기본연산인 합(sum)과 스칼라곱을 정의하고 다음과 같은 10개의 공리 또는 성질을 만족하면 $(V, +, \cdot)$를 벡터공간(Vector space)이라고 한다.

$\boldsymbol{u}, \boldsymbol{v}, \boldsymbol{w} \in V$ 이고 $\alpha, \beta \in \mathbb{R}$일 때, 다음이 성립한다.

(1) 기본연산에 대한 닫힘성

① $\boldsymbol{u}+\boldsymbol{v} \in V$ (덧셈의 닫힘성)

② $\alpha \cdot \boldsymbol{u} \in V$ (스칼라곱의 닫힘성)

(2) 가법성질

③ $\boldsymbol{u}+\boldsymbol{v}=\boldsymbol{v}+\boldsymbol{u}$ (교환법칙)

④ $\boldsymbol{u}+(\boldsymbol{v}+\boldsymbol{w})=(\boldsymbol{u}+\boldsymbol{v})+\boldsymbol{w}$ (결합법칙)

⑤ $\exists \vec{0} \in V$ $s.t$ $\boldsymbol{u}+\vec{0}=\vec{0}=\vec{0}+\boldsymbol{u}$ (항등원)

⑥ $\forall \boldsymbol{u}$, $\exists (-1)\boldsymbol{u} \in V$ $s.t$ $\boldsymbol{u}+(-1)\boldsymbol{u}=\vec{0}$(역원)

(3) 스칼라곱 성질

⑦ $\alpha(\beta\boldsymbol{u})=(\alpha\beta)\boldsymbol{u}=\beta(\alpha\boldsymbol{u})$

⑧ $\alpha(\boldsymbol{u}+\boldsymbol{v})=\alpha\boldsymbol{u}+\alpha\boldsymbol{v}$ (분배법칙)

⑨ $(\alpha+\beta)\boldsymbol{u}=\alpha\boldsymbol{u}+\beta\boldsymbol{u}$ (분배법칙)

⑩ $1\boldsymbol{u}=\boldsymbol{u}$

2. 부분공간(subspace)

(1) 벡터공간 V의 부분집합 W가 다시 벡터공간이 될 때 W를 V의 부분공간이라 하고 $W \leq V$로 나타낸다.

(2) 부분공간의 유용한 판정법

$$W \leq V \Leftrightarrow \begin{cases} (i)\ \boldsymbol{u}, \boldsymbol{v} \in W & \Rightarrow \boldsymbol{u}+\boldsymbol{v} \in W \\ (ii)\ \boldsymbol{u} \in W,\ \alpha \in \mathbb{R} & \Rightarrow \alpha \cdot \boldsymbol{u} \in W \end{cases}$$

이때, 부분공간 W는 반드시 $\vec{0}$을 포함한다.

3. 자명한 부분공간(trivial subspaces)

벡터공간 V는 적어도 서로 다른 두 개의 부분공간 즉, 영벡터공간 $\{\vec{0}\}$과 자기자신을 부분공간으로 갖는다. 단, 영벡터공간의 부분공간은 자기 자신뿐이다.

Ex) (1) $\mathbb{R}^2$의 부분공간

① $\{(0,0)\}$: 영공간 ② 원점을 지나는 직선

③ $\mathbb{R}^2$

(2) $\mathbb{R}^3$의 부분공간

① $\{(0,0,0)\}$: 영공간 ② 원점을 지나는 직선

③ 원점을 지나는 평면 ④ $\mathbb{R}^3$

(3) $\mathbb{R}^n$의 부분공간

① $\{(0,0,\cdots,0)\}$: 영공간

② $S=\{(x_1, x_2, \cdots, x_{n-1}, 0) \mid x_i \in \mathbb{R}\}$ ③ $\mathbb{R}^n$

step 1

01 다음 집합이 벡터공간이 아닌 이유를 말하시오.

(1) $V=\{(a_1, a_2) \in R^2 \mid a_1 \geq 0, a_2 \geq 0\}$

(2) $V=\{(a_1, a_2) \in R^2 \mid a_2 = 2a_1+1\}$

(3) $V=\{a+bx+cx^2 \mid c \neq 0, a, b, c \in R\}$

(4) 스칼라 곱이 $k(a_1, a_2)=(ka_1, 0)$, $k \in R$로 정의된 이차원 벡터의 집합 $V=\{(a_1, a_2) \in R^2\}$

02 다음 중 W가 V의 부분공간인 것을 고르시오.

(1) $V=R^3$, $W=\{(a, b, c) \mid a \geq 0\}$

(2) $V=R^3$, $W=\{(a, b, c) \mid a^2+b^2+c^2 \leq 1\}$

(3) $V=R$, $W=\left\{\begin{bmatrix} a & b \\ c & d \end{bmatrix} \middle| a, b, c, d \in R\right\}$

(4) $V=R$, $W=\{f(x) \mid f(1)=0, x \in R\}$

(5) $V=R$, $W=\{f(x) \mid f(0)=1, x \in R\}$

(6) $V=R$, $W=\{f(x) \mid f(-x)=f(x), x \in R\}$

(7) $V=R$, $W=\{f(x) \mid f(-x)=-f(x), x \in R\}$

(8) $V=R^3$,

$W=\{f(x)=c_1x+c_2xe^x \mid x \in R, c_1, c_2 \in R\}$

step 2

03 벡터공간 R^3의 두 부분공간

$W_1 = \{(x, 0, 0) | x \in R\}$

$W_2 = \{(0, y, 0) | y \in R\}$

에 대하여 $W_1 \cap W_2$와 $W_1 + W_2$를 각각 구하시오.

04 $\mathbb{R}^2$의 부분공간에 대하여 올바르게 설명한 것은? 경기대 기출

ㄱ. $\mathbb{R}^2$의 부분공간은 $\{0\}$과 $\mathbb{R}^2$ 뿐이다.
ㄴ. $\mathbb{R}^2$의 부분공간은 $\{0\}$, $\mathbb{R}$ 과 $\mathbb{R}^2$뿐이다.
ㄷ. $\mathbb{R}^2$의 부분공간은 $\{0\}$과 $\mathbb{R}^2$ 그리고 $\mathbb{R}^2$의 모든 직선뿐이다.
ㄹ. $\mathbb{R}^2$의 부분공간은 $\{0\}$과 $\mathbb{R}^2$ 그리고 $\mathbb{R}^2$의 원점을 지나는 모든 직선뿐이다.

① ㄱ ② ㄴ
③ ㄷ ④ ㄹ

step 3

05 다음 중 주어진 벡터공간의 부분공간인 것의 개수는?

(가) $(M_{2\times3}, +, \cdot)$에 대하여
$W = \left\{ \begin{bmatrix} 0 & a & b \\ c & d & 0 \end{bmatrix} \middle| a, b, c, d \in R \right\}$

(나) $(M_{n\times n}, +, \cdot)$에 대하여
$W = \{A \in M_{n\times n} | \exists A^{-1}, AA^{-1} = A^{-1}A = I\}$

(다) V가 다항식 전체의 집합, W는 2차 이하의 다항식 전체의 집합

① 0 ② 1
③ 2 ④ 3

Topic 30 일차독립과 일차종속

1. 일차독립(linearly independent)과 일차종속(linearly dependent)

벡터공간 V의 원소 $v_1, v_2, \cdots, v_n$과 임의의 스칼라 $a_1, a_2, \cdots, a_n$에 대하여

$$a_1v_1 + a_2v_2 + \cdots + a_nv_n$$

을 벡터 $v_1, v_2, \cdots, v_n$의 **일차결합**이라 하고

$a_1v_1 + a_2v_2 + \cdots + a_nv_n = \vec{0}$일 때,

$a_1 = a_2 = \cdots = a_n = 0$이면 집합 $\{v_1, v_2, \cdots, v_n\}$을 **일차(선형)독립**이라 하고, 그렇지 않으면 **일차(선형)종속**이라 한다.

정리

① 영벡터를 포함하는 모든 집합은 일차종속이다.

② $\{v_1, v_2, \cdots, v_p\} \subset \mathbb{R}^n$이라 하자. $p > n$이면 $\{v_1, v_2, \cdots, v_p\}$는 항상 일차종속이다.

③ 하나의 벡터 $\boldsymbol{v}$로 이루어진 집합이 일차독립이기 위한 필요충분조건은 $\boldsymbol{v} \neq \mathbf{0}$이다.

④ 두 벡터로 이루어진 집합이 일차종속이기 위한 필요충분조건은 한 벡터가 다른 벡터의 스칼라배(두 벡터가 평행)이다.

⑤ n개의 성분을 갖는 p개의 벡터들은, 이 벡터들을 행벡터로 취하여 구성된 행렬의 계수가 p이면 일차독립이고, 만약 그 계수가 p보다 작으면 일차종속이다.

⑥ n차 정방행렬 A에 대하여 A의 행[열]벡터들이 일차독립이다.
$\Leftrightarrow rank(A) = n$
$\Leftrightarrow \det(A) \neq 0$

2. 생성 (span)

벡터공간 V의 벡터 $v_1, v_2, \cdots, v_n \in V$에 대하여

$W = Span\{v_1, v_2, \cdots, v_n\}$
$= \{ a_1v_1 + a_2v_2 + \cdots + a_nv_n \mid a_i \text{ 는 스칼라 } \}$

즉 $Span\{v_1, v_2, \cdots, v_n\}$는 스칼라 $a_1, a_2, \cdots, a_n$에 대하여 $a_1v_1 + a_2v_2 + \cdots + a_nv_n$로 나타내어지는 모든 벡터들의 집합이다.

[정리] $W = Span\{v_1, v_2, \cdots, v_n\}$는 벡터공간 V의 부분공간이다. 이때, $v_1, v_2, \cdots v_n$은 W를 생성한다고 한다.

step 1

01 다음 벡터를 세 벡터 $(1, 2, 2)$, $(1, 1, 1)$, $(1, -3, -1)$의 일차결합으로 나타내시오.

(1) $(0, 0, 0)$ (2) $(3, 0, 2)$

02 다음 벡터를 세 벡터 $(2, 2, -4, 0)$, $(1, -3, 2, -4)$, $(-1, 0, 1, 0)$의 일차결합으로 나타내시오.

(1) $(0, 0, 0, 0)$ (2) $(1, 3, -4, 2)$

03 다음 R^3 상의 벡터집합 중 일차종속인 것을 모두 고르고 이유를 말하시오.

ㄱ. $\{(1, 2, -3), (4, 5, -6)\}$
ㄴ. $\{(1, 1, 2), (2, 3, 1), (4, 5, 5)\}$
ㄷ. $\{(-2,0,1), (2,3,5), (6,-1,1), (7,0,-2)\}$

04 다음 집합이 일차종속인지 일차독립인지 판단하시오.

(1) $\left\{\begin{bmatrix} 1 & 2 \\ -3 & 4 \end{bmatrix}, \begin{bmatrix} -1 & -2 \\ 3 & -4 \end{bmatrix}\right\} \subset M_{2\times 2}(R)$

(2) $\left\{\begin{bmatrix} 1 & 2 \\ -3 & 4 \end{bmatrix}, \begin{bmatrix} -1 & 3 \\ -2 & -4 \end{bmatrix}\right\} \subset M_{2\times 2}(R)$

(3) $\{-3x^2+x+2, 6x^2-2x-4\} \subset P_3(R)$

(4) $\{1, e^x, 2e^{2x}\} \subset f(R)$

step 2

05 $\mathbb{R}^3$의 세 벡터 $(3-k, -1, 0)$, $(-1, 2-k, -1)$, $(0, -1, 3-k)$가 일차종속이 되도록 하는 k값을 모두 더하면? **중앙대 공과대학 기출**

① 5　② 8
③ 10　④ 12

06 $X=(3, 2, 9)$를 $a=(0, 1, 1)$, $b=(1, 0, 1)$, $c=(1, 1, 0)$의 일차결합으로 나타낸 식은?

① $4a-5b+2c$　② $4a+5b-2c$
③ $4a-5b-2c$　④ $4a+5b+2c$

07 삼차원공간 $\mathbb{R}^3$의 세 벡터 $\vec{u}=(1,2,3)$, $\vec{v}=(1,1,1)$, $\vec{w}=(1,a,b)$가 일차독립이기 위한 a와 b의 값이 될 수 있는 것을 고르면?

경기대 기출

① $a=1$, $b=1$ ② $a=0$, $b=1$
③ $a=0$, $b=-1$ ④ $a=-1$, $b=-3$

step 3

08 $M=\begin{bmatrix}1&2&3\\0&1&2\\0&0&1\end{bmatrix}$, $x_1=\begin{bmatrix}1\\1\\1\end{bmatrix}$, $x_2=\begin{bmatrix}1\\1\\0\end{bmatrix}$, $x_3=\begin{bmatrix}1\\0\\0\end{bmatrix}$일 때, $y_1=Mx_1$, $y_2=Mx_2$, $y_3=Mx_3$에 대하여 다음 중 참인 것을 모두 고르면?

(단, $\begin{bmatrix}a\\b\\c\end{bmatrix}^T=[a\ \ b\ \ c]$이다.)

한국항공대 기출

ⓐ R^3에서 $\{y_1{}^T, y_2{}^T\}$는 일차독립이다.
ⓑ R^3에서 $\{y_2{}^T, y_3{}^T\}$는 일차독립이다.
ⓒ R^3에서 $\{y_1{}^T, y_2{}^T, y_3{}^T\}$는 일차독립이다.
ⓓ R^3에서 $\{y_1{}^T, y_2{}^T, y_3{}^T\}$는 일차종속이다.

① ⓐ ② ⓐ, ⓑ
③ ⓐ, ⓑ, ⓒ ④ ⓐ, ⓑ, ⓓ

Topic 31 기저(basis)와 차원(dimension)

1. 기저

벡터공간 V와 그 부분집합 $B=\{v_1, v_2, \cdots, v_n\}$에 대하여 다음 두 가지가 성립하면 B를 V의 기저(basis)라 한다.

① B가 일차독립이고

② B가 V를 생성한다. 즉,
$V=Span\{v_1, v_2, \cdots, v_n\}$이다.

B가 V의 기저가 되기 위한 필요충분조건은 '임의의 벡터 $v \in V$를 B의 원소들의 일차결합으로 나타낼 수 있고 그 표현은 유일하다.'이다. 즉 유일한 스칼라 $a_1, a_2, \cdots, a_n$에 대하여

$v=a_1v_1+a_2v_2+\cdots+a_nv_n$

이다. 이때, 기저는 V의 생성집합 중 가장 작은 집합이자 일차독립인 집합 중에서는 가장 큰 집합이다.

2. 차원

벡터공간 V의 기저를 구성하는 벡터의 개수를 V의 차원이라 하고 $\dim V$로 표시한다.

① 영벡터공간 $\{0\}$의 차원은 0으로 정의한다. 즉 $span\{\varnothing\}=\{\vec{0}\}$이고 $\varnothing$은 일차독립이다.

② 만일 V가 유한집합으로 생성되지 않으면 V를 무한차원 벡터공간이라 정의한다.

3. 표준기저(standard basis)

(1) $\mathbb{R}^n$의 표준기저

$\{e_j \in \mathbb{R}^n \mid j=1, 2, \cdots, n\} \Rightarrow \dim(\mathbb{R}^n)=n$

$e_1=(1, 0, \cdots, 0), e_2=(0, 1, 0, \cdots, 0), \cdots$이다.

(2) M_2의 표준기저

$$\left\{\begin{bmatrix}1&0\\0&0\end{bmatrix}, \begin{bmatrix}0&1\\0&0\end{bmatrix}, \begin{bmatrix}0&0\\1&0\end{bmatrix}, \begin{bmatrix}0&0\\0&1\end{bmatrix}\right\} \Rightarrow \dim(M_2)=4$$

(3) P_n의 표준기저

$\{1, x, x^2, \cdots, x^n\} \Rightarrow \dim(P_n)=n+1$

4. 기저 및 차원 관련 성질

V를 $\dim(V)=k$인 벡터공간이라고 하면 V에 대해 다음 사실이 성립한다.

① V에 있는 $k+1$개 이상의 벡터는 일차종속이다.

② V에 있는 k개 미만의 벡터는 V를 생성하지 않는다.

③ V에 있는 k개의 일차독립인 벡터는 V의 기저이다.

④ V를 생성하는 k개의 벡터는 V의 기저이다.

5. 좌표벡터 및 좌표행렬

$B=\{v_1, v_2, \cdots, v_n\}$을 벡터공간 V의 기저라고 하면 $v=a_1v_1+a_2v_2+\cdots+a_nv_n$을 만족하는 유일한 스칼라 $a_1, a_2, \cdots, a_n$에 대하여 $[v]_B=[a_1\ a_2\ \cdots\ a_n]^T$를 v의 좌표벡터[행렬]라고 한다.

step 1

01 다음 집합들 중 R^3의 기저인 것을 모두 고르시오.

ㄱ. $\{(1, 0, 1), (1, 1, 1)\}$
ㄴ. $\{(1, 0, 1), (2, 2, 0), (3, 3, 3)\}$
ㄷ. $\{(1, 0, 1), (1, 2, 3), (1, 3, 5), (2, 3, 0)\}$
ㄹ. $\{(2, 3, -1), (4, 1, 1), (0, -7, 1)\}$
ㅁ. $\{(1, 1, 2), (1, 2, 5), (5, 3, 4)\}$

02 다음 집합들 중 P_2의 기저인 것을 모두 고르시오.

ㄱ. $\{x, 2x, x^2\}$
ㄴ. $\{x, 1-x, 2x^2\}$
ㄷ. $\{1-2x-2x^2, -2+3x-x^2, 1-x+6x^2\}$
ㄹ. $\{1+2x-x^2, 4-2x+x^2, -1+18x-9x^2\}$

03 벡터공간 $M_{3\times3}(R)$의 두 부분공간

$W_1 = \{A \in M_{3\times3} \mid A$는 상삼각행렬$\}$,

$W_2 = \{A \in M_{3\times3} \mid A$는 대칭행렬$\}$

에 대하여 다음 물음에 답하시오.

(1) W_1, W_2의 기저와 차원을 구하시오.

(2) $W_1 + W_2$, $W_1 \cap W_2$의 기저와 차원을 구하시오.

04 $v_1 = (1, 2, 1)$, $v_2 = (2, 9, 0)$, $v_3 = (3, 3, 4)$라 할 때, $S = \{v_1, v_2, v_3\}$에 대하여 다음 물음에 답하시오.

(1) S가 R^3의 기저임을 보이시오.

(2) $v = (5, -1, 9)$의 기저 S에 대한 좌표벡터를 구하시오.

(3) S에 관한 좌표벡터가 $(-1, 3, 2)$인 벡터를 구하시오.

05 $P_2(x)$의 벡터 $7 - x + 2x^2$의 다음 기저 P에 대한 좌표벡터를 구하시오.

$P = \{p_1 = 1 + x + x^2,\ p_2 = x + x^2,\ p_3 = x^2\}$

step 2

06 두 벡터 $(1, 2, 3)$, $(0, 1, 1)$에 의해 생성된 R^3의 부분공간에 속하지 않는 것은?

① $(1, 4, 5)$　　② $(2, 6, 8)$
③ $(2, 2, 4)$　　④ $(1, 3, 2)$

07 네 벡터
$\overrightarrow{v_1}=(1, 0, 0, 0, 1)$,
$\overrightarrow{v_2}=(-2, 1, -1, 2, -2)$,
$\overrightarrow{v_3}=(0, 5, -4, 9, 0)$,
$\overrightarrow{v_4}=(2, 10, -8, 18, 2)$
로 생성되는 $\mathbb{R}^5$의 부분공간 W의 차원은?

국민대 기출

① 1　　② 2
③ 3　　④ 4

08 세 개의 벡터
$\overrightarrow{v_1} = (4, -1, 1)$, $\overrightarrow{v_2} = (1, 2, 4)$,
$\overrightarrow{v_3} = (2, 1, 3)$
에 대하여 벡터 $\overrightarrow{u} = (4, -1, k)$가 v_1, v_2, v_3에 의해 생성된 $\mathbb{R}^3$의 부분공간에 속하도록 하는 k 값은 얼마인가?

① 0　　② 1
③ 2　　④ 3

step 3

09 V가 3차원 벡터공간일 때, 다음 중 옳은 것을 모두 고르면? 경기대 기출

ㄱ. S가 V를 생성(span)하면 S는 V의 적당한 기저를 포함한다.
ㄴ. S가 영벡터(zero vector)를 포함하는 V의 유한부분집합이면 S는 일차종속이다.
ㄷ. 두 벡터 $v, w \in V$가 일차독립이면 적당한 스칼라 k에 대하여 $w = kv$이다.
ㄹ. S가 V의 일차독립인 부분집합이면 S는 V의 적당한 기저에 포함된다.

① ㄱ, ㄷ ② ㄴ, ㄷ
③ ㄱ, ㄴ, ㄹ ④ ㄱ, ㄷ, ㄹ

10 모든 3×3 행렬들로 이루어진 벡터공간 $M_3(\mathbb{R})$에 대하여,
$U = \{(a_{ij}) \in M_3(\mathbb{R}) \mid a_{11} + a_{22} + a_{33} = 0\}$과
$W = \{(a_{ij} \in M_3(\mathbb{R}) \mid a_{ij} = a_{ji},\ 1 \le i, j \le 3\}$은
$M_3(\mathbb{R})$의 부분공간이다. 두 부분공간의 차원(dimension)의 합은? 한양대 기출

① 11 ② 12
③ 13 ④ 14

Topic 32 행렬의 기본공간(행공간, 열공간, 영공간)

1. 행공간, 열공간, 해공간

$m \times n$ 행렬 A에 대하여 A의 행벡터가 생성하는 R^n의 부분공간을 A의 **행공간**, 열벡터가 생성하는 R^m의 부분공간을 A의 **열공간**, 동차 선형연립방정식 $AX=O$의 모든 해의 집합 $N_A = \{ \boldsymbol{x} \in \mathbb{R}^n \mid A\boldsymbol{x} = \boldsymbol{0} \}$를 **영공간**이라 한다.

(정리 1)

행렬 R이 행사다리꼴(row-echelon form)이면 선두 1 (leading entry)을 갖는 모든 행벡터(즉, $\boldsymbol{0}$이 아닌 행벡터)는 R의 행공간의 기저를 이루고, 행벡터의 선두 1 (leading entry)을 갖는 모든 열벡터는 R의 열공간의 기저를 이룬다.

(주의)

기본 행연산은 행렬의 영공간과 행공간을 바꾸지 않지만 열공간은 바꿀 수 있다.

예를 들어 $A = \begin{bmatrix} 1 & 3 \\ 2 & 6 \end{bmatrix}$와 $B = \begin{bmatrix} 1 & 3 \\ 0 & 0 \end{bmatrix}$는 행동치이지만 열공간이 다르다.

(정리 2)

선형연립방정식 $A\boldsymbol{x} = \boldsymbol{b}$의 해가 존재할 필요충분조건은 $\boldsymbol{b}$가 A의 열공간에 있는 것이다.

step 1

01 다음 물음에 답하시오.

(1) $\begin{bmatrix} 1 & 2 & -2 & 1 \\ 1 & 2 & -1 & 3 \\ 2 & 4 & 0 & 10 \end{bmatrix}$의 행공간의 기저와 차원을 구하시오.

(2) $\begin{bmatrix} 1 & 2 & 1 & 5 \\ 2 & 4 & -3 & 0 \\ -3 & 1 & 2 & -1 \\ 1 & 2 & -1 & 1 \end{bmatrix}$의 열공간의 기저와 차원을 구하시오.

02 다음 동차 선형방정식계의 해공간의 기저와 차원을 구하시오.

(1) $\begin{cases} 2x_1 + x_2 - 2x_3 = 0 \\ -x_1 + x_2 - x_3 = 0 \\ x_1 \qquad\quad + x_3 = 0 \end{cases}$

(2) $\begin{cases} x_1 - 2x_2 + x_3 = 0 \\ 2x_1 - 3x_2 + x_3 = 0 \end{cases}$

(3) $\begin{cases} x_1 + 2x_2 + 2x_3 - x_4 + 3x_5 = 0 \\ x_1 + 2x_2 + 3x_3 + x_4 + 5x_4 = 0 \\ 3x_1 + 6x_2 + 8x_3 + x_4 + 5x_5 = 0 \end{cases}$

03 다음 비제차선형계 $Ax = \boldsymbol{b}$에 대하여 벡터 $\boldsymbol{b}$를 A의 열벡터의 일차결합으로 나타내고, (정리 2)의 내용을 확인하시오.

(1) $\begin{bmatrix} 3 & -1 \\ 1 & 4 \end{bmatrix} \begin{bmatrix} x_1 \\ x_2 \end{bmatrix} = \begin{bmatrix} 5 \\ -7 \end{bmatrix}$

(2) $\begin{bmatrix} 1 & 0 & -1 \\ 3 & 6 & 2 \\ 0 & -1 & 3 \end{bmatrix} \begin{bmatrix} x_1 \\ x_2 \\ x_3 \end{bmatrix} = \begin{bmatrix} -1 \\ 6 \\ 10 \end{bmatrix}$

04 다음 행렬의 행공간과 열공간, 영공간의 기저를 각각 구하시오.

(1) $\begin{bmatrix} 1 & 0 & 2 \\ 0 & 0 & 1 \\ 0 & 0 & 0 \end{bmatrix}$ (2) $\begin{bmatrix} 1 & -2 & 10 \\ 2 & -3 & 18 \\ 0 & -7 & 14 \end{bmatrix}$

(3) $\begin{bmatrix} 1 & -3 & 0 & 0 \\ 0 & 1 & 0 & 0 \\ 0 & 0 & 0 & 0 \\ 0 & 0 & 0 & 0 \end{bmatrix}$ (4) $\begin{bmatrix} 1 & 4 & 5 & 2 \\ 2 & 1 & 3 & 0 \\ -1 & 3 & 2 & 2 \end{bmatrix}$

step 2

05 행렬 $A=\begin{bmatrix} 1 & 2 & 2 & -1 & 3 \\ 1 & 2 & 3 & 1 & 1 \\ 3 & 6 & 8 & 1 & 5 \end{bmatrix}$일 때, 벡터공간 $N(A)=\{x\in R^5 \mid Ax=0\}$의 기저와 차원을 구하시오.

06 행렬 $A=\begin{bmatrix} 1 & 0 & -1 & -1 \\ 0 & 1 & -2 & 0 \\ 0 & 0 & 0 & 0 \end{bmatrix}$에 대해 두 벡터 $(a, b, 1, 0)$, $(c, d, 0, 1)$는 A의 영공간의 기저이다. $a+b+c+d$의 값은? **가천대 기출**

① 1 ② 2

③ 3 ④ 4

07 세 개의 벡터

$v_1=(1,-2,1),\ v_2=(-2,3,1),\ v_3=(-1,1,2)$

에 대하여 벡터 $u=(-4,\alpha,\beta)$ 가 v_1, v_2, v_3에 의해 생성된 R^3의 부분공간에 속하도록 하는 α, β의 관계식은?

① $\alpha+\beta=10$　　② $3\alpha+\beta=20$
③ $\alpha-\beta=-20$　　④ $3\alpha-\beta=-10$

step 3

08 3×4행렬 $A=\begin{bmatrix}1 & 2 & 3 & 5\\ 2 & 4 & 8 & 8\\ 0 & 0 & 1 & -1\end{bmatrix}$에 대하여 벡터 방정식 $A\vec{X}=\vec{b}$의 해 $\vec{X}=(x_1, x_2, x_3, x_4)$가 존재하는 모든 벡터 $\vec{b}=(b_1, b_2, b_3)$들의 집합을 S라 할 때, 다음의 벡터 중에서 S에 수직인 것은?

서강대 기출

① $(-2,-1,2)$　　② $(2,-1,2)$
③ $(-2,1,2)$　　④ $(2,1,2)$

Topic 33 계수(Rank)와 퇴화차수(Nullity)

1. 계수(rank)와 퇴화차수(또는 영계수. nullity)

행렬 $A=[a_{ij}]\in M_{m,n}$ 에 대해서 다음을 정의한다.

(1) **행계수**(row rank) $\Leftrightarrow$ A의 행공간의 차원.

(2) **열계수**(column rank) $\Leftrightarrow$ A의 열공간의 차원.

(3) **퇴화차수**(nullity) $\Leftrightarrow$ A의 영공간의 차원.

2. 주요 정리

(1) $rank(A)=rank(A^t)$.

(2) $rank(A)+nullity(A)=n$ (계수정리)

(3) $m\times n$ 연립일차방정식 $A\boldsymbol{x}=\boldsymbol{b}$ 의 해가 존재 $\Leftrightarrow rank(A)=rank([A\,|\,\boldsymbol{b}])$

3. 가역행렬과 계수와의 관계

A가 n차 정방행렬일 때, 다음의 명제는 모두 동치 관계이다.

(1) A가 가역행렬이다.

(2) A^{-1}가 존재한다.

(3) $\det(A)\neq 0$

(4) $\boldsymbol{b}\in\mathbb{R}^n$ 에 대하여, $A\boldsymbol{x}=\boldsymbol{b}$ 의 해는 유일하다.

(5) $A\boldsymbol{x}=\vec{0}$ 는 자명한 해 뿐이다.

(6) 행렬 A의 열벡터의 집합 $\{c_1, c_2, \cdots, c_n\}$ 는 $\mathbb{R}^n$ 의 기저이다.

(7) 행렬 A의 행벡터의 집합 $\{r_1, r_2, \cdots r_n\}$ 는 $\mathbb{R}^n$ 의 기저이다.

(8) $rank(A)=n$

(9) $nullity(A)=0$

(10) $rank([A\mid \boldsymbol{b}])=rank(A)=n$

(11) A와 I_n은 행동치이다.

4. 계수관련 성질

(1) $m\times n$ 행렬 A와 $n\times k$ 행렬 B에 대하여 다음이 성립한다.

① $rank(A)=0 \Leftrightarrow A=O$ (영행렬)

② $rank(A)\le\min\{m,n\}$

③ $rank(A^tA)=rank(AA^t)=rank(A)=rank(A^t)$

④ $rank(AB)\le\min\{rank(A), rank(B)\}$

⑤ $rank(A)+rank(B)-n\le rank(AB)$ (실베스터의 계수 부등식)

(2) A, B가 $n\times n$ 정방행렬일 때 다음이 성립한다.

① $rank(A+B)\le rank(A)+rank(B)$

② $rank(AB)\le\min\{rank(A), rank(B)\}$

③ $AB=O\Rightarrow rank(A)+rank(B)\le n$

④ $rank(A)=n\Leftrightarrow rank(adj(A))=n$

⑤ $rank(A)=n-1\Leftrightarrow rank(adj(A))=1$

step 1

01 다음 행렬들의 계수와 퇴화차수를 구하시오.

(1) $A=\begin{bmatrix}2&-1&3\\4&-2&1\\2&1&0\end{bmatrix}$

(2) $B=\begin{bmatrix}1&0&-1\\2&0&-2\\0&0&0\end{bmatrix}$

(3) $C=\begin{bmatrix}1&2&4&0\\-3&1&5&3\\-2&3&9&2\end{bmatrix}$

(4) $D=\begin{bmatrix}-1&2&0&4&5\\3&-7&2&0&1\\2&-5&2&4&6\end{bmatrix}$

02 다음 행렬에 대하여 물음에 답하시오.

$$A=\begin{bmatrix}1&1&0&1\\2&1&1&2\\1&1&1&4\end{bmatrix}$$

(1) 행렬 A의 행공간의 기저와 차원을 구하시오.

(2) 행렬 A^T의 행공간의 기저와 차원을 구하시오.

(3) 행렬 A의 열공간의 기저와 차원을 구하시오.

step 2

03 $A=\begin{bmatrix} 1 & 2 & -4 & 3 & -1 \\ 2 & -3 & 13 & -8 & 5 \\ 3 & -1 & 9 & -5 & k \end{bmatrix}$ 일 때, 벡터공간 $N(A)=\{v \in R^4 | \ Av=0\}$ 의 차원(dimension)이 3 이 되도록 k 의 값을 구하면?

① 4　　② 5
③ -3　　④ -2

04 다음 연립방정식의 해공간의 차원은?

$$\begin{aligned} 2x_1+2x_2-x_3 \qquad\quad +x_5&=0 \\ -x_1-x_2+2x_3-3x_4+x_5&=0 \\ x_1+x_2-2x_3 \qquad\quad -x_5&=0 \\ x_3+x_4+x_5&=0 \end{aligned}$$

① 1　　② 2
③ 3　　④ 4

05 행렬 $A=\begin{bmatrix} 1 & -1 & 0 & 0 \\ 2 & 1 & 1 & 2 \\ 1 & 1 & 1 & 4 \end{bmatrix}$의 행공간(row sapce), 열공간(column space), 영공간(null space)의 차원을 각각 r, c, n이라 할 때, $r+c-n$의 값은?

한양대 기출

① 2　　② 3
③ 4　　④ 5

step 3

06 다음과 같이 주어지는 행렬 A 의 영공간(null space)의 차원을 m, A^2 의 영공간의 차원을 n 이라 할 때 $m+n$ 의 값은? 세종대 기출

$$A = \begin{bmatrix} 0&1&0&0 \\ 0&0&2&0 \\ 0&0&0&3 \\ 0&0&0&0 \end{bmatrix}$$

① 1　② 2
③ 3　④ 4
⑤ 5

07 계수행렬이 $A = \begin{bmatrix} 1&2&3&3 \\ 5&7&8&\alpha \\ 3&3&2&1 \end{bmatrix}$ 인 방정식 $Ax=b$ (단, $\alpha \in \mathbb{R}$)에 대하여, 해를 가지지 않는 $b \in \mathbb{R}^3$가 존재한다고 하자. A의 영공간(null space)의 차원을 d라고 할 때, $\alpha+d$의 값은? 서강대 기출

① 7　② 8
③ 9　④ 10
⑤ 11

Topic 34 직교여공간

어떤 벡터 $\boldsymbol{x}$ 가 벡터공간 $\mathbb{R}^n$ 의 부분공간 W 의 모든 벡터와 직교하면, 벡터 $\boldsymbol{x}$ 는 W 에 직교한다고 한다. W 에 직교하는 모든 벡터들의 집합을 W 의 직교여공간(또는 직교보공간)이라 하며, 기호로는 $W^{\perp}$ 와 같이 나타낸다.

$W^{\perp} = \{\boldsymbol{v} \in V \mid \langle \boldsymbol{v}, \boldsymbol{w} \rangle = 0, \ \forall \boldsymbol{w} \in W\}$

참고

① $W^{\perp}$ 는 "W perpendicular" 또는 "W perp"라고 읽는다.

② $W^{\perp} < V$ (즉, $W^{\perp}$ 는 V의 부분공간이다.)

③ $W \cap W^{\perp} = \{\vec{0}\}$

정리

A 가 $m \times n$ 행렬일 때,
A 의 행공간의 직교여공간은 A 의 해공간이며,
A 의 열공간의 직교여공간은 A^T 의 해공간이다.

(1) $m \times n$ 행렬 A의 행공간의 직교여공간 $R_A{}^{\perp}$

① 행렬 A의 행공간의 직교여공간 $\Leftrightarrow$ A의 해공간
행렬 A의 해공간의 직교여공간 $\Leftrightarrow$ A의 행공간

② $\dim\left(R_A{}^{\perp}\right) = nullity A = n - rank A$

(2) $m \times n$ 행렬 A의 열공간의 직교여공간 $C_A{}^{\perp}$

① 행렬 A의 열공간의 직교여공간 $\Leftrightarrow$ A^T의 해공간
행렬 A^T의 해공간의 직교여공간 $\Leftrightarrow$ A의 열공간

② $\dim\left(C_A{}^{\perp}\right) = nullity A^T = m - rank A^T$

step 1

01 다음 벡터공간 위에 유클리드 내적을 정의할 때, 주어진 공간 W에 대하여 $W^{\perp}$를 구하시오.

(1) W: R^2의 직교좌표계에서 직선 $y = x$

(2) W: R^3의 직교좌표계에서 직선 $x = 0, z = 0$

(3) W: R^3의 직교좌표계에서 직교 기저 $\{(1, 0, 0), (0, 1, 0)\}$에 의해 생성되는 공간

02 다음 벡터가 생성하는 R^n의 부분공간에 대한 직교여공간의 기저와 차원을 구하시오.

(1) $v_1 = (1, -2, 1)$, $v_2 = (3, -7, 5)$

(2) $v_1 = (2, 1, 3)$, $v_2 = (-1, -4, 2)$, $v_3 = (4, -5, 13)$

03 행렬 $A = \begin{bmatrix} 0 & 1 & -1 & -2 & 1 \\ 1 & 1 & -1 & 3 & 1 \\ 2 & 1 & -1 & 8 & 3 \\ -1 & 1 & -1 & -7 & 1 \end{bmatrix}$의 행공간(row space)을 W라고 할 때, W의 직교여공간 $W^{\perp}$의 차원은?

① 1　② 2　③ 3　④ 4

step 2

04 벡터공간 $\mathbb{R}^4$의 부분공간 S의 기저가 다음과 같을 때, S의 직교여공간 $S^\perp$의 기저는?

한양대 에리카 기출

$$\left\{ \begin{bmatrix} 1 \\ 0 \\ 2 \\ 1 \end{bmatrix}, \begin{bmatrix} 0 \\ 1 \\ 3 \\ -1 \end{bmatrix} \right\}$$

① $\left\{ \begin{bmatrix} -1 \\ 1 \\ 0 \\ 1 \end{bmatrix} \right\}$　　② $\left\{ \begin{bmatrix} 2 \\ 3 \\ -1 \\ 0 \end{bmatrix} \right\}$

③ $\left\{ \begin{bmatrix} -3 \\ -2 \\ 1 \\ 1 \end{bmatrix}, \begin{bmatrix} 1 \\ 4 \\ -1 \\ 1 \end{bmatrix} \right\}$　　④ $\left\{ \begin{bmatrix} 0 \\ 5 \\ -1 \\ 2 \end{bmatrix}, \begin{bmatrix} 4 \\ 2 \\ -1 \\ -2 \end{bmatrix} \right\}$

05 행렬 $A = \begin{bmatrix} 0 & 1 & 2 & 1 \\ 1 & 2 & 1 & 0 \\ 2 & 1 & 0 & 1 \\ 1 & 0 & 1 & 2 \end{bmatrix}$의 해공간(null space)의 차원은?

한양대 에리카 기출

① 0　　② 1

③ 2　　④ 3

step 3

06 선형계 $\begin{bmatrix} 1 & 1 & 1 & 1 \\ 0 & 1 & 1 & 1 \end{bmatrix} \begin{bmatrix} x_1 \\ x_2 \\ x_3 \\ x_4 \end{bmatrix} = \begin{bmatrix} 0 \\ 0 \end{bmatrix}$의 해공간을 $V \subset R^4$라고 하자. 두 벡터 $v \in V$, $w \in V^\perp$가 $v + w = (0, 0, 1, 1)$을 만족할 때, 벡터 v는?

성균관대 기출

① $\left(\frac{1}{3}, 0, -\frac{2}{3}, \frac{1}{3} \right)$

② $\left(0, \frac{1}{3}, -\frac{2}{3}, \frac{1}{3} \right)$

③ $\left(-\frac{1}{3}, -\frac{2}{3}, 0, \frac{1}{3} \right)$

④ $\left(0, -\frac{2}{3}, \frac{1}{3}, \frac{1}{3} \right)$

⑤ $\left(\frac{1}{3}, 0, -\frac{2}{3}, -\frac{1}{3} \right)$

07 닫힌구간 $[-1, 1]$에서 연속인 모든 함수들로 구성된 내적공간 $C[-1, 1]$에서 내적을

$< f, g > = \int_{-1}^{1} f(x)g(x)\,dx$로 정의하자.

$C[-1, 1]$의 부분공간 $P_1 = span\{1, x\}$에 대하여 두 함수 $h_1(x) \in P_1$, $h_2(x) \in (P_1)^{\perp}$가 $h_1(x) + h_2(x) = e^x$을 만족할 때, $h_1(1)$의 값은?

성균관대 기출

① $\frac{e}{2} + \frac{1}{2e}$　　② $\frac{e}{2} + \frac{1}{e}$

③ $\frac{e}{2} + \frac{3}{2e}$　　④ $\frac{e}{2} + \frac{2}{e}$

⑤ $\frac{e}{2} + \frac{5}{2e}$

08 행렬 $A = \begin{bmatrix} 1 & 6 & 3 & 1 \\ 1 & 4 & 2 & 1 \\ 0 & 2 & 1 & 0 \end{bmatrix}$의 영공간(nullspace)을 V라고 하자. 벡터 $x = (2, 0, 5, 0)$의 V 위로의 정사영을 $p = (p_1, p_2, p_3, p_4)$라고 할 때, $p_1 + p_2 + p_3 + p_4$의 값은?

서강대 기출

05 실력 UP 단원 마무리

벡터공간(vector space)

정답 및 풀이 p.272

01 다음 중 벡터공간과 부분공간에 대한 설명으로 옳은 것의 개수는?

> ㄱ. 공집합은 모든 벡터공간의 부분공간이다.
> ㄴ. 모든 벡터공간은 항상 두 개 이상의 부분공간을 갖는다.
> ㄷ. 벡터공간 V의 두 부분공간의 교집합은 항상 V의 부분공간이다.
> ㄹ. 벡터공간 V의 두 부분공간의 합집합은 항상 V의 부분공간이다.

① 1 ② 2
③ 3 ④ 4

02 다음 중 $\mathbb{R}^3$의 부분공간 $W=\{(x,y,z)\in\mathbb{R}^3 \mid x+2y+3z=0\}$의 기저가 될 수 없는 것은?

① $\{(-5,1,1),(-7,2,1)\}$
② $\{(-5,1,1),(2,-1,0)\}$
③ $\{(3,0,1),(2,-1,0)\}$
④ $\{(1,1,-1),(-7,2,1)\}$

03 공간상의 세 벡터
$u=(2,7,-6)$, $v=(1,2,-4)$, $w=(-1,1,x)$
가 하나의 평면에 놓이게 하는 x의 값은?

① 2 ② 3
③ 5 ④ 6

04 삼차원공간 $\mathbb{R}^3$의 세 벡터 $\vec{u}=(1,2,3)$, $\vec{v}=(1,1,1)$, $\vec{w}=(1,a,b)$가 일차독립이기 위한 a와 b의 값이 될 수 있는 것을 고르면?

① $a=1,\ b=1$ ② $a=0,\ b=1$
③ $a=0,\ b=-1$ ④ $a=-1,\ b=-3$

05 두 개의 벡터 $v_1=(-1,2)$, $v_2=(1,3)$ 에 대하여 벡터 $v=(-2,\alpha)$ 가 v_1, v_2 에 의해 생성된 R^2의 부분공간에 속하도록 하는 α의 조건은?

① $\alpha=-2$ ② $\alpha\neq-2$
③ $\alpha=1$ ④ $\alpha\neq1$
⑤ α는 모든 실수

06 두 벡터$\{(1,-1,0),(0,1,2)\}$ 에 의해 생성된 부분공간에 벡터 $b=(-1,0,1)$ 를 정사영(projection) 시킨 벡터를 구하면?

① $\left(-\frac{1}{3},\frac{2}{3},\frac{2}{3}\right)$ ② $\left(\frac{1}{3},0,-\frac{2}{3}\right)$
③ $\left(\frac{1}{5},-\frac{2}{5},0\right)$ ④ $\left(-\frac{1}{5},\frac{2}{5},\frac{3}{5}\right)$

07 다음 중 명제『$n\times n$행렬 A는 역행렬을 갖는다.』와 동치가 아닌 것은?

① A는 $n\times n$단위행렬 I_n과 행동치가 아니다.
② A의 모든 행벡터는 일차독립이다.
③ A의 모든 열벡터는 일차독립이다.
④ A는 기본행렬들의 곱으로 나타낼 수 있다.

08 행렬 $A=\begin{bmatrix} a_{11} & a_{12} & a_{13} \\ a_{21} & a_{22} & a_{23} \\ a_{31} & a_{32} & a_{33} \end{bmatrix}$의 역행렬 A^{-1}가 존재하기 위한 조건을 〈보기〉에서 모두 고르면? 행렬의 모든 성분은 실수이다.

보기

a. A의 행렬식 $\det(A)$이 0이 아니다.
b. $rank(A)=3$이다. 여기서 $rank(A)$는 A의 계수(rank)를 의미한다.
c. $Null(A)=\{(0,0,0)\}$이다. 여기서 $Null(A)$은 A의 영공간(Null space)를 의미한다.
d. 세 벡터 (a_{11},a_{12},a_{13}), (a_{21},a_{22},a_{23}), (a_{31},a_{32},a_{33})는 일차독립이다.

① a ② a, b
③ a, b, c ④ a, b, c, d

09 벡터 $\vec{p}=(3, 3, 3)$이 세 벡터 $\vec{a}=(1, 2, 0)$, $\vec{b}=(0, 1, 2)$, $\vec{c}=(2, 0, 1)$의 일차결합 $\vec{p}=\alpha\vec{a}+\beta\vec{b}+\gamma\vec{c}$로 표현될 때, $\alpha+\beta+\gamma$의 값은?

① 1　② 2　③ 3　④ 4

10 연립일차방정식 $\begin{cases} 2x_1+2x_2-x_3+x_5=0 \\ -x_1-x_2+2x_3-3x_4+x_5=0 \\ x_1+x_2-2x_3-x_5=0 \\ x_3+x_4+x_5=0 \end{cases}$

의 해공간의 차원(dimension)은?

① 1　② 2　③ 3　④ 4

11 네 벡터 $a_1=(0,\ 0,\ 1,\ 1,\ 1)$, $a_2=(1,\ 1,\ -2,\ 0,\ -1)$, $a_3=(2,\ 2,\ -1,\ 0,1)$, $a_4=(-1,\ -1,\ 2,\ -3,\ 1)$가 생성하는 R^5 의 부분공간의 차원은?

① 1　② 2　③ 3　④ 4

12 세 벡터공간

$W_1=\{(x_1, x_2, x_3, x_4)\in R^4 \mid 3x_1=x_3\}$

$W_2=\{(x_1, x_2, x_3, x_4)\in R^4 \mid x_1-2x_2=0\}$

$W_3=\{(x_1, x_2, x_3, x_4) \mid 6x_2-x_3=0\}$

에 대하여 $W_1\cap W_2\cap W_3$의 차원은?

① 1　② 2　③ 3　④ 4

13 차수가 5 이하인 실수 계수 다항식의 집합이 이루는 벡터공간 $P_5(\mathbb{R})$에 대하여 세 개의 부분공간 U, V, W를 다음과 같이 정의할 때, 이들의 차원의 합은?

$U=\{p(x)\in P_5(\mathbb{R})\mid p(0)=0\}$,

$V=\{p(x)\in P_5(\mathbb{R})\mid p(-x)=p(x)\}$,

$W=\left\{p(x)\in P_5(\mathbb{R})\;\middle|\;\dfrac{dp(x)}{dx}=0\right\}$.

① 5　② 7
③ 9　④ 11

14 다음 보기에서 항상 옳은 것만을 있는 대로 고른 것은?

보기

ㄱ. 벡터공간 $\mathbb{R}^3$의 두 벡터 $\overrightarrow{v_1}$, $\overrightarrow{v_2}$가 1차 독립이면 $\overrightarrow{v_1}$, $\overrightarrow{v_2}$, $\overrightarrow{v_1}\times\overrightarrow{v_2}$는 1차 독립이다.

ㄴ. 벡터공간 $\mathbb{R}^3$의 두 벡터 $\overrightarrow{v_1}$, $\overrightarrow{v_2}$가 1차 종속이면 $\overrightarrow{v_1}\times\overrightarrow{v_2}$는 영벡터이다.

ㄷ. 벡터공간 $\mathbb{R}^3$의 세 벡터 $\overrightarrow{v_1}$, $\overrightarrow{v_2}$, $\overrightarrow{v_3}$가 $\mathbb{R}^3$의 기저이면 $\overrightarrow{v_1}-\overrightarrow{v_2}$, $\overrightarrow{v_1}+\overrightarrow{v_2}$, $\overrightarrow{v_2}+\overrightarrow{v_3}$는 $\mathbb{R}^3$의 기저(basis) 이다.

① ㄱ, ㄴ　② ㄴ, ㄷ
③ ㄱ, ㄷ　④ ㄱ, ㄴ, ㄷ

15 행렬 $\begin{bmatrix} 1 & 3 & 0 & 3 \\ 2 & 7 & -1 & 5 \\ -1 & 0 & 2 & -1 \end{bmatrix}$의 영공간(null space)의 기저가 벡터 $v=(a, b, c, d)$이면 $\dfrac{b}{a}+\dfrac{d}{c}$의 값은?

① -3　② -2
③ -1　④ 0
⑤ 1

06

고윳값 문제 (Eigenvalue Problem)

06 핵심 문제

Topic 35 고윳값과 고유벡터

1. 고윳값과 고유벡터의 정의

n차 정방행렬 A에 대하여 $Av = \lambda v$를 만족하는 0이 아닌 벡터 $v \in R^n$이 존재할 때, λ를 A의 고윳값(eigenvalue), v를 λ에 대응하는 A의 고유벡터(eigenvector)라 한다.

A의 특성방정식 $\det(A-\lambda I) = 0$의 해가 고윳값이고, 연립방정식 $(A-\lambda I|0)$의 일반해를 이용하여 고유벡터를 구할 수 있다.

2. 특성방정식

(1) $A = \begin{bmatrix} a_{11} & a_{12} \\ a_{21} & a_{22} \end{bmatrix}$이면 특성방정식은

$\lambda^2 - tr(A)\lambda + \det(A) = 0$

(2) $A = \begin{bmatrix} a_{11} & a_{12} & a_{13} \\ a_{21} & a_{22} & a_{23} \\ a_{31} & a_{32} & a_{33} \end{bmatrix}$이면 특성방정식은

$\lambda^3 - tr(A)\lambda^2 + (A_{11} + A_{22} + A_{33})\lambda - \det(A) = 0$

A_{11}, A_{22}, A_{33}은 a_{11}, a_{22}, a_{33}의 여인수이다.

참고 삼각행렬(상삼각, 하삼각, 대각행렬)의 고윳값은 주대각 원소들이다.

3. 고유공간

① 행렬 $A-\lambda I$의 영공간(해공간)을 고윳값 λ에 대응하는 행렬 A의 고유공간이라 한다.

② 고윳값 λ에 대응하는 일차독립인 고유벡터의 개수를 고윳값 λ의 기하적 중복도라 하고, 고유공간의 차원이라 한다.

즉, 행렬 $A-\lambda I$의 해공간의 차원 $nullity(A-\lambda I)$이 고유공간의 차원이자 고윳값 λ의 기하적 중복도이다.

step 1

01 열벡터 v_n이 행렬 A의 고유벡터인지 확인하고 이때의 고윳값을 말하시오.

(1) $A = \begin{bmatrix} 4 & 2 \\ 5 & 1 \end{bmatrix}$, $v_1 = \begin{bmatrix} -2 \\ 5 \end{bmatrix}$

(2) $A = \begin{bmatrix} 2 & 2 \\ 1 & 3 \end{bmatrix}$, $v_1 = \begin{bmatrix} 2 \\ -1 \end{bmatrix}$, $v_2 = \begin{bmatrix} 1 \\ 1 \end{bmatrix}$

(3) $A = \begin{bmatrix} 3 & -1 & 1 \\ 7 & -5 & 1 \\ 6 & -6 & 2 \end{bmatrix}$, $v_1 = \begin{bmatrix} 0 \\ 1 \\ 1 \end{bmatrix}$, $v_2 = \begin{bmatrix} 1 \\ 1 \\ 0 \end{bmatrix}$

02 다음 행렬의 고윳값을 구하시오.

(1) $\begin{bmatrix} 1 & 1 \\ 4 & 1 \end{bmatrix}$

(2) $\begin{bmatrix} 4 & 3 \\ 0 & -2 \end{bmatrix}$

(3) $\begin{bmatrix} 1 & 1 & 0 \\ 0 & 2 & 2 \\ 0 & 0 & 3 \end{bmatrix}$

(4) $\begin{bmatrix} 4 & 1 & -1 \\ 2 & 5 & -2 \\ 1 & 1 & 2 \end{bmatrix}$

(5) $\begin{bmatrix} 0 & 0 & 2 & 0 \\ 1 & 0 & 1 & 0 \\ 0 & 1 & -2 & 0 \\ 0 & 0 & 0 & 1 \end{bmatrix}$

03 문제 2의 행렬의 고유벡터를 구하시오.

04 다음 행렬의 고윳값을 구하고 해당하는 고윳값의 고유공간의 기저를 구하시오.

(1) $\begin{bmatrix} 5 & -1 \\ 1 & 3 \end{bmatrix}$ (2) $\begin{bmatrix} 5 & 1 & 3 \\ 0 & -1 & 0 \\ 0 & 1 & 2 \end{bmatrix}$

05 계산 없이 다음 행렬들의 고윳값을 구하시오.

(1) $\begin{bmatrix} 1 & 0 \\ -6 & 2 \end{bmatrix}$

(2) $\begin{bmatrix} 3 & -2 & 4 \\ 0 & 7 & 8 \\ 0 & 0 & 1 \end{bmatrix}$

(3) $\begin{bmatrix} -1 & 0 & 0 & 0 \\ 0 & -1 & 0 & 0 \\ 0 & 0 & 3 & 0 \\ 0 & 0 & 0 & 2 \end{bmatrix}$

step 2

06 행렬 $A=\begin{bmatrix}-1 & a\\ b & 6\end{bmatrix}$의 고윳값 2에 대응하는 고유벡터가 $(1, 3)$일 때, $a+b$의 값은?

가천대 기출

① -10　② -11
③ -12　④ -13

07 a, b, c, d가 실수이고 $A=\begin{bmatrix}a & b\\ c & d\end{bmatrix}$일 때, 다음 중 옳은 것을 모두 고르면?

경기대 기출

ㄱ. $(a-d)^2+4bc>0$이면 A의 고윳값은 서로 다른 두 실수이다.
ㄴ. $(a-d)^2+4bc=0$이면 A는 실수의 고윳값만 갖는다.
ㄷ. $(a-d)^2+4bc<0$이면 A는 실수의 고윳값을 갖지 않는다.
ㄹ. $b=c$이면 A의 모든 고윳값은 실수이다.

① ㄱ, ㄷ　② ㄱ, ㄴ, ㄹ
③ ㄱ, ㄷ, ㄹ　④ ㄱ, ㄴ, ㄷ, ㄹ

08 다음 <보기>에서 행렬 $A=\begin{bmatrix}-1 & -2 & -2\\ 1 & 2 & 1\\ -1 & -1 & 0\end{bmatrix}$의 고유치(eigenvalue) 1에 대응하는 고유벡터(eigenvector)는 모두 몇 개인가?

가. $\begin{bmatrix}-1\\ 1\\ 0\end{bmatrix}$　나. $\begin{bmatrix}-1\\ 0\\ 1\end{bmatrix}$

다. $\begin{bmatrix}-2\\ 1\\ 1\end{bmatrix}$　라. $\begin{bmatrix}2\\ -1\\ 1\end{bmatrix}$

① 1개　② 2개
③ 3개　④ 4개

09 다음 행렬의 고윳값이 아닌 것은?

$$\begin{bmatrix}4 & 0 & 1\\ -2 & 1 & 0\\ -2 & 0 & 1\end{bmatrix}$$

① 0　② 1
③ 2　④ 3

step 3

10 2×2 행렬 $A = \begin{bmatrix} a & b \\ c & d \end{bmatrix}$는 고유값 2, 5와 각 고윳값에 해당하는 고유벡터 $\begin{bmatrix} 1 \\ 0 \end{bmatrix}$과 $\begin{bmatrix} 1 \\ 1 \end{bmatrix}$을 갖는다. 이 때, b의 값은? **중앙대 (자연) 기출**

① 0　② 1
③ 3　④ 5

Topic 36 고윳값과 고유벡터의 성질

1. 고윳값과 고유벡터의 성질

n 차 정방행렬 A 에 대하여 λ 가 행렬 A 의 고윳값이며 v 가 λ 에 대응하는 고유벡터라 하면

① (A의 모든 고윳값들의 합)$=tr(A)$

② (A의 모든 고윳값들의 곱)$=\det(A)$

③ 변형된 고윳값, 고유벡터의 성질

		고윳값	고유벡터
①	A^n	λ^n	v
②	A^{-1}	$\frac{1}{\lambda}$	v
③	$A-kI$	$\lambda-k$	v
④	kA	$k\lambda$	v
⑤	$A^2-3A+2I$	$\lambda^2-3\lambda+2$	v

2. 가역행렬일 조건

A가 가역행렬

$\Leftrightarrow \det(A) \neq 0$

$\Leftrightarrow rank(A) = n$

$\Leftrightarrow$ A 의 행[열]벡터들이 일차독립이다.

$\Leftrightarrow$ 비동차 연립방정식 $AX=B$는 유일해 $X=A^{-1}B$를 갖는다.

$\Leftrightarrow$ 동차 연립방정식 $AX=O$은 자명해 $X=O$을 갖는다.

$\Leftrightarrow nullity(A) = 0$

$\Leftrightarrow$ 고윳값 $\lambda \neq 0$

step 1

01 행렬 $A=\begin{bmatrix} 5 & 6 \\ 3 & -2 \end{bmatrix}$에 대하여 다음 물음에 답하시오.

(1) 행렬 A^2의 고유치와 고유벡터를 구하시오.

(2) 행렬 $-A$의 고유치와 고유벡터를 구하시오.

(3) A의 역행렬 A^{-1}의 고유치와 고유벡터를 구하시오.

(4) 전치행렬 A^T의 고유치와 고유벡터를 구하시오.

02 행렬 $A=\begin{bmatrix} 2 & 1 & -2 \\ 2 & 3 & -4 \\ 1 & 1 & -1 \end{bmatrix}$에 대하여 다음 물음에 답하시오.

(1) 모든 고윳값의 합을 구하시오.

(2) 모든 고윳값의 곱을 구하시오.

(3) A의 특성방정식을 구하시오.

(4) $7A^{-1}$의 고윳값을 구하시오.

03 행렬 A가 정칙행렬일 때, 다음 중 동치가 아닌 명제는 모두 몇 개인가?

ㄱ. 행렬 A는 가역행렬이다

ㄴ. 행렬 A^T는 특이행렬이다.

ㄷ. 행렬 A의 열벡터는 일차독립이다.

ㄹ. $\text{rank}(A)=0$이다.

ㅁ. 동차 선형계 $Ax=0$은 자명해 외의 해를 갖는다.

① 1개 ② 2개 ③ 3개 ④ 4개

step 2

04 다음 행렬 중 고윳값 λ_1, λ_2의 합 $\lambda_1+\lambda_2$가 가장 큰 것은? 성균관대 기출

① $\begin{bmatrix} 3 & 2 \\ 1 & 2 \end{bmatrix}$ ② $\begin{bmatrix} 3 & 1 \\ 1 & 4 \end{bmatrix}$

③ $\begin{bmatrix} 2 & 2 \\ 3 & 4 \end{bmatrix}$ ④ $\begin{bmatrix} 4 & 9 \\ 1 & 4 \end{bmatrix}$

05 행렬 $\begin{bmatrix} 6 & -1 \\ 5 & a \end{bmatrix}$의 고윳값이 $5+2i$와 $5-2i$일 때, a의 값은? 한성대 기출

① 4 ② $4i$

③ 23 ④ $23i$

06 실수 행렬 $A=\begin{bmatrix} -1 & -2 \\ 3 & 4 \end{bmatrix}$에 대하여 A^8의 대각합(trace) $tr(A^8)$의 값은? 국민대 기출

① 128 ② 129

③ 256 ④ 257

07 행렬 $A=\begin{bmatrix} 1 & -3 & 3 \\ 0 & -5 & 6 \\ 0 & -3 & 4 \end{bmatrix}$일 때, 다음 중 역행렬 A^{-1}의 고윳값이 아닌 것은? 중앙대 공과대학 기출

① $\begin{bmatrix} 1 \\ 2 \\ 2 \end{bmatrix}$ ② $\begin{bmatrix} 1 \\ 2 \\ 1 \end{bmatrix}$

③ $\begin{bmatrix} 2 \\ 1 \\ 1 \end{bmatrix}$ ④ $\begin{bmatrix} 2 \\ 2 \\ 1 \end{bmatrix}$

step 3

08 특성다항식이 $p(\lambda) = (\lambda-1)^2(\lambda-2)(\lambda-4)$인 4×4 행렬 A에 대하여 다음 중 옳은 것을 모두 고르면? 숭실대 기출

가. 행렬식은 $\det(A) = 8$
나. 대각합은 $tr(A) = 7$
다. 역행렬 A^{-1}가 존재한다.

① 가, 나
② 가, 다
③ 나, 다
④ 가, 나, 다

09 행렬 $A = \begin{bmatrix} 1 & 1 & 1 & 1 \\ 1 & -1 & 1 & -1 \\ 1 & 1 & -1 & -1 \\ 1 & -1 & -1 & 1 \end{bmatrix}$에 대하여, 행렬 A의 행렬식의 값을 α라 하고 고윳값을 $\lambda_1, \lambda_2, \lambda_3, \lambda_4$라 할 때, $\alpha+\lambda_1+\lambda_2+\lambda_3+\lambda_4$의 값은? 한양대 에리카 기출

① 4
② 8
③ 16
④ 32

10 행렬 $A=[a_{ij}]_{3\times3}(a_{ij}\in\mathbb{R})$에 대하여 다음 중 옳은 것은? 경기대 기출

① A가 가역(invertible)일 때, 어떤 자연수 n에 대하여 A^n은 가역이 아닐 수 있다.
② 임의의 자연수 n에 대하여 $\det(nA) = n\det(A)$이다.
③ A의 고윳값이 서로 다르면 A는 항상 가역이다.
④ λ가 A의 고윳값이고 v가 λ에 대응되는 A의 고유벡터이면, λ^2은 A^2의 고윳값이고 $2v$는 λ^2에 대응되는 A^2의 고유벡터이다.

Topic 37 케일리-해밀턴 정리

1. 케일리-해밀턴 정리(Cayley-Hamilton Theorem)

n차 정방행렬 A의 특성방정식이

$\lambda^n + c_{n-1}\lambda^{n-1} + \cdots + c_1\lambda + c_0 = 0$이면

$A^n + c_{n-1}A^{n-1} + \cdots + c_1 A + c_0 I = O$이 성립한다.

step 1

01 다음 2차 정방행렬 A의 특성다항식 $f(\lambda)$를 구하고 $f(A) = O$임을 보이시오.

(1) $A = \begin{bmatrix} 1 & -2 \\ 4 & 5 \end{bmatrix}$ (2) $A = \begin{bmatrix} 3 & -2 \\ 9 & -3 \end{bmatrix}$

02 다음 3차 정방행렬 A에 대하여 케일리-해밀턴 정리를 사용하여 A^3을 A^2, A와 I로 나타내시오.

(1) $A = \begin{bmatrix} 0 & 6 & 12 \\ 0 & 3 & 10 \\ 0 & 0 & -2 \end{bmatrix}$

(2) $A = \begin{bmatrix} 1 & 0 & 1 \\ 3 & 0 & 4 \\ 6 & 4 & 5 \end{bmatrix}$

03 행렬 $\begin{bmatrix} a & 2 \\ -2 & 1 \end{bmatrix}$의 특성다항식이 $\lambda^2 - 2\lambda + b$일 때, $a+b$의 값을 구하시오.

step 2

04 행렬 $\begin{bmatrix} 1 & 0 & 2 \\ 3 & a & 4 \\ 0 & 0 & 5 \end{bmatrix}$의 특성방정식이

$x^3-8x^2+bx-5a=0$일 때, $a+b$의 값은?

가천대 기출

① 15 ② 17

③ 19 ④ 21

05 행렬 $A=\begin{bmatrix} 2 & 1 \\ -1 & -1 \end{bmatrix}$에 대하여

$A^3-A^2-2A-I=xA+yI$ 를 만족할 때, x^2+y^2 은?

동덕여대 기출

① 1 ② 2

③ 3 ④ 4

06 $A=\begin{bmatrix} 2 & -1 \\ 1 & 3 \end{bmatrix}$에 대해서

$g(A)=2A^3-9A^2+10A+8E$를 구하시오.

① $\begin{bmatrix} 3 & -1 \\ 1 & 3 \end{bmatrix}$ ② $\begin{bmatrix} 2 & -1 \\ 1 & 4 \end{bmatrix}$

③ $\begin{bmatrix} 3 & -1 \\ 1 & 4 \end{bmatrix}$ ④ $\begin{bmatrix} 2 & -1 \\ 1 & 3 \end{bmatrix}$

07 행렬 $A=\begin{bmatrix} 2 & 1 \\ 1 & a \end{bmatrix}$에 대하여 $A^2-5A+5I=O$을 만족한다. A^3의 모든 원소의 합은? (단, I는 단위행렬이고 O는 영행렬)

한성대 기출

① 34 ② 54

③ 90 ④ 148

step 3

08 행렬 $A=\begin{bmatrix}1&0&0\\3&-1&0\\4&2&-2\end{bmatrix}$와 실수 a_0, a_1, a_2에 대하여 $A^5=a_2A^2+a_1A+a_0I$ 일 때, 합 $a_0+a_1+a_2$의 값은? 성균관대 기출

① 1 ② 2
③ 3 ④ 4
⑤ 5

09 행렬 A의 특성방정식이 $|A-\lambda I| = \left(\lambda-\frac{1}{2}\right)\left(\lambda-\frac{3}{2}\right)\left(\lambda-\frac{4}{5}\right)$일 때, $\lim_{n\to\infty}\sum_{k=0}^{n}|A|^k$의 값은? 한국항공대 기출

① $\frac{5}{2}$ ② $\frac{5}{3}$
③ $\frac{2}{5}$ ④ $\frac{3}{5}$

Topic 38 행렬의 닮음과 대각화

1. 닮음

n차 정방행렬 A, B에 대하여,
$P^{-1}AP = B$ 또는 $PBP^{-1} = A$를 만족하는 가역 행렬 P가 존재하면 행렬 A는 B와 닮은 행렬이라고 한다.
또한, n차 정방행렬 A와 B가 닮은 행렬일 때,
① 특성다항식[방정식]이 같다.
② 고윳값이 같다.
③ $tr(A) = tr(B)$
④ $\det(A) = \det(B)$
⑤ $rank(A) = rank(B)$
⑥ 동일한 고유공간을 갖는 것은 아니다.

2. 대각화

n차 정방행렬 A가 대각행렬과 닮은 행렬일 때 행렬 A를 대각화 가능 행렬이라고 부른다. 즉, 어떤 가역행렬 P와 대각행렬 D가 있어서 $A = PDP^{-1}$일 때 행렬 A를 대각화 가능 행렬이라고 부른다.
① 서로 다른 고윳값에 대응하는 고유벡터들은 일차 독립이다.
② n개의 서로 다른 고윳값을 가진 n차 정방행렬은 대각화될 수 있다.
③ n차 정방행렬 A가 대각화 가능
⇔ 행렬 A가 n개의 일차독립인 고유벡터를 가진다.

3. 중복도

n차 정방행렬 A에 대하여
(고윳값 λ의 대수적 중복도)
= (특성방정식의 근으로서의 중복도)
(고윳값 λ의 기하적 중복도)
$= \dim(E_\lambda) = nullity(A-\lambda I)$
$= n - rank(A-\lambda I)$
또한, n차 정방행렬 A의 서로 다른 고윳값을
$\lambda_1, \cdots, \lambda_p$라고 하면
A가 대각화 가능
⇔ 각 λ_k에 대응하는 (대수적 중복도)
= (기하적 중복도)

step 1

01 다음 행렬의 고윳값과 그 대수적, 기하적 중복도를 구하시오.

(1) $\begin{bmatrix} 1 & 1 \\ 1 & 1 \end{bmatrix}$
(2) $\begin{bmatrix} 0 & 1 \\ -1 & 2 \end{bmatrix}$
(3) $\begin{bmatrix} 3 & 1 & 0 \\ 0 & 3 & 4 \\ 0 & 0 & 4 \end{bmatrix}$
(4) $\begin{bmatrix} 4 & 0 & 1 \\ 2 & 3 & 2 \\ 1 & 0 & 4 \end{bmatrix}$

02 문제 1의 행렬 중 대각화 가능한 것을 찾아 대각화하여 나타내시오.

03 다음 행렬이 대각화 가능한지 판단하고 가능한 행렬은 대각화하시오.

(1) $\begin{bmatrix} 2 & 3 \\ 1 & 4 \end{bmatrix}$ (2) $\begin{bmatrix} -2 & -1 \\ 1 & -4 \end{bmatrix}$

(3) $\begin{bmatrix} 1 & 0 & 1 \\ 0 & -1 & 3 \\ 0 & 0 & 2 \end{bmatrix}$ (4) $\begin{bmatrix} 1 & 2 & 2 \\ 2 & 3 & -2 \\ -5 & 3 & 8 \end{bmatrix}$

(5) $\begin{bmatrix} 1 & 3 & -1 \\ 0 & 2 & 4 \\ 0 & 0 & 1 \end{bmatrix}$ (6) $\begin{bmatrix} 1 & 2 & 0 \\ 2 & -1 & 0 \\ 0 & 0 & 1 \end{bmatrix}$

04 다음 행렬 A를 대각화하는 행렬 P를 구하고, $P^{-1}AP$를 구하시오.

(1) $A=\begin{bmatrix} 5 & 7 \\ 0 & -3 \end{bmatrix}$ (2) $A=\begin{bmatrix} 1 & 0 & 0 \\ 0 & 1 & 1 \\ 0 & 1 & 1 \end{bmatrix}$

step 2

05 $A=\begin{bmatrix} 1 & 1 & 0 \\ 0 & 1 & 2 \\ 3 & 2 & -2 \end{bmatrix}$라 할 때, 다음 〈보기〉 중에서 참인 것을 모두 고르면? 서강대 기출

ㄱ. A는 역행렬을 갖는다.
ㄴ. A는 대각화 가능하다.
ㄷ. $(2, -2, 1)$은 A의 고유벡터이다.

① ㄱ ② ㄴ
③ ㄷ ④ ㄴ, ㄷ

06 $A=PBP^{-1}$이고 행렬 P와 B는 아래와 같이 주어졌다. 행렬 A의 행렬식은? 경기대 기출

$$P=\begin{bmatrix} \frac{1}{\sqrt{2}} & -\frac{1}{\sqrt{18}} & \frac{2}{3} \\ 0 & \frac{4}{\sqrt{18}} & \frac{1}{3} \\ \frac{1}{\sqrt{2}} & \frac{1}{\sqrt{18}} & -\frac{2}{3} \end{bmatrix},\quad B=\begin{bmatrix} 1 & 0 & 1 \\ 0 & 2 & 0 \\ 2 & 0 & 1 \end{bmatrix}$$

① -2 ② -1
③ 1 ④ 2

07 행렬 $A=\begin{bmatrix}1 & 2 & -1\\ 1 & 0 & 2\\ 4 & 4 & 5\end{bmatrix}$가 어떤 행렬 B에 대해 다음 식을 만족할 때, $\alpha+\beta+\gamma$의 값은?

한양대 기출

$$BAB^{-1}=\begin{bmatrix}\alpha & 0 & 0\\ 0 & \beta & 0\\ 0 & 0 & \gamma\end{bmatrix}$$

① 0 ② 2
③ 4 ④ 6

step 3

08 다음 〈보기〉에 있는 행렬들 중 실수체 $\mathbb{R}$ 위에서 대각화(diagonalization)가 가능한 행렬의 개수는?

한양대 기출

가. $\begin{bmatrix}-1 & 0 & 1\\ 3 & 0 & -3\\ 1 & 0 & -1\end{bmatrix}$ 나. $\begin{bmatrix}2 & 0 & 0\\ 1 & 3 & 0\\ -3 & 5 & 3\end{bmatrix}$

다. $\begin{bmatrix}4 & -2 & 1\\ 2 & 0 & 3\\ 2 & -2 & 3\end{bmatrix}$ 라. $\begin{bmatrix}0 & 0 & -2\\ 1 & 2 & 1\\ 1 & 0 & 3\end{bmatrix}$

① 1 ② 2
③ 3 ④ 4

09 행렬 B는 행렬 $A=\begin{bmatrix}3 & 1 & -5\\ 0 & 2 & 6\\ 0 & 0 & a\end{bmatrix}$의 닮은 행렬(similar matrix)이고, 행렬 B의 고유 다항식(characteristic polynomial)은 $f(x)=x^3+bx^2+cx-12$이다. 행렬 B의 최소다항식(minimal polynomial)의 차수(degree)를 d라 할 때, $a+b+c+d$의 값은?

한양대 기출

Topic 39 행렬의 거듭제곱

1. 특수한 행렬의 거듭제곱

(1) $\begin{bmatrix} 1 & \alpha \\ 0 & 1 \end{bmatrix}^n = \begin{bmatrix} 1 & n\alpha \\ 0 & 1 \end{bmatrix}$

(2) $\begin{bmatrix} 1 & 0 \\ \alpha & 1 \end{bmatrix}^n = \begin{bmatrix} 1 & 0 \\ n\alpha & 1 \end{bmatrix}$

(3) $\begin{bmatrix} a & 0 \\ 0 & b \end{bmatrix}^n = \begin{bmatrix} a^n & 0 \\ 0 & b^n \end{bmatrix}$

(4) $\begin{bmatrix} a & 0 & 0 \\ 0 & b & 0 \\ 0 & 0 & c \end{bmatrix}^n = \begin{bmatrix} a^n & 0 & 0 \\ 0 & b^n & 0 \\ 0 & 0 & c^n \end{bmatrix}$

2. 케일리 - 해밀턴 정리를 이용한 거듭제곱

$A = \begin{bmatrix} a & b \\ c & d \end{bmatrix}$의 특성방정식은

$\lambda^2 - (a+d)\lambda + (ad-bc) = 0$이고 케일리-해밀턴 정리에 의해

$A^2 - (a+d)A + (ad-bc)I = O$이 성립한다. 따라서

$A^2 = (a+d)A - (ad-bc)I$를 이용하여 멱승을 계산할 수 있다.

3. 행렬의 대각화를 이용한 거듭제곱

n차 정방행렬 A가 대각화 가능 $\Rightarrow A = PDP^{-1}$

$\Rightarrow A^n = PD^nP^{-1}$

여기서 D^n은 쉽게 계산될 수 있다.

step 1

01 다음 행렬 A에 대하여 A^n을 구하시오.

(1) $A = \begin{bmatrix} 1 & -2 \\ 0 & 1 \end{bmatrix}$; $n=3$

(2) $A = \begin{bmatrix} 1 & 0 \\ -3 & 1 \end{bmatrix}$; $n=4$

(3) $A = \begin{bmatrix} -1 & 3 \\ 2 & 4 \end{bmatrix}$; $n=3$

(4) $A = \begin{bmatrix} 2 & 3 \\ 0 & -1 \end{bmatrix}$; $n=10$

(5) $A = \begin{bmatrix} 1 & 1 & 1 \\ 0 & 1 & 2 \\ 0 & 1 & 0 \end{bmatrix}$; $n=5$

(6) $A = \begin{bmatrix} 2 & 0 & 0 \\ 4 & 0 & 0 \\ 1 & 2 & 1 \end{bmatrix}$; $n=10$

step 2

02 $A = \begin{bmatrix} 3 & -2 \\ 2 & -3 \end{bmatrix}$일 때, A^{200}은? 경기대 기출

① $\begin{bmatrix} 5^{100} & 0 \\ 0 & 5^{100} \end{bmatrix}$ ② $\begin{bmatrix} 2^{200} & 3^{200} \\ 3^{200} & 2^{200} \end{bmatrix}$

③ $\begin{bmatrix} 5^{200} & 0 \\ 0 & 5^{200} \end{bmatrix}$ ④ $\begin{bmatrix} 3^{200} & 2^{200} \\ 2^{200} & 3^{200} \end{bmatrix}$

03 $A = \begin{bmatrix} 5 & -7 \\ 3 & -4 \end{bmatrix}$와 $B = \begin{bmatrix} 1 & 3 \\ 0 & -1 \end{bmatrix}$에 대해 $A^6 - B^6$의 값은? 동덕여대 기출

① $\begin{bmatrix} 0 & 0 \\ 0 & 0 \end{bmatrix}$ ② $\begin{bmatrix} 4 & -10 \\ 3 & -3 \end{bmatrix}$

③ $\begin{bmatrix} 2 & 0 \\ 0 & 2 \end{bmatrix}$ ④ $\begin{bmatrix} 1 & 0 \\ 0 & 1 \end{bmatrix}$

04 행렬 $\begin{bmatrix} 1 & 2 \\ 4 & 3 \end{bmatrix}^{100}$의 $(1, 1)$ 원소를 구하시오.

홍익대 기출

① $5^{100}+2$　② $\dfrac{5^{100}+2}{2}$

③ $\dfrac{5^{100}+2}{3}$　④ $\dfrac{5^{100}+2}{4}$

05 $\begin{bmatrix} 3 & -1 \\ -1 & 3 \end{bmatrix}^{10}\begin{bmatrix} 1 \\ 1 \end{bmatrix}=\begin{bmatrix} a \\ b \end{bmatrix}$ 일 때, $a+b$ 의 값은?

중앙대 공과대학 기출

① 2^{10}　② 2^{11}

③ 2^{12}　④ 2^{13}

step 3

06 $A=\begin{bmatrix} 0.9 & 0.1 \\ 0.4 & 0.6 \end{bmatrix}$이면 $\lim_{n\to\infty} A^n$을 구하면?

경기대 기출

① $\begin{bmatrix} 0 & 0 \\ 0 & 0 \end{bmatrix}$　② $\dfrac{1}{5}\begin{bmatrix} 1 & 0 \\ 0 & 1 \end{bmatrix}$

③ $\dfrac{1}{5}\begin{bmatrix} 4 & 1 \\ 4 & 1 \end{bmatrix}$　④ $\dfrac{1}{5}\begin{bmatrix} 1 & 4 \\ 1 & 4 \end{bmatrix}$

07 2×2 행렬 A의 고윳값(eigenvalue)이 1과 -1일 때, A^{2020}은? (단, I는 2×2 단위행렬)

단국대 기출

① I　② $-I$

③ A　④ $-A$

Topic 40 직교행렬(orthogonal matrix)

1. 정의

정방행렬 A 에 대해

$AA^T = A^TA = I$, 즉 $A^{-1} = A^T$

를 만족하는 행렬 A 를 직교행렬이라 한다.

2. 직교행렬의 성질

① 행렬식의 값은 $+1$ 또는 -1

② 고윳값 λ 의 절댓값은 1이다. (단, $\lambda = a + bi$ 일 때 $|\lambda| = \sqrt{a^2+b^2}$) 특히 홀수 차수 직교행렬인 겨우 실 고윳값 1또는 -1을 갖는다.

③ 두 직교행렬의 곱은 직교행렬이다.

④ 직교행렬의 역행렬은 직교행렬이다.

⑤ 직교행렬의 열벡터(행벡터)들은 정규직교집합이다.

3. 직교행렬의 필요충분조건

행렬 A가 직교행렬이다.

$\Leftrightarrow$ 임의의 R^n 벡터 x에 대하여 $\|Ax\| = \|x\|$이다. (크기 보존)

$\Leftrightarrow$ 임의의 R^n 벡터 x, y에 대하여 $Ax \cdot Ay = x \cdot y$ 이다. (각 보존)

step 1

01 다음 중 직교행렬인 것을 모두 고르시오.

(1) $A = \begin{bmatrix} 0 & 1 \\ 1 & 0 \end{bmatrix}$

(2) $B = \begin{bmatrix} \frac{1}{\sqrt{2}} & -\frac{1}{\sqrt{2}} \\ \frac{1}{\sqrt{2}} & \frac{1}{\sqrt{2}} \end{bmatrix}$

(3) $C = \begin{bmatrix} \frac{1}{\sqrt{2}} & 0 & \frac{1}{\sqrt{2}} \\ 1 & 0 & 0 \\ 0 & 1 & 0 \end{bmatrix}$

(4) $D = \frac{1}{3}\begin{bmatrix} 2 & -2 & 1 \\ 2 & 1 & -2 \\ 1 & 2 & 2 \end{bmatrix}$

02 문제 1에서 직교행렬인 것들의 역행렬을 구하시오.

03 행렬 $\begin{bmatrix} a+b & b-a \\ a-b & b+a \end{bmatrix}$가 직교행렬이기 위한 a, b의 조건을 구하시오.

step 2

04 $A = \begin{bmatrix} \frac{1}{2} & a & b \\ d & \frac{1}{\sqrt{2}} & c \\ e & f & \frac{1}{\sqrt{2}} \end{bmatrix}$ 가 직교행렬일 때

$a^2+b^2+c^2+d^2+e^2+f^2$ 의 값은? 한국항공대기출

① $\frac{3}{4}$　② $\frac{5}{4}$

③ $\frac{7}{4}$　④ $\frac{9}{4}$

05 정칙행렬 $A \in M_{n\times n}(R)$ 가 $A^{-1} = A^T$ 를 만족시킬 때 A^2 의 행렬식은? 광운대 기출

① $-\frac{1}{n^2}$　② $-\frac{1}{n}$

③ 1　④ n

⑤ n^2

06 직교행렬 $A = \begin{bmatrix} \frac{2}{3} & -\frac{2}{3} & \frac{1}{3} \\ \frac{2}{3} & \frac{1}{3} & -\frac{2}{3} \\ \frac{1}{3} & \frac{2}{3} & \frac{2}{3} \end{bmatrix}$ 에 대하여 다음 중에서 내적 $< Au, Av >$의 값이 최대가 되는 u, v는? (단, $< a, b >$는 벡터 a와 b의 내적) 한양대 에리카 기출

① $u = (-2, 1, 3)$, $v = (-1, 1, 3)$

② $u = (-2, 1, 3)$, $v = (2, 1, 3)$

③ $u = (-3, 1, 3)$, $v = (-2, 1, 2)$

④ $u = (2, 1, -3)$, $v = (2, 1, 3)$

step 3

07 다음 실수 행렬 A가 $AA^T = I$ 를 만족한다고 할 때, $a+b+c+d+e$의 값은? 단, A^T는 A의 전치행렬, I 는 단위행렬이다. **한양대 기출**

$$A = \frac{1}{4}\begin{bmatrix} 1 & -3 & -\sqrt{3} & a & \sqrt{3} \\ \sqrt{3} & b & -3 & 0 & -1 \\ 3 & 0 & \sqrt{3} & c & 0 \\ \sqrt{3} & d & 1 & -2\sqrt{3} & 0 \\ 0 & -2 & 0 & 0 & e \end{bmatrix}$$

① $2+\sqrt{3}$　　② $2-\sqrt{3}$

③ $1+2\sqrt{3}$　　④ $1-\sqrt{3}$

Topic 41 대칭행렬의 대각화/멱등행렬/멱영행렬

1. 대칭행렬의 고윳값/대각화 성질

(1) 대칭행렬의 정의

정방행렬 A에 대하여 $A = A^t$를 만족하는 행렬 A

(2) 대칭행렬의 성질

① 중복된 것까지 포함해서 n개의 실수 고윳값을 갖는다.

② 서로 다른 고윳값에 대응하는 고유벡터들은 서로 수직이다.

③ 각 고윳값 λ에 대해 대수적 중복도와 기하적 중복도가 같다. (즉, 대각화 가능하다.)

④ A는 직교대각화 가능하다.
(A가 대칭행렬인 것은 직교대각화 가능의 필요충분조건이다.)

2. 직교대각화

행렬 A에 대하여 직교행렬 P와 대각행렬 D가 존재해서 $A = PDP^T = PDP^{-1}$가 성립할 때 A는 직교 대각화가능이라고 말한다.

(참고)

3×3이상 대칭행렬의 직교대각화 방법은 Topic 51 을 참고할 것

(참고) 스펙트럼(spectrum) 분해

행렬 A의 고윳값의 집합을 A의 스펙트럼 (spectrum)이라고도 한다. $A = PDP^T$ 일 때, P의 열은 A의 정규직교 고유벡터 $\boldsymbol{u}_1, \boldsymbol{u}_2, \cdots, \boldsymbol{u}_n$ 이며 대응되는 고윳값 $\lambda_1, \lambda_2, \cdots, \lambda_n$ 은 대각행렬 D의 성분이다.

$$A = PDP^T = \lambda_1 \boldsymbol{u}_1 \boldsymbol{u}_1^T + \lambda_2 \boldsymbol{u}_2 \boldsymbol{u}_2^T + \cdots + \lambda_n \boldsymbol{u}_n \boldsymbol{u}_n^T$$

3. 멱등행렬(idempotent matrix)

정방행렬 A에 대하여 $A^2 = A$를 만족하는 행렬 A를 멱등행렬이라 한다.

① 행렬식: 0 또는 1 ② 고윳값: 0 또는 1

③ 가역인 멱등행렬은 I뿐이다.

4. 멱영행렬(nilpotent matrix)

정방행렬 A와 자연수 n에 대하여 $A^n = O$를 만족하는 자연수 n이 존재할 때 A를 멱영행렬이라 한다. 이때 $A^n = O$를 만족하는 최소자연수 n을 지수라 한다.

① 행렬식: 0이다. 즉, 비가역행렬이다.

② 고윳값: 0뿐이다.

③ 정방행렬 A가 지수 n인 멱영행렬일 때, $I-A$는 가역이고

$$(I-A)^{-1} = \sum_{k=0}^{n-1} A^k = I + A + A^2 + \cdots + A^{n-1}$$

이 성립한다.

step 1

01 $n \times n$ 행렬 A, B가 대칭행렬일 때, 다음 중 옳은 것을 모두 고르시오.

ㄱ. A^2은 대칭행렬이다.
ㄴ. AB는 대칭행렬이다.
ㄷ. $A^2 - 2A + 3I$는 대칭행렬이다.
ㄹ. $A^T A = A$이면 $A = I$이다.

02 다음 행렬 A를 직교대각화하는 행렬 P를 구하고 $P^{-1}AP$를 계산하시오.

(1) $\begin{bmatrix} 7 & 0 \\ 0 & 4 \end{bmatrix}$ (2) $\begin{bmatrix} 1 & 3 \\ 3 & 1 \end{bmatrix}$

03 문제 2의 행렬들에 대한 스펙트럼 분해를 구하시오.

04 멱등행렬 A에 대하여 다음을 보이시오.

(1) A가 멱등행렬이면 $I-A$도 멱등행렬이다.

(2) A가 멱등행렬이면 $2A-I$는 가역행렬이고 $A=I$이다.

step 2

05 A는 실대칭행렬이고 $\vec{v}_1$, $\vec{v}_2$는 각각 고윳값 1과 2에 대응하는 A의 단위고유벡터일 때, $4\vec{v}_1-3\vec{v}_2$의 크기는? 경기대 기출

① 3 ② 4
③ 5 ④ 6

06 (실)행렬 A가 상삼각행렬일 때, 〈보기〉에서 항상 참인 것을 모두 고르면? 경기대 기출

〈보기〉

가. A가 가역행렬일 때, A^{-1}도 상삼각행렬이다.
나. A가 가역일 필요충분조건은 A의 주대각성분의 곱이 0이 아닌 것이다.
다. B가 대칭행렬일 때, A와 B가 직교닮음이면 A는 대각행렬이다.

① 가, 나 ② 가, 다
③ 나, 다 ④ 가, 나, 다

07 다음 멱영행렬들의 멱영지표를 구하고 $(I-A)^{-1}$ 를 구하시오.

(1) $A=\begin{bmatrix}0 & 1\\ 0 & 0\end{bmatrix}$ (2) $A=\begin{bmatrix}0 & 0 & 0\\ 1 & 0 & 0\\ 8 & 1 & 0\end{bmatrix}$

(3) $A=\begin{bmatrix}0 & 0\\ 1 & 0\end{bmatrix}$ (4) $A=\begin{bmatrix}0 & 2 & 1\\ 0 & 0 & 3\\ 0 & 0 & 0\end{bmatrix}$

08 3×3 행렬에 대해 다음의 등식이 성립한다.

$$\begin{bmatrix}1 & 2 & 3\\ 2 & 4 & 5\\ 3 & 5 & 6\end{bmatrix}$$

$$=a\begin{bmatrix}u_1\\ u_2\\ u_3\end{bmatrix}\begin{bmatrix}u_1\\ u_2\\ u_3\end{bmatrix}^T+b\begin{bmatrix}v_1\\ v_2\\ v_3\end{bmatrix}\begin{bmatrix}v_1\\ v_2\\ v_3\end{bmatrix}^T+c\begin{bmatrix}w_1\\ w_2\\ w_3\end{bmatrix}\begin{bmatrix}w_1\\ w_2\\ w_3\end{bmatrix}^T$$

이 때,

$$a({u_1}^2+{u_2}^2+{u_3}^2)+b({v_1}^2+{v_2}^2+{v_3}^2)+c({w_1}^2+{w_2}^2+{w_3}^2)$$

의 값을 구하시오. (단, T는 transpose를 의미한다.) 이화여대 기출

step 3

09 고윳값 $-1, 3, 7$과 이에 대응하는 세 고유벡터 $(0, 1, -1)$, $(1, 0, 0)$, $(0, 1, 1)$을 갖는 3×3 대칭행렬을 구하시오.

Topic 42 행렬지수

1. 행렬다항식과 행렬지수의 정의

(1) 행렬 다항식

A가 $n\times n$ 정사각행렬이고

$p(x)=a_0+a_1x+a_2x^2+\cdots+a_nx^n$을 임의의 다항식이라 하면

$n\times n$ 다항식 $p(A)$를

$$p(A)=a_0I+a_1A+a_2A^2+\cdots+a_nA^n$$

으로 정의한다.

(2) 행렬지수

주어진 스칼라 a에 대해 지수함수 e^a는 멱급수(power series)로 다음과 같이 표현된다.

$$e^a=\sum_{k=0}^{\infty}\frac{1}{k!}a^k=1+a+\frac{1}{2!}a^2+\frac{1}{3!}a^3+\cdots$$

이와 유사하게 $n\times n$ 정사각행렬 A에 대해 행렬지수 (matrix exponential) e^A을

다음과 같이 수렴하는 멱급수의 형태로 정의한다.

$$e^A=\sum_{k=0}^{\infty}\frac{1}{k!}A^k=I_n+A+\frac{1}{2!}A^2+\frac{1}{3!}A^3+\cdots$$

2. 행렬지수의 성질

(1) n차 정방행렬 $A\in M_n$가 대각화가능 행렬일 때, 행렬지수 e^A는 다음과 같다.

$$e^A=Pe^DP^{-1}\ (\text{단, } A=PDP^{-1})$$

이때, e^A와 e^D는 닮은행렬이므로 다음이 성립한다.

① $\det(e^A)=\det(e^D)$

② $tr(e^A)=tr(e^D)$

③ $\det(e^A)=e^{tr(A)}$

(2) 대각행렬 $D=diag(\lambda_1,\lambda_2,\cdots,\lambda_n)$의 행렬지수 e^D는 다음과 같다.

$$e^D=\begin{bmatrix} e^{\lambda_1} & 0 & \cdots & 0 \\ 0 & e^{\lambda_2} & \cdots & 0 \\ \vdots & \vdots & \ddots & \vdots \\ 0 & 0 & \cdots & e^{\lambda_n} \end{bmatrix}$$

step 1

01 다음 행렬 A에 대하여 다음 물음에 답하시오.

$$A=\begin{bmatrix} 1 & 1 \\ 0 & 2 \end{bmatrix}$$

(1) A^k을 구하시오. (단, $k\geq 1$인 자연수)

(2) e^A을 구하시오.

(3) $D=P^{-1}AP$를 만족하는 D에 대하여 e^D를 구하시오.

(4) (3)의 결과를 이용하여 e^A을 구하시오.

02 다음 행렬의 행렬지수를 구하시오.

(1) $\begin{bmatrix} -2 & 0 & 0 \\ 0 & 1 & 0 \\ 0 & 0 & 3 \end{bmatrix}$　　(2) $\begin{bmatrix} 0 & 0 & 0 \\ 0 & 1 & 0 \\ 0 & 0 & 3 \end{bmatrix}$

step 2

03 대각화 가능한 다음 행렬 A에 대하여 e^{tA}를 구하시오.

(1) $A=\begin{bmatrix}1 & 3\\3 & 1\end{bmatrix}$

(2) $A=\begin{bmatrix}6 & -2\\-2 & 6\end{bmatrix}$

(3) $A=\begin{bmatrix}4 & 0 & 1\\2 & 3 & 2\\1 & 0 & 4\end{bmatrix}$

04 행렬 $\begin{bmatrix}1 & 2\\2 & 4\end{bmatrix}$에 대하여 e^{A}의 행렬식은?

① e^{5} ② e^{-4}
③ 0 ④ e^{4}

05 행렬 $A=\begin{bmatrix}1 & 2\\0 & -4\end{bmatrix}$에 대하여 $tr(e^{2A})+\det(e^{2A})$를 구하시오.

step 3

06

행렬 $A=\begin{bmatrix} 2 & 3 & 0 & 0 \\ -1 & 6 & 0 & 0 \\ 0 & 0 & -2 & 5 \\ 0 & 0 & 1 & 2 \end{bmatrix}$에 대하여

$e^A=\lim_{n\to\infty}\left(I+A+\frac{A^2}{2!}+\frac{A^3}{3!}+\cdots+\frac{A^n}{n!}\right)$으로

정의할 때, e^A의 행렬식 값을 구하면?

① 8　　② e^8

③ e^{15}　　④ e^{-135}

07 행렬 $A=\begin{bmatrix} 2 & 5 \\ 0 & 2 \end{bmatrix}$에 대하여 e^A을 구하시오.

06 실력 UP 단원 마무리

고윳값 문제(Eigenvalue Problem)

정답 및 풀이 p.286

01 행렬 A의 역행렬이 존재하고 $A\begin{bmatrix} 5 & 2 \\ 7 & 3 \end{bmatrix}=B+2A$를 만족할 때, $A^{-1}B$의 고윳값(eigen value)의 합은?

① -11　　② 4
③ 15　　④ 19

02 행렬 $\begin{bmatrix} 2&0&0&0 \\ 1&3&0&0 \\ 0&2&5&0 \\ 1&8&3&9 \end{bmatrix}$의 고윳값이 아닌 것을 고르면?

① 1　　② 2
③ 3　　④ 9

03 λ를 $n\times n$행렬 A의 고윳값이라 하고, x가 λ에 대응하는 고유벡터일 때 다음 중 옳지 않은 것은?

① λ는 A^T의 고윳값이다.
② x는 λ^5에 대응하는 A^5의 고유벡터이다.
③ A가 가역행렬이면 $1/\lambda$은 A^{-1}의 고윳값이다.
④ $\{x, Ax\}$에 의해서 생성된 R^n의 부분공간의 차원은 2이다.
⑤ $\mathrm{rank}(A-\lambda I_n)=k$이면 λ에 대응하는 A의 고유공간의 차원은 $n-k$이다. (I_n은 $n\times n$ 단위행렬)

04 3차 정방행렬 A에 관하여 다음이 성립한다.

$$A\begin{bmatrix} 1 \\ -1 \\ 0 \end{bmatrix}=\begin{bmatrix} -1 \\ 1 \\ 0 \end{bmatrix},\ A\begin{bmatrix} 0 \\ 1 \\ -1 \end{bmatrix}=\begin{bmatrix} 0 \\ -1 \\ 1 \end{bmatrix},\ A\begin{bmatrix} 1 \\ 0 \\ 1 \end{bmatrix}=\begin{bmatrix} 0 \\ 0 \\ 0 \end{bmatrix}$$

이때, 행렬 $I-A+A^2$의 고유치의 합을 구하면?

① 0　　② 3
③ 7　　④ 9

05 2×2 대칭행렬 $A=[a_{ij}]$ 에 대하여 고윳값이 $3, -2$ 이고 대응하는 고유벡터가 각각 $\begin{bmatrix}3\\4\end{bmatrix}, \begin{bmatrix}-4\\3\end{bmatrix}$ 일 때, $a_{12}+a_{22}$ 의 값을 구하면?

① 0　　② 1

③ 2　　④ $\frac{18}{5}$

06 행렬 $A=\begin{pmatrix}2 & -4\\3 & -5\end{pmatrix}$ 에 대하여, $\text{tr}(A^{2015})$ 의 값은?

① $1-2^{2015}$　　② $-1-2^{2015}$

③ $1+2^{2015}$　　④ $-1+2^{2015}$

07 다음 행렬의 서로 다른 고윳값을 a, b, c라 할 때, $\frac{1}{a}+\frac{1}{b}+\frac{1}{c}$ 의 값은?

$$\begin{bmatrix}0 & 1 & 0\\0 & 0 & 1\\1 & 2 & -1\end{bmatrix}$$

① -1　　② -2

③ -3　　④ -4

08 A와 B가 닮은행렬일 때, 다음 중 옳지 않은 것은?

① $\det(A)=\det(B)$이다.

② A가 역행렬을 갖기 위한 필요충분조건은 B도 역행렬을 갖는 것이다.

③ λ가 A의 고윳값일 필요충분조건은 λ가 B의 고윳값인 것이다.

④ $\vec{v}$가 A의 고유벡터일 필요충분조건은 $\vec{v}$가 B의 고유벡터이다.

09

행렬 $A=\begin{bmatrix} 1 & -2 \\ -2 & 1 \end{bmatrix}$에 대하여 $P^{-1}AP$가 대각행렬이 되게 하는 가역행렬 P의 두 열벡터의 사잇각은?

① $\frac{\pi}{4}$　　② $\frac{\pi}{3}$

③ $\frac{\pi}{2}$　　④ π

10

행렬 $A=\begin{bmatrix} -1 & 0 & 1 \\ 3 & 0 & -3 \\ 1 & 0 & -1 \end{bmatrix}$에 대해 $P^{-1}AP=\begin{bmatrix} 0 & 0 & 0 \\ 0 & 0 & 0 \\ 0 & 0 & -2 \end{bmatrix}$이다. 이때 $P=\begin{bmatrix} a & b & c \\ d & e & f \\ g & h & i \end{bmatrix}$의 3번째 열 $\begin{bmatrix} c \\ f \\ i \end{bmatrix}$가 될 수 있는 것은?

① $\begin{bmatrix} 1 \\ -3 \\ -1 \end{bmatrix}$　　② $\begin{bmatrix} 1 \\ 2 \\ -1 \end{bmatrix}$

③ $\begin{bmatrix} 1 \\ 3 \\ -1 \end{bmatrix}$　　④ $\begin{bmatrix} -1 \\ 2 \\ 1 \end{bmatrix}$

11

행렬 $A=\begin{bmatrix} 0 & 1 & 0 \\ 4 & 0 & 0 \\ 0 & 1 & 1 \end{bmatrix}$는 어떤 대각행렬 D와 가역행렬 S에 대하여 $A=S^{-1}DS$를 만족한다. D의 대각합(trace)과 행렬식(determinant)의 합은?

① -3　　② 4

③ -4　　④ 2

12

행렬 $\begin{bmatrix} -8 & 6 \\ -9 & 7 \end{bmatrix}$을 10 거듭제곱하여 얻은 행렬 $\begin{bmatrix} -8 & 6 \\ -9 & 7 \end{bmatrix}^{10}$을 $\begin{bmatrix} a & b \\ c & d \end{bmatrix}$로 표현했을 때, 대각성분들의 합 $a+d$의 값을 구하시오.

① 1　　② 2

③ 1025　　④ 2048

13 다음 행렬 A의 특성방정식을 구하시오.

$$A=\begin{bmatrix} 2 & 5 & 1 & 1 \\ 1 & 4 & 2 & 2 \\ 0 & 0 & 6 & -5 \\ 0 & 0 & 2 & 3 \end{bmatrix}$$

14 $n\times n$ 대칭행렬 A에 대하여 다음 중 옳지 않은 것은?

① A의 역행렬이 존재하면 A^{-1}가 대칭행렬이다.
② A^2이 대칭행렬이다.
③ $A+A^2$이 대칭행렬이다.
④ S가 역행렬을 갖는 $n\times n$ 행렬이면 $S^{-1}AS$가 대칭행렬이다.

15 행렬 $A=\begin{bmatrix} 0 & 0 & 0 & 1 \\ 1 & 0 & 0 & 0 \\ 0 & 1 & 0 & 0 \\ 0 & 0 & 1 & 0 \end{bmatrix}$에 대해 다음 보기 중 옳은 것을 있는 대로 고른 것은?

ㄱ. A는 직교행렬이다. ㄴ. A의 행렬식은 1이다. ㄷ. A의 계수(rank)는 4이다.

① ㄱ, ㄴ　② ㄱ, ㄷ
③ ㄴ, ㄷ　④ ㄱ, ㄴ, ㄷ

16 A와 B가 4×4 직교행렬이고 $\det(A)\det(B)\neq 1$일 때, 임의의 홀수인 자연수 n에 대하여 $\det((AB)^n)$의 값은?

① 1　② -1
③ 16　④ -16

17 3×3 행렬에 대해 다음의 등식이 성립한다.

$$\begin{bmatrix} 0 & 2 & -1 \\ 2 & 3 & -2 \\ -1 & -2 & 0 \end{bmatrix} = a\begin{bmatrix} u_1 \\ u_2 \\ u_3 \end{bmatrix}\begin{bmatrix} u_1 \\ u_2 \\ u_3 \end{bmatrix}^T + b\begin{bmatrix} v_1 \\ v_2 \\ v_3 \end{bmatrix}\begin{bmatrix} v_1 \\ v_2 \\ v_3 \end{bmatrix}^T + c\begin{bmatrix} w_1 \\ w_2 \\ w_3 \end{bmatrix}\begin{bmatrix} w_1 \\ w_2 \\ w_3 \end{bmatrix}^T$$

이 때,

$$a({u_1}^2+{u_2}^2+{u_3}^2)+b({v_1}^2+{v_2}^2+{v_3}^2)+c({w_1}^2+{w_2}^2+{w_3}^2)$$

의 값을 구하면?

① 3 ② 5
③ 7 ④ 9

18 행렬 $A=\begin{bmatrix} 1 & 2 \\ 2 & 3 \end{bmatrix}$에 대하여 e^{2A}의 행렬식은?

① e^{-4} ② 1
③ e^{4} ④ e^{8}

19 실수 원소를 갖는 $n\times n$행렬을 A라 할 때, 다음 중 옳지 않은 것은?

① 모든 $v\in\mathbb{R}^n$에 대하여 $\|Av\| = \|v\|$이면 행렬방정식 $Ax=b$는 모든 $b\in\mathbb{R}^n$에 대하여 유일한 해를 갖는다.
② A가 가역행렬이면 A^T의 영공간(null space)의 차원은 0이다.
③ A와 닮은(similar) 모든 행렬의 고윳값은 같다.
④ A의 모든 원소가 양수이면 A는 적어도 한 개의 양수인 고윳값을 갖는다.
⑤ A의 계수(rank)는 A의 각 영 아닌 고윳값의 대수적 중복도의 합과 같다.

20 다음 〈보기〉는 행렬의 계수(rank)에 관한 기술이다. 올바른 것은 모두 몇 개인가?

보기

가. $rank(AB) > rank(B)$
나. U가 역행렬을 가지면, $rank(UA) = rank(A)$
다. A, B가 $m\times n$ 행렬일 때, $rank(A+B) > rank(A)+rank(B)$
라. A가 $n\times n$ 정방행렬로서 $A^2=O$이면 $rank(A) \le \dfrac{n}{2}$

① 1개 ② 2개
③ 3개 ④ 4개

07

선형변환(Linear Transformation)

07 핵심 문제

Topic 43 선형변환(선형사상)

1. $T: V \to W$가 벡터공간 V에서 벡터공간 W로의 함수이고 T가 V의 모든 벡터 $\boldsymbol{u}, \boldsymbol{v}$와 모든 스칼라 c에 대해서 다음을 만족할 때 T를 V에서 W로의 선형변환이라 한다.
   (1) $T(\boldsymbol{u}+\boldsymbol{v}) = T(\boldsymbol{u}) + T(\boldsymbol{v})$
   (2) $T(c\boldsymbol{u}) = cT(\boldsymbol{u})$
2. $T: V \to W$가 선형변환이면
   ① $T(\boldsymbol{0}) = \boldsymbol{0}$
   ② $T\left(\sum_{i=1}^{n} c_k \boldsymbol{u_k}\right) = \sum_{i=1}^{n} c_k T(\boldsymbol{u_k})$

   즉, 선형변환은 일차결합을 보존하는 변환을 말한다.

(참고) 치역이 일반적인 집합으로 주어지는 함수를 사상(mapping)이라 하고, 정의역과 공역이 일치하는 사상을 변환이라 한다. 이때의 선형변환을 선형연산자라고도 한다.

step 1

01 선형변환의 정의를 이용하여 다음 변환이 선형변환임을 보이시오.

(1) $T: R \to R,\ T(x) = 3x$

(2) $T: R^2 \to R^2,\ T(x_1, x_2) = (2x_1 + x_2, x_1)$

(3) $T: M_{m\times n}(R) \to M_{n\times m}(R),\ T(A) = A^T$

(4) $T: M_{m\times n}(R) \to R,\ T(A) = tr(A)$

(5) $T: V \to R,\ T(f) = \int_a^b f(x)dx$

(V는 R에서 정의된 모든 연속함수의 집합)

(6) $T: M_{n\times r}(R) \to M_{m\times r}(R),\ T(X) = AX$

(단, $A \in M_{m\times n}(F)$)

02 다음 변환이 선형변환이 아님을 보이시오.

(1) $T(x, y) = (1, y)$

(2) $T(x, y) = (x, y^2)$

(3) $T(x, y) = (|x|, y)$

(4) $T(x, y) = (x+1, y)$

(5) $T(x, y, z) = (x, yz, x+y+z)$

(6) $T(x, y, z, w) = (1, -1)$

step 2

03 함수 $T: \mathbb{R} \to \mathbb{R}$ 가 선형변환이고 $T(1) = 2$일 때, 임의의 실수 x에 대하여 $T(x)$는? 경기대 기출

① $T(x) = 2x$　　② $T(x) = 2x^2$

③ $T(x) = x + 1$　　④ $T(x) = \frac{1}{2}x + \frac{1}{2}$

04 v_1, v_2는 벡터공간 V의 원소이고 선형변환 $T: V \to R^2$가 $T(v_1) = (1, 2)$, $T(v_2) = (3, -1)$일 때, $T(2v_1 - v_2)$의 값을 구하시오.

05 $T: \mathbb{R}^3 \to \mathbb{R}^2$이 선형변환이고 $T(1, 0, 0) = (1, 0)$, $T(1, 1, 0) = (2, 0)$, $T(1, 1, 1) = (0, 3)$일 때, $T(5, 3, 1)$은? 가천대 기출

① $(2, 1)$　　② $(2, 3)$

③ $(6, 1)$　　④ $(6, 3)$

06 $L: \mathbb{R}^3 \to \mathbb{R}^2$가 $v_1 = (1, 1, 1)$, $v_2 = (1, 1, 0)$, $v_3 = (1, 0, 0)$에 대하여

$L(v_1) = (1, 0)$, $L(v_2) = (2, -1)$,
$L(v_3) = (4, 3)$

을 만족할 때, $L(4, 2, 4)$는? 경기대 기출

① $(4, 4)$　　② $(4, -4)$

③ $(8, 8)$　　④ $(8, -8)$

step 3

07 선형변환(transformation) $T:\mathbb{R}^3\to\mathbb{R}^3$에 대하여 $T(1,2,3)=(1,0,0)$, $T(2,3,4)=(1,1,0)$, $T(3,5,6)=(1,1,1)$이라고 하자.
$T(1,3,7)=(a,b,c)$라 할 때, abc의 값은?

서강대 기출

① -12　② -10
③ 0　④ 8
⑤ 56

08 실수체 $\mathbb{R}$ 위의 벡터공간
$P_2=\{a+bx+cx^2 \mid a,\ b,\ c\in\mathbb{R}\}$에 대하여 선형변환 $T:P_2\to P_2$가 다음을 만족시킨다.

$$T(x-x^2)=1+x$$
$$T(1-x)=x+x^2$$
$$T(1+x^2)=1+x^2$$

$T(5-4x+3x^2)=a+bx+cx^2$일 때, $a+b+c$의 값은?

단국대 기출

① 4　② 6
③ 8　④ 10

Topic 44 표준행렬과 표현행렬

1. 표준행렬

$T : \mathbb{R}^n \to \mathbb{R}^m$을 선형변환이라 하면 모든 $\boldsymbol{x} \in \mathbb{R}^n$에 대하여 $T(\boldsymbol{x}) = A\boldsymbol{x}$ 를 만족하는 행렬 A가 유일하게 존재한다. 여기서 A는 j번째 열이 벡터 $T(\boldsymbol{e}_j)$ ($\boldsymbol{e}_j$는 $\mathbb{R}^n$에서 항등 행렬의 j번째 열) 인 행렬이다. 즉,

$A = [\, T(\boldsymbol{e}_1) \ \cdots \ T(\boldsymbol{e}_n) \,]$

행렬 A를 선형변환 T에 대한 표준행렬이라 한다.

2. 표현행렬

선형변환 $T : V \to W$에서 벡터공간 V, W의 순서 기저를 각각

$\alpha = \{v_1, \cdots, v_n\}$, $\beta = \{w_1, \cdots, w_m\}$이라 할 때,

$T(v_1), \cdots, T(v_n)$은 $w_1, \cdots, w_m$의 일차결합으로 표현된다.

$$T(v_1) = a_{11}w_1 + a_{21}w_2 + \cdots + a_{m1}w_m$$
$$T(v_2) = a_{12}w_1 + a_{22}w_2 + \cdots + a_{m2}w_m$$
$$\vdots \qquad\qquad \vdots$$
$$T(v_n) = a_{1n}w_1 + a_{2n}w_2 + \cdots + a_{mn}w_m$$

또, 선형변환 T에 대하여 유일하게 결정되는 행렬

$$[T]_\alpha^\beta = \begin{bmatrix} a_{11} & a_{12} & \cdots & a_{1n} \\ a_{21} & a_{22} & \cdots & a_{2n} \\ \vdots & \vdots & \ddots & \vdots \\ a_{m1} & a_{m2} & \cdots & a_{mn} \end{bmatrix}$$

을 순서기저 α, β에 관한 T의 행렬표현(또는 표현행렬)이라 한다. ($[T]_{\alpha,\beta}$라고도 표현한다.)

step 1

01 다음과 같이 정의된 선형변환의 표준 순서기저에 의한 행렬 표현을 구하시오.

(1) $T : R^2 \to R^3$, $T(x, y) = (x+2y, 0, 2x-3y)$

(2) $T : R^3 \to R$, $T(x, y, z) = 2x - y + 4z$

(3) $T : R^3 \to R^3$,
$T(x, y, z) = (2y+z, -x+4y+5z, x+z)$

(4) $T : P_3(R) \to P_2(R)$, $T(f(x)) = f'(x)$

(5) $T : R^3 \to R^3$, $T(x, y, z) = (3x, 5y, -7z)$

(6) $T : R^4 \to R^5$,
$T(x, y, z, w) = (w, x, z, y, x-z)$

02 선형변환

$T : R^2 \to R^2$, $T(x, y) = (2x+4y, 3x-5y)$

와 두 순서기저

$E = \{(1, 0), (0, 1)\}$, $V = \{(1, 2), (2, 3)\}$

에 대하여 다음 물음에 답하시오.

(1) $[T]_E$를 구하시오.

(2) $[T]_V$를 구하시오.

03 선형변환

$T : R^2 \to R^3$, $T(x, y) = (x-y, 2x, 3x+y)$

와 두 순서기저

$\alpha = \{e_1, e_2\}$, $\beta = \{(1, 1, 0), (0, 1, 1), (2, 2, 3)\}$

에 대하여 다음 물음에 답하시오.

(1) $[T]_\alpha^\beta$를 구하시오.

(2) $\gamma = \{(1, 2), (2, 3)\}$일 때, $[T]_\gamma^\beta$를 구하시오.

step 2

04 $n\times n$ 대칭행렬 A가 멱등행렬이고, $rank(A)=k$ 이면 A는 R^n의 k차원 열공간 위로의 R^n의 정사영에 대한 표준행렬이다. 다음 행렬들이 R^3의 어떤 정사영에 대한 표준행렬인지 알아보고 그 직선 또는 평면의 방정식을 구하시오.

(1) $\begin{bmatrix} \frac{1}{9} & \frac{2}{9} & \frac{2}{9} \\ \frac{2}{9} & \frac{4}{9} & \frac{4}{9} \\ \frac{2}{9} & \frac{4}{9} & \frac{4}{9} \end{bmatrix}$　　(2) $\begin{bmatrix} \frac{2}{3} & -\frac{1}{3} & -\frac{1}{3} \\ -\frac{1}{3} & \frac{2}{3} & -\frac{1}{3} \\ -\frac{1}{3} & -\frac{1}{3} & \frac{2}{3} \end{bmatrix}$

05 일차변환 $T: R^3\to R^3$가

$T(x,\ y,\ z)=(3x-y+2z,\ x-y+z,\ -x+y)$

와 같이 주어질 때 R^3의 순서기저

$S=\{(1,\ 0,\ -1),\ (-1,\ 1,\ 0),\ (1,\ 1,\ 1)\}$에 대한 T의 행렬표현은?

① $\frac{1}{2}\begin{bmatrix} 3 & -10 & 5 \\ 0 & -2 & -2 \\ 0 & -4 & 5 \end{bmatrix}$　② $\frac{1}{3}\begin{bmatrix} 3 & -10 & 5 \\ 0 & -2 & -2 \\ 0 & -4 & 5 \end{bmatrix}$

③ $\frac{1}{3}\begin{bmatrix} 3 & 10 & 5 \\ 0 & -2 & 2 \\ 0 & -4 & 5 \end{bmatrix}$　④ $\frac{1}{2}\begin{bmatrix} 3 & 10 & 5 \\ 0 & -2 & 2 \\ 0 & -4 & 5 \end{bmatrix}$

step 3

06 차수가 2 이하이고 실수 계수를 갖는 다항식의 벡터공간을 P_2라 하자. 임의의 실수 $a,\ b,\ c\in R$에 대하여 선형변환

$T: P_2\to P_2$

$T(a+bx+cx^2)=a+b(3x-5)+c(3x-5)^2$

이 성립할 때, 기저 $B=\{1,\ x,\ x^2\}$에 관한 T의 표현행렬에서 $tr(T)$를 구하시오.

① 10　② 11
③ 12　④ 13

07 $\vec{i}=(1,0,0)$, $\vec{j}=(0,1,0)$ 이고
선형변환 $L: \mathbb{R}^3\to\mathbb{R}^3$가 $L(\vec{x})=\vec{x}\times\vec{i}+\vec{x}\times\vec{j}$로 주어질 때, 다음 중 L의 고유벡터는?

경기대 기출

① $(1,0,0)$　② $(0,1,0)$
③ $(1,1,0)$　④ $(1,1,1)$

08 $P_2(\mathbb{R})=\{a+bx+cx^2 | a,b,c\in\mathbb{R}\}$이고,

선형사상 $T: P_2(\mathbb{R})\to\mathbb{R}^3$ 가

$T(p(x))=\left(p'(0),\ p''(1),\ \int_0^1 p(x)\,dx\right)$ 로 정의될 때, 기저 $\{1,x,x^2\}$, $\{(1,0,0),(0,1,0),(0,0,1)\}$ 에 관한 T 의 3×3 표현행렬의 (i,j)-성분을 a_{ij} 라 하자. 이 때, $\sum_{i=1}^{3}\sum_{j=1}^{3}a_{ij}$ 의 값은?

중앙대 공과 대학 기출

① $\frac{19}{6}$ ② $\frac{23}{6}$

③ $\frac{25}{6}$ ④ $\frac{29}{6}$

Topic 45 핵(kernel)과 치역(range)의 차원

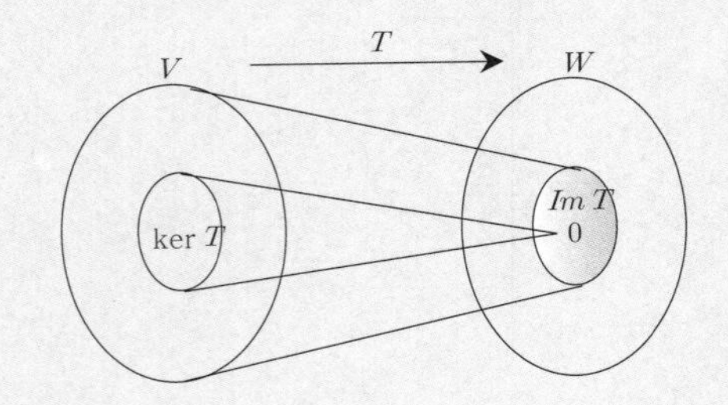

1. 선형사상 T의 상공간(치역/image/range)

(1) 정의: $Im\,T=\{T(v)\in W \mid v\in V\}$이고, W의 부분공간이다.

(2) 상공간의 차원(치역의 차원)

$\dim(Im\,T)=rank(T)=rankA$

(3) 선형변환 $T: R^n\to R^m$에 대하여 T의 상공간(치역)은 표현행렬 A의 열공간과 동일하다.

2. 선형사상 T의 퇴화공간(영공간/핵공간/kernel/nullspace)

(1) 정의: $\ker T=\{v\in V \mid T(v)=0\}$이고, V의 부분공간이다.

(2) 핵(공간)의 차원(퇴화공간의 차원/퇴화차수)

$\dim(\ker T)=nullity(T)=nullityA$

(3) 선형변환 $T: R^n\to R^m$에 대하여 T의 핵공간은 표현행렬 A의 영공간과 동일하다.

3. 차원정리

선형사상 $T: V\to W$에 대하여 정의역 V의 차원을 n이라 하면

$\dim(Im\,T)+\dim(\ker T)=n$

[참고] $m\times n$행렬 A에 대하여

$rankA+nullityA=n$

$rank(T)+nullity(T)=\dim(V)$

step 1

01 다음 선형변환의 핵과 치역을 구하시오.

(1) xy 평면으로의 정사영

(2) 평면 $y=x$로의 정사영

(3) z축을 축으로 각 θ에 의한 회전변환

02 아래와 같이 정의된 선형변환 T에 대하여 다음 물음에 답하시오.

$T: R^3\to R^3$,

$T(x, y, z)=(x+2y-z,\ y+z,\ x+y-2z)$

(1) T의 치역의 기저와 차원을 구하시오.

(2) T의 핵의 기저와 차원을 구하시오.

03 선형변환 $A: R^4\to R^3$, $A=\begin{bmatrix}1&2&3&1\\1&3&5&-2\\3&8&13&-3\end{bmatrix}$에 대하여 다음 물음에 답하시오.

(1) A 의 치역의 기저와 차원을 구하시오.

(2) A의 핵의 기저와 차원을 구하시오.

04 다음 선형변환의 퇴화차수를 구하시오.

(1) $T: R^5 \to R^6,\ rank(T)=3$

(2) $T: R^6 \to R^3,\ Im(T)=R^3$

(3) $T: P_4 \to P_3,\ rank(T)=1$

(4) $T: M_{2\times 2} \to M_{2\times 2},\ rank(T)=3$

05 5×4행렬 A에 의한 동차 선형계 $AX=O$가 자명해만을 갖고, 선형변환 $T: R^4 \to R^5$가 A의 곱으로 나타날 때, T의 계수와 퇴화차수를 구하시오.

step 2

06 행렬 M이 아래와 같이 주어졌을 때, $T(x)=Mx$로 정의되는 선형변환 $T: R^4 \to R^4$에서 T의 치역인 $T(R^4)$의 차원 (dimension)은? 한국 항공대 기출

$$M=\begin{bmatrix} 1 & 1 & -5 & 3 \\ 1 & 0 & -2 & 1 \\ 2 & -1 & -1 & 0 \\ -2 & 4 & -8 & 6 \end{bmatrix}$$

① 1 ② 2
③ 3 ④ 4

07 4차원 실수 벡터공간 R^4의 원소를 3차원 실수 벡터공간 R^4의 원소로 변환하는 선형함수 $T: R^4 \to R^3$을 다음과 같이 정의한다.

$T(x_1, x_2, x_3, x_4)$

$=(x_1+x_2+x_3,\ x_2+x_4,\ x_1-x_2+x_3)$

이 때, 벡터공간 T의 치역(image) $Im(T)$와 영공간(kernel 또는 null space) $\ker(T)$의 차원의 합 $\dim(Im(T))+\dim(\ker(T))$는? 국민대 기출

① 1 ② 2
③ 3 ④ 4

08 실수체 위의 2×2 행렬 $M_2(R)$ 와 실수체 위의 3차 이하의 다항식 전체의 집합 $R_4[x]$ 에 대하여, 다음과 같이 정의된 선형사상 F 의 상공간(ImF)과 핵공간($\ker F$)의 차원은?

$$F\ :\ M_2(R)\to R_4[x]\ ,\ F\begin{pmatrix} a & b \\ c & d \end{pmatrix} = b+2cx+3dx^2$$

① $\dim(ImF)=3$, $\dim(\ker F)=1$
② $\dim(ImF)=3$, $\dim(\ker F)=2$
③ $\dim(ImF)=2$, $\dim(\ker F)=1$
④ $\dim(ImF)=2$, $\dim(\ker F)=3$

09 3×3 행렬 A를 $A=\begin{bmatrix} 1 & 1 & 1 \\ 1 & 2 & a+1 \\ 2 & 1 & a^2 \end{bmatrix}$라 하고 W를 $W=\{X\in\mathbb{R}^3 \mid AX=\mathbf{0}\}$라 하자. $\dim W\geq1$이 되는 모든 실수 a의 값의 합은? 단국대 기출

① -2　　② -1
③ 0　　④ 1

step 3

10 선형사상
$T(x,y,z)$
$=(x+2y+z,\ x+y+z,\ 2x+7y+az\ ,\ 3x+5y+bz)$
의 치역 ImT의 차원이 2이고 핵 $\ker T$의 차원이 c일 때, $a+b+c$의 값은?
(단, a, b, c는 상수이다.) 한양대 기출

① 3　　② 4
③ 5　　④ 6
⑤ 7

Topic 46 선형변환의 성질

1. 여러 가지 선형사상

선형사상 $T: V \to W$이고 $\dim V = n$, $\dim W = m$일 때,

(1) 단사사상(일대일사상)

V의 임의의 벡터 v_1, v_2에 대하여 $v_1 \neq v_2$이면 $T(v_1) \neq T(v_2)$

선형사상 T가 일대일사상 $\Leftrightarrow \ker T = \{0\}$

$\Leftrightarrow \dim(\ker T) = 0$

$\Leftrightarrow nullity A = 0$

(2) 전사사상

치역 $T(V)$와 공역 W이 같은 사상

선형사상 T가 전사사상 $\Leftrightarrow \dim(Im\,T) = \dim W$

$\Leftrightarrow rank A = m$

(3) 전단사 사상(동형사상)

단사사상이면서 전사사상일 때 전단사사상이라고 한다.

2. 역사상과 합성사상

선형사상 T의 표현행렬을 A, S의 표현행렬을 B라 할 때,

(1) 역사상

① 선형변환 $T: V \to W$가 전단사사상일 때 T의 역사상은 존재하며 $T^{-1}: W \to V$이다.

② $T: V \to W$에서 $T(v) = Av$일 때, $T^{-1}(w) = A^{-1}w$

(2) 합성사상

① 선형변환 $T: V \to W$, $S: W \to X$에 대하여 $S \circ T: V \to X$를 합성변환이라 하며

② $(S \circ T)(v) = S(T(v)) = B(Av) = BAv$

③ $(T \circ T)(v) = T(T(v)) = A(A(v)) = A^2 v$

3. 선형사상의 고윳값, 고유벡터

(1) 정의: 선형사상 $T: V \to W$에 대하여 $T(v) = \lambda v$를 만족하는 $v \neq \vec{0}$이 존재할 때, λ를 고윳값, v를 λ의 대응 고유벡터라 한다.

(2) T의 표현행렬을 A라 할 때, $T(v) = \lambda v \Leftrightarrow Av = \lambda v$이다.

step 1

01 다음 선형변환 T가 일대일 변환인지 판단하시오.

(1) $T: R^2 \to R^2$, $T(x, y) = (3y, 2x)$

(2) $T: R^2 \to R^2$, $T(x, y) = (x+y, 0)$

(3) $T: R^3 \to R^2$, $T(x, y, z) = (x+y, y-z)$

(4) $T: R^2 \to R^3$, $T(x, y) = (y, x, x-y)$

(5) $T: P_2 \to P_3$, $T(a+bx+cx^2) = x(a+bx+cx^2)$

(6) $T: P_2 \to P_2$, $T(p(x)) = p(x+1)$

02 문제 1의 변환 중 전사인 것을 찾고 이유를 설명하시오.

03 다음 선형사상이 정칙사상인지 판단하고 정칙이면 역사상이 존재하는지 알아보시오.

(1) $T: R^2 \to R^2,\ T(x, y) = (x-y, x-2y)$

(2) $T: R^2 \to R^2,\ T(x, y) = (2x-4y, 3x-6y)$

04 두 선형변환 T_1, T_2에 대하여 다음을 구하시오.

$T_1: R^3 \to R^2,\ T_1(x, y, z) = (2x, y+z)$,

$T_2: R^2 \to R^2,\ T_2(x, y) = (y, x)$

(1) $2T_1 - 5T_2$

(2) $T_2 \circ T_1$

(3) $T_1 \circ T_2$

05 문제 4의 (2)에 주어진 선형변환의 합성변환 $T_2 \circ T_1$의 표준행렬을 구하시오.

step 2

06 선형변환

$F: M_{2\times 2} \to M_{2\times 2},\ F(A) = A^T$

$G: M_{2\times 2} \to R,\ G(A) = tr(A)$

이고 $A = \begin{bmatrix} 3 & 5 \\ 1 & 0 \end{bmatrix}$ 일 때, $(G \circ F)(A)$를 구하시오.

07 선형변환 $T: R^2 \to R^2$가

$T(x, y) = (20x - 21y, 21y)$로 정의되었고,

행렬 A가 $Tv = Av$를 만족시킬 때, 행렬 A의 모든 고윳값의 합은? 가천대 기출

① -1 ② 20

③ -21 ④ 41

08 A가 $m \times n$행렬일 때, 선형사상 $T: \mathbb{R}^n \to \mathbb{R}^m$을 모든 $x \in \mathbb{R}^n$에 대하여 $T(x) = Ax$로 정의하자. 이 때, 〈보기〉에서 항상 참인 것을 모두 고른 것은? 경기대 기출

〈보기〉

가. $m < n$이고 A의 위수(rank)가 m이면 T는 일대일(one-to-one) 선형사상이다.

나. $n < m$이고 A의 위수(rank)가 n이면 T는 위로(onto) 선형사상이다.

다. $m = n$이고 A의 위수(rank)가 n이면 T는 일대일 대응 (one-to-one correspondence)선형사상이다.

① 가, 나 ② 다

③ 가, 다 ④ 가, 나, 다

step 3

[09~10] 선형변환 $T : \mathbb{R}^3 \to \mathbb{R}^3$는 $T(x, y, z) = (x+2y-2z, x+2y+z, -x-y)$와 같이 정의되고, T^{-1}는 선형변환 T의 역변환일 때, 다음 물음에 답하시오. 한국항공대 기출

09 벡터 $T^{-1}(1, 2, 3)$의 모든 성분의 합은?

① $\frac{8}{3}$　② -3
③ 3　④ $-\frac{8}{3}$

10 벡터 $X \in \mathbb{R}^3$에 대하여 $T(X) = BX$를 만족하는 3×3 행렬 B가 존재하고, 행렬 B에 대하여 $PD = BP$를 만족하는 3×3 행렬 P와 D가 존재한다. 이 때, 행렬 $P^{-1}B^3P$의 주 대각선 원소의 합은?

① 15　② 27
③ 31　④ 45

Topic 47 넓이 또는 부피와 선형변환

1. R^2와 R^3에서의 넓이와 부피

① $T:\mathbb{R}^2 \to \mathbb{R}^2$를 2×2 행렬 A에 의하여 결정된 선형변환이라 하자.
만일 S가 넓이가 유한인 $\mathbb{R}^2$상의 영역이면
$\{T(S)$의 넓이$\} = |\det(A)| \cdot \{S$의 넓이$\}$

② $T:\mathbb{R}^3 \to \mathbb{R}^3$를 3×3 행렬 A에 의하여 결정된 선형변환이라 하자.
만일 S가 부피가 유한인 $\mathbb{R}^3$상의 영역이면
$\{T(S)$의 부피$\} = |\det(A)| \cdot \{S$의 부피$\}$

2. R^n에서의 부피

① R^m에 속하는 일차독립인 n개의 벡터
$v_1, v_2, \cdots, v_n$에 의하여 결정되는 영역의 부피는
$V = \sqrt{\det(A^tA)}$

② 행렬 A가 일차독립인 n개의 벡터
$v_1, v_2, \cdots, v_n$를 열벡터로 갖는 n차 정방행렬이면
n개의 벡터에 의해 결정되는 영역의 부피는
$V = |\det(A)|$

③ R^n 상의 영역 S의 부피가 $V(S)$이고 선형변환
$T: R^n \to R^m (m \geq n)$의 표현행렬이 A일 때,
$rank(A) = n$이면 $T(S)$의 부피는
$V(T(S)) = \sqrt{\det(A^tA)} \cdot V(S)$

step 1

01 벡터 $\vec{a} = <-2,3>$, $\vec{b} = <-2,5>$에 의하여 결정된 평행사변형이 행렬 $\begin{bmatrix} 6 & -2 \\ -3 & 2 \end{bmatrix}$로 나타내어지는 일차변환에 의하여 옮겨지는 도형을 S라 할 때, S의 면적을 구하면?

① 24 ② 26
③ 28 ④ 30

02 선형변환 $T:\mathbb{R}^2 \to \mathbb{R}^2$가 다음을 만족한다.
$T(1,0) = (2,3)$, $T(0,1) = (1,-2)$
T에 의해 세 점 $P(2,3)$, $Q(-1,0)$, $R(1,-2)$이 옮겨지는 점을 각각 A, B, C라 할 때, 삼각형 ABC의 넓이는? 국민대 기출

① 4 ② 14
③ 24 ④ 42

step 2

03 4차원 공간상의 세 점 $\mathrm{P}=(1,1,1,1)$, $\mathrm{Q}=(1,1,2,2)$, $\mathrm{R}=(1,2,3,3)$을 꼭짓점으로 하는 삼각형 PQR의 넓이는?

① $\frac{\sqrt{2}}{4}$ ② $\frac{\sqrt{2}}{2}$

③ $\frac{3\sqrt{2}}{4}$ ④ $\sqrt{2}$

⑤ $\frac{5\sqrt{2}}{4}$

04 두 벡터 $a=(2,1,-1,2)$ $b=(0,2,4,-3)$에 의해 결정되는 R^4의 평행사변형의 넓이를 구하시오.

step 3

05 $T: R^2 \to R^3$가 $T(x, y)=(2x+y, x-2y, 3y)$로 정의된 선형사상일 때, T에 의한 영역 $x^2+y^2 \le 9$의 넓이를 구하시오.

06 선형변환 $L: \mathbb{R}^3 \to \mathbb{R}^3$가

$$L\begin{bmatrix}1\\0\\0\end{bmatrix}=\begin{bmatrix}1\\1\\0\end{bmatrix},\ L\begin{bmatrix}1\\1\\0\end{bmatrix}=\begin{bmatrix}0\\4\\2\end{bmatrix},\ L\begin{bmatrix}1\\1\\1\end{bmatrix}=\begin{bmatrix}-3\\5\\1\end{bmatrix}$$

을 만족한다고 하자. 네 점 $\mathrm{P}(1,0,-1)$, $\mathrm{Q}(3,2,0)$, $\mathrm{R}(2,4,6)$, $\mathrm{S}(1,1,-1)$에 대하여, 선분 $\overline{\mathrm{PQ}}$, $\overline{\mathrm{PR}}$, $\overline{\mathrm{PS}}$를 이웃하는 세 변으로 갖는 평행육면체를 P라고 할 때, $L(P)$의 부피를 구하면?

① 117 ② 130

③ 143 ④ 156

Topic 48 R^2와 R^3에서의 선형변환

1. 회전변환

변환	표준행렬
평면에서 반시계 방향으로 θ만큼 회전	$\begin{pmatrix} \cos\theta & -\sin\theta \\ \sin\theta & \cos\theta \end{pmatrix}$
x축을 중심으로 θ만큼 회전	$\begin{pmatrix} 1 & 0 & 0 \\ 0 & \cos\theta & -\sin\theta \\ 0 & \sin\theta & \cos\theta \end{pmatrix}$
y축을 중심으로 θ만큼 회전	$\begin{pmatrix} \cos\theta & 0 & \sin\theta \\ 0 & 1 & 0 \\ -\sin\theta & 0 & \cos\theta \end{pmatrix}$
z축을 중심으로 θ만큼 회전	$\begin{pmatrix} \cos\theta & -\sin\theta & 0 \\ \sin\theta & \cos\theta & 0 \\ 0 & 0 & 1 \end{pmatrix}$

2. 대칭(반사)변환

변환	표준행렬
x축에 대칭	$\begin{pmatrix} 1 & 0 \\ 0 & -1 \end{pmatrix}$
y축에 대칭	$\begin{pmatrix} -1 & 0 \\ 0 & 1 \end{pmatrix}$
직선 $y = x$에 대칭	$\begin{pmatrix} 0 & 1 \\ 1 & 0 \end{pmatrix}$
직선 $y = -x$에 대칭	$\begin{pmatrix} 0 & -1 \\ -1 & 0 \end{pmatrix}$
xy평면에 대칭	$\begin{pmatrix} 1 & 0 & 0 \\ 0 & 1 & 0 \\ 0 & 0 & -1 \end{pmatrix}$
xz평면에 대칭	$\begin{pmatrix} 1 & 0 & 0 \\ 0 & -1 & 0 \\ 0 & 0 & 1 \end{pmatrix}$
yz평면에 대칭	$\begin{pmatrix} -1 & 0 & 0 \\ 0 & 1 & 0 \\ 0 & 0 & 1 \end{pmatrix}$
원점을 지나는 평면 $ax + by + cz = 0$에 대칭	$I - \frac{2}{n^T n} nn^T$ $\left(단, n = \begin{pmatrix} a \\ b \\ c \end{pmatrix} \right)$

3. 사영변환

변환	표준행렬
x축 위로의 사영	$\begin{pmatrix} 1 & 0 \\ 0 & 0 \end{pmatrix}$
y축 위로의 사영	$\begin{pmatrix} 0 & 0 \\ 0 & 1 \end{pmatrix}$
xy평면 위로의 사영	$\begin{pmatrix} 1 & 0 & 0 \\ 0 & 1 & 0 \\ 0 & 0 & 0 \end{pmatrix}$
xz평면 위로의 사영	$\begin{pmatrix} 1 & 0 & 0 \\ 0 & 0 & 0 \\ 0 & 0 & 1 \end{pmatrix}$
yz평면 위로의 사영	$\begin{pmatrix} 0 & 0 & 0 \\ 0 & 1 & 0 \\ 0 & 0 & 1 \end{pmatrix}$
원점을 지나는 평면 $ax + by + cz = 0$ 위로의 사영	$I - \frac{1}{n^T n} nn^T$ $\left(단, n = \begin{pmatrix} a \\ b \\ c \end{pmatrix} \right)$

참고 1

실벡터공간에서 정의된 선형연산자 T에 대하여 T의 고유벡터를 v, 대응하는 고윳값을 λ라 하자. v에 의해 생성된 일차원 부분공간 $W = span(\{v\})$를 원점을 지나는 직선으로 볼 수 있으므로 임의의 $w \in W$에 대하여
$T(w) = T(cv) = cT(v) = c\lambda v = \lambda w$가 성립한다.
즉 T는 W의 벡터를 λ만큼 스칼라 배하여 W에 작용한다. 따라서

(i) x축에 대한 반사변환 $T(x, y) = (x, -y)$에서 e_1, e_2는 T의 고유벡터이고 각각 고윳값 1과 -1에 대응한다.

(ii) x축에 대한 사영변환 $T(x, y) = (x, 0)$에서 e_1, e_2는 T의 고유벡터이고 각각 고윳값 1과 0에 대응한다.

(iii) 회전변환

R^2에서의 회전변환
$T_\theta(x, y) = (x\cos\theta - y\sin\theta,\ x\sin\theta + y\cos\theta)$는 0이 아닌 임의의 벡터 v에 대하여 $0, v, T_\theta(v)$가 일직선상에 위치하지 않으므로 이 변환은 R^2의 일차원 부분공간을 보존하지 않는다. 따라서 이 변환은 실고윳값을 가지지 않는다.

그러나 R^3에서의 회전변환은 실고윳값 1을 가지며, 대응 고유벡터를 회전축으로 한다.

참고 2

$T: R^2 \to R^2$의 표현행렬이 가역이면

① 직선의 상은 직선이다.
② 원점을 지나는 직선의 상은 원점을 지나는 직선이다.
③ 평행한 직선의 상은 평행한 직선이다.
④ 두 점 P, Q를 잇는 선분의 상은 두 점 P, Q의 상을 잇는 선분이다.
⑤ 일직선상의 세 점의 상은 일직선상에 나타난다.

step 1

01 벡터 $v=(\sqrt{3},\ -2)$를 다음 각도만큼 회전변환시켰을 때, $T(v)$를 구하시오.

(1) $\frac{\pi}{6}$ (2) $\frac{\pi}{4}$

(3) $-\frac{\pi}{3}$ (4) $\frac{\pi}{2}$

02 벡터 $v=(-2, 1, 2)$를 다음에 의해 회전변환시켰을 때, $T(v)$를 구하시오.

(1) x축을 중심으로 $\frac{\pi}{6}$

(2) y축을 중심으로 $\frac{\pi}{4}$

(3) z축을 중심으로 $\frac{\pi}{2}$

03 벡터 $v=(1,\ -2)$의 다음에 의한 대칭변환의 상을 구하시오.

(1) x축 (2) y축

(3) $y=x$ (4) $y=-x$

04 벡터 $v=(4,\ -1, 3)$의 다음에 의한 대칭변환의 상을 구하시오.

(1) xy 평면 (2) yz 평면

(3) zx 평면 (4) 평면 $x+y+z=0$

05 벡터 $(-2, 5)$의 다음 좌표축 위로의 정사영을 구하시오.

(1) x축

(2) y축

06 벡터 $(1, 2, -3)$의 다음 평면으로의 정사영을 구하시오.

(1) xy 평면

(2) yz 평면

(3) zx 평면

(4) 평면 $x+2y+3z=0$

step 2

07 벡터 $(1, -1, -1)$에 의해 생성되는 직선 위로의 R^3의 정사영에 대하여 다음 물음에 답하시오.

(1) 정사영의 표준행렬을 구하시오.

(2) 벡터 $(-1, 0, 1)$의 정사영을 구하시오.

08 벡터 $(1, -1, -1)$에 의해 생성되는 평면 위로의 R^3의 정사영에 대하여 다음 물음에 답하시오.

(1) 정사영의 표준행렬을 구하시오.

(2) 벡터 $(-1, 0, 1)$의 정사영을 구하시오.

09 다음 행렬 A가 원점을 통과하는 직선을 축으로 하는 회전을 나타내는 행렬일 때, 다음 물음에 답하시오.

$$\begin{bmatrix} 1 & 0 & 0 \\ 0 & 0 & -1 \\ 0 & 1 & 0 \end{bmatrix}$$

(1) 회전축을 구하시오.

(2) 회전각을 구하시오.

10 점 $\mathrm{A}(5,6)$을 원점을 중심으로 시계반대방향으로 45° 만큼 회전한 후, 직선 $y=-x$에 관하여 대칭이동한 점을 $\mathrm{B}(b,c)$라 하자. 이 때, $b+c$의 값은? **중앙대 수학과 기출**

① $-5\sqrt{2}$ ② $5\sqrt{2}$

③ $\dfrac{11\sqrt{2}}{2}$ ④ $-\dfrac{11\sqrt{2}}{2}$

11 $T:\mathbb{R}^3 \to \mathbb{R}^3$가 임의의 벡터를 평면 $x+y+z=0$에 대하여 대칭인 벡터로 보내는 선형사상이라고 하자. 다음 중 T의 고유벡터가 아닌 것은?

① $(1,2,-3)$ ② $(1,1,-1)$

③ $(-1,-1,-1)$ ④ $(-1,-2,3)$

step 3

12 선형사상 $T:\mathbb{R}^3 \to \mathbb{R}^3$ 은 직선 $x=-y=z$ 를 중심으로 120° 회전하는 사상이다.
$T(1,2,3)=(a,b,c)$ 라 할 때, $a+2b+3c$ 의 값은? 중앙대 공과대학 기출

① -7 ② -5
③ 5 ④ 7

13 R^2의 직선 $y=2x$를 원점에 대하여 60° 만큼 회전시킨 직선의 방정식을 구하시오.

Topic 49 기저변환과 선형변환

1. 기저변환

벡터공간 V의 기저를 원래의 기저
$B=\{u_1, u_2, \cdots u_n\}$에서 새로운 기저
$B'=\{u_1', u_2', \cdots, u_n'\}$으로 변경할 때,
V의 각 벡터 v에 대하여 원래의 좌표벡터 $[v]_B$와 새로운 좌표벡터 $[v]_{B'}$과 다음 관계가 성립한다.

$$[v]_B = P[v]_{B'}$$

이때, 행렬 P의 열은 원래 기저에 대한 새로운 기저 벡터의 좌표벡터이다. 즉, P의 열벡터는

$$[u_1']_B, [u_2']_B, \cdots, [u_n']_B$$

(참고)

① 행렬 P를 B'에서 B로의 추이행렬(transition matrix)이라 한다.

② $[\boldsymbol{v}]_{B'} = P^{-1}[\boldsymbol{v}]_B$이고, P^{-1}는 B에서 B'으로의 추이행렬이다.

③ 추이행렬을 전이행렬이라고도 한다.

2. 기저변환과 선형사상

$T: V\to V$를 n차원 벡터공간 V상에서의 선형사상이라 하고, V의 두 순서기저를 각각
$B=\{\boldsymbol{v}_1, \boldsymbol{v}_2, \cdots, \boldsymbol{v}_n\}$, $C=\{\boldsymbol{w}_1, \boldsymbol{w}_2, \cdots, \boldsymbol{w}_n\}$라고 하면 B에서 C로의 추이행렬 P에 대해 다음 관계식이 성립한다.

$$[T]_C = P[T]_B P^{-1}$$

3. 선형사상과 행렬의 닮음

$T: V\to V$를 n차원 벡터공간 V상에서의 선형사상이라 하고, V의 두 순서기저(ordered bases)를 각각
$\alpha=\{\boldsymbol{v}_1, \boldsymbol{v}_2, \cdots, \boldsymbol{v}_n\}$, $\beta=\{\boldsymbol{w}_1, \boldsymbol{w}_2, \cdots, \boldsymbol{w}_n\}$라고 하면 α에서 β로의 추이행렬 P에 대해 다음 관계식이 성립한다.

$$[T]_\beta = P[T]_\alpha P^{-1}$$

이때, $[T]_\alpha$는 $[T]_\beta$와 닮은행렬이다.

step 1

01 R^2의 두 기저
$B=\{(1, 0), (0, 1)\}$, $B'=\{(1, 1), (2, 1)\}$
에 대하여 다음 물음에 답하시오.

(1) B에서 B'으로의 추이행렬을 구하시오.

(2) $[v]_B=\begin{bmatrix}5\\2\end{bmatrix}$일 때, $[v]_{B'}$을 구하시오.

(3) B'에서 B로의 추이행렬을 구하시오.

(4) $[v]_{B'}$으로부터 $[v]_B=\begin{bmatrix}5\\2\end{bmatrix}$를 복원하시오.

02 선형변환
$T: R^2\to R^2$, $T(x_1, y_1)=(3x_1-x_2, x_1+3x_2)$
와 R^2의 두 기저
$B=\{(1, 1), (1, -1)\}$, $B'=\{(2, 4), (3, 1)\}$
에 대하여 다음 물음에 답하시오.

(1) $[T]_B$를 구하시오.

(2) $[T]_{B'}=P^{-1}[T]_B P$를 만족하는 P를 구하고, 이를 이용하여 $[T]_{B'}$을 구하시오.

03 R^3의 두 순서기저
$E=\{(1, 0, 0), (0, 1, 0), (0, 0, 1)\}$
$S=\{(1, 0, 1), (2, 1, 2), (1, 2, 2)\}$
에 대하여 E에서 S, S에서 E로의 기저변환 행렬을 각각 구하시오.

step 2

04 1차 다항식 벡터공간 $P_1 = \{ax+b | a, b \in \mathbb{R}\}$의 순서기저 $\{x, 1\}$에서 순서기저 $\{2x-1, 2x+1\}$로 바꾸는 좌표변환 행렬은? **한양대 에리카 기출**

① $\frac{1}{4}\begin{bmatrix} 1 & -2 \\ 1 & 2 \end{bmatrix}$ ② $\frac{1}{4}\begin{bmatrix} 2 & 2 \\ -1 & 1 \end{bmatrix}$

③ $\frac{1}{2}\begin{bmatrix} 1 & -2 \\ 1 & 2 \end{bmatrix}$ ④ $\frac{1}{2}\begin{bmatrix} 2 & 2 \\ -1 & 1 \end{bmatrix}$

05 $\alpha = \{(2,1), (2,3)\}$와 $\beta = \{(2,1), (4,-2)\}$를 R^2 의 순서기저(ordered basis)라 하자. 다음과 같이 정의된 선형사상 $T : R^2 \to R^2$ 의 α, β에 관한 행렬표현 $[T]_\alpha^\beta$ 을 구하면?

$T(x,y) = (x+2y, 3x+2y)$

① $\begin{bmatrix} -5 & 8 \\ \frac{3}{2} & -2 \end{bmatrix}$ ② $\begin{bmatrix} 5 & -8 \\ -\frac{3}{2} & 2 \end{bmatrix}$

③ $\begin{bmatrix} 5 & 8 \\ \frac{3}{2} & -2 \end{bmatrix}$ ④ $\begin{bmatrix} 5 & 8 \\ -\frac{3}{2} & -2 \end{bmatrix}$

06 기저변환을 이용하여 R^2의 임의의 벡터를 직선 $y=2x$에 대하여 대칭이동시키는 선형변환 T의 행렬표현을 구하시오.

① $\frac{1}{5}\begin{bmatrix} 1 & 2 \\ 2 & 1 \end{bmatrix}$ ② $\frac{1}{5}\begin{bmatrix} -1 & 2 \\ 2 & -1 \end{bmatrix}$

③ $\frac{1}{5}\begin{bmatrix} -3 & 4 \\ 4 & 3 \end{bmatrix}$ ④ $\frac{1}{5}\begin{bmatrix} 4 & -3 \\ 3 & 4 \end{bmatrix}$

step 3

07 벡터공간 V의 기저 $\{v_1, v_2, v_3, v_4\}$에 대한 선형 사상 $T : V \to V$의 행렬표현이 $\begin{bmatrix} 2 & 0 & 0 & 0 \\ 1 & 2 & 0 & 0 \\ 0 & 1 & 2 & 0 \\ 0 & 0 & 0 & 2 \end{bmatrix}$일 때, V의 기저 $\{v_1, T(v_1), T^2(v_1), v_4\}$에 대한 T의 행렬표현을 A라 하자. 행렬 A의 모든 성분들의 합을 구하시오. 한양대 기출

07 실력 UP 단원 마무리

선형변환(Linear Transformation)

정답 및 풀이 p.298

01 R^3실수 성분 $n \times n$ 행렬로 이루어진 벡터공간을 M_n 이라 하고, 행렬 $A \in M_n$ 의 i 행 j 열 성분을 a_{ij} 라 하자. 다음 보기의 함수 중 M_n 에서 $\mathbb{R}$ 로 가는 선형사상인 것만을 있는 대로 고르면? (단, Tr 는 대각합, det 는 행렬식을 의미한다.)

> (ㄱ) $F(A) = a_{ij}$ (ㄴ) $F(A) = Tr(A)$
> (ㄷ) $F(A) = \det(A)$

① ㄱ ② ㄴ
③ ㄱ, ㄴ ④ ㄱ, ㄷ

02 선형변환 $T : \mathbb{R}^3 \to \mathbb{R}^3$는

$$T(1, 2, 3) = \begin{bmatrix} a & c & b \\ c & b & a \\ b & a & c \end{bmatrix}\begin{bmatrix} 1 \\ 2 \\ 3 \end{bmatrix} = \begin{bmatrix} 7 \\ 2 \\ 3 \end{bmatrix}$$을 만족한다.

이 때, 벡터 $T(1, -1, 1)$의 성분의 합은?

① 2 ② 4
③ 6 ④ 8

03 선형변환 $T : \mathbb{R}^3 \to \mathbb{R}^2$는 $v_1 = (1, 1, 1)$, $v_2 = (1, 1, 0)$, $v_3 = (1, 0, 0)$에 대하여 $T(v_1) = (1, 0)$, $T(v_2) = (2, 1)$, $T(v_3) = (4, 3)$ 일 때, $T(2, 4, -2)$가 나타내는 벡터는?

① $(-2, 0)$ ② $(0, -2)$
③ $(2, 0)$ ④ $(0, 2)$

04 선형변환 $T : R^2 \to R^2$가 $T(x, y) = (20x - 21y, 21y)$로 정의되었고, 행렬 A가 $Tv = Av$를 만족시킬 때, 행렬 A의 모든 고윳값의 합은?

① -1 ② 20
③ -21 ④ 41

05 1차 이하의 실수계수 다항식 전체로 이루어진 선형공간에 대해 선형사상

$$F : P_1(x) \to P_1(x),\ F(f(x)) = 6\int_0^1 (x-t)f(t)\,dt$$

가 주어져 있다. 기저 $\{1,\ x\}$를 이용하여 F에 대응하는 행렬을 구하시오.

① $\begin{bmatrix} 3 & 2 \\ 6 & 3 \end{bmatrix}$ ② $\begin{bmatrix} -3 & 6 \\ -2 & 3 \end{bmatrix}$

③ $\begin{bmatrix} -3 & 2 \\ -6 & 3 \end{bmatrix}$ ④ $\begin{bmatrix} -3 & -6 \\ -3 & -2 \end{bmatrix}$

06 선형변환 $T_A : \mathbb{R}^4 \to \mathbb{R}^3$을

$$T_A(\mathbf{x}) = A^t\mathbf{x}\ \left(A = \begin{bmatrix} 2 & 3 & 1 \\ 3 & 3 & 1 \\ 2 & 4 & 1 \\ 5 & 7 & 2 \end{bmatrix},\ \mathbf{x} \in \mathbb{R}^4\right)$$

로 정의하면 $\dim(\mathrm{Ker}(T_A))$는?

(단, A^t는 A의 전치행렬(transpose)이다.)

① 0 ② 1

③ 3 ④ 4

07 벡터공간 $\mathbb{R}^2$에서 벡터 $a \in \mathbb{R}^2$에 의해 생성되는 영벡터공간이 아닌 부분공간을 W라고 하자. 선형변환 $T : \mathbb{R}^2 \to \mathbb{R}^2$가 W로의 직교사영(orthogonal projection)일 때, T의 표준행렬(standard matrix) P의 고윳값(eigenvalue)에 대한 설명으로 옳은 것은?

① 고윳값은 1로 대수적중복도(algebraic multiplicity)는 2이다.

② 고윳값은 0으로 대수적중복도는 2이다.

③ 고윳값은 1과 0이다.

④ 고윳값은 1과 2이다.

⑤ 고윳값은 P에 따라 다르다.

08 선형사상 $L : R^3 \to R^3$, $L(x,\ y,\ z) = (x+y,\ y+z,\ z+x)$에 대해 $\dim(\mathrm{Ker}L) - \dim(\mathrm{Im}L)$의 값은?

① -3 ② -1

③ 1 ④ 3

09

$\mathbb{R}^3$에서 xz평면으로의 사영 $P(x,y,z)=(x,0,z)$으로 정의된 일차변환 $P:\mathbb{R}^3\to\mathbb{R}^3$에 대응하는 변환 행렬 A_P는?

① $\begin{bmatrix}1&0&0\\0&1&0\\0&0&1\end{bmatrix}$ ② $\begin{bmatrix}1&0&1\\0&1&0\\0&0&1\end{bmatrix}$

③ $\begin{bmatrix}1&0&0\\0&1&0\\1&0&1\end{bmatrix}$ ④ $\begin{bmatrix}1&0&0\\0&0&0\\0&0&1\end{bmatrix}$

10

선형변환 $L : R^2 \to R^2$와 R^2의 표준기저 $(1, 0)$, $(0, 1)$에 대해 $L((1, 0))=(0, 1)$, $L((0, 1))=(1, 0)$이 성립한다.
$L(v)=3v$가 성립하는 벡터를 모두 구하면?

① $(0, 0)$
② $(0, 0)$, $(1, 1)$
③ $(0, 0)$, $(1, 0)$, $(0, 1)$
④ R^2의 모든 벡터

11

다음 행렬 A는 R^3에서 원점을 지나고 단위벡터 $<v_1, v_2, v_3>$과 평행한 직선을 축으로 하는 회전변환을 나타낸다. $|v_1+v_2+v_3|$의 값은?

$$A=\alpha\begin{bmatrix}2&-1&2\\2&2&-1\\-1&2&2\end{bmatrix}\ (\text{단, } \alpha\text{는 실수})$$

① 0 ② $\sqrt{3}$

③ 2 ④ $\dfrac{2}{\sqrt{14}}$

12

$n\times n$ 행렬의 집합 $M_{n\times n}$에 속하는 행렬 A, B, C, D, E에 대하여 다음 중 참인 것을 모두 고르면?

> ㉠ 두 행렬 A와 B가 서로 닮은행렬이면 $|A|=|B|$가 성립한다.
> ㉡ 선형연산자 T와 S의 표준행렬이 각각 C와 D일 때 $|CD|=|C||D|$
> ㉢ E와 E의 전치행렬 E^T는 동일한 고윳값을 갖는다.

① ㉠, ㉡ ② ㉡, ㉢
③ ㉠, ㉢ ④ ㉠, ㉡, ㉢

13 $p \le 0,\ q \le 0,\ p+q \ge -5$일 때, $(x,\ y)=p(1,\ 2)+q(0,\ 1)$을 만족하는 점 $(x,\ y)$가 존재하는 영역의 넓이는?

① 10　② 15
③ 20　④ 25

14 선형사상 $T:\mathbb{R}^3 \to \mathbb{R}^3$이 $T(1,1,0)=2(1,1,0)$, $T(0,1,1)=(0,1,1)$, $T(1,0,1)=-(1,0,1)$을 만족할 때, $T^{2020}(0,2,0)=(p,q,r)$라 하면 $p+q+r$의 값은? (단, $T^{2020}=T\circ T\circ\cdots\circ T$)

① 2^{2021}　② $2^{2020}+1$
③ 2^{2020}　④ $2^{2021}+1$

15 $M=\dfrac{1}{\sqrt{5}}\begin{bmatrix}1 & 2\\ 2 & -1\end{bmatrix}$이 좌표평면에서 원점을 지나는 직선 l에 관한 대칭이동을 나타내는 행렬일 때, 직선 l의 방정식을 구하면?

① $y=(\sqrt{5}-1)x$　② $y=(2\sqrt{5}-1)x$
③ $y=(\sqrt{5}-2)x$　④ $y=\left(\dfrac{\sqrt{5}-1}{2}\right)x$

08

내적공간과 이차형식

08 핵심 문제

Topic 50 내적공간(그램-슈미트 직교화 과정)

1. 내적공간

내적은 벡터공간에서 벡터의 크기, 사잇각 등 벡터 사이의 위치 관계를 나타낼 수 있게 해주는 중요한 도구이다. 내적의 기본적인 아이디어는 $\mathbb{R}^n$ 공간에서 정의된 유클리드 내적의 성질이며, 이것을 일반적인 벡터공간으로 확장한 것이 내적의 정의이다.

V를 실수체 $\mathbb{R}$ 위에서 정의된 벡터공간이라 하자. 함수 $\langle\ ,\ \rangle : V\times V \to \mathbb{R}$가 다음 조건(성질)을 만족할 때 $<\ ,\ >$를 V의 내적(inner product)이라 하고, 내적이 정의된 벡터공간을 내적공간(inner space)이라 한다.

임의의 $u,\ v,\ w\in V$, $c\in\mathbb{R}$에 대하여	
(1) $\langle v,\ v\rangle \geq 0$ & $\langle v,\ v\rangle = 0 \Leftrightarrow v=\vec{0}$	(양성)
(2) $\langle u,\ v\rangle = \langle v,\ u\rangle$	(교환성)
(3) $\langle cu,\ v\rangle = c\langle u,\ v\rangle = \langle u,\ cv\rangle$	(동차성)
(4) $\langle u,\ v+w\rangle = \langle u,\ v\rangle + \langle u,\ w\rangle$	(분배성)

[Examle]

① (표준)유클리드 내적

$\langle x,\ y\rangle = x\cdot y = x_1y_1+x_2y_2+\cdots+x_ny_n$

② 가중유클리드 내적 $(\omega_k>0,\ \forall k=1,2,\cdots,n)$

$\langle x,\ y\rangle_\omega = \omega_1x_1y_1+\omega_2x_2y_2+\cdots+\omega_nx_ny_n$

③ 가역행렬에 의한 내적

$\langle x,\ y\rangle_A = Ax\cdot Ay = (Ay)^t(Ax) = y^tA^tAx$

④ 트레이스 내적 : $m\times n$행렬 $A,\ B$에 대하여

$$\langle A,\ B\rangle = \sum_{i=1}^{m}\sum_{j=1}^{n} a_{ij}b_{ij} = tr(AB^t)$$

⑤ 적분을 사용한 내적 : 연속함수 $f(x), g(x)$에 대하여

$$\langle f,\ g\rangle = \int_a^b f(x)g(x)\,dx$$

2. 내적공간에서 벡터의 크기와 거리

① 크기 (norm) : $\|v\| = \sqrt{<v,v>}$

② 거리 : $\|u-v\| = \sqrt{<u-v,u-v>}$

3. 내적의 기본 성질

① 코시-슈바르츠 부등식(Cauchy-Schwarz inequality)

$$|<u,v>| \leq \|u\|\|v\|$$

② 삼각부등식(triangle inequality)

$$\|u+v\| \leq \|u\| + \|v\|,\quad \forall u,\ v\in V$$

③ 피타고라스 정리(Pythagorean theorem)

$$u\perp v \Leftrightarrow \langle u,\ v\rangle = 0$$
$$\Leftrightarrow \|u+v\|^2 = \|u\|^2 + \|v\|^2$$

④ 두 벡터의 사잇각 : $\cos\theta = \dfrac{<u,v>}{\|u\|\cdot\|v\|}$

4. 정규직교기저

(1) 직교집합(orthogonal set)

내적공간 V의 부분집합 W의 임의의 서로 다른 두 벡터가 직교할 때, W를 직교집합이라 한다. 이때, W가 V의 기저이면 W를 V의 직교기저(orthogonal basis), W의 각 벡터가 모두 단위벡터이면 정규직교기저(orthonormal basis)라 한다.

5. Gram-Schmidt 직교화 과정

벡터집합 $\{v_1, v_2, \cdots, v_n\}$을 벡터공간 V의 기저라고 하면, 다음과 같이 정의되는 벡터 집합 $\{u_1, u_2, \cdots, u_n\}$은 직교한다.

$$u_1 = v_1$$
$$u_2 = v_2 - \left(\frac{<v_2,u_1>}{\|u_1\|^2}\right)u_1$$
$$u_3 = v_3 - \left(\frac{<v_3,u_1>}{\|u_1\|^2}\right)u_1 - \left(\frac{<v_3,u_2>}{\|u_2\|^2}\right)u_2$$
$$\vdots$$
$$u_n = v_n - \left(\frac{<v_n,u_1>}{\|u_1\|^2}\right)u_1 - \left(\frac{<v_n,u_2>}{\|u_2\|^2}\right)u_2 - \cdots - \left(\frac{<v_n,u_{n-1}>}{\|u_{n-1}\|^2}\right)u_{n-1}$$

$\{u_1, u_2, \cdots, u_n\}$은 $\mathbb{R}^n$의 직교기저이고

$\left\{\dfrac{u_1}{\|u_1\|}, \dfrac{u_2}{\|u_2\|}, \cdots, \dfrac{u_n}{\|u_n\|}\right\}$은 V의 정규직교기저이다.

임의의 유한차원 내적공간에는 정규직교기저가 존재한다.

[Note] 그램-슈미트 직교화한 집합은 서로 수직이기만 하면 된다. 따라서 $\{u_1, u_2, \cdots, u_n\}$에서 각 벡터를 실수배 하여도 서로 직교한다.

step 1

01 다음 중 주어진 연산이 내적인 것의 수는?

(가) R^2에서 $<(a, b), (c, d)>=ac-bd$
(나) $M_{2\times 2}(R)$에서 $<A, B>=tr(A+B)$
(다) $P(R)$에서

$$<f(x), g(x)>=\int_0^1 f'(x)g(x)\,dx$$

① 0　② 1
③ 2　④ 3

02 R^2에서 내적을 유클리드 내적으로 정의할 때, 두 벡터 $u=(1, 5)$, $v=(3, 4)$에 대하여 다음을 구하시오.

(1) 두 벡터의 내적 $<u, v>$
(2) u의 크기 $\|u\|$
(3) v의 크기 $\|v\|$
(4) u와 v의 사잇각 θ에 대하여 $\cos\theta$
(5) u와 v 사이의 거리 $d(u, v)$

03 R^2에서 내적을 아래와 같이 정의할 때, 두 벡터 $u=(1, 5)$, $v=(3, 4)$에 대하여 다음을 구하시오. (단, $u=(a_1, b_1)$, $v=(a_2, b_2)$이다.)

$$<u, v>=3a_1a_2+2b_1b_2$$

(1) 두 벡터의 내적 $<u, v>$
(2) u의 크기 $\|u\|$
(3) v의 크기 $\|v\|$
(4) u와 v의 사잇각 θ에 대하여 $\cos\theta$
(5) u와 v 사이의 거리 $d(u, v)$

04 다항식 전체의 집합인 벡터공간 $P(R)$ 위에서 내적을 아래와 같이 정의할 때, 두 벡터 $f(x)=x+1$, $g(x)=x-1$에 대하여 다음을 구하시오.

$$< f(x),\, g(x) >= \int_0^1 f(x)g(x)dx$$

(1) 두 벡터의 내적 $< f, g >$

(2) f의 크기 $\|f\|$

(3) g의 크기 $\|g\|$

(4) f와 g의 사잇각 θ에 대하여 $\cos\theta$

(5) f와 g 사이의 거리 $d(f, g)$

05 다음 식을 두 벡터의 내적으로 전개하시오.

(1) $< 2u+5v,\, 4u-6v >$

(2) $< 5u_1+6u_2,\, 3v_1-4v_2 >$

(3) $\|2u-3v\|^2$

06 다음 집합 중 유클리드 내적에 관한 직교집합인 것을 고르시오.

(1) $\{(1, 0), (0, 1)\}$

(2) $\{(1, 0, 0), (0, 1, 0), (0, 1, 1)\}$

(3) $\left\{(3, 1, 1), (-1, 2, 1), \left(-\frac{1}{2}, -2, \frac{7}{2}\right)\right\}$

07 유클리드 내적을 갖는 내적공간 R^3의 기저 $\{(1, 1, 1), (-1, 1, 0), (1, 2, 1)\}$을 그램-슈미트 방법을 사용하여 정규직교화 하시오.

step 2

08 구간 $[-1, 1]$에서 연속인 모든 함수들로 구성된 내적공간 $C[-1, 1]$에서 내적을

$\langle f, g\rangle = \int_{-1}^{1} f(x)g(x)dx$로 정의할 때,

$C[-1, 1]$의 두 벡터 1, $1+x$가 이루는 각은?

성균관대 기출

① $\frac{\pi}{6}$　② $\frac{\pi}{4}$

③ $\frac{\pi}{3}$　④ $\frac{\pi}{2}$

⑤ $\frac{3\pi}{4}$

09 R^3에 유클리드 내적을 정의한 내적공간에서 두 벡터 $u=(1, 1, -1)$, $v=(1, 0, 2)$에 대하여 $\|ku+v\|=\sqrt{13}$일 때, 양수 k의 값은?

① 1　② 2

③ 3　④ 4

10 $\mathbb{R}^3$의 내적 < , >이

$$<(x_1, x_2, x_3), (y_1, y_2, y_3)> = x_1y_1 + x_2y_2 - x_1y_3 - x_3y_1 + 4x_3y_3$$

로 정의되었을 때, 세 벡터 $(1, 0, 0)$, $(0, 1, 0)$, (a, b, c)가 이 내적에 대하여 직교단위기저를 이룬다고 하자. $a^2+b^2+c^2$의 값은?

중앙대 수학과 기출

① $\frac{1}{3}$　② $\frac{2}{3}$

③ 1　④ $\frac{4}{3}$

11 세 개의 벡터

$v_1=(1, 1, 1)$, $v_2=(2, 0, 1)$, $v_3=(2, 4, 5)$는 3차원 공간 R^3의 기저이다. $\{v_1, v_2, v_3\}$에 그램-슈미트 직교화 과정(Gram-Schmidt Orthogonalization Process)을 적용하여 만들어진 직교기저를

$w_1=(1, 1, 1)$, $w_2=(1, a, b)$, $w_3=(c, d, \frac{4}{3})$라고

할 때, $|w_2|$와 $|w_3|$의 곱인 $|w_2||w_3|$의 값은?

(단, $|w_2|$, $|w_3|$는 w_2와 w_3의 길이이다.)

한국 항공대 기출

① $\frac{2}{3}\sqrt{10}$　② $\frac{2}{3}\sqrt{11}$

③ $\frac{2}{3}\sqrt{12}$　④ $\frac{2}{3}\sqrt{13}$

step 3

12 내적 $< f(x), g(x) >= \int_{-1}^{1} f(x)g(x)dx$로 주어진 벡터공간 $V=P(R)$의 부분공간 $P_2(R)$에 대하여 표준 순서기저와 그램-슈미트 방법을 사용하여 정규 직교기저를 구하시오.

Topic 51 최소제곱문제

1. 최소제곱법

(1) 정의: $m \times n$ 행렬 A, $b \in R^m$일 때 임의의 $x \in R^n$에 대하여 $\|b - Ax\|$ 값이 최소가 되는 벡터 x를 최소제곱해라 하고 $\|b - Ax\|$를 최소제곱 오차라 한다. 즉, $\|b - A\hat{x}\| \le \|b - Ax\|$가 성립하는 $\hat{x} \in R^n$을 연립일차 방정식 $Ax = b$의 최소제곱해라 한다.

(2) 최소제곱해

연립일차방정식 $Ax = b$의 해가 존재하지 않거나 유일하게 결정되지 않을 때, 노름(norm) 즉, $\|b - Ax\|$의 값이 가장 작은 해를 찾는다. 이 해가 최소제곱해이며

$\hat{x} = (A^TA)^{-1}A^Tb$이다.

이는 $A^TAx = A^Tb$의 해이다.

[정리 1] 일반최소제곱문제의 해

$Ax = b$의 최소제곱해들의 집합은 정규방정식(normal equation) $A^TA\boldsymbol{x} = A^T\boldsymbol{b}$의 공집합이 아닌 해집합과 일치한다.

[정리 2] 행렬 A^TA가 **가역행렬일 필요충분조건**은 행렬 A의 열들이 일차독립인 것이다.

이 경우, 방정식 $A\boldsymbol{x} = \boldsymbol{b}$는 유일한 최소제곱해를 갖는다.

2. 최소제곱직선

제곱오차 $E(a, b) = \sum_{i=1}^{n}(y_i - (ax_i + b))^2$이 최소가 되는 직선 $y = ax + b$를 최소제곱직선이라 한다. 이를 구할 때 최소제곱법을 이용한다.

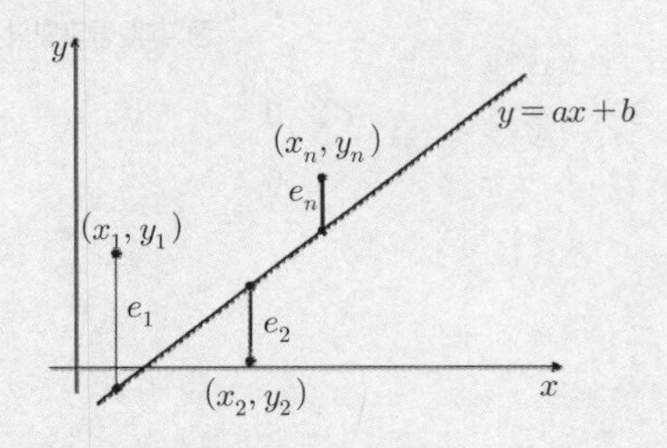

3. 벡터공간 W 위로의 정사영벡터

W의 기저 $\{v_1, v_2, \cdots, v_m\}$의 벡터를 열벡터로 한 행렬 $A = (v_1\ v_2\ \cdots\ v_m)$라 하자.

벡터 b를 W 위로 정사영한 벡터

$proj_W b = A(A^TA)^{-1}A^Tb$이다.

이때, $A(A^TA)^{-1}A^T$를 정사영행렬(projection Matrix)이라 한다.

step 1

01 다음 선형계를 정규방정식으로 나타내고, 최소제곱해를 구하시오.

(1) $\begin{bmatrix} 2 & 1 \\ 4 & 2 \\ -2 & 1 \end{bmatrix}\begin{bmatrix} x \\ y \end{bmatrix} = \begin{bmatrix} 3 \\ 2 \\ 1 \end{bmatrix}$

(2) $\begin{bmatrix} 1 & 1 \\ -1 & 1 \\ -1 & 2 \end{bmatrix}\begin{bmatrix} x \\ y \end{bmatrix} = \begin{bmatrix} 7 \\ 0 \\ -7 \end{bmatrix}$

02 문제 1에서 구한 최소제곱해에 대한 최소제곱오차를 계산하시오.

03 다음 연립방정식의 최소제곱해를 구하시오.

(1) $\begin{cases} x_1 + 2x_2 + x_3 = 4 \\ x_1 - x_2 + 2x_3 = -11 \\ x_1 + 5x_2 = 19 \end{cases}$

(2) $\begin{cases} x_1 + x_2 + x_3 = 4 \\ -x_1 + x_2 + x_3 = 0 \\ -x_2 + x_3 = 1 \\ x_1 + x_3 = 2 \end{cases}$

step 2

04 아래와 같이 주어진 벡터 v_1, v_2가 생성하는 R^3의 부분공간 위로 벡터 u의 정사영을 구하시오.

(1) $u = (2, 1, 3)$; $v_1 = (1, 1, 0)$, $v_2 = (1, 2, 1)$

(2) $u = (1, -6, 1)$; $v_1(-1, 2, 1)$, $v_2 = (2, 2, 4)$

05 $\mathbb{R}^3$의 부분공간 W는 두 벡터 $(1,1,2)$, $(1,2,3)$의 일차결합으로 생성되는 평면이다.
벡터 $\vec{b} = (1,3,-2)$를 평면 W로 내린 정사영을 $proj_W(\vec{b}) = (p_1, p_2, p_3)$ 라 할 때, $p_1 + p_2 + p_3$ 의 값은? 중앙대 공과대학 기출

① -2 ② 0
③ 3 ④ 5

06 벡터 $y=\begin{bmatrix}1\\2\\3\end{bmatrix}$ 으로부터

두 벡터 $u_1=\begin{bmatrix}1\\1\\1\end{bmatrix}$, $u_2=\begin{bmatrix}1\\0\\1\end{bmatrix}$ 에 의해 생성(span)되는 부분공간 $W=span\{u_1,\ u_2\}$까지의 거리는?

① $\sqrt{2}$ ② $2\sqrt{2}$
③ $\sqrt{10}$ ④ $\sqrt{30}$

07 네 점 $(0,1)$, $(2,0)$, $(3,1)$, $(3,2)$에 가장 잘 맞는 최소제곱직선을 구하시오.

step 3

08 두 변량 x와 y에 대하여 순서쌍 (x, y)의 데이터 $(1,2)$, $(2,3)$, $(3,6)$, $(4,7)$을 수집하였다. $\sum_{i=1}^{4}(y_i-mx_i-b)^2$의 값이 최소가 되는 m과 b에 대하여 $m+b$의 값은? 건국대 기출

① $\frac{1}{5}$ ② $\frac{3}{5}$
③ 1 ④ $\frac{7}{5}$
⑤ $\frac{9}{5}$

09 문제 7의 네 점을 최적으로 적합시키는 2차 곡선의 식을 구하시오.

Topic 52 이차형식

1. 변수 x, y에 관한 이차형식(quadratic form)

$$ax^2 + 2bxy + cy^2 = [x\ \ y]\begin{bmatrix} a & b \\ b & c \end{bmatrix}\begin{bmatrix} x \\ y \end{bmatrix}$$

2. 변수 x, y, z에 관한 이차형식

$$ax^2 + by^2 + cz^2 + 2dxy + 2exz + 2fyz$$
$$= (x\ \ y\ \ z)\begin{pmatrix} a & d & e \\ d & b & f \\ e & f & c \end{pmatrix}\begin{pmatrix} x \\ y \\ z \end{pmatrix}$$

step 1

01 다음 이차형식을 행렬기호 $\boldsymbol{x}^T A\boldsymbol{x}$로 나타내시오. 이때, $\boldsymbol{x}$는 열벡터, A는 대칭행렬이다.

(1) $2x^2 + y^2$
(2) $5x^2 - 3y^2$
(3) $3x^2 + 2xy$
(4) $-7xy$
(5) $4x^2 - 9y^2 - 6xy$

02 다음 이차형식을 행렬기호 $\boldsymbol{x}^T A\boldsymbol{x}$로 나타내시오. 이때, $\boldsymbol{x}$는 열벡터, A는 대칭행렬이다.

(1) $9x^2 - y^2 + 4z^2 + 6xy - 8xz + yz$
(2) $x^2 + y^2 - 3z^2 - 4xy + 8xz$

03 다음 행렬기호를 R^n상의 이차형식으로 나타내시오.

(1) $[x\ \ y]\begin{bmatrix} 2 & -3 \\ -3 & 5 \end{bmatrix}\begin{bmatrix} x \\ y \end{bmatrix}$

(2) $[x\ \ y\ \ z]\begin{bmatrix} -2 & \frac{5}{2} & 1 \\ \frac{5}{2} & 0 & 6 \\ 1 & 6 & 3 \end{bmatrix}\begin{bmatrix} x \\ y \\ z \end{bmatrix}$

step 2

04 이차형식 $(x+2y+3z)^2$을 행렬기호 $\boldsymbol{x}^T A\boldsymbol{x}$로 나타내시오.

05 다음 대칭행렬에 대응되는 이차형식을 구하시오.

(1) $\begin{bmatrix} 3 & -2 \\ -2 & 3 \end{bmatrix}$

(2) $\begin{bmatrix} 4 & 5 & -7 \\ 5 & -8 & -6 \\ -7 & -6 & 1 \end{bmatrix}$

(3) $\begin{bmatrix} 2 & 4 & -1 & 5 \\ 4 & -7 & -6 & 8 \\ -1 & -6 & 3 & 9 \\ 5 & 8 & 9 & 1 \end{bmatrix}$

step 3

06 이차형식 $ax^2+2bxy+cy^2$이 kt^2으로 직교대각화(orthogonally diagonalized)되기 위한 동치 조건을 구할 때, 상수 k의 값은?
(단, a, b, c는 상수) 한양대 기출

① $k=-a-c$ ② $k=a+b+c$
③ $k=a-b+c$ ④ $k=a+c$

Topic 53 이차형식을 수반한 문제들(1)

1. 이차형식의 직교변환

이차형식 $ax^2+2bxy+cy^2=[x\ \ y]\begin{bmatrix} a & b \\ b & c \end{bmatrix}\begin{bmatrix} x \\ y \end{bmatrix}=v^TAv$

에서 A가 대칭행렬이므로 직교대각화 가능하다.

(i) A가 대칭행렬일 때 직교대각화

$P^{-1}AP=P^TAP=D$

(직교행렬 P의 열: 단위고유벡터)

(ii) $v=\begin{bmatrix} x \\ y \end{bmatrix}$, $v'=\begin{bmatrix} X \\ Y \end{bmatrix}$일 때, 직교변환

$Pv'=P\begin{bmatrix} X \\ Y \end{bmatrix}=\begin{bmatrix} x \\ y \end{bmatrix}=v$라 하면

(iii) $ax^2+2bxy+cy^2=[x\ \ y]\begin{bmatrix} a & b \\ b & c \end{bmatrix}\begin{bmatrix} x \\ y \end{bmatrix}$

$=v^TAv=(Pv')^TA(Pv')=(v')^TP^TAP(v')$

$=(v')^TDv'$

$=[X\ \ Y]\begin{bmatrix} \alpha & 0 \\ 0 & \beta \end{bmatrix}\begin{bmatrix} X \\ Y \end{bmatrix}=\alpha X^2+\beta Y^2$

2. 주축정리

행렬 A가 $n\times n$ 대칭행렬이면 이차형식 v^TAv를 교차항이 없는 이차형식 $(v')^TDv'$로 전환하는 직교변수변환이 존재한다. 이때 직교변환행렬 P에 대하여

$v=Pv' \Leftrightarrow \begin{bmatrix} x \\ y \end{bmatrix}=P\begin{bmatrix} X \\ Y \end{bmatrix} \Leftrightarrow P^T\begin{bmatrix} x \\ y \end{bmatrix}=\begin{bmatrix} X \\ Y \end{bmatrix}$

이다. P의 열은 고윳값에 대응하는 고유벡터이다. 이를 주축열이라 한다. 즉, A의 한 고윳값 α에 대응하는 단위고유벡터 $\begin{bmatrix} a \\ b \end{bmatrix}$라 하면 $X=ax+by$이다.

(참고) $ax^2+2bxy+cy^2=d\,(d\neq 0)$에서 $A=\begin{bmatrix} a & b \\ b & c \end{bmatrix}$라 할 때, 주어진 이차형식은 $\det(A)<0$이면 쌍곡선, $\det(A)=0$ 이면 포물선, $\det(A)>0$이면 타원을 나타낸다.

3. 일반적인 이차곡선의 직교변환

$ax^2+2bxy+cy^2+dx+ey+f=0$

[step1] $ax^2+2bxy+cy^2=[x\ \ y]\begin{bmatrix} a & b \\ b & c \end{bmatrix}\begin{bmatrix} x \\ y \end{bmatrix}$에서

대칭행렬 $A=\begin{bmatrix} a & b \\ b & c \end{bmatrix}$의 고윳값 α, β, 대응단위고유벡터 v_1, v_2에 대하여 직교행렬 $P=[v_1\ \ v_2]$라 하면

[step2] 직교변환 $\begin{bmatrix} x \\ y \end{bmatrix}=P\begin{bmatrix} X \\ Y \end{bmatrix}$에 의하여

$ax^2+2bxy+cy^2=\alpha X^2+\beta Y^2$이고,

$dx+ey=[d\ \ e]\begin{bmatrix} x \\ y \end{bmatrix}=[d\ \ e]P\begin{bmatrix} X \\ Y \end{bmatrix}$를 이용하여

$ax^2+2bxy+cy^2+dx+ey+f=0$을 직교변환 한다.

step 1

01 다음 대칭행렬 A를 직교대각화하는 행렬 P를 구하고 $P^{-1}AP$를 계산하시오.

(1) $A=\begin{bmatrix} 1 & 1 & 0 \\ 1 & 1 & 0 \\ 0 & 0 & 0 \end{bmatrix}$　　(2) $A=\begin{bmatrix} 1 & 0 & 1 \\ 0 & 1 & 0 \\ 1 & 0 & 1 \end{bmatrix}$

02 다음 이차형식 Q의 다변수곱항을 제거하는 직교변수 변환 $x=Py$를 구하고 변수 y로 Q를 나타내시오.

(1) $Q=2{x_1}^2+2{x_2}^2-2x_1x_2$

(2) $Q=5{x_1}^2+2{x_2}^2+4{x_3}^2+4x_1x_2$

(3) $Q=3{x_1}^2+4{x_2}^2+5{x_3}^2+4x_1x_2-4x_2x_3$

(4) $Q=2{x_1}^2+5{x_2}^2+5{x_3}^2+4x_1x_2-4x_1x_3-8x_2x_3$

03 다항식 $2xy+2xz$를 대각화(diagonalized)해서 나타낸 이차형식 (quadratic form)은?

한양대 기출

① $\sqrt{2}\,{t_2}^2-\sqrt{2}\,{t_3}^2$

② $\sqrt{2}\,{t_2}^2+\sqrt{2}\,{t_3}^2$

③ $2\sqrt{2}\,{t_2}^2-2\sqrt{2}\,{t_3}^2$

④ $2\sqrt{2}\,{t_2}^2+2\sqrt{2}\,{t_3}^2$

step 2

04 다음 원뿔곡선을 표준위치에 있도록 x, y축을 회전하여 나타나는 곡선의 형태를 판정하고, 좌표계의 회전각을 구하시오.

(1) $2x^2-2xy+2y^2=4$

(2) $2x^2-4xy-y^2+8=0$

(3) $11x^2+24xy+4y^2-15=0$

05 xyz직교좌표계를 z축을 축으로 하여 반시계방향으로 $\frac{\pi}{4}$만큼 회전시킨 XYZ 좌표계를 생각하자.

(1) xyz좌표계의 $(1,\ -2,\ 3)$인 점의 XYZ 좌표를 구하시오.

(2) XYZ 좌표 $(2,\ 3,\ -5)$인 점의 xyz좌표를 구하시오.

06 이차곡면(quadratic surface) $2xy+2xz=1$을 분류할 때, 이 곡면에 해당되는 것은?

한양대 기출

① 쌍곡선기둥(hyperbolic cylinder)
② 쌍곡포물면(hyperbolic paraboloid)
③ 회전타원체(ellipsoid)
④ 타원포물면(elliptic paraboloid)

07 행렬 $A=\begin{bmatrix} 3 & 1 \\ 1 & 3 \end{bmatrix}$과 $v=\begin{bmatrix} x \\ y \end{bmatrix}$에 대하여 $v^TAv=1$은 타원이다. 단축의 길이는? 한양대 에리카 기출

① $\frac{1}{2}$ ② $\frac{1}{\sqrt{2}}$
③ 1 ④ 2

08 이차형식 $2x^2+4xy+5y^2=2$를 주축형 $x^2+6y^2=2$로 변환하는 과정에 필요한 직교행렬은?

① $\begin{bmatrix} \frac{1}{\sqrt{5}} & \frac{2}{\sqrt{5}} \\ \frac{2}{\sqrt{5}} & -\frac{1}{\sqrt{5}} \end{bmatrix}$ ② $\begin{bmatrix} \frac{1}{\sqrt{2}} & \frac{1}{\sqrt{2}} \\ \frac{1}{\sqrt{2}} & -\frac{1}{\sqrt{2}} \end{bmatrix}$

③ $\begin{bmatrix} \frac{2}{\sqrt{5}} & \frac{1}{\sqrt{5}} \\ -\frac{1}{\sqrt{5}} & \frac{2}{\sqrt{5}} \end{bmatrix}$ ④ $\begin{bmatrix} \frac{1}{\sqrt{2}} & \frac{1}{\sqrt{2}} \\ -\frac{1}{\sqrt{2}} & \frac{1}{\sqrt{2}} \end{bmatrix}$

step 3

09 이차형식 $q(x, y) = 2x^2 + 2xy + 2y^2$을 직교대각화하면 $q(x, y) = X^2 + 3Y^2$이 된다.
이 때, $X = lx + my$ (단, $l > 0$)라면, m의 값은?

한양대 기출

① $-\frac{1}{\sqrt{2}}$　　② $-\frac{1}{2}$

③ $\frac{1}{2}$　　④ $\frac{1}{\sqrt{2}}$

10 이차형식 $3x^2 + 2xy - y^2$과 $x = s - 3t,\ y = 2s + t$가 주어질 때, $[s \quad t]\begin{bmatrix} a & b \\ b & c \end{bmatrix}\begin{bmatrix} s \\ t \end{bmatrix}$를 만족하는 대칭행렬 $\begin{bmatrix} a & b \\ b & c \end{bmatrix}$에 대하여 $a+b+c$의 값을 구하시오.

11 문제 5에서 y축을 축으로 회전시켰을 때의 추이행렬과 x축을 축으로 회전시켰을 때의 추이행렬을 각각 구하시오.

Topic 54 이차형식을 수반한 문제들(2)

1. 최대 최소 문제

(정리) A 가 대칭행렬이라 하고,

$m = \min\{\boldsymbol{x}^T A\boldsymbol{x} \mid \|\boldsymbol{x}\| = 1\}$,

$M = \max\{\boldsymbol{x}^T A\boldsymbol{x} \mid \|\boldsymbol{x}\| = 1\}$

이라 하자. 그러면 M은 A 의 가장 큰 고윳값이고 m 은 A 의 가장 작은 고윳값이다. $\boldsymbol{x}$ 가 M에 대응되는 단위고유벡터일 때 $\boldsymbol{x}^T A\boldsymbol{x}$ 의 값은 M이다.

또한 $\boldsymbol{x}$ 가 m 에 대응되는 단위고유벡터일 때 $\boldsymbol{x}^T A\boldsymbol{x}$ 의 값은 m 이다.

2. 양정치(positive definite) 행렬

모든 $\boldsymbol{x} \neq 0$에 대해서 $\boldsymbol{x}^T A\boldsymbol{x} > 0$을 만족하는 행렬을 양정치 행렬이라 한다.

(정리)

① 대칭행렬 A 가 양정치이기 위한 필요충분조건은 A 의 모든 고유치가 양인 것이다.

② 대칭행렬 A 가 양정치이기 위한 필요충분조건은 모든 주부분행렬의 행렬식이 양인 것이다.

A가 정방행렬이면 A 의 주부분행렬이란 $r=1, 2, \cdots, n$에 대해서 처음 r 행과 r 열로서 구성한 부분행렬을 뜻한다. 이들 부분행렬을 열거하면 다음과 같다.

$$A_1 = |a_{11}|,\ A_2 = \begin{vmatrix} a_{11} & a_{12} \\ a_{21} & a_{22} \end{vmatrix},\ A_3 = \begin{vmatrix} a_{11} & a_{12} & a_{13} \\ a_{21} & a_{22} & a_{23} \\ a_{31} & a_{32} & a_{33} \end{vmatrix},$$

$$\cdots,\ A_n = A = \begin{vmatrix} a_{11} & a_{12} & \cdots & a_{1n} \\ a_{21} & a_{22} & \cdots & a_{2n} \\ \vdots & \vdots & \ddots & \vdots \\ a_{n1} & a_{n2} & \cdots & a_{nn} \end{vmatrix}.$$

step 1

01 제약조건 $x^2+y^2=1$에서 다음 이차형식의 최댓값과 최솟값을 구하고 그 때의 x, y 값을 구하시오.

(1) $7x^2-5y^2$

(2) xy

(3) x^2+y^2+4xy

(4) $3x^2+4xy$

02 제약조건 $x^2+y^2+z^2=1$에서 다음 이차형식의 최댓값과 최솟값을 구하고 그 때의 x, y 값을 구하시오.

(1) $9x^2+4y^2+3z^2$

(2) $2x^2+y^2+z^2+2xy+2xz$

03 다음 중 $x^TAx>0$을 만족하는 대칭행렬 A를 모두 고르시오. (단, $x \neq 0$)

(가) $\begin{bmatrix} 1 & 0 \\ 0 & 2 \end{bmatrix}$ (나) $\begin{bmatrix} 1 & -2 \\ -2 & 5 \end{bmatrix}$

(다) $\begin{bmatrix} 2 & -1 & 0 \\ -1 & 2 & 0 \\ 0 & 0 & 5 \end{bmatrix}$ (라) $\begin{bmatrix} 3 & -1 & 0 \\ -1 & 2 & -1 \\ 0 & -1 & 3 \end{bmatrix}$

step 2

04 제약조건 $4x^2+8y^2=16$ 하에서 xy의 최댓값과 최솟값을 각각 M, m이라 할 때, $|Mm|$의 값은?

① 1 ② 2
③ 3 ④ 4

05 행렬 $A=\begin{bmatrix} 2 & 1 & 1 \\ 1 & 1 & 2 \\ 1 & 2 & 1 \end{bmatrix}$과 영벡터가 아닌 벡터 $x \in R^3$에 대하여 $\dfrac{x^TAx}{x^Tx}$의 최댓값과 최솟값을 구하시오.

step 3

06 R^2의 벡터 $v=\begin{bmatrix} x \\ y \end{bmatrix}$의 크기를 $\|v\|=\sqrt{x^2+y^2}$로 나타내고 $A=\begin{bmatrix} 3 & 2 \\ 2 & 0 \end{bmatrix}$이라 하자. $\|v\|=1$인 모든 벡터 v에 대하여 $\|Av\|$가 취할 수 있는 최댓값과 최솟값을 각각 M, m이라 할 때, $\frac{M}{m}$의 값은?

중앙대 공과대학 기출

① $\sqrt{\frac{32}{5}}$　　② $\sqrt{\frac{53}{5}}$

③ 4　　④ 16

10 실력 UP 단원 마무리

내적공간과 이차형식

정답 및 풀이 p.309

01 $u=(u_1, u_2, u_3)$, $v=(v_1, v_2, v_3)$일 때, 다음 중 R^3의 내적이 아닌 것의 개수는?

ㄱ. $< u, v >= u_1v_1+2u_2v_2+3u_3v_3$
ㄴ. $< u, v >= {u_1}^2{v_1}^2+{u_2}^2{v_2}^2+{u_3}^2{v_3}^2$
ㄷ. $< u, v >= u_1v_1+u_3v_3$
ㄹ. $< u, v >= u_1v_1-u_2v_2+u_3v_3$

① 1　② 2
③ 3　④ 4

02 부분공간 $M_{2\times2}$에 대하여 내적을

$$< A, B >= tr(A^TB)$$

로 정의할 때, 다음 A, B에 대하여 $d(A, B)$를 구하면?(단, $d(A, B)$는 두 벡터 A, B 사이의 거리)

$$A=\begin{bmatrix}-2 & 4\\ 1 & 0\end{bmatrix},\ B=\begin{bmatrix}-5 & 1\\ 6 & 2\end{bmatrix}$$

① $3\sqrt{5}$　② $\sqrt{46}$
③ $\sqrt{47}$　④ $4\sqrt{3}$

03 닫힌구간 $[-1, 1]$에서 연속인 모든 함수들로 구성된 내적공간 $C[-1, 1]$에서 내적을

$\langle f, g\rangle = \int_{-1}^{1} f(x)g(x)dx$로 정의하자.

$C[-1,1]$의 세 벡터 1, $x+\alpha$, $x^2+\beta x+\gamma$가 서로 직교할 때, $\alpha+\beta+\gamma$의 값은?

① 0　② $-\frac{1}{2}$
③ $-\frac{1}{3}$　④ $-\frac{1}{4}$
⑤ $-\frac{1}{5}$

04 내적공간 V의 두 벡터 u, v가 V의 직교단위 벡터일 때, $\|u-v\|$의 값은?

① 0　② 1
③ $\sqrt{2}$　④ 2

05 R^4의 세 벡터 $(1,1,1,1)$, $(1,2,2,2)$, $(1,2,3,3)$으로 생성되는 부분공간의 직교기저(orthogonal basis)로 가능한 것은?

① $\{(1,1,1,1), (-3,1,1,1), (0,-2,1,1)\}$
② $\{(1,1,1,1), (-3,1,1,1), (0\ -1,-1,2)\}$
③ $\{(1,1,1,1), (-1,-1,1,1), (0,0,-1,1)\}$
④ $\{(0,1,1,1), (0,-2,1,1), (0,0,-1,1)\}$

06 표준 내적이 정의되어 있는 내적 공간 $V=\mathbb{R}^{10}$과 V의 부분집합 $W=\{v\in V \mid v=-2v\}$에 대한 다음 명제 중 옳지 않은 것은? (단, V의 부분공간 U에 대하여 $U^{\perp}$은 U의 직교 여공간이다.)

① $W^{\perp}=V$이다.
② W의 차원은 1이다.
③ $(W^{\perp})^{\perp}$의 차원은 0이다.
④ W는 V의 부분 공간이다.
⑤ W의 기저는 영벡터이다.

07 벡터 $v=(1,1,1,1,1)$과 $w=(-2,-1,0,2,3)$이 생성하는 $\mathbb{R}^5$의 부분공간을 W라 할 때, 벡터 $u=(4,2,1,1,1)$의 W 위로의 정사영을 $\mathrm{P}_W(u)=(u_1,u_2,u_3,u_4,u_5)$라 하자.
이때, $2({u_1}^2+{u_2}^2+{u_3}^2+{u_4}^2+{u_5}^2)$의 값을 구하시오.

08 벡터공간 $\mathbb{R}^4$에서 선형방정식 $2x_1-x_3+x_4=0$의 해공간(solution space)을 W라고 할 때, 점 $(1,1,1,1)$을 W로 직교사영(orthogonal projection) 시킨 점은?

① $\left(-\frac{1}{3}, 1, \frac{2}{3}, \frac{4}{3}\right)$
② $\left(\frac{1}{3}, 1, \frac{2}{3}, \frac{4}{3}\right)$
③ $\left(\frac{2}{3}, 1, \frac{1}{3}, \frac{4}{3}\right)$
④ $\left(\frac{2}{3}, 1, -\frac{1}{3}, \frac{1}{3}\right)$
⑤ $\left(\frac{1}{3}, 1, \frac{4}{3}, \frac{2}{3}\right)$

09 다음 연립방정식의 최소제곱 해(least square solution)를 구하시오.

$$\begin{bmatrix} 1 & 2 \\ 1 & 1 \\ 2 & 3 \end{bmatrix} \begin{bmatrix} x_1 \\ x_2 \end{bmatrix} = \begin{bmatrix} 3 \\ 1 \\ 3 \end{bmatrix}$$

① $x = \frac{3}{4}, y = \frac{1}{2}$　　② $x = -\frac{3}{4}, y = \frac{1}{2}$

③ $x = -\frac{4}{3}, y = 2$　　④ $x = \frac{4}{3}, y = -2$

10 $x+y=1$, $x-y=0$, $2x+y=2$에 대한 최소자승 해(least square solution)는 얼마인가?

① $x = \frac{1}{2}, y = \frac{1}{2}$　　② $x = \frac{7}{12}, y = \frac{7}{12}$

③ $x = \frac{9}{14}, y = \frac{4}{7}$　　④ $x = \frac{7}{12}, y = \frac{4}{7}$

11 평면에 주어진 네 점 $(x_1, y_1) = (1, 1)$, $(x_2, y_2) = (2, 3)$, $(x_3, x_3) = (3, 4)$, $(x_4, y_4) = (4, 3)$에 대하여 제곱오차의 총합인 E의 값을 최소화 하는 최소제곱직선(least square line)이 $y = a + bx$일 때, $a + b$의 값은? (단, $E = \sum_{k=1}^{4} [y_k - (a + bx_k)]^2$이다.)

① 1.60　　②1.64

③ 1.66　　④ 1.70

12 이차형식 $x^2 + 4xz + 2y^2 + z^2$을 직교대각화(orthogonal diagonalization)하면, $a_1X^2 + a_2Y^2 + a_3Z^2$이다. 이때, $Z = \alpha x + \beta y + \gamma z$이면 $\alpha + \beta + \gamma$의 값은? (단, $a_1 < a_2 < a_3$)

① 0　　② 1

③ $\sqrt{2}$　　④ $\frac{3\sqrt{2}}{2}$

13 표준 $Q(X) = -2x_1^2 - x_2^2 + 4x_1x_2 + 4x_2x_3$라 하자. $X^TX = 1$의 조건 하에서 $Q(X)$가 최대가 되는 R^3의 단위 벡터 u를 구하시오.
(단, $X^T = (x_1, x_2, x_3)$이고 $x_1, x_2, x_3 > 0$이다.)

① $\left(\frac{1}{3}, \frac{2}{3}, \frac{2}{3}\right)$ ② $\left(\frac{2}{3}, \frac{1}{3}, \frac{2}{3}\right)$
③ $\left(\frac{1}{\sqrt{6}}, \frac{1}{\sqrt{6}}, \frac{2}{\sqrt{6}}\right)$ ④ $\left(\frac{2}{\sqrt{6}}, \frac{1}{\sqrt{6}}, \frac{1}{\sqrt{6}}\right)$

14 행렬 $A = \begin{bmatrix} 4 & 0 & 1 \\ 0 & 3 & 0 \\ 1 & 0 & 4 \end{bmatrix}$일 때, $\mathrm{x} = \begin{bmatrix} x_1 \\ x_2 \\ x_3 \end{bmatrix}$, $\sqrt{x_1^{\ 2} + x_2^{\ 2} + x_3^{\ 2}} = 2$인 벡터에 대하여, $A\mathrm{x} = \begin{bmatrix} y_1 \\ y_2 \\ y_3 \end{bmatrix}$의 크기 $\| A\mathrm{x} \| = \sqrt{y_1^{\ 2} + y_2^{\ 2} + y_3^{\ 2}}$의 최댓값은?

① $5\sqrt{2}$ ② 8
③ 10 ④ 11

15 타원 $4x^2 + 9y^2 = 36$에 내접하고 있는 직사각형이 있다. 이 직사각형의 넓이가 최대가 되게 하는 음이 아닌 x, y의 값에 대하여 $x + y$의 값은?

① $\frac{1}{\sqrt{2}}$ ② $\sqrt{2}$
③ 2 ④ $2\sqrt{2}$

개정판

편머리 편입수학 선형대수 WORK BOOK

정답 및 풀이

김영편입

01 행렬과 행렬식

핵심 문제 | Topic 1~10

Topic 1 행렬의 정의

01

정답 (1) 2행 3열 (2) 1행 3열 (3) 3행 1열 (4) 3행 2열
(5) 2행 2열 (6) 5행 5열 , 정방행렬 : (5), (6)

02

정답 (1) $\begin{bmatrix}1 & 3 & 5\end{bmatrix}$ (2) $\begin{bmatrix}2 & 4 & 6\end{bmatrix}$ (3) $\begin{bmatrix}1\\2\end{bmatrix}$ (4) $\begin{bmatrix}3\\4\end{bmatrix}$ (5) $\begin{bmatrix}5\\6\end{bmatrix}$

03

정답 (1) 2 (2) 1 (3) 8 (4) 7 (5) 2, 5, 9

04

정답 (1) 4 (2) 없다.
(1) 행렬의 상등에 의해 $x+1=5$이므로 $x=4$이다.
(2) 두 행렬의 크기가 다르므로 상등이 될 수 없다.

05

정답 18
행렬의 상등에 의해 $x=3,\ y=-1,\ z=2,\ u=-3$이다.
$\therefore\ xyzu=18$

06

정답 2
$a_{31}=-3,\ a_{22}=2a-1$이므로 $2a-4=0$이다. $\therefore\ a=2$

07

정답 $x=2,\ y=1,\ z=4,\ t=-1$
$x+y=3,\ 2z+t=7,\ x-y=1,\ z-t=5$이다.
$\begin{cases}x+y=3\\x-y=1\end{cases}$에서 두 식을 더하면 $2x=4$에서 $x=2$이고 $y=1$,
$\begin{cases}2z+t=7\\z-t=5\end{cases}$에서 두 식을 더하면 $3z=12,\ z=4$이고 $t=-1$이다.

Topic 2 행렬의 연산(1)

01

정답 풀이 참조

(1) $\begin{bmatrix}3+0 & 1-1 & 4+3\\2+2 & 0-9 & -1+4\\-2+7 & -1+6 & 0+1\end{bmatrix}=\begin{bmatrix}3 & 0 & 7\\4 & -9 & 3\\5 & 5 & 1\end{bmatrix}$

(2) $\begin{bmatrix}1-0 & 4-(-1) & 6-1 & 0-(-4) & 1-(-7)\\2-1 & 0-2 & -1-3 & 7-(-7) & 9-(-9)\end{bmatrix}$
$=\begin{bmatrix}1 & 5 & 5 & 4 & 8\\1 & -2 & -4 & 14 & 18\end{bmatrix}$

(3) $\begin{bmatrix}4\times3 & 4\times1\\4\times7 & 4\times4\\4\times6 & 4\times(-4)\end{bmatrix}=\begin{bmatrix}12 & 4\\28 & 16\\24 & -16\end{bmatrix}$

(4) $\begin{bmatrix}2\times1\\2\times2\\2\times3\end{bmatrix}-\begin{bmatrix}4\times3\\4\times2\\4\times1\end{bmatrix}+\begin{bmatrix}8\times1\\8\times0\\8\times1\end{bmatrix}=\begin{bmatrix}2-12+8\\4-8+0\\6-4+8\end{bmatrix}=\begin{bmatrix}-2\\-4\\10\end{bmatrix}$

(5) $\begin{bmatrix}2\times3 & 2\times1 & 2\times4 & 2\times(-1)\\2\times2 & 2\times0 & 2\times(-1) & 2\times2\end{bmatrix}$
$-\begin{bmatrix}3\times1 & 3\times0 & 3\times(-1) & 3\times7\\3\times(-1) & 3\times(-2) & 3\times0 & 3\times(-4)\end{bmatrix}$
$=\begin{bmatrix}3 & 2 & 11 & -23\\7 & 6 & -2 & 16\end{bmatrix}$

02

정답 (1) $c_{12}=-12,\ c_{23}=9$ (2) $c_{12}=2,\ c_{23}=5$
(1) $c_{12}=2\times(-3)-3\times2=-12,\ c_{23}=2\times0-3\times(-3)=9$
(2) $c_{12}=2\times1-3\times0=2,\ c_{23}=2\times1-3\times(-1)=5$

03

정답 풀이 참조

(1) $A+B=\begin{bmatrix}4-2 & -5+6\\-6+8 & 9-10\end{bmatrix}=\begin{bmatrix}2 & 1\\2 & -1\end{bmatrix}$

(2) $B-A=\begin{bmatrix}-2-4 & 6-(-5)\\8-(-6) & -10-9\end{bmatrix}=\begin{bmatrix}-6 & 11\\14 & -19\end{bmatrix}$

(3) $2A+2B=2(A+B)=2\begin{bmatrix}2 & 1\\2 & -1\end{bmatrix}=\begin{bmatrix}4 & 2\\4 & -2\end{bmatrix}$

04

정답 ①
$X=2B-A=2\begin{bmatrix}2 & 0\\1 & -1\end{bmatrix}-\begin{bmatrix}4 & 1\\6 & 3\end{bmatrix}=\begin{bmatrix}0 & -1\\-4 & -5\end{bmatrix}$

Topic 3 행렬의 연산(2)

01

정답 (1) not defined (2) 4×2 (3) 5×5 (4) 2×4 (5) 5×1
(6) not defined

02

정답 (1) 4×5 행렬 (2) 3×2 행렬

(1) 2×4행렬의 열의 수가 A의 행의 수가 되고, 5×1행렬의 행의 수가 A의 열의 수가 되어야 한다. 따라서 4×5 행렬이다.

(2) 3×3행렬의 열의 수가 A의 행의 수가 되고, 2×2행렬의 행의 수가 A의 열의 수가 되어야 한다. 따라서 3×2 행렬이다.

03

정답 풀이 참조

(1) $[1\times1+2\times2+3\times3]=[14]$

(2) $[6\times4+(-1)\times(-9)+7\times(-3)+5\times2]=[22]$

(3) $\begin{bmatrix}1\times2+6\times(-7)\\(-3)\times2+5\times(-7)\end{bmatrix}=\begin{bmatrix}-40\\-41\end{bmatrix}$

(4) 곱 행렬을 $[a_{ij}]$라 할 때

$a_{11}=0\times1+1\times0+0\times1=0,\quad a_{12}=0\times0+1\times1+0\times0=1$

$a_{21}=1\times1+1\times0+0\times1=1,\quad a_{22}=1\times0+1\times1+0\times0=1$

$a_{31}=0\times1+0\times0+2\times1=2,\quad a_{32}=0\times0+0\times1+2\times0=0$

이므로

$[a_{ij}]=\begin{bmatrix}0&1\\1&1\\2&0\end{bmatrix}$이다.

(5) $a_{11}=2$, $a_{21}=5$, $a_{31}=8$이고 나머지 성분은 모두 0이다.

따라서 $[a_{ij}]=\begin{bmatrix}2&0&0\\5&0&0\\8&0&0\end{bmatrix}$이다.

(6) $a_{21}=1$, $a_{22}=2$, $a_{23}=3$이고 나머지 성분은 모두 0이다.

따라서 $[a_{ij}]=\begin{bmatrix}0&0&0\\1&2&3\\0&0&0\end{bmatrix}$이다.

04

정답 풀이 참조

$$A^2=\begin{bmatrix}2&0\\0&3\end{bmatrix}\begin{bmatrix}2&0\\0&3\end{bmatrix}=\begin{bmatrix}2^2+0\times0&2\times0+0\times3\\0\times2+3\times0&0\times0+3^2\end{bmatrix}=\begin{bmatrix}4&0\\0&9\end{bmatrix}$$

$$A^3=\begin{bmatrix}4&0\\0&9\end{bmatrix}\begin{bmatrix}2&0\\0&3\end{bmatrix}=\begin{bmatrix}2^3&0\\0&3^3\end{bmatrix}=\begin{bmatrix}8&0\\0&27\end{bmatrix}$$

05

정답 풀이 참조

(1) $AF=\begin{bmatrix}2&0\\-4&6\end{bmatrix}\begin{bmatrix}2&3&-1\\4&-2&5\end{bmatrix}$

$=\begin{bmatrix}2\times2+0\times4&2\times3+0\times(-2)&2\times(-1)+0\times5\\(-4)\times2+6\times4&(-4)\times3+6\times(-2)&(-4)\times(-1)+6\times5\end{bmatrix}$

$=\begin{bmatrix}4&6&-2\\16&-24&34\end{bmatrix}$

(2) $2BC=2\begin{bmatrix}1&-7&3\\5&3&0\end{bmatrix}\begin{bmatrix}4&-9\\-3&0\\2&1\end{bmatrix}$

$=\begin{bmatrix}2&-14&6\\10&6&0\end{bmatrix}\begin{bmatrix}4&-9\\-3&0\\2&1\end{bmatrix}$

$=\begin{bmatrix}2\times4+(-14)\times(-3)+6\times2&2\times(-9)+(-14)\times0+6\times1\\10\times4+6\times(-3)+0\times2&10\times(-9)+6\times0+0\times1\end{bmatrix}$

$=\begin{bmatrix}62&-12\\22&-90\end{bmatrix}$

(3) $D+E=\begin{bmatrix}-2+0&1+3&8+0\\3-5&0+1&2+1\\4+7&-6+6&3+2\end{bmatrix}=\begin{bmatrix}-2&4&8\\-2&1&3\\11&0&5\end{bmatrix}$

(4) $BD+F=\begin{bmatrix}1&-7&3\\5&3&0\end{bmatrix}\begin{bmatrix}-2&1&8\\3&0&2\\4&-6&3\end{bmatrix}+\begin{bmatrix}2&3&-1\\4&-2&5\end{bmatrix}$

$=\begin{bmatrix}-11&-17&3\\-1&5&46\end{bmatrix}+\begin{bmatrix}2&3&-1\\4&-2&5\end{bmatrix}$

$=\begin{bmatrix}-9&-14&2\\3&3&51\end{bmatrix}$

(5) $(AB)C=\left(\begin{bmatrix}2&0\\-4&6\end{bmatrix}\begin{bmatrix}1&-7&3\\5&3&0\end{bmatrix}\right)\begin{bmatrix}4&-9\\-3&0\\2&1\end{bmatrix}$

$=\begin{bmatrix}2&-14&6\\26&46&-12\end{bmatrix}\begin{bmatrix}4&-9\\-3&0\\2&1\end{bmatrix}$

$=\begin{bmatrix}62&-12\\-58&-246\end{bmatrix}$

(6) $A(BC)=\begin{bmatrix}2&0\\-4&6\end{bmatrix}\left(\begin{bmatrix}1&-7&3\\5&3&0\end{bmatrix}\begin{bmatrix}4&-9\\-3&0\\2&1\end{bmatrix}\right)$

$=\begin{bmatrix}2&0\\-4&6\end{bmatrix}\begin{bmatrix}31&-6\\11&-45\end{bmatrix}$

$=\begin{bmatrix}62&-12\\-58&-246\end{bmatrix}$

06

정답 풀이 참조

(1) $A^2=AA=\begin{bmatrix}1&2\\-2&3\end{bmatrix}\begin{bmatrix}1&2\\-2&3\end{bmatrix}=\begin{bmatrix}-3&8\\-8&5\end{bmatrix}$

(2) $A^3=A^2A=\begin{bmatrix}-3&8\\-8&5\end{bmatrix}\begin{bmatrix}1&2\\-2&3\end{bmatrix}=\begin{bmatrix}-19&18\\-18&-1\end{bmatrix}$

(3) $f(A)=2A^3-4A=2\begin{bmatrix}-19&18\\-18&-1\end{bmatrix}-4\begin{bmatrix}1&2\\-2&3\end{bmatrix}$

$=\begin{bmatrix}-42&28\\-28&-14\end{bmatrix}$

(4) $g(A)=A^2+2A=\begin{bmatrix}-3&8\\-8&5\end{bmatrix}+2\begin{bmatrix}1&2\\-2&3\end{bmatrix}$

$=\begin{bmatrix}-1&12\\-12&11\end{bmatrix}$

07

정답 (1) 67 (2) [64, 21, 59] (3) -6 (4) [-6, 17, 41] (5) 48 (6) [-3, 48, 24]

(1) AB의 1행 1열 성분은 A의 1행과 B의 1열을 각각 곱하여 더한 값이다. 즉

$AB_{(1,1)}=3\times6+(-2)\times0+7\times7=67$

(2) AB의 2행은 A의 2행과 B의 각 열의 곱의 합이다. 즉

$(6\times6+5\times0+4\times7,\ 6\times(-2)+5\times1+4\times7,$
$6\times4+5\times3+4\times5)$
$=(64, 21, 59)$

(3) $BA_{(1,2)}=6\times(-2)+(-2)\times5+4\times4=-6$

(4) BA의 2열은 B의 각 행과 A의 2열의 곱의 합이다. 즉

$(6\times(-2)+(-2)\times5+4\times4,\ 0\times(-2)+1\times5+3\times4,$
$7\times(-2)+7\times5+5\times4)$
$=(-6, 17, 41)$

(5) $AA_{(2,1)}=6\times3+5\times6+4\times0=48$

(6) AA의 1열은 A의 각 행과 A의 1열의 곱의 합이다. 즉

$(3\times3+(-2)\times6+7\times0,\ 6\times3+5\times6+4\times0,$
$0\times3+4\times6+9\times0)$
$=(-3, 48, 24)$

08

정답 ③

행렬 A와 B의 곱이 가능하기 위해서는
(행렬 A의 열의 수=B의 행의 수)가 성립해야 하며 $AB=C$라고 할 때, C의 행의 수는 A의 행의 수와 같고 C의 열의 수는 B의 열의 수와 같다. 따라서 A의 크기는 3×4이고 C의 크기는 3×1, D의 크기는 3×1이다.
그러므로 $k+l+m+p=3+4+3+3=13$이다.

09

정답 ④

$A=\begin{bmatrix} a & b \\ c & d \end{bmatrix}$로 놓으면

$\begin{bmatrix} a & b \\ c & d \end{bmatrix}\begin{bmatrix} 2 \\ 1 \end{bmatrix}=\begin{bmatrix} 3 \\ 3 \end{bmatrix}$에서 $2a+b=3,\ 2c+d=3$ $\cdots$ ㉠

$A\cdot A\begin{bmatrix} 2 \\ 1 \end{bmatrix}=A\begin{bmatrix} 3 \\ 3 \end{bmatrix}$이므로

$\begin{bmatrix} a & b \\ c & d \end{bmatrix}\begin{bmatrix} 3 \\ 3 \end{bmatrix}=\begin{bmatrix} 4 \\ 7 \end{bmatrix}$에서 $3a+3b=4,\ 3c+3d=7$ $\cdots$ ㉡

㉠, ㉡을 연립하여 풀면

$a=\frac{5}{3},\ b=-\frac{1}{3},\ c=\frac{2}{3},\ d=\frac{5}{3}$

$\therefore A=\frac{1}{3}\begin{bmatrix} 5 & -1 \\ 2 & 5 \end{bmatrix}$

$\therefore \frac{1}{3}\begin{bmatrix} 5 & -1 \\ 2 & 5 \end{bmatrix}\begin{bmatrix} 8 \\ 7 \end{bmatrix}=\begin{bmatrix} 11 \\ 17 \end{bmatrix}$

10

정답 ②

$AB=\begin{bmatrix} 0&0&0&0&0&0 \\ 0&1&0&0&0&0 \\ 0&0&2&0&0&0 \\ 0&0&0&3&0&0 \\ 0&0&0&0&4&0 \\ 0&0&0&0&0&5 \end{bmatrix},\ BA=\begin{bmatrix} 1&0&0&0&0&0 \\ 0&2&0&0&0&0 \\ 0&0&3&0&0&0 \\ 0&0&0&4&0&0 \\ 0&0&0&0&5&0 \\ 0&0&0&0&0&0 \end{bmatrix}$ 이므로

$C=AB-BA=\begin{bmatrix} -1&0&0&0&0&0 \\ 0&-1&0&0&0&0 \\ 0&0&-1&0&0&0 \\ 0&0&0&-1&0&0 \\ 0&0&0&0&-1&0 \\ 0&0&0&0&0&5 \end{bmatrix}$ 이므로

C의 모든 성분들의 합은 0 이다.

Topic 4 행렬의 연산(3)

01

정답 (1) $\begin{bmatrix} 1 & 4 \\ 2 & 5 \\ 3 & 6 \end{bmatrix}$ (2) $\begin{bmatrix} 1 & 4 & 7 \\ 2 & 5 & 8 \\ 3 & 6 & 9 \end{bmatrix}$ (3) $\begin{bmatrix} 1 \\ -3 \\ 5 \\ -7 \end{bmatrix}$ (4) $\begin{bmatrix} -2 & 4 & -6 \end{bmatrix}$

02

정답 풀이 참조

(1) $AB=\begin{bmatrix} 1\times1+5\times1 & 1\times2+5\times1 & 1\times4+5\times3 \\ 2\times1+3\times1 & 2\times2+3\times1 & 2\times4+3\times3 \end{bmatrix}$

$=\begin{bmatrix} 6 & 7 & 19 \\ 5 & 7 & 17 \end{bmatrix}$

$\therefore (AB)^T=\begin{bmatrix} 6 & 5 \\ 7 & 7 \\ 19 & 17 \end{bmatrix}$

(2) $B^TA^T=\begin{bmatrix} 1 & 1 \\ 2 & 1 \\ 4 & 3 \end{bmatrix}\begin{bmatrix} 1 & 2 \\ 5 & 3 \end{bmatrix}=\begin{bmatrix} 1\times1+1\times5 & 1\times2+1\times3 \\ 2\times1+1\times5 & 2\times2+1\times3 \\ 4\times1+3\times5 & 4\times2+3\times3 \end{bmatrix}$

$=\begin{bmatrix} 6 & 5 \\ 7 & 7 \\ 19 & 17 \end{bmatrix}$

$\therefore (AB)^T=B^TA^T$

03

정답 풀이 참조

(1) $(A+B)^T=\begin{bmatrix} 2+4 & 4+10 \\ -3+2 & 2+5 \end{bmatrix}^T=\begin{bmatrix} 6 & 14 \\ -1 & 7 \end{bmatrix}^T$

$=\begin{bmatrix} 6 & -1 \\ 14 & 7 \end{bmatrix}$

(2) $A^T+B^T=\begin{bmatrix} 2 & -3 \\ 4 & 2 \end{bmatrix}+\begin{bmatrix} 4 & 2 \\ 10 & 5 \end{bmatrix}=\begin{bmatrix} 6 & -1 \\ 14 & 7 \end{bmatrix}$

(3) $(2A-3B)^T=\left(2\begin{bmatrix} 2 & 4 \\ -3 & 2 \end{bmatrix}-3\begin{bmatrix} 4 & 10 \\ 2 & 5 \end{bmatrix}\right)^T$

$=\begin{bmatrix} 4-12 & 8-30 \\ -6-6 & 4-15 \end{bmatrix}^T$

$=\begin{bmatrix} -8 & -22 \\ -12 & -11 \end{bmatrix}^T=\begin{bmatrix} -8 & -12 \\ -22 & -11 \end{bmatrix}$

(4) $2A^T-3B^T=2\begin{bmatrix} 2 & -3 \\ 4 & 2 \end{bmatrix}-3\begin{bmatrix} 4 & 2 \\ 10 & 5 \end{bmatrix}$

$=\begin{bmatrix} 4 & -6 \\ 8 & 4 \end{bmatrix}-\begin{bmatrix} 12 & 6 \\ 30 & 15 \end{bmatrix}$

$=\begin{bmatrix} -8 & -12 \\ -22 & -11 \end{bmatrix}$

04

정답 풀이 참조

(1) 정방행렬이 아니므로 주 대각원소가 정의되지 않는다.
(2) 주대각원소는 1, -3이므로 대각합은 -2이다.
(3) $tr(A)=tr(A^T)$이므로 $2+1-2=1$이다.
(4) $\frac{1}{3}(1+0+5)=2$
(5) $tr(AA^T)=\sum_{i=1}^{2}\sum_{j=1}^{3}a_{ij}^2$이므로
$1^2+4^2+2^2+3^2+1^2+5^2=56$

| 다른 풀이 |

$$\begin{bmatrix}1&4&2\\3&1&5\end{bmatrix}\begin{bmatrix}1&4&2\\3&1&5\end{bmatrix}^T=\begin{bmatrix}1&4&2\\3&1&5\end{bmatrix}\begin{bmatrix}1&3\\4&1\\2&5\end{bmatrix}$$

$$=\begin{bmatrix}1^2+4^2+2^2 & 1\times3+4\times1+2\times5\\3\times1+1\times4+5\times2 & 3^2+1^2+5^2\end{bmatrix}$$

$$=\begin{bmatrix}21&17\\17&35\end{bmatrix}$$

이므로 대각합은 $21+35=56$이다.

05

정답 ②

$c_{32}=(A$ 의 3행의 성분$)\times(B^T$의 2열의 원소$)$

$=(A$ 의 3행의 성분$)\times(B$ 의 2행의 원소$)$

$=0\times1+1\times3-2\times5-1\times0=-7$

06

정답 ②

① 행렬의 곱셈에서는 교환법칙이 성립하지 않는다.

② 전치행렬의 성질 중 하나이다.

③ $A=\begin{bmatrix}0&1\\0&2\end{bmatrix}$, $B+C=\begin{bmatrix}1&2\\0&0\end{bmatrix}$일 때, $A(B+C)=O$이지만 둘 다 영행렬이 아니다.

④ $(A+B+C)-(A+B+C)=A-A+B-B+C-C=O$

07

정답 ①

trace 성질에 의해

(i) $tr(A+B)=tr(A)+tr(B)$

(ii) $tr(cA)=c\,tr(A)$ (c는 상수)

(iii) A, B 가 $n\times n$ 행렬일 때, $tr(AB)=tr(BA)$ 이므로

$tr(2AAB-3BAA)$

$=tr(2AAB)-tr(3BAA)$

$=2tr(AAB)-3tr(BAA)$

$=2tr(ABA)-3tr(ABA)=-tr(ABA)=3$이므로

$tr(ABA)=-3$이다.

$\therefore\ tr(2ABA)=2tr(ABA)=-6$

08

정답 ③

$D^T=\dfrac{1}{\sqrt6}\begin{bmatrix}\sqrt2&\sqrt3&1\\\sqrt2&-\sqrt3&1\\\sqrt2&0&-2\end{bmatrix}$이므로

$$DD^T=\frac{1}{6}\begin{bmatrix}\sqrt2&\sqrt2&\sqrt2\\\sqrt3&-\sqrt3&0\\1&1&-2\end{bmatrix}\begin{bmatrix}\sqrt2&\sqrt3&1\\\sqrt2&-\sqrt3&1\\\sqrt2&0&-2\end{bmatrix}$$

$$=\frac{1}{6}\begin{bmatrix}6&0&0\\0&6&0\\0&0&6\end{bmatrix}=\begin{bmatrix}1&0&0\\0&1&0\\0&0&1\end{bmatrix}$$

따라서 주대각원소는 1, 1, 1이다.

Topic 5 특수행렬

01

정답 (1) (라), (마) (2) (나), (마), (아) (3) (마), (바) (4) (다), (마), (바) (5) (바), (사) (6) (마)

(5) 주대각성분이 모두 0이어야 하므로 (가)는 반대칭 행렬이 아니다.

02

정답 ①

반대칭행렬의 주대각원소는 모두 0이므로 $x+1=0$에서 $x=-1$이고 이때 행렬은 $\begin{bmatrix}0&1\\-1&0\end{bmatrix}$이다.

03

정답 ④

① $(A^TA)^T=A^T(A^T)^T=A^TA$이므로 대칭이다.

② $(AA^T)^T=(A^T)^TA^T=AA^T$이므로 대칭이다.

③ $(A+A^T)^T=A^T+(A^T)^T=A^T+A=A+A^T$이므로 대칭이다.

④ $(A-A^T)^T=A^T-(A^T)^T=A^T-A=-(A-A^T)$이므로 반대칭이다.

04

정답 ①

대칭행렬은 대각원소를 중심으로 같은 배열을 한다.

$\therefore\ a-2b+2c=3,\ 2a+b+c=0,\ a+c=-2$

$\Leftrightarrow\ a=11,\ b=-9,\ c=-13$

$\therefore\ a+b+c=-11$

05

정답 ②

$A=\dfrac{1}{2}(A+A^T)+\dfrac{1}{2}(A-A^T)$으로 나타낼 수 있고,

이때 반대칭행렬(교대행렬)은 $\dfrac{1}{2}(A-A^T)$이다.

$$\therefore\ \frac{1}{2}\left\{\begin{pmatrix}1&2&3\\2&5&3\\1&0&8\end{pmatrix}-\begin{pmatrix}1&2&1\\2&5&0\\3&3&8\end{pmatrix}\right\}=\frac{1}{2}\begin{pmatrix}0&0&2\\0&0&3\\-2&-3&0\end{pmatrix}$$

06

정답 ④

$A=\dfrac{1}{2}(A+A^T)+\dfrac{1}{2}(A-A^T)$이므로

$$A=\frac{1}{2}\left(\begin{bmatrix}2&-1&1\\3&0&4\\-1&2&-3\end{bmatrix}+\begin{bmatrix}2&3&-1\\-1&0&2\\1&4&-3\end{bmatrix}\right)+\frac{1}{2}\left(\begin{bmatrix}2&-1&1\\3&0&4\\-1&2&-3\end{bmatrix}-\begin{bmatrix}2&3&-1\\-1&0&2\\1&4&-3\end{bmatrix}\right)$$

$$=\begin{bmatrix}2&1&0\\1&0&3\\0&3&-3\end{bmatrix}+\begin{bmatrix}0&-2&1\\2&0&1\\-1&-1&0\end{bmatrix}$$

$\therefore\ abcd-efgh=(1\cdot1\cdot3\cdot3)-\{(-2)\cdot2\cdot1\cdot(-1)\}$

$=9-4=5$

Topic 6 행렬식(determinant)

01

정답 (1) 23 (2) −27 (3) 18 (4) 31 (5) 8 (6) t^2+t-24

(1) $|23|=23$

(2) $|-27|=-27$

(3) $\begin{vmatrix}5 & 3\\4 & 6\end{vmatrix}=5\times6-3\times4=18$

(4) $\begin{vmatrix}3 & 2\\-5 & 7\end{vmatrix}=3\times7-2\times(-5)=31$

(5) $\begin{vmatrix}6 & 5\\2 & 3\end{vmatrix}=6\times3-2\times5=8$

(6) $\begin{vmatrix}t-2 & 3\\6 & t+3\end{vmatrix}=(t-2)(t+3)-18=t^2+t-24$

02

정답 (1) −21 (2) 55 (3) 14 (4) 0

(1) $2\times(-5)\times4+1\times2\times1+1\times(-3)\times0$
$-(1\times(-5)\times1+1\times0\times4+2\times2\times(-3))$
$=-21$

(2) $1\times(-2)\times(-1)+2\times3\times0+3\times5\times4$
$-(3\times(-2)\times0+2\times4\times(-1)+1\times5\times3)$
$=55$

(3) $2\times4\times1+3\times3\times1+4\times5\times2$
$-(4\times4\times1+3\times5\times1+2\times2\times3)$
$=14$

(4) $1\times3\times(-2)+(-2)\times(-1)\times1+1\times5\times2$
$-(1\times3\times1+(-2)\times2\times(-2)+1\times5\times(-1))$
$=0$

03

정답 풀이 참조

(1) $M_{11}=\begin{vmatrix}7 & -1\\1 & 4\end{vmatrix}=28-(-1)=29,\ C_{11}=(-1)^{1+1}M_{11}=29$

$M_{12}=\begin{vmatrix}6 & -1\\-3 & 4\end{vmatrix}=24-3=21,\ C_{12}=(-1)^{1+2}M_{12}=-21$

$M_{13}=\begin{vmatrix}6 & 7\\-3 & 1\end{vmatrix}=6-(-21)=27,\ C_{13}=(-1)^{1+3}M_{13}=27$

$M_{21}=\begin{vmatrix}-2 & 3\\1 & 4\end{vmatrix}=-8-3=-11,\ C_{21}=(-1)^{2+1}M_{21}=11$

$M_{22}=\begin{vmatrix}1 & 3\\-3 & 4\end{vmatrix}=4-(-9)=13,\ C_{22}=(-1)^{2+2}M_{22}=13$

$M_{23}=\begin{vmatrix}1 & -2\\-3 & 1\end{vmatrix}=1-6=-5,\ C_{23}=(-1)^{2+3}M_{23}=5$

$M_{31}=\begin{vmatrix}-2 & 3\\7 & -1\end{vmatrix}=2-21=-19,\ C_{31}=(-1)^{3+1}M_{31}=-19$

$M_{32}=\begin{vmatrix}1 & 3\\6 & -1\end{vmatrix}=-1-18=-19,\ C_{32}=(-1)^{3+2}M_{32}=19$

$M_{33}=\begin{vmatrix}1 & -2\\6 & 7\end{vmatrix}=7-(-12)=19,\ C_{33}=(-1)^{3+3}M_{33}=19$

(2) $M_{11}=\begin{vmatrix}0 & -5\\7 & 2\end{vmatrix}=35,\ C_{11}=(-1)^{1+1}M_{11}=35$

$M_{12}=\begin{vmatrix}3 & -5\\1 & 2\end{vmatrix}=11,\ C_{12}=(-1)^{1+2}M_{12}=-11$

$M_{13}=\begin{vmatrix}3 & 0\\1 & 7\end{vmatrix}=21,\ C_{13}=(-1)^{1+3}M_{13}=21$

$M_{21}=\begin{vmatrix}1 & 2\\7 & 2\end{vmatrix}=-12,\ C_{21}=(-1)^{2+1}M_{21}=12$

$M_{22}=\begin{vmatrix}-1 & 2\\1 & 2\end{vmatrix}=-4,\ C_{22}=(-1)^{2+2}M_{22}=-4$

$M_{23}=\begin{vmatrix}-1 & 1\\1 & 7\end{vmatrix}=-8,\ C_{23}=(-1)^{2+3}M_{23}=8$

$M_{31}=\begin{vmatrix}1 & 2\\0 & -5\end{vmatrix}=-5,\ C_{31}=(-1)^{3+1}M_{31}=-5$

$M_{32}=\begin{vmatrix}-1 & 2\\3 & -5\end{vmatrix}=-1,\ C_{23}=(-1)^{2+3}M_{23}=1$

$M_{33}=\begin{vmatrix}-1 & 1\\3 & 0\end{vmatrix}=-3,\ C_{33}=(-1)^{3+3}M_{33}=-3$

04

정답 (1) −12 (2) 80 (3) −216 (4) −8

(1) 0을 포함하고 있는 1열에 대해 여인수 전개한다.
$a_{11}=1$, $a_{31}=1$에 대한 여인수를 구하면

$C_{11}=(-1)^{1+1}\begin{vmatrix}2 & 7\\5 & -3\end{vmatrix}=-6-35=-41$

$C_{31}=(-1)^{3+1}\begin{vmatrix}3 & -4\\2 & 7\end{vmatrix}=21-(-8)=29$

따라서 행렬식의 값은
$1\cdot C_{11}+0\cdot C_{22}+1\cdot C_{31}=-41+29=-12$

(2) 2열에 대하여 여인수전개한다. $a_{22}=5$에 대한 여인수를 구하면

$C_{22}=(-1)^{2+2}\begin{vmatrix}3 & 1\\-1 & 5\end{vmatrix}=16$

이므로 행렬식은 $0\cdot C_{12}+5\cdot C_{22}+0\cdot C_{32}=5\cdot16=80$이다.

(3) 0을 두 개 포함하고 있는 2행에 대하여 여인수 전개한다.
C_{23}, C_{24}를 구하면

$C_{23}=(-1)^{2+3}\begin{vmatrix}4 & -1 & 6\\4 & 1 & 14\\4 & 1 & 2\end{vmatrix}$
$=(-1)\left(4\begin{vmatrix}1 & 14\\1 & 2\end{vmatrix}-4\begin{vmatrix}-1 & 6\\1 & 2\end{vmatrix}+4\begin{vmatrix}-1 & 6\\1 & 14\end{vmatrix}\right)$
$=-\{4\cdot(2-14)-4(-2-6)+4(-14-6)\}$
$=96$

$C_{24}=(-1)^{2+4}\begin{vmatrix}4 & -1 & 1\\4 & 1 & 0\\4 & 1 & 3\end{vmatrix}$
$=(-1)^{3+1}\begin{vmatrix}4 & 1\\4 & 1\end{vmatrix}+0+(-1)^{3+3}\cdot3\begin{vmatrix}4 & -1\\4 & 1\end{vmatrix}$
$=0+0+3(4+4)=24$

따라서 행렬식은 $-3C_{23}+3C_{24}=-3\cdot96+3\cdot24=-216$

(4) 0을 2개 포함하고 있는 2행에 대하여 여인수 전개 한다.
C_{21}, C_{24}를 구하면

$C_{21}=(-1)^{2+1}\begin{vmatrix}2 & -1 & 0\\4 & 4 & 5\\1 & 0 & 1\end{vmatrix}=-\left(2\begin{vmatrix}4 & 5\\0 & 1\end{vmatrix}+\begin{vmatrix}4 & 5\\1 & 1\end{vmatrix}\right)=-7$

$C_{24}=(-1)^{2+4}\begin{vmatrix}1 & 2 & -1\\-3 & 4 & 4\\0 & 1 & 0\end{vmatrix}=(-1)^{3+2}\begin{vmatrix}1 & -1\\-3 & 4\end{vmatrix}=-1$

따라서 행렬식은
$1\cdot C_{21}+1\cdot C_{24}=-7-1=-8$

05

정답 (1) 5 (2) −5 또는 6

(1) $x(2-x)+7=1\cdot\begin{vmatrix}x & 6\\3 & x-3\end{vmatrix}$
$\Rightarrow -x^2+2x+7=x^2-3x-18$
$\Rightarrow 2x^2-5x-25=0$
$\Rightarrow (x-5)(2x+5)=0$

$\therefore x=5$

(2) $2y(2+y)-4y=-\begin{vmatrix} -y & 5 \\ 3 & 1+y \end{vmatrix} - \begin{vmatrix} 0 & 5 \\ 3 & 1+y \end{vmatrix}$

$\Rightarrow 2y^2=-\{-y(1+y)-15\}-(0-15)$

$\Rightarrow 2y^2=y^2+y+30$

$\Rightarrow y^2-y-30=0$

$\Rightarrow (y-6)(y+5)=0$

$\therefore y=6$ 또는 $y=-5$

06

정답 (1) $-1, 0$ (2) $-2, 3, 4$

(1) $|A|=(\lambda-1)(\lambda+2)+2$

$=\lambda^2+\lambda-2+2$

$=\lambda(\lambda+1)=0$

에서 $\lambda=-1, 0$이다.

(2) $|A|=(\lambda-4)\begin{vmatrix} \lambda & 2 \\ 3 & \lambda-1 \end{vmatrix}=(\lambda-4)\{\lambda(\lambda-1)-6\}$

$=(\lambda-4)(\lambda-3)(\lambda+2)=0$

에서 $\lambda=4, 3, -2$이다.

07

정답 ③

$\begin{vmatrix} a & a^2 & a^3 \\ a^2 & a^3 & a \\ a^3 & a & a^2 \end{vmatrix}=a(a^5-a^2)-a^2(a^4-a^4)+a^3(a^3-a^6)$

$=-a^3(a^6-2a^3+1)$

$=-a^3(a^3-1)^2=0$

이므로 $a^3=0$ 또는 $a^3=1$

$\therefore a=0, 1(\because a$는 실수)

08

정답 ③

$\det(A+B)=\begin{vmatrix} 2 & a & -3 \\ 0 & b-1 & 3 \\ 0 & 1 & 0 \end{vmatrix}=-6$

$\det(AB)=\begin{vmatrix} -1 & ab & a-1 \\ 2 & -b & -1 \\ -1 & b & 2 \end{vmatrix}$

$=2b+2b(a-1)+ab-\{b(a-1)+b+4ab\}$

$=-2ab$

$\therefore -2ab=-6 \qquad \therefore ab=3$

Topic 7 행렬식의 성질

01

정답 (1) 0 (2) -5 (3) -66 (4) $-\frac{1}{4}$ (5) 2 (6) 4

(1) $\begin{vmatrix} 1 & 2 & 3 \\ 2 & 3 & 4 \\ 3 & 4 & 5 \end{vmatrix}=\begin{vmatrix} 1 & 2 & 3 \\ 0 & -1 & -2 \\ 0 & -2 & -4 \end{vmatrix}\begin{pmatrix} 1\text{행}\times(-2)+2\text{행}\to2\text{행} \\ 1\text{행}\times(-3)+3\text{행}\to3\text{행} \end{pmatrix}$

$=1\times\begin{vmatrix} -1 & -2 \\ -2 & -4 \end{vmatrix}$

$=(-1)\times(-4)-(-2)\times(-2)=0$

(2) $\begin{vmatrix} 1 & 1 & 2 \\ 0 & 3 & 1 \\ 3 & 2 & 4 \end{vmatrix}=\begin{vmatrix} 1 & 1 & 2 \\ 0 & 3 & 1 \\ 0 & -1 & -2 \end{vmatrix}(1\text{행}\times(-3)+3\text{행}\to3\text{행})$

$=1\times\begin{vmatrix} 3 & 1 \\ -1 & -2 \end{vmatrix}$

$=-6+1=-5$

(3) $\begin{vmatrix} 3 & 3 & 1 \\ 1 & 0 & -4 \\ 1 & -3 & 5 \end{vmatrix}=\begin{vmatrix} 0 & 12 & -14 \\ 0 & 3 & -9 \\ 1 & -3 & 5 \end{vmatrix}\begin{pmatrix} 3\text{행}\times(-3)+1\text{행}\to1\text{행} \\ 3\text{행}\times(-1)+2\text{행}\to2\text{행} \end{pmatrix}$

$=1\times\begin{vmatrix} 12 & -14 \\ 3 & -9 \end{vmatrix}$

$=-108+42=-66$

(4) $A=\begin{bmatrix} \frac{1}{2} & -1 & \frac{1}{3} \\ \frac{1}{4} & \frac{3}{2} & -1 \\ 1 & -3 & 1 \end{bmatrix}$라 하면

$24|A|=\begin{vmatrix} 3 & -6 & 2 \\ 1 & 6 & -4 \\ 1 & -3 & 1 \end{vmatrix}\begin{pmatrix} 1\text{행}\times6\to1\text{행} \\ 2\text{행}\times4\to2\text{행} \end{pmatrix}$

$=\begin{vmatrix} 0 & 3 & -1 \\ 0 & 9 & -5 \\ 1 & -3 & 1 \end{vmatrix}\begin{pmatrix} 3\text{행}\times(-3)+1\text{행}\to1\text{행} \\ 3\text{행}\times(-1)+2\text{행}\to2\text{행} \end{pmatrix}$

$=1\times\begin{vmatrix} 3 & -1 \\ 9 & -5 \end{vmatrix}$

$=-15+9=-6$

$\therefore |A|=-\frac{6}{24}=-\frac{1}{4}$

(5) $\begin{vmatrix} 1 & 1 & 1 \\ 1 & 2 & 3 \\ 1 & 4 & 9 \end{vmatrix}=\begin{vmatrix} 1 & 1 & 1^2 \\ 1 & 2 & 2^2 \\ 1 & 3 & 3^2 \end{vmatrix}$이므로 방데르몽드 행렬식이다.

$\therefore \begin{vmatrix} 1 & 1 & 1 \\ 1 & 2 & 3 \\ 1 & 4 & 9 \end{vmatrix}=(3-1)(3-2)(2-1)=2$

참고

$\begin{vmatrix} 1 & a & a^2 \\ 1 & b & b^2 \\ 1 & c & c^2 \end{vmatrix}=\begin{vmatrix} 1 & a & a^2 \\ 0 & b-a & b^2-a^2 \\ 0 & c-a & c^2-a^2 \end{vmatrix}=\begin{vmatrix} b-a & b^2-a^2 \\ c-a & c^2-a^2 \end{vmatrix}$

$=(b-a)(c-a)\begin{vmatrix} 1 & b+a \\ 1 & c+a \end{vmatrix}$

$=(c-a)(c-b)(b-a)$

(6) $\left|\begin{array}{cc|cc} 1 & 1 & 0 & 0 \\ 2 & 4 & 0 & 0 \\ \hline 0 & 0 & 1 & 0 \\ 0 & 0 & 3 & 2 \end{array}\right|$ 로 분할할 수 있다. 즉 블록삼각행렬이므로 행렬식은 다음과 같이 계산할 수 있다.

$\begin{vmatrix} 1 & 1 \\ 2 & 4 \end{vmatrix}\times\begin{vmatrix} 1 & 0 \\ 3 & 2 \end{vmatrix}=(1\cdot4-2\cdot1)\times(1\cdot2-3\cdot0)=4$

02

정답 (1) 39 (2) 6 (3) -27 (4) $-\dfrac{1}{6}$

(1) $\begin{vmatrix} 1 & -2 & 3 & 1 \\ 5 & -9 & 6 & 3 \\ -1 & 2 & -6 & -2 \\ 2 & 8 & 6 & 1 \end{vmatrix}$

$= \begin{vmatrix} 1 & -2 & 3 & 1 \\ 0 & 1 & -9 & -2 \\ 0 & 0 & -3 & -1 \\ 0 & 12 & 0 & -1 \end{vmatrix} \begin{pmatrix} 1\text{행}\times(-5)+2\text{행}\to 2\text{행} \\ 1\text{행}+3\text{행} \to 3\text{행} \\ 1\text{행}\times(-2)+4\text{행}\to 4\text{행} \end{pmatrix}$

$= \begin{vmatrix} 1 & -9 & -2 \\ 0 & -3 & -1 \\ 12 & 0 & -1 \end{vmatrix}$ (1열에 대하여 여인수 전개)

$=3+9\times 12+0-(6\times 12+0+0)$ (사루스 법)

$=3+108-72=39$

(2) $\begin{vmatrix} 2 & 1 & 3 & 1 \\ 1 & 0 & 1 & 1 \\ 0 & 2 & 1 & 0 \\ 0 & 1 & 2 & 3 \end{vmatrix} = -\begin{vmatrix} 1 & 0 & 1 & 1 \\ 2 & 1 & 3 & 1 \\ 0 & 2 & 1 & 0 \\ 0 & 1 & 2 & 3 \end{vmatrix}$ (1행↔2행)

$= -\begin{vmatrix} 1 & 0 & 1 & 1 \\ 0 & 1 & 1 & -1 \\ 0 & 2 & 1 & 0 \\ 0 & 1 & 2 & 3 \end{vmatrix}$ (1행×(−2)+2행→2행)

$= -\begin{vmatrix} 1 & 0 & 1 & 1 \\ 0 & 1 & 1 & -1 \\ 0 & 0 & -1 & 2 \\ 0 & 0 & 1 & 4 \end{vmatrix} \begin{pmatrix} 2\text{행}\times(-2)+3\text{행}\to 3\text{행} \\ 2\text{행}\times(-1)+4\text{행}\to 4\text{행} \end{pmatrix}$

$= -\begin{vmatrix} 1 & 0 & 1 & 1 \\ 0 & 1 & 1 & -1 \\ 0 & 0 & -1 & 2 \\ 0 & 0 & 0 & 6 \end{vmatrix}$ (3행+4행→4행)

$=6$

(3) $\begin{vmatrix} 1 & 0 & 1 & 3 \\ -2 & 4 & 1 & 1 \\ 3 & -1 & 0 & 5 \\ -4 & 4 & 1 & 0 \end{vmatrix} = \begin{vmatrix} 1 & 0 & 1 & 3 \\ 0 & 4 & 3 & 7 \\ 0 & -1 & -3 & -4 \\ 0 & 4 & 5 & 12 \end{vmatrix}$

$\begin{pmatrix} 1\text{행}\times 2+2\text{행} \to 2\text{행} \\ 1\text{행}\times(-3)+3\text{행} \to 3\text{행} \\ 1\text{행}\times 4+4\text{행} \to 4\text{행} \end{pmatrix}$

$= -\begin{vmatrix} 1 & 0 & 1 & 3 \\ 0 & -1 & -3 & -4 \\ 0 & 4 & 3 & 7 \\ 0 & 4 & 5 & 12 \end{vmatrix}$ (2행 ↔3행)

$= -\begin{vmatrix} 1 & 0 & 1 & 3 \\ 0 & -1 & -3 & -4 \\ 0 & 0 & -9 & -9 \\ 0 & 0 & -7 & -4 \end{vmatrix} \begin{pmatrix} 2\text{행}\times 4+3\text{행}\to 3\text{행} \\ 2\text{행}\times 4+4\text{행}\to 4\text{행} \end{pmatrix}$

$= -\begin{vmatrix} -1 & -3 & -4 \\ 0 & -9 & -9 \\ 0 & -7 & -4 \end{vmatrix}$

$= \begin{vmatrix} -9 & -9 \\ -7 & -4 \end{vmatrix} = -27$

(4) $A = \begin{bmatrix} 0 & 1 & 1 & 1 \\ \frac{1}{2} & \frac{1}{2} & 1 & \frac{1}{2} \\ \frac{2}{3} & \frac{1}{3} & \frac{1}{3} & 0 \\ -\frac{1}{3} & \frac{2}{3} & 0 & 0 \end{bmatrix}$ 라 하면

$18|A| = \begin{vmatrix} 0 & 1 & 1 & 1 \\ 1 & 1 & 2 & 1 \\ 2 & 1 & 1 & 0 \\ -1 & 2 & 0 & 0 \end{vmatrix} \begin{pmatrix} 2\text{행}\times 2 \to 2\text{행} \\ 3\text{행}\times 3 \to 3\text{행} \\ 4\text{행}\times 3 \to 4\text{행} \end{pmatrix}$

$= -\begin{vmatrix} 1 & 1 & 2 & 1 \\ 0 & 1 & 1 & 1 \\ 2 & 1 & 1 & 0 \\ -1 & 2 & 0 & 0 \end{vmatrix}$ (1행 ↔2행)

$= -\begin{vmatrix} 1 & 1 & 2 & 1 \\ 0 & 1 & 1 & 1 \\ 0 & -1 & -3 & -2 \\ 0 & 3 & 2 & 1 \end{vmatrix} \begin{pmatrix} 1\text{행}\times(-2)+3\text{행}\to 3\text{행} \\ 1\text{행}+4\text{행} \to 4\text{행} \end{pmatrix}$

$= -\begin{vmatrix} 1 & 1 & 2 & 1 \\ 0 & 1 & 1 & 1 \\ 0 & 0 & -2 & -1 \\ 0 & 0 & -1 & -2 \end{vmatrix} \begin{pmatrix} 2\text{행}+3\text{행} \to 3\text{행} \\ 2\text{행}\times(-3)+4\text{행}\to 4\text{행} \end{pmatrix}$

$= \begin{vmatrix} 1 & 1 & 2 & 1 \\ 0 & 1 & 1 & 1 \\ 0 & 0 & -1 & -2 \\ 0 & 0 & -2 & -1 \end{vmatrix}$ (3행 ↔4행)

$= \begin{vmatrix} 1 & 1 & 2 & 1 \\ 0 & 1 & 1 & 1 \\ 0 & 0 & -1 & -2 \\ 0 & 0 & 0 & 3 \end{vmatrix}$ (3행×(−2)+4행→4행)

$=-3$

$\therefore |A| = -\dfrac{3}{18} = -\dfrac{1}{6}$

03

정답 (1) -3 (2) 18 (3) 3 (4) 9 (5) -3 (6) -3

(1) $\begin{vmatrix} a & b & c \\ d & e & f \\ g & h & i \end{vmatrix} = -\begin{vmatrix} g & h & i \\ d & e & f \\ a & b & c \end{vmatrix} = \begin{vmatrix} d & e & f \\ g & h & i \\ a & b & c \end{vmatrix}$ 이므로 행을 두 번 바꾸었다. 따라서 $(-1)\times(-1)\times(-3)=-3$이다.

(2) 1행에 3, 2행에 -1, 3행에 2를 곱하였으므로 $3\times(-1)\times 2\times(-3)=18$이다.

(3) 열바꿈을 2번, 1행에 (-1)을 곱하였으므로 $(-1)^3\times(-3)=3$이다.

(4) 열바꿈(2열과 3열)을 한 번 하고, 3행에 3을 곱하였으므로 $(-1)\times 3\times(-3)=9$이다.

(5) 1행+2행 → 2행 즉, 한 행에 다른 행을 더하였으므로 행렬식 값은 변하지 않는다. 즉 -3이다.

(6) 1행 $\times(-1)+2$행 →2행, 2×1행+3행→3행 즉, 한 행을 k배 하여 다른 행에 더하는 연산 두 번이므로 행렬식 값은 변하지 않는다. 따라서 -3이다.

04

정답 (1) -2 (2) -5 (3) 27 (4) 0 (5) 0 (6) -9

(1) (2) (3) 대각행렬 또는 삼각행렬의 행렬식은 주대각원소의 곱이다.

(4) 두 열의 원소가 비례 관계에 있으므로 0이다.

(5) 한 열의 원소가 모두 0이므로 0이다.

(6) 하삼각행렬이므로 주대각원소의 곱이 행렬식의 값이다.

05

정답 ②

$\begin{vmatrix} 3 & -1 & 2 & 1 \\ 0 & 2 & -1 & -3 \\ -6 & 2 & -3 & a \\ 3 & 1 & 3 & b \end{vmatrix} = \begin{vmatrix} 3 & -1 & 2 & 1 \\ 0 & 2 & -1 & -3 \\ 0 & 0 & 1 & a+2 \\ 0 & 2 & 1 & b-1 \end{vmatrix}$

$= \begin{vmatrix} 3 & -1 & 2 & 1 \\ 0 & 2 & -1 & -3 \\ 0 & 0 & 1 & a+2 \\ 0 & 0 & 2 & b+2 \end{vmatrix}$

따라서 $(b+2)-2(a+2)=0$이어야 하므로

$2a-b+2=0$

06

정답 ③

$$\begin{bmatrix} 1 & 1 & 1 & 1 \\ -1 & 2 & -2 & 3 \\ (-1)^2 & 2^2 & (-2)^2 & 3^2 \\ (-1)^3 & 2^3 & (-2)^3 & 3^3 \end{bmatrix}$$ 이므로 방데르몽드 행렬이다. 따라서 행렬식의 값은

$(3+1)(3-2)(3+2)(-2+1)(-2-2)(2+1)=240$이다.

07

정답 ②

$$\det(A)=\begin{vmatrix} 1 & 0 & 1 & 0 \\ 0 & 1 & 0 & 1 \\ 1 & 0 & 1 & 1 \\ 0 & 1 & 0 & 0 \end{vmatrix}=\begin{vmatrix} 1 & 0 & 1 & 0 \\ 0 & 1 & 0 & 1 \\ 0 & 0 & 0 & 1 \\ 0 & 1 & 0 & 0 \end{vmatrix}=\begin{vmatrix} 1 & 0 & 1 & 0 \\ 0 & 1 & 0 & 1 \\ 0 & 0 & 0 & 1 \\ 0 & 0 & 0 & -1 \end{vmatrix}=0$$

08

정답 ③

$$\det(A)=\begin{vmatrix} 1 & 2 & 0 & 8 & 3 \\ 4 & 5 & 0 & 3 & 6 \\ 7 & 5 & 2 & 4 & 9 \\ 7 & 8 & 0 & 8 & 9 \\ 0 & 0 & 0 & 3 & 0 \end{vmatrix}=-3\begin{vmatrix} 1 & 2 & 0 & 3 \\ 4 & 5 & 0 & 6 \\ 7 & 5 & 2 & 9 \\ 7 & 8 & 0 & 9 \end{vmatrix}$$

$$=(-3)\cdot 2\cdot\begin{vmatrix} 1 & 2 & 3 \\ 4 & 5 & 6 \\ 7 & 8 & 9 \end{vmatrix}$$

$$=-6\{(45+96+84)-(105+48+72)\}=0$$

이므로 $\det(A^3)=\{\det(A)\}^3=0$이다.

09

정답 ④

$$\begin{vmatrix} 2a_1 & 2a_2 & 2a_3 \\ 3b_1+5c_1 & 3b_2+5c_2 & 3b_3+5c_3 \\ 7c_1 & 7c_2 & 7c_3 \end{vmatrix}\left(-\frac{5}{7}\times 3\text{행}+2\text{행}\rightarrow 2\text{행}\right)$$

$$=\begin{vmatrix} 2a_1 & 2a_2 & 2a_3 \\ 3b_1 & 3b_2 & 3b_3 \\ 7c_1 & 7c_2 & 7c_3 \end{vmatrix}$$

$$=2\times 3\times 7\begin{vmatrix} a_1 & a_2 & a_3 \\ b_1 & b_2 & b_3 \\ c_1 & c_2 & c_3 \end{vmatrix}$$

$\therefore k=2\times 3\times 7=42$

10

정답 ③

$$B=CA \Rightarrow BA^T=CAA^T$$
$$\Rightarrow |BA^T|=|C|\,|AA^T|$$
$$\Rightarrow \frac{|BA^T|}{|AA^T|}=|C|$$

여기서 $BA^T=\begin{bmatrix} 1 & -4 & 2 \\ 3 & -6 & 5 \\ -1 & -2 & 0 \end{bmatrix}$이고 $|BA^T|=6$,

$AA^T=\begin{bmatrix} 3 & -3 & 4 \\ -3 & 6 & -5 \\ 4 & -5 & 6 \end{bmatrix}$이고 $|AA^T|=3$

따라서 $|C|=\frac{6}{3}=2$이다.

11

정답 ②

$$\begin{vmatrix} x & 1 & 1 & 1 & 1 & 1 \\ 1 & x & 2 & 2 & 2 & 2 \\ 2 & 2 & x & 3 & 3 & 3 \\ 3 & 3 & 3 & x & 4 & 4 \\ 4 & 4 & 4 & 4 & x & 5 \\ 1 & 1 & 1 & 1 & 1 & 1 \end{vmatrix}=\begin{vmatrix} x & 1-x & 1-x & 1-x & 1-x & 1-x \\ 1 & x-1 & 1 & 1 & 1 & 1 \\ 2 & 0 & x-2 & 1 & 1 & 1 \\ 3 & 0 & 0 & x-3 & 1 & 1 \\ 4 & 0 & 0 & 0 & x-4 & 1 \\ 1 & 0 & 0 & 0 & 0 & 0 \end{vmatrix}$$

$$=-\begin{vmatrix} 1-x & 1-x & 1-x & 1-x & 1-x \\ x-1 & 1 & 1 & 1 & 1 \\ 0 & x-2 & 1 & 1 & 1 \\ 0 & 0 & x-3 & 1 & 1 \\ 0 & 0 & 0 & x-4 & 1 \end{vmatrix}$$

$$=-\begin{vmatrix} 1-x & 1-x & 1-x & 1-x & 1-x \\ 0 & 2-x & 2-x & 2-x & 2-x \\ 0 & x-2 & 1 & 1 & 1 \\ 0 & 0 & x-3 & 1 & 1 \\ 0 & 0 & 0 & x-4 & 1 \end{vmatrix}$$

$$=(x-1)\begin{vmatrix} 2-x & 2-x & 2-x & 2-x \\ x-2 & 1 & 1 & 1 \\ 0 & x-3 & 1 & 1 \\ 0 & 0 & x-4 & 1 \end{vmatrix}$$

$$=(x-1)\begin{vmatrix} 2-x & 2-x & 2-x & 2-x \\ 0 & 3-x & 3-x & 3-x \\ 0 & x-3 & 1 & 1 \\ 0 & 0 & x-4 & 1 \end{vmatrix}$$

$$=(x-1)(2-x)\begin{vmatrix} 3-x & 3-x & 3-x \\ x-3 & 1 & 1 \\ 0 & x-4 & 1 \end{vmatrix}$$

$$=(x-1)(2-x)\begin{vmatrix} 3-x & 3-x & 3-x \\ 0 & 4-x & 4-x \\ 0 & x-4 & 1 \end{vmatrix}$$

$$=(x-1)(2-x)(3-x)\begin{vmatrix} 4-x & 4-x \\ x-4 & 1 \end{vmatrix}$$

$$=(x-1)(2-x)(3-x)\begin{vmatrix} 4-x & 4-x \\ 0 & 5-x \end{vmatrix}$$

$$=(x-1)(2-x)(3-x)(4-x)(5-x)=0$$

을 만족하는 $x=1,\ 2,\ 3,\ 4,\ 5$이므로 모든 x의 합은 15이다.

Topic 8 역행렬(inverse matrix)

01

정답 풀이 참조

(1) $\frac{1}{3\cdot2-5\cdot1}\begin{bmatrix}2&-5\\-1&3\end{bmatrix}=\begin{bmatrix}2&-5\\-1&3\end{bmatrix}$

(2) $\frac{1}{1\cdot5-2\cdot3}\begin{bmatrix}5&-2\\-3&1\end{bmatrix}=\begin{bmatrix}-5&2\\3&-1\end{bmatrix}$

(3) $\frac{1}{-8\cdot(-3)-16\cdot(-1)}\begin{bmatrix}-3&-16\\1&-8\end{bmatrix}=\frac{1}{40}\begin{bmatrix}-3&-16\\1&-8\end{bmatrix}$

(4) $\frac{1}{6\cdot(-1)-4\cdot(-2)}\begin{bmatrix}-1&-4\\2&6\end{bmatrix}=\frac{1}{2}\begin{bmatrix}-1&-4\\2&6\end{bmatrix}$

(5) 행렬식의 값이 $1\cdot4-2\cdot2=0$이므로 역행렬이 존재하지 않는다.

(6) $\frac{1}{\cos^2\theta+\sin^2\theta}\begin{bmatrix}\cos\theta&\sin\theta\\-\sin\theta&\cos\theta\end{bmatrix}=\begin{bmatrix}\cos\theta&\sin\theta\\-\sin\theta&\cos\theta\end{bmatrix}$

02

정답 풀이 참조

(1) 행렬식을 먼저 구하자.

1행에 대한 여인수 전개를 이용하면

$$\begin{vmatrix}1&1\\1&0\end{vmatrix}+\begin{vmatrix}0&1\\1&1\end{vmatrix}=-1-1=-2$$

수반행렬은

$$\begin{bmatrix}\begin{vmatrix}1&1\\1&0\end{vmatrix}&-\begin{vmatrix}0&1\\1&0\end{vmatrix}&\begin{vmatrix}0&1\\1&1\end{vmatrix}\\-\begin{vmatrix}0&1\\1&0\end{vmatrix}&\begin{vmatrix}1&1\\1&0\end{vmatrix}&-\begin{vmatrix}1&0\\1&1\end{vmatrix}\\\begin{vmatrix}0&1\\1&1\end{vmatrix}&-\begin{vmatrix}1&1\\0&1\end{vmatrix}&\begin{vmatrix}1&0\\0&1\end{vmatrix}\end{bmatrix}^T=\begin{bmatrix}-1&1&-1\\1&-1&-1\\-1&-1&1\end{bmatrix}^T$$

이므로 역행렬은

$$-\frac{1}{2}\begin{bmatrix}-1&1&-1\\1&-1&-1\\-1&-1&1\end{bmatrix}\text{이다.}$$

(2) 행렬식의 값은

$$\begin{vmatrix}1&2\\2&1\end{vmatrix}-2\begin{vmatrix}2&2\\0&1\end{vmatrix}=-3-4=-7$$

이고 수반행렬은

$$\begin{bmatrix}\begin{vmatrix}1&2\\2&1\end{vmatrix}&-\begin{vmatrix}2&2\\0&1\end{vmatrix}&\begin{vmatrix}2&1\\0&2\end{vmatrix}\\-\begin{vmatrix}2&0\\2&1\end{vmatrix}&\begin{vmatrix}1&0\\0&1\end{vmatrix}&-\begin{vmatrix}1&2\\0&2\end{vmatrix}\\\begin{vmatrix}2&0\\1&2\end{vmatrix}&-\begin{vmatrix}1&0\\2&2\end{vmatrix}&\begin{vmatrix}1&2\\2&1\end{vmatrix}\end{bmatrix}^T=\begin{bmatrix}-3&-2&4\\-2&1&-2\\4&-2&-3\end{bmatrix}^T$$

이므로 역행렬은

$$-\frac{1}{7}\begin{bmatrix}-3&-2&4\\-2&1&-2\\4&-2&-3\end{bmatrix}$$

(3) 1열의 여인수를 이용하여 행렬식을 구하면

$$2\begin{vmatrix}6&4\\-2&2\end{vmatrix}=2(12+8)=40$$

수반행렬은

$$\begin{bmatrix}\begin{vmatrix}6&4\\-2&2\end{vmatrix}&-\begin{vmatrix}0&4\\0&2\end{vmatrix}&\begin{vmatrix}0&6\\0&-2\end{vmatrix}\\-\begin{vmatrix}1&-1\\-2&2\end{vmatrix}&\begin{vmatrix}2&-1\\0&2\end{vmatrix}&-\begin{vmatrix}2&1\\0&-2\end{vmatrix}\\\begin{vmatrix}1&-1\\6&4\end{vmatrix}&-\begin{vmatrix}2&-1\\0&4\end{vmatrix}&\begin{vmatrix}2&1\\0&6\end{vmatrix}\end{bmatrix}^T=\begin{bmatrix}20&0&0\\0&4&4\\10&-8&12\end{bmatrix}^T$$

따라서 역행렬은

$$\frac{1}{40}\begin{bmatrix}20&0&10\\0&4&-8\\0&4&12\end{bmatrix}=\frac{1}{20}\begin{bmatrix}10&0&5\\0&2&-4\\0&2&6\end{bmatrix}$$

(4) 1행에 대한 여인수 전개로 행렬식을 구하면

$$-\begin{vmatrix}4&1\\2&-9\end{vmatrix}-3\begin{vmatrix}2&1\\-4&-9\end{vmatrix}-4\begin{vmatrix}2&4\\-4&2\end{vmatrix}=38+42-80=0$$

이므로 역행렬은 존재하지 않는다.

(5) 2행에 대한 여인수 전개로 행렬식을 구하면

$$\begin{vmatrix}5&5\\4&3\end{vmatrix}-\begin{vmatrix}2&5\\2&3\end{vmatrix}=(15-20)-(6-10)=-1\text{이다.}$$

수반행렬을 구하면

$$\begin{bmatrix}\begin{vmatrix}-1&0\\4&3\end{vmatrix}&-\begin{vmatrix}-1&0\\2&3\end{vmatrix}&\begin{vmatrix}-1&-1\\2&4\end{vmatrix}\\-\begin{vmatrix}5&5\\4&3\end{vmatrix}&\begin{vmatrix}2&5\\2&3\end{vmatrix}&-\begin{vmatrix}2&5\\2&4\end{vmatrix}\\\begin{vmatrix}5&5\\-1&0\end{vmatrix}&-\begin{vmatrix}2&5\\-1&0\end{vmatrix}&\begin{vmatrix}2&5\\-1&-1\end{vmatrix}\end{bmatrix}^T=\begin{bmatrix}-3&3&-2\\5&-4&2\\5&-5&3\end{bmatrix}^T$$

이므로 역행렬은

$$-\begin{bmatrix}-3&5&5\\3&-4&-5\\-2&2&3\end{bmatrix}=\begin{bmatrix}3&-5&-5\\-3&4&5\\2&-2&-3\end{bmatrix}\text{이다.}$$

(6) 1행에 여인수전개로 행렬식을 구하면

$$2\begin{vmatrix}3&2\\0&-4\end{vmatrix}+3\begin{vmatrix}0&3\\-2&0\end{vmatrix}=2\cdot(-12)+3\cdot6=-6$$

수반행렬은

$$\begin{bmatrix}\begin{vmatrix}3&2\\0&-4\end{vmatrix}&-\begin{vmatrix}0&2\\-2&-4\end{vmatrix}&\begin{vmatrix}0&3\\-2&0\end{vmatrix}\\-\begin{vmatrix}0&3\\0&-4\end{vmatrix}&\begin{vmatrix}2&3\\-2&-4\end{vmatrix}&-\begin{vmatrix}2&0\\-2&0\end{vmatrix}\\\begin{vmatrix}0&3\\3&2\end{vmatrix}&-\begin{vmatrix}2&3\\0&2\end{vmatrix}&\begin{vmatrix}2&0\\0&3\end{vmatrix}\end{bmatrix}^T=\begin{bmatrix}-12&-4&6\\0&-2&0\\-9&-4&6\end{bmatrix}^T$$

이므로 역행렬은

$$-\frac{1}{6}\begin{bmatrix}-12&0&-9\\-4&-2&-4\\6&0&6\end{bmatrix}=\begin{bmatrix}2&0&\frac{3}{2}\\\frac{2}{3}&\frac{1}{3}&\frac{2}{3}\\-1&0&-1\end{bmatrix}$$

03

정답 풀이 참조

(1) $AA^{-1}=A^{-1}A=I$에서 $\begin{bmatrix}\frac{1}{4}&0\\0&-\frac{1}{2}\end{bmatrix}$

(2) $\begin{bmatrix}-1&0&0\\0&3&0\\0&0&\frac{1}{2}\end{bmatrix}$

(3) $\begin{bmatrix}-1&0&0&0\\0&\frac{1}{5}&0&0\\0&0&-\frac{1}{2}&0\\0&0&0&1\end{bmatrix}$

(4) $\left[\begin{array}{cc|cc}1&0&0&0\\1&1&0&0\\\hline0&0&1&0\\0&0&1&1\end{array}\right]$ 로 분할할 수 있으므로 블록삼각행렬이다.

$A=\begin{bmatrix}1&0\\1&1\end{bmatrix}$, $B=\begin{bmatrix}1&0\\1&1\end{bmatrix}$로 놓으면 $A^{-1}=B^{-1}=\begin{bmatrix}1&0\\-1&1\end{bmatrix}$

이므로 역행렬은 다음과 같다.

$$\begin{bmatrix}1&0&0&0\\-1&1&0&0\\0&0&1&0\\0&0&-1&1\end{bmatrix}$$

04

정답 (1) -1 또는 6 (2) -2 또는 3 또는 4

(1) $\begin{vmatrix} a-3 & 4 \\ 3 & a-2 \end{vmatrix} = (a-3)(a-2)-12$

$= a^2-5a-6$

$= (a-6)(a+1) = 0$

에서 $a=-1$ 또는 $a=6$이다.

(2) $\begin{vmatrix} a-4 & 0 & 0 \\ 0 & a & 2 \\ 0 & 3 & a-1 \end{vmatrix} = (a-4)\begin{vmatrix} a & 2 \\ 3 & a-1 \end{vmatrix}$

$= (a-4)\{a(a-1)-6\}$

$= (a+2)(a-3)(a-4) = 0$

에서 $a=-2$ 또는 3 또는 4이다.

05

정답 (1) 3 (2) $\frac{3}{2}$

(1) 제3행의 여인수들을 구해서 더하면 된다.

$C_{31} = (-1)^{3+1}\begin{vmatrix} 4 & 3 \\ 0 & 1 \end{vmatrix} = 4,\ C_{32} = (-1)^{3+2}\begin{vmatrix} 2 & 3 \\ -1 & 1 \end{vmatrix} = -5,$

$C_{33} = (-1)^{3+3}\begin{vmatrix} 2 & 4 \\ -1 & 0 \end{vmatrix} = 4$

따라서 $adj(A)$의 제 3열의 원소들의 합은 $4-5+4=3$이다.

(2) A^{-1}의 제 3열 성분들의 합은 수반행렬의 제 3열 성분들의 합을 행렬식의 값으로 나눈 것과 같다.

$|A| = \begin{vmatrix} 2 & 4 & 3 \\ -1 & 0 & 1 \\ 1 & 2 & 2 \end{vmatrix} = 2$이므로 $\frac{3}{2}$이다.

06

정답 ①

$|A| = \begin{vmatrix} 1 & 2 & 3 \\ 0 & 1 & 2 \\ 1 & 1 & 2 \end{vmatrix} = \begin{vmatrix} 1 & 2 & 3 \\ 0 & 1 & 2 \\ 1 & 0 & 0 \end{vmatrix} = 1$ 이므로 다음과 같다.

(A^{-1} 의 (2, 2) 성분)

$= \frac{1}{|A|} \times$(A 의 (2, 2) 성분의 여인수)

$= \frac{1}{1} \times (2-3) = -1$

07

정답 ③

주어진 행렬을 B라 하면 $a_{13} = \frac{1}{|B|} \times$(3행1열의 여인수)이다.

$\begin{vmatrix} 1 & 0 & 0 & 3 \\ 2 & -1 & 0 & 6 \\ 0 & 1 & 3 & 0 \\ -2 & 3 & 1 & -3 \end{vmatrix} = \begin{vmatrix} 1 & 0 & 0 & 0 \\ 2 & -1 & 0 & 0 \\ 0 & 1 & 3 & 0 \\ -2 & 3 & 1 & 3 \end{vmatrix}$ (∵ 1열×(−3) + 4열 → 4열)

$= 1 \times \begin{vmatrix} -1 & 0 & 0 \\ 1 & 3 & 0 \\ 3 & 1 & 3 \end{vmatrix}$ (∵ 1행에 대해 Laplace전개)

$= -1 \times \begin{vmatrix} 3 & 0 \\ 1 & 3 \end{vmatrix} = -9$

(3행 1열의 여인수)$= \begin{vmatrix} 0 & 0 & 3 \\ -1 & 0 & 6 \\ 3 & 1 & -3 \end{vmatrix}$

$= 3 \times \begin{vmatrix} -1 & 0 \\ 3 & 1 \end{vmatrix}$ (∵ 1행에 대해 Laplace전개)

$= -3$

따라서, 구하는 값은 $a_{13} = \frac{1}{-9} \times (-3) = \frac{1}{3}$

08

정답 ②

$$\begin{bmatrix} 1 & 0 & 0 & 0 \\ 0 & 1 & 0 & 0 \\ 0 & 0 & 1 & 0 \\ 0 & 0 & 0 & 1 \end{bmatrix} + \begin{bmatrix} 0 & -1 & 1 & -1 \\ 0 & 0 & -1 & 1 \\ 0 & 0 & 0 & -1 \\ 0 & 0 & 0 & 0 \end{bmatrix} + \begin{bmatrix} 0 & 0 & 1 & -2 \\ 0 & 0 & 0 & 1 \\ 0 & 0 & 0 & 0 \\ 0 & 0 & 0 & 0 \end{bmatrix}$$

$$= \begin{bmatrix} 1 & -1 & 2 & -3 \\ 0 & 1 & -1 & 2 \\ 0 & 0 & 1 & -1 \\ 0 & 0 & 0 & 1 \end{bmatrix}$$

$$\Rightarrow \begin{bmatrix} 1 & -1 & 2 & -3 \\ 0 & 1 & -1 & 2 \\ 0 & 0 & 1 & -1 \\ 0 & 0 & 0 & 1 \end{bmatrix}^{-1} = \begin{bmatrix} 1 & 1 & -1 & 0 \\ 0 & 1 & 1 & -1 \\ 0 & 0 & 1 & 1 \\ 0 & 0 & 0 & 1 \end{bmatrix}$$

∴ 역행렬의 모든 성분의 합은 5

Topic 9 역행렬의 성질

01

정답 풀이 참조

(1) $AB = \begin{bmatrix} 5 & 19 \\ 9 & 34 \end{bmatrix}$이므로

$(AB)^{-1} = \frac{1}{170-171}\begin{bmatrix} 34 & -19 \\ -9 & 5 \end{bmatrix} = \begin{bmatrix} -34 & 19 \\ 9 & -5 \end{bmatrix}$이고,

$B^{-1} = \frac{1}{7-8}\begin{bmatrix} 7 & -4 \\ -2 & 1 \end{bmatrix} = \begin{bmatrix} -7 & 4 \\ 2 & -1 \end{bmatrix}$,

$A^{-1} = \frac{1}{6-5}\begin{bmatrix} 2 & -1 \\ -5 & 3 \end{bmatrix} = \begin{bmatrix} 2 & -1 \\ -5 & 3 \end{bmatrix}$이므로

$\begin{bmatrix} -7 & 4 \\ 2 & -1 \end{bmatrix}\begin{bmatrix} 2 & -1 \\ -5 & 3 \end{bmatrix} = \begin{bmatrix} -34 & 19 \\ 9 & -5 \end{bmatrix}$

따라서 $B^{-1}A^{-1} = (AB)^{-1}$이 성립한다.

(2) $A^T = \begin{bmatrix} 3 & 5 \\ 1 & 2 \end{bmatrix}$, $(A^T)^{-1} = \frac{1}{6-5}\begin{bmatrix} 2 & -5 \\ -1 & 3 \end{bmatrix} = \begin{bmatrix} 2 & -5 \\ -1 & 3 \end{bmatrix}$,

(1)에서 $(A^{-1})^T = \begin{bmatrix} 2 & -5 \\ -1 & 3 \end{bmatrix}$이므로

$(A^{-1})^T = (A^T)^{-1}$이 성립한다.

(3) $2A = \begin{bmatrix} 6 & 2 \\ 10 & 4 \end{bmatrix}$이므로

$(2A)^{-1} = \frac{1}{24-20}\begin{bmatrix} 4 & -2 \\ -10 & 6 \end{bmatrix} = \frac{1}{2}\begin{bmatrix} 2 & -1 \\ -5 & 3 \end{bmatrix}$이고

$\frac{1}{2}A^{-1} = \frac{1}{2}\begin{bmatrix} 2 & -1 \\ -5 & 3 \end{bmatrix}$이다. 따라서 $(2A)^{-1} = \frac{1}{2}A^{-1}$이 성립한다.

(4) $B^2 = \begin{bmatrix} 9 & 32 \\ 16 & 57 \end{bmatrix}$,

$(B^2)^{-1} = \frac{1}{9 \cdot 57 - 32 \cdot 16}\begin{bmatrix} 57 & -32 \\ -16 & 9 \end{bmatrix} = \begin{bmatrix} 57 & -32 \\ -16 & 9 \end{bmatrix}$,

$(B^{-1})^2 = \begin{bmatrix} -7 & 4 \\ 2 & -1 \end{bmatrix}\begin{bmatrix} -7 & 4 \\ 2 & -1 \end{bmatrix} = \begin{bmatrix} 57 & -32 \\ -16 & 9 \end{bmatrix}$이므로

$(B^2)^{-1} = (B^{-1})^2$은 성립한다.

(5) $|B^{-1}| = \begin{vmatrix} -7 & 4 \\ 2 & -1 \end{vmatrix} = 7-8 = -1$,

$\frac{1}{|B|}=\frac{1}{\begin{vmatrix}1&4\\2&7\end{vmatrix}}=\frac{1}{7-8}=-1$이므로

$|B^{-1}|=\frac{1}{|B|}$가 성립한다.

(6) $|(B^2)^{-1}|=1$, $|(B^{-1})^2|=57\times9-(-32)\times(-16)=1$이므로

$|B^{-2}|=\frac{1}{|B|^2}$이 성립한다.

02

정답 풀이 참조

(1) $\{(7A)^{-1}\}^{-1}=\begin{bmatrix}-3&7\\1&-2\end{bmatrix}^{-1}$

$\Rightarrow 7A=\begin{bmatrix}2&7\\1&3\end{bmatrix}$ $\therefore A=\frac{1}{7}\begin{bmatrix}2&7\\1&3\end{bmatrix}$

(2) $\{(5A^T)^{-1}\}^{-1}=\begin{bmatrix}-3&-1\\5&2\end{bmatrix}^{-1}$

$\Rightarrow 5A^T=\begin{bmatrix}-2&-1\\5&3\end{bmatrix}$ $\therefore A=\frac{1}{5}\begin{bmatrix}-2&5\\-1&3\end{bmatrix}$

(3) $I+2A=\frac{1}{6-8}\begin{bmatrix}3&2\\4&2\end{bmatrix}=\begin{bmatrix}-\frac{3}{2}&-1\\-2&-1\end{bmatrix}$

$\therefore A=\frac{1}{2}\left(\begin{bmatrix}-\frac{3}{2}&-1\\-2&-1\end{bmatrix}-\begin{bmatrix}1&0\\0&1\end{bmatrix}\right)=\begin{bmatrix}-\frac{5}{4}&-\frac{1}{2}\\-1&-1\end{bmatrix}$

03

정답 (1) -1 (2) 1 (3) $-I$

(1) $\begin{vmatrix}3&1&0\\-2&-4&3\\5&4&-2\end{vmatrix}=24+15-36-4=-1$

(2) $\det(adj(A))=(-1)^{3-1}=1$

(3) $Aadj(A)=|A|I=\begin{bmatrix}-1&0&0\\0&-1&0\\0&0&-1\end{bmatrix}=-I$

04

정답 ④

① $|2A^{-1}|=\left|\frac{2}{A}\right|=\frac{2^3}{2}=4$

② $|(2A)^{-1}|=\frac{1}{|2A|}=\frac{1}{2^3|A|}=\frac{1}{16}$

③ $|2A^T|=|2A|=2^3|A|=2^3\cdot2=16$

④ $|2adj(A)|=\left|2\cdot\frac{|A|}{A}\right|$

$=2^3\cdot|A|^3\cdot\frac{1}{|A|}=2^3|A|^3=32$

05

정답 ①

$\det A=\begin{vmatrix}2&2&0\\-2&1&1\\3&0&1\end{vmatrix}=2(1-0)-2(-2-3)+0=12$

이므로 $\det(A^{-1})=\frac{1}{12}$이다.

06

정답 ①

$|A|=\begin{vmatrix}1&-1&-1&1\\-1&1&3&1\\-3&1&-1&1\\1&3&1&-1\end{vmatrix}=\begin{vmatrix}1&0&0&0\\-1&0&2&2\\-3&-2&-4&4\\1&4&2&-2\end{vmatrix}$

$=\begin{vmatrix}0&2&2\\-2&-4&4\\4&2&-2\end{vmatrix}=\begin{vmatrix}0&0&2\\-2&-8&4\\4&4&-2\end{vmatrix}$

$=2(-8+32)=48$

이므로 행렬식의 성질에 의하여 $\det(A^{-1})=\frac{1}{|A|}=\frac{1}{48}$이다.

07

정답 ③

$\det(A)=abc+1+1-(b+a+c)=5+2-3=4$

$\therefore |adjA|=|A|^{n-1}=4^2=16$

08

정답 ①

두 행렬이 같다면 두 행렬의 행렬식도 같아야한다.

$\det(A)=\det\begin{bmatrix}-1&1&2&0\\0&2&-1&0\\1&0&1&2\\0&1&2&2\end{bmatrix}$

$=\det\begin{bmatrix}-1&1&2&0\\0&2&-1&0\\0&1&3&2\\0&1&2&2\end{bmatrix}$ ((1행)×(1)+(3행)→(3행))

$=-\det\begin{bmatrix}2&-1&0\\1&3&2\\1&2&2\end{bmatrix}=-4$

$\det(adj(adj(A)))=(\det(A))^9=(-4)^9$

$=4^8\det(A)$

$=16^4\det(A)=\det(16A)$

09

정답 ④

ㄱ. (거짓) (반례) $A=\begin{pmatrix}1&0\\0&0\end{pmatrix}$, $B=\begin{pmatrix}0&0\\1&0\end{pmatrix}$, $C=\begin{pmatrix}0&0\\0&1\end{pmatrix}$이라 하면

$AB=AC$이지만 $B\neq C$이다.

ㄴ. (참) 두 행이 비례관계이면 행렬식은 0이다.

ㄷ. (거짓) (반례) $A=\begin{pmatrix}1&0\\0&2\end{pmatrix}$ $B=\begin{pmatrix}2&0\\0&1\end{pmatrix}$이라 하면

$A+kB=\begin{pmatrix}1+2k&0\\0&2+k\end{pmatrix}$이므로

$|A+kB|=(1+2k)(2+k)$이지만 $\det(A)+k\det(B)=2+2k$이다.

ㄹ. (참) 행렬 A가 가역행렬이면 $\det(A)\neq0$이다. 또한

$\det(kA)=k^n\det(A)$이므로 $\det(kA)\neq0$이다.

그러므로 kA는 가역이며 $(kA)^{-1}=\frac{1}{k}A^{-1}$이다.

10

정답 ④

ⓐ (참) $\det(A^{-1})=\frac{1}{\det A}=(\det A)^{-1}$

ⓑ (참) $(AA^T)^T=(A^T)^TA^T=AA^T$이므로 AA^T는 대칭행렬이다.

ⓒ (거짓)(반례) $A=\begin{pmatrix}1&0\\0&2\end{pmatrix}$이라 하면 $tr(A^T)=3$이지만

$(trA)^{-1}=\frac{1}{3}$이다.

즉, $tr(A^T)\neq(trA)^{-1}$이다.

ⓓ (거짓)(반례) $A=\begin{pmatrix}1&0\\0&2\end{pmatrix}$이라 하면 $tr(A^{-1})=\frac{3}{2}$이지만

$(trA)^{-1}=\frac{1}{3}$이다.

즉, $tr(A^{-1})\neq(trA)^{-1}$이다.

11

정답 ②

ㄱ. (참) $A^T=A^TA$

$\Rightarrow (A^T)^T=(A^TA)^T$ (양변에 전치)

$\Leftrightarrow A=A^T(A^T)^T=A^TA=A^T$이다.

ㄴ. (거짓) $A^T=A^TA$이므로

$|A^T|=|A^TA| \Leftrightarrow |A|=|A^T||A| \Leftrightarrow |A|=|A|^2$이다.

따라서 $\det(A)=1$또는 $\det(A)=0$이다.

ㄷ. (참) $A^T=A=A^TA=A^2$이 성립한다.

ㄹ. (거짓) (반례) $A=\begin{pmatrix}1&0\\0&0\end{pmatrix}$이면 $A^T=A^TA$이지만 A는 역행렬이 존재 하지 않는다.

Topic 10 기본행변환과 행사다리꼴 행렬

01

정답 풀이 참조

(1) I_2의 1행에 -3을 곱하여 2행에 더하는 기본행렬이다.

(2) 기본행렬이 아니다.

(3) 2열과 3열을 교환하는 기본행렬이다.

(4) 1행에 2를 곱하는 연산, 4행에 2를 곱하여 1행에 더하는 연산으로 연산이 두 번 실시된 형태이므로 기본행렬이 아니다.

02

정답 (1) $\begin{bmatrix}0&0&1\\0&1&0\\1&0&0\end{bmatrix}$ (2) $\begin{bmatrix}1&0&0\\0&5&0\\0&0&1\end{bmatrix}$ (3) $\begin{bmatrix}1&0&0\\0&1&0\\-3&0&1\end{bmatrix}$

(4) $\begin{bmatrix}0&0&1\\0&1&0\\1&0&0\end{bmatrix}$ (5) $\begin{bmatrix}1&0&0\\0&1&0\\0&0&-2\end{bmatrix}$ (6) $\begin{bmatrix}1&0&0\\0&1&-2\\0&0&1\end{bmatrix}$

03

정답 풀이 참조

(1) $\begin{bmatrix}1&2&-5\\-2&-3&15\\6&13&-25\end{bmatrix}\sim\begin{bmatrix}1&2&-5\\0&1&5\\0&1&5\end{bmatrix}\begin{pmatrix}1행\times2+2행\rightarrow2행\\1행\times(-6)+3행\rightarrow3행\end{pmatrix}$

$\sim\begin{bmatrix}1&2&-5\\0&1&5\\0&0&0\end{bmatrix}$ (2행×(−1)+3행→3행)

(2) $\begin{bmatrix}4&0&6\\-1&1&-1\\2&-4&1\end{bmatrix}\sim\begin{bmatrix}-1&1&-1\\4&0&6\\2&-4&1\end{bmatrix}$ (1행↔2행)

$\sim\begin{bmatrix}1&-1&1\\4&0&6\\2&-4&1\end{bmatrix}$ ((−1)×1행→1행)

$\sim\begin{bmatrix}1&-1&1\\0&4&2\\0&-2&-1\end{bmatrix}\begin{pmatrix}1행\times(-4)+2행\rightarrow2행\\1행\times(-2)+3행\rightarrow3행\end{pmatrix}$

$\sim\begin{bmatrix}1&-1&1\\0&4&2\\0&0&0\end{bmatrix}$ $\left(\left(\frac{1}{2}\right)\times2행+3행\rightarrow3행\right)$

$\sim\begin{bmatrix}1&-1&1\\0&1&\frac{1}{2}\\0&0&0\end{bmatrix}$ $\left(\left(\frac{1}{4}\right)\times2행\rightarrow2행\right)$

(3) $\begin{bmatrix}1&-7&2&10\\-3&18&0&-15\\2&-2&1&2\end{bmatrix}$

$\sim\begin{bmatrix}1&-7&2&10\\1&-6&0&5\\2&-2&1&2\end{bmatrix}$ $\left(\left(-\frac{1}{3}\right)\times2행\rightarrow2행\right)$

$\sim\begin{bmatrix}1&-7&2&10\\0&1&-2&-5\\0&12&-3&-18\end{bmatrix}\begin{pmatrix}1행\times(-1)+2행\rightarrow2행\\1행\times(-2)+3행\rightarrow3행\end{pmatrix}$

$\sim\begin{bmatrix}1&-7&2&10\\0&1&-2&-5\\0&4&-1&-6\end{bmatrix}$ $\left(\frac{1}{3}\times3행\rightarrow3행\right)$

$\sim\begin{bmatrix}1&-7&2&10\\0&1&-2&-5\\0&0&7&14\end{bmatrix}$ (2행×(−4)+3행→3행)

$\sim\begin{bmatrix}1&-7&2&10\\0&1&-2&-5\\0&0&1&2\end{bmatrix}$ $\left(\left(\frac{1}{7}\right)\times3행\rightarrow3행\right)$

(4) $\begin{bmatrix}2&2&-1&6&4\\4&4&1&10&13\\8&8&-1&26&23\end{bmatrix}$

$\sim\begin{bmatrix}2&2&-1&6&4\\0&0&3&-2&5\\0&0&3&2&7\end{bmatrix}\begin{pmatrix}1행\times(-2)+2행\rightarrow2행\\1행\times(-4)+3행\rightarrow3행\end{pmatrix}$

$\sim\begin{bmatrix}2&2&-1&6&4\\0&0&3&-2&5\\0&0&0&4&2\end{bmatrix}$ (2행×(−1)+3행→3행)

$\sim\begin{bmatrix}1&1&-\frac{1}{2}&3&2\\0&0&1&-\frac{2}{3}&\frac{5}{3}\\0&0&0&1&\frac{1}{2}\end{bmatrix}\begin{pmatrix}1행\times\frac{1}{2}\rightarrow1행\\2행\times\frac{1}{3}\rightarrow2행\\3행\times\frac{1}{4}\rightarrow3행\end{pmatrix}$

04

정답 풀이 참조

(1) $\begin{bmatrix}1&2&-5\\0&1&5\\0&0&0\end{bmatrix}\sim\begin{bmatrix}1&0&-15\\0&1&5\\0&0&0\end{bmatrix}$

(2) $\begin{bmatrix}1&-1&1\\0&1&\frac{1}{2}\\0&0&0\end{bmatrix}\sim\begin{bmatrix}1&0&\frac{3}{2}\\0&1&\frac{1}{2}\\0&0&0\end{bmatrix}$

(3) $\begin{bmatrix}1&-7&2&10\\0&1&-2&-5\\0&0&1&2\end{bmatrix}$

$\sim\begin{bmatrix}1&-7&2&10\\0&1&0&-1\\0&0&1&2\end{bmatrix}$ (3행×2+2행→2행)

$\sim\begin{bmatrix}1&0&2&3\\0&1&0&-1\\0&0&1&2\end{bmatrix}$ (2행×7+1행→1행)

$\sim\begin{bmatrix}1&0&0&-1\\0&1&0&-1\\0&0&1&2\end{bmatrix}$ (3행×(−2)+1행→1행)

(4) $\begin{bmatrix} 1 & 1 & -\frac{1}{2} & 3 & 2 \\ 0 & 0 & 1 & -\frac{2}{3} & \frac{5}{3} \\ 0 & 0 & 0 & 1 & \frac{1}{2} \end{bmatrix}$

$\sim \begin{bmatrix} 1 & 1 & -\frac{1}{2} & 3 & 2 \\ 0 & 0 & 1 & 0 & 2 \\ 0 & 0 & 0 & 1 & \frac{1}{2} \end{bmatrix} \left(3\text{행}\times\frac{2}{3}+2\text{행}\rightarrow 2\text{행}\right)$

$\sim \begin{bmatrix} 1 & 1 & 0 & 3 & 3 \\ 0 & 0 & 1 & 0 & 2 \\ 0 & 0 & 0 & 1 & \frac{1}{2} \end{bmatrix} \left(2\text{행}\times\frac{1}{2}+1\text{행}\rightarrow 1\text{행}\right)$

$\sim \begin{bmatrix} 1 & 1 & 0 & 0 & \frac{3}{2} \\ 0 & 0 & 1 & 0 & 2 \\ 0 & 0 & 0 & 1 & \frac{1}{2} \end{bmatrix} (3\text{행}\times(-3)+1\text{행}\rightarrow 1\text{행})$

05

정답 (1), (3), (4), (5)

(2), (6)은 선행 1을 포함한 열에 0 이외의 원소가 있으므로 기약행사다리꼴이 아니다.

06

정답 풀이 참조

(1) $\left[\begin{array}{cc|cc} 4 & 0 & 1 & 0 \\ 0 & 2 & 0 & 1 \end{array}\right] \rightarrow \left[\begin{array}{cc|cc} 1 & 0 & \frac{1}{4} & 0 \\ 0 & 1 & 0 & \frac{1}{2} \end{array}\right] \begin{pmatrix} 1\text{행}\times\frac{1}{4}\rightarrow 1\text{행} \\ 2\text{행}\times\frac{1}{2}\rightarrow 2\text{행} \end{pmatrix}$

따라서 역행렬은 $\begin{bmatrix} \frac{1}{4} & 0 \\ 0 & \frac{1}{2} \end{bmatrix}$이다.

(2) $\left[\begin{array}{cc|cc} 6 & 0 & 1 & 0 \\ -2 & 4 & 0 & 1 \end{array}\right] \rightarrow \left[\begin{array}{cc|cc} 1 & 0 & \frac{1}{6} & 0 \\ -\frac{1}{2} & 1 & 0 & \frac{1}{4} \end{array}\right] \begin{pmatrix} 1\text{행}\times\frac{1}{6}\rightarrow 1\text{행} \\ 2\text{행}\times\frac{1}{4}\rightarrow 2\text{행} \end{pmatrix}$

$\rightarrow \left[\begin{array}{cc|cc} 1 & 0 & \frac{1}{6} & 0 \\ 0 & 1 & \frac{1}{12} & \frac{1}{4} \end{array}\right] \left(1\text{행}\times\frac{1}{2}+2\text{행}\rightarrow 2\text{행}\right)$

따라서 역행렬은 $\begin{bmatrix} \frac{1}{6} & 0 \\ \frac{1}{12} & \frac{1}{4} \end{bmatrix}$이다.

(3) $\left[\begin{array}{ccc|ccc} 1 & 2 & 3 & 1 & 0 & 0 \\ 0 & 1 & 4 & 0 & 1 & 0 \\ 0 & 0 & 8 & 0 & 0 & 1 \end{array}\right]$

$\rightarrow \left[\begin{array}{ccc|ccc} 1 & 0 & -5 & 1 & -2 & 0 \\ 0 & 1 & 4 & 0 & 1 & 0 \\ 0 & 0 & 1 & 0 & 0 & \frac{1}{8} \end{array}\right] \begin{pmatrix} 2\text{행}\times(-2)+1\text{행}\rightarrow 1\text{행} \\ 3\text{행}\times\frac{1}{8}\rightarrow 3\text{행} \end{pmatrix}$

$\rightarrow \left[\begin{array}{ccc|ccc} 1 & 0 & 0 & 1 & -2 & \frac{5}{8} \\ 0 & 1 & 0 & 0 & 1 & -\frac{1}{2} \\ 0 & 0 & 1 & 0 & 0 & \frac{1}{8} \end{array}\right] \begin{pmatrix} 3\text{행}\times 5+1\text{행}\rightarrow 1\text{행} \\ 3\text{행}\times(-4)+2\text{행}\rightarrow 2\text{행} \end{pmatrix}$

따라서 역행렬은 $\begin{bmatrix} 1 & -2 & \frac{5}{8} \\ 0 & 1 & -\frac{1}{2} \\ 0 & 0 & \frac{1}{8} \end{bmatrix}$이다.

(4) $\left[\begin{array}{ccc|ccc} 1 & 0 & 2 & 1 & 0 & 0 \\ 2 & -1 & 3 & 0 & 1 & 0 \\ 4 & 1 & 8 & 0 & 0 & 1 \end{array}\right]$

$\sim \left[\begin{array}{ccc|ccc} 1 & 0 & 2 & 1 & 0 & 0 \\ 0 & -1 & -1 & -2 & 1 & 0 \\ 0 & 1 & 0 & -4 & 0 & 1 \end{array}\right]$

$\sim \left[\begin{array}{ccc|ccc} 1 & 0 & 2 & 1 & 0 & 0 \\ 0 & -1 & -1 & -2 & 1 & 0 \\ 0 & 0 & -1 & -6 & 1 & 1 \end{array}\right]$

$\sim \left[\begin{array}{ccc|ccc} 1 & 0 & 0 & -11 & 2 & 2 \\ 0 & -1 & 0 & 4 & 0 & -1 \\ 0 & 0 & 1 & 6 & -1 & -1 \end{array}\right]$

$\sim \left[\begin{array}{ccc|ccc} 1 & 0 & 0 & -11 & 2 & 2 \\ 0 & 1 & 0 & -4 & 0 & 1 \\ 0 & 0 & 1 & 6 & -1 & -1 \end{array}\right]$

따라서 역행렬은 $\begin{bmatrix} -11 & 2 & 2 \\ -4 & 0 & 1 \\ 6 & -1 & -1 \end{bmatrix}$이다.

07

정답 ③

$A=\begin{bmatrix} 1 & 2 & 3 \\ 0 & 1 & 4 \\ 0 & 0 & 1 \end{bmatrix} \sim \begin{bmatrix} 1 & 2 & 0 \\ 0 & 1 & 0 \\ 0 & 0 & 1 \end{bmatrix} \sim \begin{bmatrix} 1 & 0 & 0 \\ 0 & 1 & 0 \\ 0 & 0 & 1 \end{bmatrix} = I$이므로 사용된 행변환은 각각

(i) 3행$\times(-4)+$2행 → 2행

(ii) 3행 $\times(-3)+1$행 →1행

(iii) 2행 $\times(-2)+1$행 → 1행

이다. 세 연산의 역연산은 각각

(i) 3행$\times 4+$2행 → 2행

(ii) 3행 $\times 3+1$행 →1행

(iii) 2행 $\times 2+1$행 → 1행

이므로 $A=E_3E_2E_1$에서

$E_1=\begin{bmatrix} 1 & 2 & 0 \\ 0 & 1 & 0 \\ 0 & 0 & 1 \end{bmatrix}$, $E_2=\begin{bmatrix} 1 & 0 & 3 \\ 0 & 1 & 0 \\ 0 & 0 & 1 \end{bmatrix}$, $E_3=\begin{bmatrix} 1 & 0 & 0 \\ 0 & 1 & 4 \\ 0 & 0 & 1 \end{bmatrix}$이다.

08

정답 ④

M의 다섯째 열의 성분을 $\begin{bmatrix} a \\ b \\ c \end{bmatrix}$라 할 때,

행렬 M의 첫째, 둘째, 넷째, 다섯째 열을 열로 받아 만든 행렬인 $B=\begin{bmatrix} 1 & 3 & 2 & a \\ 1 & 1 & 1 & b \\ 2 & -1 & 1 & c \end{bmatrix}$와 행렬 $\begin{bmatrix} 1 & 0 & 0 & 2 \\ 0 & 1 & 0 & 5 \\ 0 & 0 & 1 & 6 \end{bmatrix}$은 행동치행렬이다. 따라서 기본 행연산에 의하여

$B=\begin{bmatrix} 1 & 3 & 2 & a \\ 1 & 1 & 1 & b \\ 2 & -1 & 1 & c \end{bmatrix} \sim \begin{bmatrix} 1 & 3 & 2 & a \\ 0 & -2 & -1 & b-a \\ 0 & -7 & -3 & c-2a \end{bmatrix}$

$\sim \begin{bmatrix} 1 & 3 & 2 & a \\ 0 & 1 & \frac{1}{2} & \frac{1}{2}a-\frac{1}{2}b \\ 0 & -7 & -3 & c-2a \end{bmatrix}$

$$\sim \begin{bmatrix} 1 & 3 & 2 & a \\ 0 & 1 & \frac{1}{2} & \frac{1}{2}a-\frac{1}{2}b \\ 0 & 0 & \frac{1}{2} & \frac{3}{2}a-\frac{7}{2}b+c \end{bmatrix}$$

$$\sim \begin{bmatrix} 1 & 3 & 0 & -5a+14b-4c \\ 0 & 1 & 0 & -a+3b-c \\ 0 & 0 & \frac{1}{2} & \frac{3}{2}a-\frac{7}{2}b+c \end{bmatrix}$$

$$\sim \begin{bmatrix} 1 & 3 & 0 & -5a+14b-4c \\ 0 & 1 & 0 & -a+3b-c \\ 0 & 0 & 1 & 3a-7b+2c \end{bmatrix}$$

$$\sim \begin{bmatrix} 1 & 0 & 0 & -2a+5b-c \\ 0 & 1 & 0 & -a+3b-c \\ 0 & 0 & 1 & 3a-7b+2c \end{bmatrix}$$

이므로

$-2a+5b-c=2,\ -a+3b-c=5,\ 3a-7b+2c=6$

$\Leftrightarrow\ a=29,\ b=13,\ c=5$

이고 $a+b+c=47$이다.

실력 UP 단원 마무리

01

$A=\begin{bmatrix} -1 & 3 & 0 \\ 1 & -1 & 2 \\ 2 & -2 & 2 \end{bmatrix}$, $B=\begin{bmatrix} 1 & 1 & -1 \\ 0 & 3 & 1 \\ 1 & 0 & 1 \end{bmatrix}$ 에 대해 c_{23} 의 값은 A 의 2행과 B 의 3열에 곱이므로

$c_{23}=1\times(-1)+(-1)\times1+2\times1=0$

정답 ④

02

$c_{32}=(A$ 의 3행의 원소$)\times(B^T$ 의 2열의 원소$)$ (B 의 2행의 원소)

$=0\times1+1\times3-2\times5-1\times0=-7$

정답 ②

03

$$\begin{vmatrix} 6 & 0 & 0 & -6 \\ 4 & -2 & 3 & -1 \\ 2 & 1 & -7 & -2 \\ -3 & 0 & 4 & 3 \end{vmatrix}$$

$$=\begin{vmatrix} 6 & 0 & 0 & 0 \\ 4 & -2 & 3 & 3 \\ 2 & 1 & -7 & 0 \\ -3 & 0 & 4 & 0 \end{vmatrix}\quad [\because\ (1열)+(4열)\to(4열)]$$

$$=6\begin{vmatrix} -2 & 3 & 3 \\ 1 & -7 & 0 \\ 0 & 4 & 0 \end{vmatrix}=6\cdot12=72$$

정답 ④

04

$A\begin{pmatrix}1\\2\end{pmatrix}=\begin{pmatrix}1\\0\end{pmatrix}$이면 $AA\begin{pmatrix}1\\2\end{pmatrix}=A\begin{pmatrix}1\\0\end{pmatrix}\ \Leftrightarrow\ A^2\begin{pmatrix}1\\2\end{pmatrix}=A\begin{pmatrix}1\\0\end{pmatrix}$

$\Leftrightarrow\ I\begin{pmatrix}1\\2\end{pmatrix}=A\begin{pmatrix}1\\0\end{pmatrix}$

$\Leftrightarrow\ A\begin{pmatrix}1\\0\end{pmatrix}=\begin{pmatrix}1\\2\end{pmatrix}$

이다. 따라서

$A\begin{pmatrix}2\\3\end{pmatrix}=A\left\{\frac{3}{2}\begin{pmatrix}1\\2\end{pmatrix}+\frac{1}{2}\begin{pmatrix}1\\0\end{pmatrix}\right\}$

$\Leftrightarrow\ A\begin{pmatrix}2\\3\end{pmatrix}=\frac{3}{2}A\begin{pmatrix}1\\2\end{pmatrix}+\frac{1}{2}A\begin{pmatrix}1\\0\end{pmatrix}=\frac{3}{2}\begin{pmatrix}1\\0\end{pmatrix}+\frac{1}{2}\begin{pmatrix}1\\2\end{pmatrix}=\begin{pmatrix}2\\1\end{pmatrix}$

정답 ④

05

$A^{-1}=\frac{1}{|A|}adjA\ \Leftrightarrow\ adjA=|A|A^{-1}$

그리고, $|adjA|=\left||A|A^{-1}\right|$

$=|A|^3|A^{-1}|$ ($\because A$는 3×3행렬)

$=|A|^3\frac{1}{|A|}$

$=|A|^2$

여기서 $|adjA|=49$ 이므로 $|A|=7$ 이다.

$\therefore\ \begin{vmatrix} 1 & a & 1 \\ 2 & b & 2 \\ 1 & 3 & 8 \end{vmatrix}=7\ \Leftrightarrow\ \begin{vmatrix} 1 & a & 1 \\ 0 & b-2a & 0 \\ 0 & 3-a & 7 \end{vmatrix}=7\ \Leftrightarrow 1\times\begin{vmatrix} b-2a & 0 \\ 3-a & 7 \end{vmatrix}=7$

$\Leftrightarrow\ 7(b-2a)=7$

$\Leftrightarrow\ b-2a=1$

정답 ①

06

$A=\begin{bmatrix}1&2&2\\3&1&0\\1&1&1\end{bmatrix}$에서 $|A|=-1$이고

$b_{32}=\frac{1}{|A|}(a_{23}$의 여인수$)=-1\times(-1)^{2+3}\begin{vmatrix}1&2\\1&1\end{vmatrix}=-1$

정답 ①

07

$2I=3A-A^3$ 이므로 $I=\frac{3}{2}A-\frac{1}{2}A^3=A\left(\frac{3}{2}I-\frac{1}{2}A^2\right)$

따라서 A의 역행렬은 $\frac{3}{2}I-\frac{1}{2}A^2$이다.

정답 ③

08

$A^{-1}=\frac{1}{4}\begin{bmatrix}4&0&0&0\\0&12&-20&0\\0&-4&8&0\\0&0&0&1\end{bmatrix}$이므로

$tr(A^{-1})=\frac{1}{4}(4+12+8+1)=\frac{25}{4}$

정답 ①

09

ㄱ. (거짓) $(AB)^T=B^TA^T\neq A^TB^T$이다.

ㄴ. (참) 행렬 A와 A^T의 대각성분이 같으므로 $trA=trA^T$이 성립한다.

ㄷ. (참) 대각합의 성질에 의하여 $trAB=trBA$이 성립한다.

ㄹ. (참) $(A^TA)^T=A^T(A^T)^T=A^TA$이므로 A^TA는 대칭행렬이다.

따라서 보기 중 틀린 명제는"ㄱ"뿐이다.

정답 ①

10

$|(A^{-1})^2|=|A|^{-2}=\frac{1}{|A|^2}$ 이므로

$$|A|=\begin{vmatrix}1&0&0&2\\2&-1&0&6\\0&6&-2&0\\2&3&1&-3\end{vmatrix}$$

$$=\begin{vmatrix}1&0&0&0\\2&-1&0&2\\0&6&-2&0\\2&3&1&-7\end{vmatrix}\quad(\because\ 1열\times(-2)\ +\ 4열\ \rightarrow\ 4열)$$

$$=\begin{vmatrix}-1&0&2\\6&-2&0\\3&1&-7\end{vmatrix}\quad(\because\ 1행에\ 대해\ \text{Laplace}전개)$$

$$=\begin{vmatrix}-1&0&0\\6&-2&12\\3&1&-1\end{vmatrix}\quad(\because\ 1열\times2\ +\ 3열\ \rightarrow\ 3열)$$

$$=-1\times\begin{vmatrix}-2&12\\1&-1\end{vmatrix}\quad(\because\ 1행에\ 대해\ \text{Laplace}전개)$$

$$=-1\times(-10)$$

$$=10$$

$\therefore\ |(A^{-1})^2|=|A|^{-2}=\frac{1}{|A|^2}=\frac{1}{100}$

정답 ①

11

2행에 대한 여인수 전개를 이용하면

$$|C|=\begin{vmatrix}0&3&1&1\\3&0&0&1\\4&2&3&1\\1&2&0&1\end{vmatrix}=(-3)\begin{vmatrix}3&1&1\\2&3&1\\2&0&1\end{vmatrix}+\begin{vmatrix}0&3&1\\4&2&3\\1&2&0\end{vmatrix}$$

$$=(-3)\{2(1-3)+(9-2)\}+(-3)(0-3)+(8-2)$$

$$=6$$

이고

$$|C^TC|+12|C^{-1}|+|C^T|=|C|^2+12\frac{1}{|C|}+|C|$$

$$=6^2+12\times\frac{1}{6}+6=44$$

정답 ④

12

ㄱ. $\det(A)=abc$, $\det(2A)=\begin{vmatrix}2a&0&0\\0&2b&0\\0&0&2c\end{vmatrix}=8abc$이므로

$\det(2A)=8\det(A)$ (거짓)

ㄴ. $AB=\begin{bmatrix}a&0&0\\0&b&0\\0&0&c\end{bmatrix}\begin{bmatrix}d&0&0\\0&e&0\\0&0&f\end{bmatrix}=\begin{bmatrix}ad&0&0\\0&be&0\\0&0&cf\end{bmatrix}$,

$BA=\begin{bmatrix}d&0&0\\0&e&0\\0&0&f\end{bmatrix}\begin{bmatrix}a&0&0\\0&b&0\\0&0&c\end{bmatrix}=\begin{bmatrix}ad&0&0\\0&be&0\\0&0&cf\end{bmatrix}$

즉, $AB=BA$이므로

$$(A-B)^2=(A-B)(A-B)$$

$$=A^2-AB-BA+B^2$$

$$=A^2-2AB+B^2\ (참)$$

ㄷ. $A^{-1}=\begin{bmatrix}\frac{1}{a}&0&0\\0&\frac{1}{b}&0\\0&0&\frac{1}{c}\end{bmatrix}$이므로

$$A^{-1}B=\begin{bmatrix}\frac{1}{a}&0&0\\0&\frac{1}{b}&0\\0&0&\frac{1}{c}\end{bmatrix}\begin{bmatrix}d&0&0\\0&e&0\\0&0&f\end{bmatrix}=\begin{bmatrix}\frac{d}{a}&0&0\\0&\frac{e}{b}&0\\0&0&\frac{f}{c}\end{bmatrix}$$

이고 $\det(B)=def$이다.

$\therefore\ \det(A^{-1}B)=\frac{def}{abc}\neq abcdef=\det(A)\det(B)$ (거짓)

따라서 옳은 것은 ㄴ뿐이다.

정답 ②

13

$$\begin{vmatrix}1+x&2&3&4\\1&2+x&3&4\\1&2&3+x&4\\1&2&3&4+x\end{vmatrix}$$

$$=\begin{vmatrix}10+x&2&3&4\\10+x&2+x&3&4\\10+x&2&3+x&4\\10+x&2&3&4+x\end{vmatrix}\quad(\because 1열+2열+3열+4열\rightarrow 1열)$$

$$=(10+x)\begin{vmatrix}1&2&3&4\\1&2+x&3&4\\1&2&3+x&4\\1&2&3&4+x\end{vmatrix}$$

$$=(10+x)\begin{vmatrix}1&2&3&4\\0&x&0&0\\0&0&x&0\\0&0&0&x\end{vmatrix}\quad\begin{pmatrix}\because 1\text{행}\times(-1)+2\text{행}\to 2\text{행}\\ 1\text{행}\times(-1)+3\text{행}\to 3\text{행}\\ 1\text{행}\times(-1)+4\text{행}\to 4\text{행}\end{pmatrix}$$

$$=(10+x)\begin{vmatrix}x&0&0\\0&x&0\\0&0&x\end{vmatrix}\quad(\because 1\text{열에 대해 Laplace전개})$$

$$=(10+x)x^3$$

따라서, 구하는 값은 $(10+x)x^3=0$ 을 만족하는 x 이므로 $x=-10, 0$ 이다.

정답 ①

14

ㄱ, ㄴ (참)

ㄷ. $\det A=2, \det B=4$ 일 때,

$$\det(2(BA)^{-1})=|2(BA)^{-1}|=2^3|(BA)^{-1}|=2^3|BA|^{-1}$$

$$=2^3\cdot\frac{1}{|BA|}=2^3\cdot\frac{1}{|B||A|}=1\ (\text{참})$$

ㄹ. $\det A=\det A^t$ 이므로 주어진 조건에 따라

$\det A=\det A^t=\det(B^2)=|B^2|=|B|^2$,

$\therefore\ \det B=|B|=\pm 2$ (거짓)

ㅁ. $A^{-1}=\frac{1}{|A|}adjA \Leftrightarrow |A|A^{-1}=adjA$

$\therefore\ |adjA|=||A|A^{-1}|=|A|^3|A^{-1}|=|A|^3|A|^{-1}=|A|^2$

마찬가지로, $|adjB|=|B|^2$ 이다.(참)

정답 ④

15

$A^{-1}=\frac{1}{|A|}adjA \Leftrightarrow adjA=|A|A^{-1}$ 이므로

$$|adjA|=||A|A^{-1}|=|A|^4|A^{-1}|$$

$$=|A|^4\cdot\frac{1}{|A|}=|A|^3=2^3=8$$

이고, 마찬가지 방법으로 계산하면

$|adjB|=|B|^3=1^3=1$ 이다.

$$\therefore\ |(adjA\cdot adjB)^{-1}|=\frac{1}{|adjA\cdot adjB|}=\frac{1}{|adjA|\cdot|adjB|}$$

$$=\frac{1}{1\cdot 8}=\frac{1}{8}$$

정답 ①

02 선형연립방정식과 행렬

핵심 문제 | Topic 11~14

Topic 11 선형연립방정식의 해 구하기

01

정답 풀이 참조

(1) $\left[\begin{array}{ccc|c} 2 & 0 & 2 & 1 \\ 3 & -1 & 4 & 7 \\ 6 & 1 & -1 & 0 \end{array}\right]$ (2) $\left[\begin{array}{ccc|c} 1 & 0 & 0 & 1 \\ 0 & 1 & 0 & 2 \\ 0 & 0 & 1 & 3 \end{array}\right]$

(3) $\left[\begin{array}{cccc|c} 1 & 0 & -1 & 0 & 4 \\ 0 & 1 & 0 & 1 & 9 \end{array}\right]$ (4) $\left[\begin{array}{cccc|c} -3 & 0 & -1 & 6 & 0 \\ 0 & 2 & -1 & -5 & -2 \end{array}\right]$

02

정답 풀이 참조

(1) $\begin{cases} 2x+5y=6 \\ y=2 \\ -x=0 \end{cases}$ (2) $\begin{cases} 3x-2z=5 \\ 7x+y+4z=-3 \\ -2y+z=7 \end{cases}$

(3) $\begin{cases} 3y-z-w=-1 \\ 5x+2y-3w=6 \end{cases}$ (4) $\begin{cases} x+2y+3z=4 \\ -4x-3y-2z=-1 \\ 5x-6y+z=1 \\ -8x=3 \end{cases}$

03

정답 (1) $x_1=5,\ x_2=-6$ (2) $x=1,\ y=-1,\ z=2$ (3) 없다.

(1) 계수행렬을 A라 하면

$A^{-1}=\frac{1}{-1}\begin{bmatrix} 4 & -5 \\ -5 & 6 \end{bmatrix}=\begin{bmatrix} -4 & 5 \\ 5 & -6 \end{bmatrix}$이므로

$A\begin{bmatrix} x_1 \\ x_2 \end{bmatrix}=\begin{bmatrix} 0 \\ 1 \end{bmatrix} \Rightarrow \begin{bmatrix} x_1 \\ x_2 \end{bmatrix}=A^{-1}\begin{bmatrix} 0 \\ 1 \end{bmatrix}=\begin{bmatrix} -4 & 5 \\ 5 & -6 \end{bmatrix}\begin{bmatrix} 0 \\ 1 \end{bmatrix}=\begin{bmatrix} 5 \\ -6 \end{bmatrix}$

$\therefore x_1=5,\ x_2=-6$

(2) 계수행렬을 A라 하면

$\left[\begin{array}{ccc|ccc} 1 & 2 & 3 & 1 & 0 & 0 \\ 2 & 5 & 3 & 0 & 1 & 0 \\ 1 & 0 & 8 & 0 & 0 & 1 \end{array}\right]$

$\to \left[\begin{array}{ccc|ccc} 1 & 2 & 3 & 1 & 0 & 0 \\ 0 & 1 & -3 & -2 & 1 & 0 \\ 0 & -2 & 5 & -1 & 0 & 1 \end{array}\right]$ $\begin{pmatrix} 1\text{행}\times(-2)+2\text{행}\to2\text{행} \\ 1\text{행}\times(-1)+3\text{행}\to3\text{행} \end{pmatrix}$

$\to \left[\begin{array}{ccc|ccc} 1 & 2 & 3 & 1 & 0 & 0 \\ 0 & 1 & -3 & -2 & 1 & 0 \\ 0 & 0 & -1 & -5 & 2 & 1 \end{array}\right]$ $(2\text{행}\times2+3\text{행}\to3\text{행})$

$\to \left[\begin{array}{ccc|ccc} 1 & 2 & 3 & 1 & 0 & 0 \\ 0 & 1 & -3 & -2 & 1 & 0 \\ 0 & 0 & 1 & 5 & -2 & -1 \end{array}\right]$ $(3\text{행}\times(-1)\to3\text{행})$

$\to \left[\begin{array}{ccc|ccc} 1 & 2 & 0 & -14 & 6 & 3 \\ 0 & 1 & 0 & 13 & -5 & -3 \\ 0 & 0 & 1 & 5 & -2 & -1 \end{array}\right]$ $(3\text{행}\times3+2\text{행}\to2\text{행})$

$\to \left[\begin{array}{ccc|ccc} 1 & 0 & 0 & -40 & 16 & 9 \\ 0 & 1 & 0 & 13 & -5 & -3 \\ 0 & 0 & 1 & 5 & -2 & -1 \end{array}\right]$ $(2\text{행}\times(-2)+1\text{행}\to1\text{행})$

따라서 $A^{-1}=\begin{bmatrix} -40 & 16 & 9 \\ 13 & -5 & -3 \\ 5 & -2 & -1 \end{bmatrix}$이고

$\begin{bmatrix} x \\ y \\ z \end{bmatrix}=\begin{bmatrix} -40 & 16 & 9 \\ 13 & -5 & -3 \\ 5 & -2 & -1 \end{bmatrix}\begin{bmatrix} 5 \\ 3 \\ 17 \end{bmatrix}=\begin{bmatrix} 1 \\ -1 \\ 2 \end{bmatrix}$

(3) 계수행렬을 A라 하면

$\left[\begin{array}{ccc|ccc} 1 & 3 & -4 & 1 & 0 & 0 \\ 1 & 5 & -1 & 0 & 1 & 0 \\ 3 & 13 & -6 & 0 & 0 & 1 \end{array}\right] \to \left[\begin{array}{ccc|ccc} 1 & 3 & -4 & 1 & 0 & 0 \\ 0 & 2 & 3 & -1 & 1 & 0 \\ 0 & 4 & 6 & -3 & 0 & 1 \end{array}\right]$

$\to \left[\begin{array}{ccc|ccc} 1 & 3 & -4 & 1 & 0 & 0 \\ 0 & 2 & 3 & -1 & 1 & 0 \\ 0 & 0 & 0 & -1 & -2 & 1 \end{array}\right]$

이므로 역행렬이 존재하지 않는다. 따라서 해를 갖지 않는다.

04

정답 풀이 참조

(1) $\left[\begin{array}{ccc|c} 2 & 6 & 1 & 7 \\ 1 & 2 & -1 & -1 \\ 5 & 7 & -4 & 9 \end{array}\right]$

$\sim \left[\begin{array}{ccc|c} 1 & 2 & -1 & -1 \\ 2 & 6 & 1 & 7 \\ 5 & 7 & -4 & 9 \end{array}\right]$ $(1\text{행}\leftrightarrow2\text{행})$

$\sim \left[\begin{array}{ccc|c} 1 & 2 & -1 & -1 \\ 0 & 2 & 3 & 9 \\ 0 & -3 & 1 & 14 \end{array}\right]$ $\begin{pmatrix} 1\text{행}\times(-2)+2\text{행}\to2\text{행} \\ 1\text{행}\times(-5)+3\text{행}\to3\text{행} \end{pmatrix}$

$\sim \left[\begin{array}{ccc|c} 1 & 2 & -1 & -1 \\ 0 & 1 & \frac{3}{2} & \frac{9}{2} \\ 0 & -3 & 1 & 14 \end{array}\right]$ $\left(2\text{행}\times\frac{1}{2}+\to2\text{행}\right)$

$\sim \left[\begin{array}{ccc|c} 1 & 2 & -1 & -1 \\ 0 & 1 & \frac{3}{2} & \frac{9}{2} \\ 0 & 0 & \frac{11}{2} & \frac{55}{2} \end{array}\right]$ $(2\text{행}\times3+3\text{행}\to3\text{행})$

$\sim \left[\begin{array}{ccc|c} 1 & 2 & -1 & -1 \\ 0 & 1 & \frac{3}{2} & \frac{9}{2} \\ 0 & 0 & 1 & 5 \end{array}\right]$ $\left(3\text{행}\times\frac{2}{11}\to3\text{행}\right)$

$\therefore \begin{cases} x+2y-z=-1 \\ y+\frac{3}{2}z=\frac{9}{2} \\ z=5 \end{cases}$ $\therefore z=5,\ y=-3,\ x=10$

(2) $\left[\begin{array}{ccc|c} 1 & 2 & -1 & 0 \\ 2 & 1 & 2 & 9 \\ 1 & -1 & 1 & 3 \end{array}\right]$

$\sim \left[\begin{array}{ccc|c} 1 & 2 & -1 & 0 \\ 0 & -3 & 4 & 9 \\ 0 & -3 & 2 & 3 \end{array}\right]$ $\begin{pmatrix} 1\text{행}\times(-2)+2\text{행}\to2\text{행} \\ 1\text{행}\times(-1)+3\text{행}\to3\text{행} \end{pmatrix}$

$\sim \left[\begin{array}{ccc|c} 1 & 2 & -1 & 0 \\ 0 & 1 & -\frac{4}{3} & -3 \\ 0 & -3 & 2 & 3 \end{array}\right]$ $\left(2\text{행}\times\left(-\frac{1}{3}\right)\to2\text{행}\right)$

$\sim \left[\begin{array}{ccc|c} 1 & 2 & -1 & 0 \\ 0 & 1 & -\frac{4}{3} & -3 \\ 0 & 0 & -2 & -6 \end{array}\right]$ $(2\text{행}\times3+3\text{행}\to3\text{행})$

$$\sim\left[\begin{array}{ccc|c}1 & 2 & -1 & 0\\ 0 & 1 & -\frac{4}{3} & -3\\ 0 & 0 & 1 & 3\end{array}\right]\quad\left(3행\times\left(-\frac{1}{2}\right)\to 3행\right)$$

$$\therefore\begin{cases}x+2y-z=0\\ \quad y-\frac{4}{3}z=-3\\ \qquad z=3\end{cases}\quad\therefore z=3,\ y=1,\ x=1$$

(3) $$\left[\begin{array}{ccc|c}1 & 2 & 2 & 2\\ 1 & 1 & 1 & 0\\ 1 & -3 & -1 & 0\end{array}\right]$$

$$\sim\left[\begin{array}{ccc|c}1 & 2 & 2 & 2\\ 0 & -1 & -1 & -2\\ 0 & -5 & -3 & -2\end{array}\right]\quad\begin{pmatrix}1행\times(-1)+2행\to 2행\\ 1행\times(-1)+3행\to 3행\end{pmatrix}$$

$$\sim\left[\begin{array}{ccc|c}1 & 2 & 2 & 2\\ 0 & 1 & 1 & 2\\ 0 & -5 & -3 & -2\end{array}\right]\quad(2행\times(-1)+\to 2행)$$

$$\sim\left[\begin{array}{ccc|c}1 & 2 & 2 & 2\\ 0 & 1 & 1 & 2\\ 0 & 0 & 2 & 8\end{array}\right]\quad(2행\times 5+3행\to 3행)$$

$$\sim\left[\begin{array}{ccc|c}1 & 2 & 2 & 2\\ 0 & 1 & 1 & 2\\ 0 & 0 & 1 & 4\end{array}\right]\quad\left(3행\times\frac{1}{2}\to 3행\right)$$

$$\therefore\begin{cases}x+2y+2z=2\\ \quad y+z=2\\ \qquad z=4\end{cases}\quad\therefore z=4,\ y=-2,\ x=-2$$

(4) $$\left[\begin{array}{cccc|c}1 & 0 & 1 & -1 & 1\\ 0 & 2 & 1 & 1 & 3\\ 1 & -1 & 0 & 1 & -1\\ 1 & 1 & 1 & 1 & 2\end{array}\right]$$

$$\sim\left[\begin{array}{cccc|c}1 & 0 & 1 & -1 & 1\\ 0 & 2 & 1 & 1 & 3\\ 0 & -1 & -1 & 2 & -2\\ 0 & 1 & 0 & 2 & 1\end{array}\right]\begin{pmatrix}1행\times(-1)+3행\to 3행\\ 1행\times(-1)+4행\to 4행\end{pmatrix}$$

$$\sim\left[\begin{array}{cccc|c}1 & 0 & 1 & -1 & 1\\ 0 & 1 & 0 & 2 & 1\\ 0 & -1 & -1 & 2 & -2\\ 0 & 2 & 1 & 1 & 3\end{array}\right](2행\leftrightarrow 4행)$$

$$\sim\left[\begin{array}{cccc|c}1 & 0 & 1 & -1 & 1\\ 0 & 1 & 0 & 2 & 1\\ 0 & 0 & -1 & 4 & -1\\ 0 & 0 & 1 & -3 & 1\end{array}\right]\quad\begin{pmatrix}2행+3행\to 3행\\ 2행\times(-2)+4행\to 4행\end{pmatrix}$$

$$\sim\left[\begin{array}{cccc|c}1 & 0 & 1 & -1 & 1\\ 0 & 1 & 0 & 2 & 1\\ 0 & 0 & 1 & -4 & 1\\ 0 & 0 & 1 & -3 & 1\end{array}\right]\quad(3행\times(-1)\to 3행)$$

$$\sim\left[\begin{array}{cccc|c}1 & 0 & 1 & -1 & 1\\ 0 & 1 & 0 & 2 & 1\\ 0 & 0 & 1 & -4 & 1\\ 0 & 0 & 0 & 1 & 0\end{array}\right]\quad(3행\times(-1)+4행\to 4행)$$

$$\therefore\begin{cases}x\quad +z-w=1\\ \quad y\quad +2w=1\\ \qquad z-4w=1\\ \qquad\quad w=0\end{cases}\quad\therefore w=0,\ z=1,\ y=1,\ x=0$$

05

정답 풀이 참조

(1) $$\left[\begin{array}{ccc|c}1 & 2 & -1 & -1\\ 0 & 1 & \frac{3}{2} & \frac{9}{2}\\ 0 & 0 & 1 & 5\end{array}\right]\sim\left[\begin{array}{ccc|c}1 & 2 & 0 & 4\\ 0 & 1 & 0 & -3\\ 0 & 0 & 1 & 5\end{array}\right]\begin{pmatrix}3행+1행\to 1행\\ 3행\times\left(-\frac{3}{2}\right)+2행\to 2행\end{pmatrix}$$

$$\sim\left[\begin{array}{ccc|c}1 & 0 & 0 & 10\\ 0 & 1 & 0 & -3\\ 0 & 0 & 1 & 5\end{array}\right]\quad(2행\times(-1)+1행\to 1행)$$

$\therefore x=10,\quad y=-3,\ z=5$

(2) $$\left[\begin{array}{ccc|c}1 & 2 & -1 & 0\\ 0 & 1 & -\frac{4}{3} & -3\\ 0 & 0 & 1 & 3\end{array}\right]\sim\left[\begin{array}{ccc|c}1 & 2 & 0 & 3\\ 0 & 1 & 0 & 1\\ 0 & 0 & 1 & 3\end{array}\right]\begin{pmatrix}3행+1행\to 1행\\ 3행\times\frac{4}{3}+2행\to 2행\end{pmatrix}$$

$$\sim\left[\begin{array}{ccc|c}1 & 0 & 0 & 1\\ 0 & 1 & 0 & 1\\ 0 & 0 & 1 & 3\end{array}\right]\ (2행\times(-2)+1행\to 1행)$$

$\therefore x=1,\ y=1,\ z=3$

(3) $$\left[\begin{array}{ccc|c}1 & 2 & 2 & 2\\ 0 & 1 & 1 & 2\\ 0 & 0 & 1 & 4\end{array}\right]\sim\left[\begin{array}{ccc|c}1 & 0 & 0 & -2\\ 0 & 1 & 1 & 2\\ 0 & 0 & 1 & 4\end{array}\right](2행\times(-2)+1행\to 1행)$$

$$\sim\left[\begin{array}{ccc|c}1 & 0 & 0 & -2\\ 0 & 1 & 0 & -2\\ 0 & 0 & 1 & 4\end{array}\right](3행\times(-1)+2행\to 2행)$$

$\therefore x=-2,\ y=-2,\ z=4$

(4) $$\left[\begin{array}{cccc|c}1 & 0 & 1 & -1 & 1\\ 0 & 1 & 0 & 2 & 1\\ 0 & 0 & 1 & -4 & 1\\ 0 & 0 & 0 & 1 & 0\end{array}\right]$$

$$\sim\left[\begin{array}{cccc|c}1 & 0 & 1 & 0 & 1\\ 0 & 1 & 0 & 0 & 1\\ 0 & 0 & 1 & 0 & 1\\ 0 & 0 & 0 & 1 & 0\end{array}\right]\begin{pmatrix}4행+1행\to 1행\\ 4행\times(-2)+2행\to 2행\\ 4행\times 4+3행\to 3행\end{pmatrix}$$

$$\sim\left[\begin{array}{cccc|c}1 & 0 & 0 & 0 & 0\\ 0 & 1 & 0 & 0 & 1\\ 0 & 0 & 1 & 0 & 1\\ 0 & 0 & 0 & 1 & 0\end{array}\right](3행\times(-1)+1행\to 1행)$$

$\therefore x=0,\ y=1,\ z=1,\ w=0$

06

정답 풀이 참조

(1) $$\det A=\begin{vmatrix}4 & 3 & 2\\ -1 & 0 & 2\\ 3 & 2 & 1\end{vmatrix}=1,\ \det A_1=\begin{vmatrix}8 & 3 & 2\\ 12 & 0 & 2\\ 3 & 2 & 1\end{vmatrix}=-2$$

$$\det A_2=\begin{vmatrix}4 & 8 & 2\\ -1 & 12 & 2\\ 3 & 3 & 1\end{vmatrix}=2,\ \det A_3=\begin{vmatrix}4 & 3 & 8\\ -1 & 0 & 12\\ 3 & 2 & 3\end{vmatrix}=5$$

$$\therefore\ x=\frac{\det A_1}{\det A}=-2,\ y=\frac{\det A_2}{\det A}=2,\ z=\frac{\det A_3}{\det A}=5$$

(2) $$\det A=\begin{vmatrix}3 & 2 & 1\\ 1 & -1 & 3\\ 5 & 4 & -2\end{vmatrix}=13,\ \det A_1=\begin{vmatrix}7 & 2 & 1\\ 3 & -1 & 3\\ 1 & 4 & -2\end{vmatrix}=-39$$

$$\det A_2=\begin{vmatrix}3 & 7 & 1\\ 1 & 3 & 3\\ 5 & 1 & -2\end{vmatrix}=78,\ \det A_3=\begin{vmatrix}3 & 2 & 7\\ 1 & -1 & 3\\ 5 & 4 & 1\end{vmatrix}=52$$

$$\therefore x=\frac{\det A_1}{\det A}=-3,\ y=\frac{\det A_2}{\det A}=6,\ z=\frac{\det A_3}{\det A}=4$$

(3) $$\det A=\begin{vmatrix}2 & 0 & 1\\ -2 & 3 & 4\\ -5 & 5 & 6\end{vmatrix}=1,\ \det A_1=\begin{vmatrix}1 & 0 & 1\\ -1 & 3 & 4\\ 0 & 5 & 6\end{vmatrix}=-7,$$

$$\det A_2=\begin{vmatrix}2 & 1 & 1\\ -2 & -1 & 4\\ -5 & 0 & 6\end{vmatrix}=-25,\ \det A_3=\begin{vmatrix}2 & 0 & 1\\ -2 & 3 & -1\\ -5 & 5 & 0\end{vmatrix}=15$$

$$\therefore x_1=\frac{\det A_1}{\det A}=-7,\ x_2=\frac{\det A_2}{\det A}=-25,\ x_3=\frac{\det A_3}{\det A}=15$$

(4) $$\det A=\begin{vmatrix}-2 & 1 & -1 & 0\\ 1 & -2 & 0 & 1\\ 1 & 0 & -2 & 1\\ 0 & 1 & 1 & -2\end{vmatrix}=8$$

$$\det A_1=\begin{vmatrix}1 & 1 & -1 & 0\\ -5 & -2 & 0 & 1\\ -7 & 0 & -2 & 1\\ 7 & 1 & 1 & -2\end{vmatrix}=-8$$

$$\det A_2 = \begin{vmatrix} -2 & 1 & -1 & 0 \\ 1 & -5 & 0 & 1 \\ 1 & -7 & -2 & 1 \\ 0 & 7 & 1 & -2 \end{vmatrix} = 8$$

$$\det A_3 = \begin{vmatrix} -2 & 1 & 1 & 0 \\ 1 & -2 & -5 & 1 \\ 1 & 0 & -7 & 1 \\ 0 & 1 & 7 & -2 \end{vmatrix} = 16$$

$$\det A_4 = \begin{vmatrix} -2 & 1 & -1 & 1 \\ 1 & -2 & 0 & -5 \\ 1 & 0 & -2 & -7 \\ 0 & 1 & 1 & 7 \end{vmatrix} = -16$$

$$\therefore x_1 = \frac{\det A_1}{\det A} = -1,\ x_2 = \frac{\det A_2}{\det A} = 1,\ x_3 = \frac{\det A_3}{\det A} = 2,$$

$$x_4 = \frac{\det A_4}{\det A} = -2$$

07

정답 ④

계수행렬을 A라 하면

$$\det A = \begin{vmatrix} -2 & 3 & -1 \\ 1 & 2 & -1 \\ -2 & -1 & 1 \end{vmatrix} = -2,\ \det A_3 = \begin{vmatrix} -2 & 3 & 1 \\ 1 & 2 & 4 \\ -2 & -1 & -3 \end{vmatrix} = -8$$

이므로 $x_3 = \dfrac{\det A_3}{\det A} = 4$

08

정답 ①

$$\begin{bmatrix} 2 & -5 & 2 & -3 \\ 1 & 1 & -5 & 2 \\ 0 & 1 & -1 & 2 \\ 0 & 1 & -3 & 0 \end{bmatrix} \begin{bmatrix} x_1 \\ x_2 \\ x_3 \\ x_4 \end{bmatrix} = \begin{bmatrix} 2 \\ 4 \\ 4 \\ 10 \end{bmatrix}$$

크래머 공식(Crammer Rule)에 의해 $x_i = \dfrac{\det M_i}{\det(M)}$

여기서 행렬 M_i 는 행렬 M의 i 열벡터를 행렬 방정식의 우변에 있는 벡터 $\begin{bmatrix} 2 \\ 4 \\ 4 \\ 10 \end{bmatrix}$ 로 바꾼 행렬이다.

$$\det(A) = \det\begin{bmatrix} -5 & 2 & 2 & -3 \\ 1 & -5 & 4 & 2 \\ 1 & -1 & 4 & 2 \\ 1 & -3 & 10 & 0 \end{bmatrix}$$

$$= (-1)\det\begin{bmatrix} -5 & 2 & 2 & -3 \\ 1 & 4 & -5 & 2 \\ 1 & 4 & -1 & 2 \\ 1 & 10 & -3 & 0 \end{bmatrix} \text{(2열} \leftrightarrow \text{3열)}$$

$$= (-1)(-1)\det\begin{bmatrix} 2 & -5 & 2 & -3 \\ 4 & 1 & -5 & 2 \\ 4 & 1 & -1 & 2 \\ 10 & 1 & -3 & 0 \end{bmatrix} \text{(1열} \leftrightarrow \text{2열)}$$

$$= \det(M_1)$$

따라서 $\dfrac{\det(A)}{\det(M)} = \dfrac{\det(M_1)}{\det(M)} = x_1$

참고

$$\frac{\det(B)}{\det(M)} = -\frac{\det(M_2)}{\det(M)} = -x_2$$

$$\frac{\det(C)}{\det(M)} = -\frac{\det(M_3)}{\det(M)} = -x_3$$

$$\frac{\det(D)}{\det(M)} = -\frac{\det(M_4)}{\det(M)} = -x_4$$

Topic 12 LU분해

01

정답 풀이 참조

(1) **| 풀이 1 |**

행교환을 사용하지 않고 기본행연산을 사용하여 행사다리꼴을 만들면

$$\begin{bmatrix} 1 & 2 & -3 \\ -3 & -4 & 13 \\ 2 & 1 & -5 \end{bmatrix} \sim \begin{bmatrix} 1 & 2 & -3 \\ 0 & 2 & 4 \\ 2 & 1 & -5 \end{bmatrix} \text{(1행}\times 3 + \text{2행} \to \text{2행)}$$

$$\sim \begin{bmatrix} 1 & 2 & -3 \\ 0 & 2 & 4 \\ 0 & -3 & 1 \end{bmatrix} \text{(1행}\times(-2) + \text{3행} \to \text{3행)}$$

$$\sim \begin{bmatrix} 1 & 2 & -3 \\ 0 & 1 & 2 \\ 0 & -3 & 1 \end{bmatrix} \left(\text{2행}\times\frac{1}{2} \to \text{2행}\right)$$

$$\sim \begin{bmatrix} 1 & 2 & -3 \\ 0 & 1 & 2 \\ 0 & 0 & 7 \end{bmatrix} \text{(2행}\times 3 + \text{3행} \to \text{3행)}$$

$$\sim \begin{bmatrix} 1 & 2 & -3 \\ 0 & 1 & 2 \\ 0 & 0 & 1 \end{bmatrix} \left(\text{3행}\times\frac{1}{7} \to \text{3행}\right) = U$$

이고 각 단계에 사용된 기본행렬의 역행렬은

$$\begin{bmatrix} 1 & 0 & 0 \\ -3 & 1 & 0 \\ 0 & 0 & 1 \end{bmatrix}, \begin{bmatrix} 1 & 0 & 0 \\ 0 & 1 & 0 \\ 2 & 0 & 1 \end{bmatrix}, \begin{bmatrix} 1 & 0 & 0 \\ 0 & 2 & 0 \\ 0 & 0 & 1 \end{bmatrix}, \begin{bmatrix} 1 & 0 & 0 \\ 0 & 1 & 0 \\ 0 & -3 & 1 \end{bmatrix}, \begin{bmatrix} 1 & 0 & 0 \\ 0 & 1 & 0 \\ 0 & 0 & 7 \end{bmatrix}$$

이므로

$$L = \begin{bmatrix} 1 & 0 & 0 \\ -3 & 1 & 0 \\ 0 & 0 & 1 \end{bmatrix} \begin{bmatrix} 1 & 0 & 0 \\ 0 & 1 & 0 \\ 2 & 0 & 1 \end{bmatrix} \begin{bmatrix} 1 & 0 & 0 \\ 0 & 2 & 0 \\ 0 & 0 & 1 \end{bmatrix} \begin{bmatrix} 1 & 0 & 0 \\ 0 & 1 & 0 \\ 0 & -3 & 1 \end{bmatrix} \begin{bmatrix} 1 & 0 & 0 \\ 0 & 1 & 0 \\ 0 & 0 & 7 \end{bmatrix}$$

$$= \begin{bmatrix} 1 & 0 & 0 \\ -3 & 2 & 0 \\ 2 & -3 & 7 \end{bmatrix}$$

이다.

$$\therefore \begin{bmatrix} 1 & 2 & -3 \\ -3 & -4 & 13 \\ 2 & 1 & -5 \end{bmatrix} = \begin{bmatrix} 1 & 0 & 0 \\ -3 & 2 & 0 \\ 2 & -3 & 7 \end{bmatrix} \begin{bmatrix} 1 & 2 & -3 \\ 0 & 1 & 2 \\ 0 & 0 & 1 \end{bmatrix}$$

| 풀이 2 |

L의 주대각선 원소에는 U의 선두 1을 만들기 위해 사용한 배수의 역수들을, 주대각선 아래 원소에는 U의 같은 위치의 원소를 0으로 만들기 위해 더한 배수의 음수를 넣는다.

U		L	
$\begin{bmatrix} \textcircled{1} & 2 & -3 \\ -3 & -4 & 13 \\ 2 & 1 & -5 \end{bmatrix}$	배수1	$\begin{bmatrix} \textcircled{1} & 0 & 0 \\ \bigcirc & \bigcirc & 0 \\ \bigcirc & \bigcirc & \bigcirc \end{bmatrix}$	배수의 역수 1
$\begin{bmatrix} 1 & 2 & -3 \\ \textcircled{0} & 2 & 4 \\ \textcircled{0} & -3 & 1 \end{bmatrix}$	배수3 배수 −2	$\begin{bmatrix} 1 & 0 & 0 \\ -\textcircled{3} & \bigcirc & 0 \\ \textcircled{2} & \bigcirc & \bigcirc \end{bmatrix}$	배수의 음수3 배수의 음수 −2
$\begin{bmatrix} 1 & 2 & -3 \\ 0 & \textcircled{1} & 2 \\ 0 & -3 & 1 \end{bmatrix}$	배수$\frac{1}{2}$	$\begin{bmatrix} 1 & 0 & 0 \\ -3 & \textcircled{2} & 0 \\ 2 & \bigcirc & \bigcirc \end{bmatrix}$	배수의 역수 2
$\begin{bmatrix} 1 & 2 & -3 \\ 0 & 1 & 2 \\ 0 & \textcircled{0} & 7 \end{bmatrix}$	배수3	$\begin{bmatrix} 1 & 0 & 0 \\ -3 & 2 & 0 \\ 2 & -\textcircled{3} & \bigcirc \end{bmatrix}$	배수의 음수 −3
$\begin{bmatrix} 1 & 2 & -3 \\ 0 & 1 & 2 \\ 0 & 0 & \textcircled{1} \end{bmatrix}$	배수$\frac{1}{7}$	$\begin{bmatrix} 1 & 0 & 0 \\ -3 & 2 & 0 \\ 2 & -3 & \textcircled{7} \end{bmatrix}$	배수의 역수 7

$$\therefore U = \begin{bmatrix} 1 & 2 & -3 \\ 0 & 1 & 2 \\ 0 & 0 & 1 \end{bmatrix},\ L = \begin{bmatrix} 1 & 0 & 0 \\ -3 & 2 & 0 \\ 2 & -3 & 7 \end{bmatrix}$$

| 풀이 3 |

$$\begin{bmatrix} 1 & 2 & -3 \\ -3 & -4 & 13 \\ 2 & 1 & -5 \end{bmatrix} \sim \begin{bmatrix} 1 & 2 & -3 \\ 0 & 1 & 2 \\ 0 & 0 & 1 \end{bmatrix}$$ 이므로

$$L=\begin{bmatrix} x & 0 & 0 \\ y & z & 0 \\ w & s & t \end{bmatrix}$$ 로 놓으면

$$\begin{bmatrix} 1 & 2 & -3 \\ -3 & -4 & 13 \\ 2 & 1 & -5 \end{bmatrix} = \begin{bmatrix} x & 0 & 0 \\ y & z & 0 \\ w & s & t \end{bmatrix}\begin{bmatrix} 1 & 2 & -3 \\ 0 & 1 & 2 \\ 0 & 0 & 1 \end{bmatrix}$$

$$= \begin{bmatrix} x & 2x & -3x \\ y & 2y+z & -3y+2z \\ w & 2w+s & -3w+2s+t \end{bmatrix}$$

에서 $x=1,\ y=-3,\ w=2,\ z=2,\ s=-3,\ t=7$이다. 따라서

$$L=\begin{bmatrix} 1 & 0 & 0 \\ -3 & 2 & 0 \\ 2 & -3 & 7 \end{bmatrix}$$ 이다.

(2) [풀이 2]의 방법을 사용하면

$$U \qquad\qquad\qquad L$$

$$\begin{bmatrix} 2 & 6 & 2 \\ -3 & -8 & 0 \\ 4 & 9 & 2 \end{bmatrix} \qquad \begin{bmatrix} \bigcirc & 0 & 0 \\ \bigcirc & \bigcirc & 0 \\ \bigcirc & \bigcirc & \bigcirc \end{bmatrix}$$

$$\sim \begin{bmatrix} 1 & 3 & 1 \\ -3 & -8 & 0 \\ 4 & 9 & 2 \end{bmatrix} \qquad \begin{bmatrix} 2 & 0 & 0 \\ \bigcirc & \bigcirc & 0 \\ \bigcirc & \bigcirc & \bigcirc \end{bmatrix}$$

$$\sim \begin{bmatrix} 1 & 3 & 1 \\ 0 & 1 & 3 \\ 0 & -3 & -2 \end{bmatrix} \qquad \begin{bmatrix} 2 & 0 & 0 \\ -3 & 1 & 0 \\ 4 & \bigcirc & \bigcirc \end{bmatrix}$$

$$\sim \begin{bmatrix} 1 & 3 & 1 \\ 0 & 1 & 3 \\ 0 & 0 & 7 \end{bmatrix} \qquad \begin{bmatrix} 2 & 0 & 0 \\ -3 & 1 & 0 \\ 4 & -3 & \bigcirc \end{bmatrix}$$

$$\sim \begin{bmatrix} 1 & 3 & 1 \\ 0 & 1 & 3 \\ 0 & 0 & 1 \end{bmatrix} \qquad \begin{bmatrix} 2 & 0 & 0 \\ -3 & 1 & 0 \\ 4 & -3 & 7 \end{bmatrix}$$

(3)

$$U \qquad\qquad\qquad L$$

$$\begin{bmatrix} 6 & -2 & 0 \\ 9 & -1 & 1 \\ 3 & 7 & 5 \end{bmatrix} \qquad \begin{bmatrix} \bigcirc & 0 & 0 \\ \bigcirc & \bigcirc & 0 \\ \bigcirc & \bigcirc & \bigcirc \end{bmatrix}$$

$$\sim \begin{bmatrix} 1 & -\frac{1}{3} & 0 \\ 9 & -1 & 1 \\ 3 & 7 & 5 \end{bmatrix} \qquad \begin{bmatrix} 6 & 0 & 0 \\ \bigcirc & \bigcirc & 0 \\ \bigcirc & \bigcirc & \bigcirc \end{bmatrix}$$

$$\sim \begin{bmatrix} 1 & -\frac{1}{3} & 0 \\ 0 & 2 & 1 \\ 0 & 8 & 5 \end{bmatrix} \qquad \begin{bmatrix} 6 & 0 & 0 \\ 9 & \bigcirc & 0 \\ 3 & \bigcirc & \bigcirc \end{bmatrix}$$

$$\sim \begin{bmatrix} 1 & -\frac{1}{3} & 0 \\ 0 & 1 & \frac{1}{2} \\ 0 & 8 & 5 \end{bmatrix} \qquad \begin{bmatrix} 6 & 0 & 0 \\ 9 & 2 & 0 \\ 3 & \bigcirc & \bigcirc \end{bmatrix}$$

$$\sim \begin{bmatrix} 1 & -\frac{1}{3} & 0 \\ 0 & 1 & \frac{1}{2} \\ 0 & 0 & 1 \end{bmatrix} \qquad \begin{bmatrix} 6 & 0 & 0 \\ 9 & 2 & 0 \\ 3 & 8 & 1 \end{bmatrix}$$

(4)

$$U \qquad\qquad\qquad L$$

$$\begin{bmatrix} 3 & -6 & -3 \\ 2 & 0 & 6 \\ -4 & 7 & 4 \end{bmatrix} \qquad \begin{bmatrix} \bigcirc & 0 & 0 \\ \bigcirc & \bigcirc & 0 \\ \bigcirc & \bigcirc & \bigcirc \end{bmatrix}$$

$$\sim \begin{bmatrix} 1 & -2 & -1 \\ 2 & 0 & 6 \\ -4 & 7 & 4 \end{bmatrix} \qquad \begin{bmatrix} 3 & 0 & 0 \\ \bigcirc & \bigcirc & 0 \\ \bigcirc & \bigcirc & \bigcirc \end{bmatrix}$$

$$\sim \begin{bmatrix} 1 & -2 & -1 \\ 0 & 4 & 8 \\ 0 & -1 & 0 \end{bmatrix} \qquad \begin{bmatrix} 3 & 0 & 0 \\ 2 & \bigcirc & 0 \\ -4 & \bigcirc & \bigcirc \end{bmatrix}$$

$$\sim \begin{bmatrix} 1 & -2 & -1 \\ 0 & 1 & 2 \\ 0 & -1 & 0 \end{bmatrix} \qquad \begin{bmatrix} 3 & 0 & 0 \\ 2 & 4 & 0 \\ -4 & \bigcirc & \bigcirc \end{bmatrix}$$

$$\sim \begin{bmatrix} 1 & -2 & -1 \\ 0 & 1 & 2 \\ 0 & 0 & 2 \end{bmatrix} \qquad \begin{bmatrix} 3 & 0 & 0 \\ 2 & 4 & 0 \\ -4 & -1 & \bigcirc \end{bmatrix}$$

$$\sim \begin{bmatrix} 1 & -2 & -1 \\ 0 & 1 & 2 \\ 0 & 0 & 1 \end{bmatrix} \qquad \begin{bmatrix} 3 & 0 & 0 \\ 2 & 4 & 0 \\ -4 & -1 & 2 \end{bmatrix}$$

02

정답 (1) $x_1=0,\ x_2=1,\ x_3=-1$ (2) $x_1=-2,\ x_2=-1,\ x_3=-3$
(3) $x_1=-1,\ x_2=1,\ x_3=3$ (4) $x_1=-2,\ x_2=1,\ x_3=-3$

(1) $$\begin{bmatrix} 1 & 0 & 0 \\ -3 & 2 & 0 \\ 2 & -3 & 7 \end{bmatrix}\begin{bmatrix} 1 & 2 & -3 \\ 0 & 1 & 2 \\ 0 & 0 & 1 \end{bmatrix}\begin{bmatrix} x_1 \\ x_2 \\ x_3 \end{bmatrix}=\begin{bmatrix} 5 \\ -17 \\ 6 \end{bmatrix}$$ 에서

$$\begin{bmatrix} 1 & 2 & -3 \\ 0 & 1 & 2 \\ 0 & 0 & 1 \end{bmatrix}\begin{bmatrix} x_1 \\ x_2 \\ x_3 \end{bmatrix}=\begin{bmatrix} y_1 \\ y_2 \\ y_3 \end{bmatrix}$$ 으로 놓으면

$$\begin{bmatrix} 1 & 0 & 0 \\ -3 & 2 & 0 \\ 2 & -3 & 7 \end{bmatrix}\begin{bmatrix} y_1 \\ y_2 \\ y_3 \end{bmatrix}=\begin{bmatrix} 5 \\ -17 \\ 6 \end{bmatrix}$$ 이므로

$y_1=5,\ y_2=-1,\ y_3=-1$이다. 따라서

$$\begin{bmatrix} 1 & 2 & -3 \\ 0 & 1 & 2 \\ 0 & 0 & 1 \end{bmatrix}\begin{bmatrix} x_1 \\ x_2 \\ x_3 \end{bmatrix}=\begin{bmatrix} 5 \\ -1 \\ -1 \end{bmatrix}$$

$\therefore\ x_3=-1,\ x_2=1,\ x_1=0$

(2) $$\begin{bmatrix} 1 & 3 & 1 \\ 0 & 1 & 3 \\ 0 & 0 & 1 \end{bmatrix}\begin{bmatrix} x_1 \\ x_2 \\ x_3 \end{bmatrix}=\begin{bmatrix} y_1 \\ y_2 \\ y_3 \end{bmatrix}$$ 으로 놓으면

$$\begin{bmatrix} 2 & 0 & 0 \\ -3 & 1 & 0 \\ 4 & -3 & 7 \end{bmatrix}\begin{bmatrix} y_1 \\ y_2 \\ y_3 \end{bmatrix}=\begin{bmatrix} -16 \\ 14 \\ -23 \end{bmatrix}$$

$\therefore\ y_1=-8,\ y_2=-10,\ y_3=-3$

$$\begin{bmatrix} 1 & 3 & 1 \\ 0 & 1 & 3 \\ 0 & 0 & 1 \end{bmatrix}\begin{bmatrix} x_1 \\ x_2 \\ x_3 \end{bmatrix}=\begin{bmatrix} -8 \\ -10 \\ -3 \end{bmatrix}$$ 이므로

$x_3=-3,\ x_2=-1,\ x_1=-2$이다.

(3) $$\begin{bmatrix} 1 & -\frac{1}{3} & 0 \\ 0 & 1 & \frac{1}{2} \\ 0 & 0 & 1 \end{bmatrix}\begin{bmatrix} x_1 \\ x_2 \\ x_3 \end{bmatrix}=\begin{bmatrix} y_1 \\ y_2 \\ y_3 \end{bmatrix}$$ 으로 놓으면

$$\begin{bmatrix} 6 & 0 & 0 \\ 9 & 2 & 0 \\ 3 & 8 & 1 \end{bmatrix}\begin{bmatrix} y_1 \\ y_2 \\ y_3 \end{bmatrix}=\begin{bmatrix} -8 \\ -7 \\ 19 \end{bmatrix}$$

$\therefore\ y_1=-\frac{4}{3},\ y_2=\frac{5}{2},\ y_3=3$

$$\begin{bmatrix} 1 & -\frac{1}{3} & 0 \\ 0 & 1 & \frac{1}{2} \\ 0 & 0 & 1 \end{bmatrix}\begin{bmatrix} x_1 \\ x_2 \\ x_3 \end{bmatrix} = \begin{bmatrix} -\frac{4}{3} \\ \frac{5}{2} \\ 3 \end{bmatrix} \text{이므로}$$

$x_3 = 3,\ x_2 = 1,\ x_1 = -1$이다.

(4) $\begin{bmatrix} 1 & -2 & -1 \\ 0 & 1 & 2 \\ 0 & 0 & 1 \end{bmatrix}\begin{bmatrix} x_1 \\ x_2 \\ x_3 \end{bmatrix} = \begin{bmatrix} y_1 \\ y_2 \\ y_3 \end{bmatrix}$으로 놓으면

$$\begin{bmatrix} 3 & 0 & 0 \\ 2 & 4 & 0 \\ -4 & -1 & 2 \end{bmatrix}\begin{bmatrix} y_1 \\ y_2 \\ y_3 \end{bmatrix} = \begin{bmatrix} -3 \\ -22 \\ 3 \end{bmatrix}$$

$\therefore y_1 = -1,\ y_2 = -5,\ y_3 = -3$

$$\begin{bmatrix} 1 & -2 & -1 \\ 0 & 1 & 2 \\ 0 & 0 & 1 \end{bmatrix}\begin{bmatrix} x_1 \\ x_2 \\ x_3 \end{bmatrix} = \begin{bmatrix} -1 \\ -5 \\ -3 \end{bmatrix} \text{이므로}$$

$x_3 = -3,\ x_2 = 1,\ x_1 = -2$이다.

03

정답 ②

$A = LU$이고 $|L| = 1$ 이므로 $|A| = |LU| = |L||U| = |U|$가 성립한다.

그러므로 $|U| = |A| = \begin{vmatrix} 2 & 3 & 4 \\ 1 & 2 & 3 \\ 0 & 1 & 1 \end{vmatrix} = \begin{vmatrix} 2 & -1 & 4 \\ 1 & -1 & 3 \\ 0 & 0 & 1 \end{vmatrix} = -1$ 이다.

04

정답 ②

$$A = \begin{bmatrix} 1 & -1 & -1 \\ 3 & -4 & -2 \\ 2 & -3 & -2 \end{bmatrix} \sim \begin{bmatrix} 1 & -1 & -1 \\ 0 & 1 & -1 \\ 0 & 0 & 1 \end{bmatrix} \text{이므로}$$

$$A = \begin{bmatrix} x & 0 & 0 \\ y & z & 0 \\ p & q & r \end{bmatrix}\begin{bmatrix} 1 & -1 & -1 \\ 0 & 1 & -1 \\ 0 & 0 & 1 \end{bmatrix} = \begin{bmatrix} x & -x & -x \\ y & -y+z & -y-z \\ p & -p+q & -p-q+r \end{bmatrix}$$

$x = 1,\ y = 3,\ z = -1,\ p = 2,\ q = -1,\ r = -1$이다.

$$A = LU = \begin{bmatrix} 1 & 0 & 0 \\ 3 & -1 & 0 \\ 2 & -1 & -1 \end{bmatrix}\begin{bmatrix} 1 & -1 & -1 \\ 0 & 1 & -1 \\ 0 & 0 & 1 \end{bmatrix}$$

따라서 $a = -1,\ b = 2,\ c = -1$이고,

$\det A = \det(LU) = \det L \cdot \det U = 1 \cdot 1 = 1$이다.

따라서 $a + b + c + \det(A) = 1$이다.

Topic 13 행렬의 계수

01

정답 (1) 1 (2) 1 (3) 2 (4) 3

(1) $A = \begin{bmatrix} -2 & 4 & 6 \\ 1 & -2 & 3 \end{bmatrix} \sim \begin{bmatrix} -2 & 4 & 6 \\ 0 & 0 & 0 \end{bmatrix} \left(1\text{행} \times \frac{1}{2} + 2\text{행} \to 2\text{행}\right)$

$\therefore rank(A) = 1$

(2) $B = \begin{bmatrix} 2 & 0 & -1 \\ 4 & 0 & -2 \\ 0 & 0 & 0 \end{bmatrix} \sim \begin{bmatrix} 2 & 0 & -1 \\ 0 & 0 & 0 \\ 0 & 0 & 0 \end{bmatrix}$

$\therefore rank(B) = 1$

(3) $C = \begin{bmatrix} 6 & 0 & -3 & 0 \\ 0 & -1 & 0 & 5 \\ 2 & 0 & -1 & 0 \end{bmatrix} \sim \begin{bmatrix} 6 & 0 & -3 & 0 \\ 0 & -1 & 0 & 5 \\ 0 & 0 & 0 & 0 \end{bmatrix}$

$\therefore rank(C) = 2$

(4) $D = \begin{bmatrix} 1 & 3 & 1 & 4 \\ 2 & 4 & 2 & 0 \\ -1 & -3 & 0 & 5 \end{bmatrix} \sim \begin{bmatrix} 1 & 3 & 1 & 4 \\ 0 & -2 & 0 & -8 \\ 0 & 0 & 1 & 9 \end{bmatrix}$

$\therefore rank(D) = 3$

02

정답 2, 2

$$A = \begin{bmatrix} 1 & 2 & 4 & 0 \\ -3 & 1 & 5 & 2 \\ -2 & 3 & 9 & 2 \end{bmatrix} \sim \begin{bmatrix} 1 & 2 & 4 & 0 \\ 0 & 7 & 17 & 2 \\ 0 & 7 & 17 & 2 \end{bmatrix} \sim \begin{bmatrix} 1 & 2 & 4 & 0 \\ 0 & 7 & 17 & 2 \\ 0 & 0 & 0 & 0 \end{bmatrix}$$

$\therefore rank(A) = 2$

$$A^T = \begin{bmatrix} 1 & -3 & -2 \\ 2 & 1 & 3 \\ 4 & 5 & 9 \\ 0 & 2 & 2 \end{bmatrix} \sim \begin{bmatrix} 1 & -3 & -2 \\ 0 & 7 & 7 \\ 0 & 17 & 17 \\ 0 & 2 & 2 \end{bmatrix} \sim \begin{bmatrix} 1 & -3 & -2 \\ 0 & 1 & 1 \\ 0 & 0 & 0 \\ 0 & 0 & 0 \end{bmatrix}$$

$\therefore rank(A^T) = 2$

03

정답 ②

$$rank(A) = rank\begin{bmatrix} 2 & 4 & -2 & 0 \\ -3 & -4 & -1 & -2 \\ 4 & 6 & 0 & 2 \\ 1 & -2 & 7 & 4 \end{bmatrix}$$

$$= rank\begin{bmatrix} 1 & -2 & 7 & 4 \\ -3 & -4 & -1 & -2 \\ 4 & 6 & 0 & 2 \\ 2 & 4 & -2 & 0 \end{bmatrix} (1\text{행} \leftrightarrow 4\text{행})$$

$$= rank\begin{bmatrix} 1 & -2 & 7 & 4 \\ 0 & -10 & 20 & 10 \\ 0 & 14 & -28 & -14 \\ 0 & 8 & -16 & -8 \end{bmatrix}$$

$$\begin{pmatrix} (1\text{행}) \times 3 + (2\text{행}) \to (2\text{행}) \\ (1\text{행}) \times (-4) + (3\text{행}) \to (3\text{행}) \\ (1\text{행}) \times (-2) + (4\text{행}) \to (4\text{행}) \end{pmatrix}$$

$$= rank\begin{bmatrix} 1 & -2 & 7 & 4 \\ 0 & 1 & -2 & -1 \\ 0 & 1 & -2 & -1 \\ 0 & 1 & -2 & -1 \end{bmatrix}$$

$$= rank\begin{bmatrix} 1 & -2 & 7 & 4 \\ 0 & 1 & -2 & -1 \\ 0 & 0 & 0 & 0 \\ 0 & 0 & 0 & 0 \end{bmatrix} = 2$$

04

정답 ①

$$\begin{bmatrix} 2 & 3 & 4 & 5 \\ 7 & 8 & 9 & 10 \\ 72 & 88 & \alpha & \beta \end{bmatrix} \sim \begin{bmatrix} 2 & 3 & 4 & 5 \\ 5 & 5 & 5 & 5 \\ 72 & 88 & \alpha & \beta \end{bmatrix} \sim \begin{bmatrix} 2 & 3 & 4 & 5 \\ 1 & 1 & 1 & 1 \\ 72 & 88 & \alpha & \beta \end{bmatrix} \sim \begin{bmatrix} 1 & 1 & 1 & 1 \\ 2 & 3 & 4 & 5 \\ 72 & 88 & \alpha & \beta \end{bmatrix}$$

$$\sim \begin{bmatrix} 1 & 1 & 1 & 1 \\ 0 & 1 & 2 & 3 \\ 0 & 16 & \alpha-72 & \beta-72 \end{bmatrix} \sim \begin{bmatrix} 1 & 1 & 1 & 1 \\ 0 & 1 & 2 & 3 \\ 0 & 0 & \alpha-104 & \beta-120 \end{bmatrix}$$

따라서 계수가 2가 되기 위하여 $\alpha - 104 = 0,\ \beta - 120 = 0$이다.

따라서 $\alpha + \beta = 224$이다.

05

정답 ①

$$\begin{bmatrix} 1 & 5 & a \\ 2 & 6 & 48 \\ 3 & 7 & b \\ 4 & 8 & 72 \end{bmatrix} \sim \begin{bmatrix} 1 & 5 & a \\ 0 & -4 & 48-2a \\ 0 & -8 & b-3a \\ 0 & -12 & 72-4a \end{bmatrix} \left(\because \begin{matrix} (1\text{행}) \times (-2) + (2\text{행}) \to (2\text{행}) \\ (1\text{행}) \times (-3) + (3\text{행}) \to (3\text{행}) \\ (1\text{행}) \times (-4) + (4\text{행}) \to (4\text{행}) \end{matrix} \right)$$

$$\sim \begin{bmatrix} 1 & 5 & a \\ 0 & -4 & 48-2a \\ 0 & 0 & a+b-96 \\ 0 & 0 & 2a-72 \end{bmatrix} \quad \begin{pmatrix} \because (2\text{행})\times(-2)+(3\text{행})\to(3\text{행}) \\ (2\text{행})\times(-3)+(4\text{행})\to(4\text{행}) \end{pmatrix}$$

행렬의 계수(rank)가 2이므로

$a+b-96=0$, $2a-72=0$

$\therefore\ a=36$, $b=60$

$\therefore\ a+b=96$

06

정답 ④

$$\begin{pmatrix} 1 & a & a^2 & a^3 & 2+3a^3 \\ 1 & b & b^2 & b^3 & 2+3b^3 \\ 1 & c & c^2 & c^3 & 2+3c^3 \\ 1 & d & d^2 & d^3 & 2+3d^3 \end{pmatrix} \sim \begin{pmatrix} 1 & a & a^2 & a^3 & 0 \\ 1 & b & b^2 & b^3 & 0 \\ 1 & c & c^2 & c^3 & 0 \\ 1 & d & d^2 & d^3 & 0 \end{pmatrix}$$

$$\begin{pmatrix} (1\text{열})\times(-2) \\ +(4\text{열})\times(-3)+(5\text{열})\to(5\text{열}) \end{pmatrix}$$

$$\sim \begin{pmatrix} 1 & a & a^2 & a^3 & 0 \\ 0 & b-a & b^2-a^2 & b^3-a^3 & 0 \\ 0 & c-a & c^2-a^2 & c^3-a^3 & 0 \\ 0 & d-a & d^2-a^2 & d^3-a^3 & 0 \end{pmatrix} \begin{pmatrix} (1\text{행})\times(-1)+(2\text{행})\to(2\text{행}) \\ (1\text{행})\times(-1)+(3\text{행})\to(3\text{행}) \\ (1\text{행})\times(-1)+(4\text{행})\to(4\text{행}) \end{pmatrix}$$

$$\sim \begin{pmatrix} 1 & a & a^2 & a^3 & 0 \\ 0 & b-a & (b-a)(b+a) & (b-a)(b^2+ab+a^2) & 0 \\ 0 & 0 & (c-a)(c-b) & (c-a)(c-b)(a+b+c) & 0 \\ 0 & 0 & (d-a)(d-b) & (d-a)(d-b)(a+b+d) & 0 \end{pmatrix}$$

$$\begin{pmatrix} (2\text{행})\times\left(-\dfrac{c-a}{b-a}\right)+(3\text{행})\to(3\text{행}) \\ (2\text{행})\times\left(-\dfrac{d-a}{b-a}\right)+(4\text{행})\to(4\text{행}) \end{pmatrix}$$

$$\sim \begin{pmatrix} 1 & a & a^2 & a^3 & 0 \\ 0 & b-a & (b-a)(b+a) & (b-a)(b^2+ab+a^2) & 0 \\ 0 & 0 & (c-a)(c-b) & (c-a)(c-b)(a+b+c) & 0 \\ 0 & 0 & 0 & (d-a)(d-b)(d-c) & 0 \end{pmatrix}$$

$$\left((3\text{행})\times\left\{-\frac{(d-a)(d-b)}{(c-a)(c-b)}\right\}+(4\text{행})\to(4\text{행})\right)$$

이때, $a<b<c<d$이므로 $b-a\neq0$, $(c-a)(c-b)\neq0$, $(d-a)(d-b)(d-c)\neq0$이다.

따라서 주어진 행렬의 위수(rank)는 4이다.

Topic 14 선형연립방정식의 해의 존재성과 유일성

01

정답 해가 존재하는 방정식 (2), (3), (4), (5), (6)
유일해를 갖는 방정식 (2), (5), (6)

(1) 첨가행렬로 나타내면

$$\left[\begin{array}{cc|c} 1 & 1 & 0 \\ 1 & 1 & 1 \end{array}\right] \sim \left[\begin{array}{cc|c} 1 & 1 & 0 \\ 0 & 0 & 1 \end{array}\right]$$

이므로 $rank(A)=1$, $rank(A|b)=2$이다.

$rank(A)\neq rank(A|b)$이므로 해가 존재하지 않는다.

(2) $\left[\begin{array}{cc|c} 1 & 1 & 3 \\ 1 & -1 & 1 \end{array}\right] \sim \left[\begin{array}{cc|c} 1 & 1 & 3 \\ 0 & -2 & -2 \end{array}\right]$이므로

$rank(A)=rank(A|b)=2$이므로 해가 존재하고 이때, 미지수의 개수 즉 $n=2$이므로 유일해를 갖는다.

(3) $\begin{bmatrix} 1 & 2 & 3 \\ 1 & -1 & -1 \end{bmatrix} \sim \begin{bmatrix} 1 & 2 & 3 \\ 0 & -3 & -4 \end{bmatrix}$이므로 $rank(A)=2$이고

이때, 미지수의 개수 $n=3$이므로 $rank(A)<n$이다. 따라서 무수히 많은 해를 갖는다.

(4) $\left[\begin{array}{ccc|c} 1 & 2 & 3 & 7 \\ 1 & -1 & -1 & -4 \end{array}\right] \sim \left[\begin{array}{ccc|c} 1 & 2 & 3 & 7 \\ 0 & -3 & -4 & -11 \end{array}\right]$이므로

$rank(A)=rank(A|b)=2<n$이다. 따라서 무수히 많은 해를 갖는다.

(5) $\left[\begin{array}{ccc|c} 1 & 2 & 3 & 1 \\ 1 & 1 & -1 & 0 \\ 1 & 2 & 1 & 3 \end{array}\right] \sim \left[\begin{array}{ccc|c} 1 & 2 & 3 & 1 \\ 0 & -1 & -4 & -1 \\ 0 & 0 & -2 & 2 \end{array}\right]$이므로

$rank(A)=rank(A|b)=n$이다. 따라서 유일해를 갖는다.

(6) $\left[\begin{array}{cccc|c} 1 & 1 & 3 & -1 & 0 \\ 1 & 1 & 1 & 1 & 1 \\ 1 & -2 & 1 & -1 & 1 \\ 4 & 1 & 8 & -1 & 0 \end{array}\right] \sim \left[\begin{array}{cccc|c} 1 & 1 & 3 & -1 & 0 \\ 0 & 0 & -2 & 2 & 1 \\ 0 & -3 & -2 & 0 & 1 \\ 0 & -3 & -4 & 3 & 0 \end{array}\right]$

$$\sim \left[\begin{array}{cccc|c} 1 & 1 & 3 & -1 & 0 \\ 0 & 0 & -2 & 2 & 1 \\ 0 & -3 & -2 & 0 & 1 \\ 0 & 0 & -2 & 3 & -1 \end{array}\right]$$

$$\sim \left[\begin{array}{cccc|c} 1 & 1 & 3 & -1 & 0 \\ 0 & -3 & -2 & 0 & 1 \\ 0 & 0 & -2 & 2 & 1 \\ 0 & 0 & -2 & 3 & -1 \end{array}\right]$$

$$\sim \left[\begin{array}{cccc|c} 1 & 1 & 3 & -1 & 0 \\ 0 & -3 & -2 & 0 & 1 \\ 0 & 0 & -2 & 2 & 1 \\ 0 & 0 & 0 & 1 & -2 \end{array}\right]$$

이므로 $rank(A)=rank(A|b)=4=n$이다. 따라서 유일해를 갖는다.

02

정답 ①

$\begin{bmatrix} 1 & 1 & -1 \\ 2 & -2 & 6 \\ 3 & 5 & -7 \end{bmatrix}\begin{bmatrix} x_1 \\ x_2 \\ x_3 \end{bmatrix} = \begin{bmatrix} 3 \\ 8 \\ 7 \end{bmatrix}$에서 Augmented matrix를 $A|B$라 하고 가우스 소거법을 사용하자.

$$\left[\begin{array}{ccc|c} 1 & 1 & -1 & 3 \\ 2 & -2 & 6 & 8 \\ 3 & 5 & -7 & 7 \end{array}\right] \Rightarrow \left[\begin{array}{ccc|c} 1 & 1 & -1 & 3 \\ 0 & -4 & 8 & 2 \\ 0 & 2 & -4 & -2 \end{array}\right] \Rightarrow \left[\begin{array}{ccc|c} 1 & 1 & -1 & 3 \\ 0 & -4 & 8 & 2 \\ 0 & 0 & 0 & -1 \end{array}\right]$$

$rankA<rank(A|B)$이므로 해를 갖지 않는다.

03

정답 ④

ㄱ, ㄷ. $rank(A)\neq rank(A|\boldsymbol{b})$이면 해가 존재하지 않는다. (거짓)

ㄴ. 선형시스템 $Ab=0$은 자명해를 갖거나 무수히 많은 해를 갖는다. (참)

ㄹ. 계수행렬이 가역이면 비동차 선형시스템은 유일해 $x=A^{-1}b$를, 동차 선형시스템은 자명해 $x=0$만을 갖는다. (참)

04

정답 ①

역행렬이 존재하지 않아야 하므로

$(a-1)(a-2)-12=0$, $a^2-3a-10=0$

$\therefore a=-2$ 또는 $a=5$

$\begin{bmatrix} a-1 & 2 \\ 6 & a-2 \end{bmatrix}\begin{bmatrix} x \\ y \end{bmatrix} = \begin{bmatrix} a+3 \\ 12 \end{bmatrix}$에서

$(a-1)\times12=6\times(a+3)$이어야 하므로

$12a-12=6a+18 \qquad \therefore a=5$

참고

$\begin{pmatrix} a & b \\ c & d \end{pmatrix}\begin{pmatrix} x \\ y \end{pmatrix} = \begin{pmatrix} p \\ q \end{pmatrix}$에서 $D=0$이고 $aq=cp$(또는 $bq=dp$)이면 부정,

$aq \neq cp$(또는 $bq \neq dp$)이면 불능이다.

05

정답 ②

$$\begin{cases} 3x+ky=5x+8 \\ 2x+3y=5y+4k \end{cases} \Rightarrow \begin{cases} -2x+ky=8 \\ 2x-2y=4k \end{cases}$$

이므로 해가 존재하지 않는 조건은

$rank\begin{bmatrix} -2 & k \\ 2 & -2 \end{bmatrix} < rank\begin{bmatrix} -2 & k & | & 8 \\ 2 & -2 & | & 4k \end{bmatrix}$이다.

따라서

$\begin{bmatrix} -2 & k & 8 \\ 2 & -2 & 4k \end{bmatrix} \sim \begin{bmatrix} -2 & k & | & 8 \\ 0 & k-2 & | & 4k+8 \end{bmatrix}$에서

$k=2$이다.

06

정답 ④

$A = \begin{bmatrix} 1 & 1 & 2 \\ 2 & 1 & 3 \\ -3 & 4 & 1 \end{bmatrix}$, $b = \begin{bmatrix} -3 \\ -2a \\ a^2 \end{bmatrix}$ 이라 하자.

$$[A\,|\,b] = \begin{bmatrix} 1 & 1 & 2 & | & -3 \\ 2 & 1 & 3 & | & -2a \\ -3 & 4 & 1 & | & a^2 \end{bmatrix} \sim \begin{bmatrix} 1 & 1 & 2 & | & -3 \\ 0 & -1 & -1 & | & -2a+6 \\ 0 & 7 & 7 & | & a^2-9 \end{bmatrix}$$

$$\sim \begin{bmatrix} 1 & 1 & 2 & | & -3 \\ 0 & 1 & 1 & | & 2a-6 \\ 0 & 1 & 1 & | & \frac{a^2-9}{7} \end{bmatrix}$$

무수히 많은 해를 갖기 위한 필요충분조건은

$rank(A|b) = rank(A)$ 이다.

즉, $2a-6 = \frac{a^2-9}{7} \Leftrightarrow 14a-42 = a^2-9$

$\Leftrightarrow (a-3)(a-11)=0$

$\Leftrightarrow a = 3, 11$

따라서 상수 a 값의 곱은 33 이다.

실력 UP 단원 마무리

01

각 선형방정식의 계수를 행으로, 우변의 상수를 마지막 열로 붙인 행렬을 첨가행렬이라 한다. 주어진 선형계를 첨가행렬로 나타내면 다음과 같다.

$$\begin{bmatrix} 0 & 8 & 6 & | & -4 \\ -2 & 4 & -6 & | & 18 \\ 1 & 1 & -1 & | & 2 \end{bmatrix}$$

정답 ②

02

$$\begin{bmatrix} 0 & 8 & 6 & | & -4 \\ -2 & 4 & -6 & | & 18 \\ 1 & 1 & -1 & | & 2 \end{bmatrix}$$

$\sim \begin{bmatrix} 1 & 1 & -1 & | & 2 \\ 0 & 8 & 6 & | & -4 \\ -2 & 4 & -6 & | & 18 \end{bmatrix}$ (3행→1행, 2행→3행)

$\sim \begin{bmatrix} 1 & 1 & -1 & | & 2 \\ 0 & 8 & 6 & | & -4 \\ 0 & 6 & -8 & | & 22 \end{bmatrix}$ (1행×2+3행→3행)

$\sim \begin{bmatrix} 1 & 1 & -1 & | & 2 \\ 0 & 8 & 6 & | & -4 \\ 0 & 0 & -\frac{25}{2} & | & 25 \end{bmatrix}$ (2행$\times\left(-\frac{3}{4}\right)$+3행→3행)

정답 ③

03

$-\frac{25}{2}z=25$, $8y+6z=-4$, $x+y-z=2$이므로

$x=-1$, $y=1$, $z=-2$이다.

정답 ①

04

$\begin{bmatrix} 2 & -1 & -1 & 4 \\ 1 & 0 & -1 & 0 \\ 1 & -1 & 0 & 2 \\ 0 & 1 & -1 & -1 \end{bmatrix} \sim \begin{bmatrix} 1 & 0 & -1 & 0 \\ 2 & -1 & -1 & 4 \\ 1 & -1 & 0 & 2 \\ 0 & 1 & -1 & -1 \end{bmatrix}$ (1행↔2행)

$\sim \begin{bmatrix} 1 & 0 & -1 & 0 \\ 0 & -1 & 1 & 4 \\ 0 & -1 & 1 & 2 \\ 0 & 1 & -1 & -1 \end{bmatrix}$ [(−2)×(1행)+(2행)→(2행) / (−1)×(1행)+(3행)→(3행)]

$\sim \begin{bmatrix} 1 & 0 & -1 & 0 \\ 0 & 1 & -1 & -4 \\ 0 & -1 & 1 & 2 \\ 0 & 1 & -1 & -1 \end{bmatrix}$ [(−1)×(2행)→(2행)]

$\sim \begin{bmatrix} 1 & 0 & -1 & 0 \\ 0 & 1 & -1 & -4 \\ 0 & 0 & 0 & -2 \\ 0 & 0 & 0 & 3 \end{bmatrix}$ [(2행)+(3행)→(3행) / (−1)×(2행)+(4행)→(4행)]

$\sim \begin{bmatrix} 1 & 0 & -1 & 0 \\ 0 & 1 & -1 & -4 \\ 0 & 0 & 0 & 1 \\ 0 & 0 & 0 & 0 \end{bmatrix}$

이므로 주어진 행렬의 계수(rank)는 3이다.

정답 ③

05

$$\left[\begin{array}{ccc|ccc} 0 & \frac{1}{2} & 0 & 1 & 0 & 0 \\ 0 & 0 & \frac{1}{4} & 0 & 1 & 0 \\ \frac{1}{8} & 0 & 0 & 0 & 0 & 1 \end{array}\right] \to \left[\begin{array}{ccc|ccc} \frac{1}{8} & 0 & 0 & 0 & 0 & 1 \\ 0 & \frac{1}{2} & 0 & 1 & 0 & 0 \\ 0 & 0 & \frac{1}{4} & 0 & 1 & 0 \end{array}\right]$$

$$\to \left[\begin{array}{ccc|ccc} 1 & 0 & 0 & 0 & 0 & 8 \\ 0 & 1 & 0 & 2 & 0 & 0 \\ 0 & 0 & 1 & 0 & 4 & 0 \end{array}\right]$$

이므로 역행렬은 $\begin{bmatrix} 0 & 0 & 8 \\ 2 & 0 & 0 \\ 0 & 4 & 0 \end{bmatrix}$이다.

정답 ③

06

$$U \qquad\qquad\qquad L$$

$$\begin{bmatrix} 1 & 2 & 1 \\ 2 & 3 & 3 \\ -3 & -10 & 2 \end{bmatrix} \qquad \begin{bmatrix} 1 & 0 & 0 \\ \bigcirc & \bigcirc & 0 \\ \bigcirc & \bigcirc & \bigcirc \end{bmatrix}$$

$$\sim \begin{bmatrix} 1 & 2 & 1 \\ 0 & -1 & 1 \\ 0 & -4 & 5 \end{bmatrix} \qquad \begin{bmatrix} 1 & 0 & 0 \\ 2 & \bigcirc & 0 \\ -3 & \bigcirc & \bigcirc \end{bmatrix}$$

$$\sim \begin{bmatrix} 1 & 2 & 1 \\ 0 & 1 & -1 \\ 0 & -4 & 5 \end{bmatrix} \qquad \begin{bmatrix} 1 & 0 & 0 \\ 2 & -1 & 0 \\ -3 & \bigcirc & \bigcirc \end{bmatrix}$$

$$\sim \begin{bmatrix} 1 & 2 & 1 \\ 0 & 1 & -1 \\ 0 & 0 & 1 \end{bmatrix} \qquad \begin{bmatrix} 1 & 0 & 0 \\ 2 & -1 & 0 \\ -3 & -4 & 1 \end{bmatrix}$$

$$\therefore A = \begin{bmatrix} 1 & 0 & 0 \\ 2 & -1 & 0 \\ -3 & -4 & 1 \end{bmatrix} \begin{bmatrix} 1 & 2 & 1 \\ 0 & 1 & -1 \\ 0 & 0 & 1 \end{bmatrix}$$

정답 풀이 참조

07

$$A\boldsymbol{x} = b \Rightarrow \begin{bmatrix} 1 & 2 & 1 \\ 2 & 3 & 3 \\ -3 & -10 & 2 \end{bmatrix} \begin{bmatrix} x_1 \\ x_2 \\ x_3 \end{bmatrix} = \begin{bmatrix} 1 \\ 1 \\ 1 \end{bmatrix}$$

$$\Rightarrow \begin{bmatrix} 1 & 0 & 0 \\ 2 & -1 & 0 \\ -3 & -4 & 1 \end{bmatrix} \begin{bmatrix} 1 & 2 & 1 \\ 0 & 1 & -1 \\ 0 & 0 & 1 \end{bmatrix} \begin{bmatrix} x_1 \\ x_2 \\ x_3 \end{bmatrix} = \begin{bmatrix} 1 \\ 1 \\ 1 \end{bmatrix}$$

$\begin{bmatrix} 1 & 2 & 1 \\ 0 & 1 & -1 \\ 0 & 0 & 1 \end{bmatrix} \begin{bmatrix} x_1 \\ x_2 \\ x_3 \end{bmatrix} = \begin{bmatrix} y_1 \\ y_2 \\ y_3 \end{bmatrix}$로 놓으면

$\begin{bmatrix} 1 & 0 & 0 \\ 2 & -1 & 0 \\ -3 & -4 & 1 \end{bmatrix} \begin{bmatrix} y_1 \\ y_2 \\ y_3 \end{bmatrix} = \begin{bmatrix} 1 \\ 1 \\ 1 \end{bmatrix}$이므로 $y_1 = 1,\ y_2 = 1,\ y_3 = 8$이다.

따라서

$\begin{bmatrix} 1 & 2 & 1 \\ 0 & 1 & -1 \\ 0 & 0 & 1 \end{bmatrix} \begin{bmatrix} x_1 \\ x_2 \\ x_3 \end{bmatrix} = \begin{bmatrix} 1 \\ 1 \\ 8 \end{bmatrix}$이므로 $x_3 = 8,\ x_2 = 9,\ x_1 = -25$이다.

정답 $[-25 \quad 9 \quad 8]^T$

08

$$\begin{bmatrix} 1 & 5 & a \\ 2 & 6 & 48 \\ 3 & 7 & b \\ 4 & 8 & 72 \end{bmatrix}$$

$$\sim \begin{bmatrix} 1 & 5 & a \\ 0 & -4 & 48-2a \\ 0 & -8 & b-3a \\ 0 & -12 & 72-4a \end{bmatrix} \left[\because \begin{array}{l} (1행)\times(-2)+(2행)\to(2행) \\ (1행)\times(-3)+(3행)\to(3행) \\ (1행)\times(-4)+(4행)\to(4행) \end{array}\right]$$

$$\sim \begin{bmatrix} 1 & 5 & a \\ 0 & -4 & 48-2a \\ 0 & 0 & a+b-96 \\ 0 & 0 & 2a-72 \end{bmatrix} \left[\because \begin{array}{l} (2행)\times(-2)+(3행)\to(3행) \\ (2행)\times(-3)+(4행)\to(4행) \end{array}\right]$$

행렬의 계수(rank)가 2이므로

$a+b-96=0,\ 2a-72=0$

$\therefore\ a=36,\ b=60$

$\therefore\ a+b=96$

정답 ①

09

행렬식은 $1\times\begin{vmatrix} 1 & 0 \\ 0 & 2 \end{vmatrix}=2$이고 수반행렬을 구하면

$$\begin{bmatrix} C_{11} & C_{12} & C_{13} \\ C_{21} & C_{22} & C_{23} \\ C_{31} & C_{32} & C_{33} \end{bmatrix} = \begin{bmatrix} 2 & 0 & 0 \\ 0 & 2 & 0 \\ 2 & 0 & 1 \end{bmatrix}^T = \begin{bmatrix} 2 & 0 & 2 \\ 0 & 2 & 0 \\ 0 & 0 & 1 \end{bmatrix}$$

따라서 역행렬은 $\frac{1}{2}\begin{bmatrix} 2 & 0 & 2 \\ 0 & 2 & 0 \\ 0 & 0 & 1 \end{bmatrix}$이다.

정답 ②

10

계수행렬을 A라 하면

$\det A = \begin{vmatrix} 2 & 3 & -1 \\ 3 & 5 & 2 \\ 1 & -2 & -3 \end{vmatrix} = -30+6+6+5+8+27=22$이고

$\det A_y = \begin{vmatrix} 2 & 1 & -1 \\ 3 & 8 & 2 \\ 1 & -1 & -3 \end{vmatrix} = -48+2+3+8+9+4=-22$이므로

$y = \dfrac{\det A_y}{\det A} = -1$이다.

정답 ②

11

$\begin{cases} x - y + z = 0 \\ 2x + ay + 2z = 0 \\ x - 2y + 2z = 0 \end{cases} \Leftrightarrow \begin{bmatrix} 1 & -1 & 1 \\ 2 & a & 2 \\ 1 & -2 & 2 \end{bmatrix} \begin{bmatrix} x \\ y \\ z \end{bmatrix} = \begin{bmatrix} 0 \\ 0 \\ 0 \end{bmatrix}$ 에서

$rank\begin{bmatrix} 1 & -1 & 1 \\ 2 & a & 2 \\ 1 & -2 & 2 \end{bmatrix} = rank\begin{bmatrix} 1 & -1 & 1 & 0 \\ 2 & a & 2 & 0 \\ 1 & -2 & 2 & 0 \end{bmatrix} < 3$ (미지수의 개수)이어야 무한히 많은 해를 갖게 되므로

$\begin{vmatrix} 1 & -1 & 1 \\ 2 & a & 2 \\ 1 & -2 & 2 \end{vmatrix} = 0 \ \Leftrightarrow\ a = -2$ 이다.

정답 ④

12

$rank(A) \le \min\{7, 9\}$이므로 7이다.

정답 ②

13

$A = \begin{bmatrix} 3 & 4 & -1 \\ 1 & 0 & 3 \\ 2 & 5 & -4 \end{bmatrix}$ 의 행렬식$|A|$는

$$|A|=\begin{vmatrix} 3 & 4 & -1 \\ 1 & 0 & 3 \\ 2 & 5 & -4 \end{vmatrix}=\begin{vmatrix} 3 & 4 & -10 \\ 1 & 0 & 0 \\ 2 & 5 & -10 \end{vmatrix}$$ (∵ 1열×(−3)+3열)

$=1\times(-1)\begin{vmatrix} 4 & -10 \\ 5 & -10 \end{vmatrix}$ (∵1열에 대해 Laplace 전개)

$=-10$

3행2열의 여인수: $-\begin{vmatrix} 3 & -1 \\ 1 & 3 \end{vmatrix}=-10$ 이므로

A^{-1}의 2행 3열의 성분은 1이다.

정답 ①

14

동차선형계를 행렬방정식으로 나타냈을 때, 계수행렬이 역행렬을 갖지 않으면 자명한 해 이외의 해, 즉 무수히 많은 해를 갖는다.

① $\begin{vmatrix} 1 & 2 \\ 2 & 4 \end{vmatrix}=0$이므로 구하는 선형계는 ①이다.

정답 ①

15

$$A=\begin{bmatrix} 1 & 0 & a & 1 & d \\ -1 & -1 & b & -2 & e \\ 3 & 1 & c & 1 & f \end{bmatrix}$$

$$\sim\begin{bmatrix} 1 & 0 & a & 1 & d \\ 0 & -1 & a+b & -1 & d+e \\ 0 & 1 & -3a+c & -2 & -3d+f \end{bmatrix}$$

$\left[\begin{array}{l} ∵(1행)\times\ 1+(2행)\to(2행) \\ \ \ (1행)\times(-3)+(3행)\to(3행) \end{array}\right]$

$$\sim\begin{bmatrix} 1 & 0 & a & 1 & d \\ 0 & -1 & a+b & -1 & d+e \\ 0 & 0 & -2a+b+c & -3 & -2d+e+f \end{bmatrix}$$

[∵(2행)+(3행)→(3행)]

$$\sim\begin{bmatrix} 1 & 0 & a & 1 & d \\ 0 & 1 & -a-b & 1 & -d-e \\ 0 & 0 & -2a+b+c & -3 & -2d+e+f \end{bmatrix}$$

[∵ (2행)×(−1)→(2행)]

행렬 A 의 기약행 사다리꼴과 비교하면 $-2a+b+c=0$이어야 하므로

$$\sim\begin{bmatrix} 1 & 0 & a & 1 & d \\ 0 & 1 & -a-b & 1 & -d-e \\ 0 & 0 & 0 & -3 & -2d+e+f \end{bmatrix}$$

$$\sim\begin{bmatrix} 1 & 0 & a & 1 & d \\ 0 & 1 & -a-b & 1 & -d-e \\ 0 & 0 & 0 & 1 & \frac{2d-e-f}{3} \end{bmatrix}$$ $\left[∵(3행)\times\left(-\frac{1}{3}\right)\to(3행)\right]$

행렬 A 의 기약 행사다리꼴과 비교하면

$a=2$, $-a-b=-5$, $\frac{2d-e-f}{3}=6$

$$\sim\begin{bmatrix} 1 & 0 & 2 & 1 & d \\ 0 & 1 & -5 & 1 & -d-e \\ 0 & 0 & 0 & 1 & 6 \end{bmatrix}$$

$$\sim\begin{bmatrix} 1 & 0 & 2 & 0 & d-6 \\ 0 & 1 & -5 & 0 & -d-e-6 \\ 0 & 0 & 0 & 1 & 6 \end{bmatrix}$$

$\left[\begin{array}{l} ∵(3행)\times(-1)+(1행)\to(1행) \\ \ \ (3행)\times(-1)+(2행)\to(2행) \end{array}\right]$

행렬 A 의 기약 행사다리꼴과 비교하면

$d-6=-2$, $-d-e-6=-3$이므로

$d=4$, $e=-7$이다. 따라서 행렬 A의 (2, 5) 성분은 $e=-7$이다.

정답 ①

03 평면벡터와 공간벡터

핵심 문제 | Topic 15~22

Topic 15 기하적 벡터

01

정답 (1) $-\vec{c}$ (2) $-\vec{b}$ (3) $\vec{b}$ (4) $\vec{0}$

(1) $\overrightarrow{AB}+\overrightarrow{BC}=\overrightarrow{AC}=-\vec{c}$

(2) $\overrightarrow{AB}+\overrightarrow{CA}=\overrightarrow{CA}+\overrightarrow{AB}=\overrightarrow{CB}=-\vec{b}$

(3) $-\overrightarrow{CA}-\overrightarrow{AB}=-(\overrightarrow{CA}+\overrightarrow{AB})=-\overrightarrow{CB}=\overrightarrow{BC}=\vec{b}$

(4) $\overrightarrow{AB}+\overrightarrow{BC}+\overrightarrow{CA}=\overrightarrow{AC}+\overrightarrow{CA}=\vec{0}$

02

정답 (1) $-\vec{a}-\vec{b}$ (2) $\vec{a}-\vec{b}$

(1) $\overrightarrow{AB}=\overrightarrow{OB}-\overrightarrow{OA}=-\overrightarrow{OD}-\overrightarrow{OA}=-\vec{a}-\vec{b}$

(2) $\overrightarrow{CB}=\overrightarrow{DA}=\overrightarrow{OA}-\overrightarrow{OD}=\vec{a}-\vec{b}$

03

정답 $5\sqrt{3}$

코사인 제이법칙에 의해

$|\overrightarrow{BD}|^2=5^2+5^2-2\times5\times5\times\cos120°$

$=25+25-50\cdot\left(-\frac{1}{2}\right)=75$

$\therefore |\overrightarrow{BD}|=5\sqrt{3}$

04

정답 5

$\overrightarrow{AB}+\overrightarrow{AD}=\overrightarrow{AC}$이므로

$|\overrightarrow{AB}+\overrightarrow{AC}+\overrightarrow{AD}|=|2\overrightarrow{AC}|=10\sqrt{2}$

$\therefore |\overrightarrow{AC}|=5\sqrt{2}$

따라서 정사각형의 한 변의 길이는 5이다.

05

정답 평행사변형

$\overrightarrow{OA}+\overrightarrow{OC}=\overrightarrow{OB}+\overrightarrow{OD} \Rightarrow \overrightarrow{OA}-\overrightarrow{OD}=\overrightarrow{OB}-\overrightarrow{OC}$

$\Rightarrow \overrightarrow{DA}=\overrightarrow{CB}$

즉 $\overline{DA}//\overline{CB}$이고 $\overline{DA}=\overline{CB}$이므로 사각형 ABCD는 평행사변형이다.

Topic 16 $\mathbb{R}^2$과 $\mathbb{R}^3$에서의 벡터

01

정답 (1) $(4, 1)$ (2) $(-3, 13)$ (3) $(32, -14)$ (4) $(1, -8)$

(1) $(1, 3)+(3, -2)=(4, 1)$

(2) $3(1, 3)-2(3, -2)=(-3, 13)$

(3) $2\{(1, 3)+5(3, -2)\}=(32, -14)$

(4) $3\{2(1, 3)-(3, -2)\}-2\{4(1, 3)-2(3, -2)\}$

$=3(-1, 8)-2(-2, 16)$

$=(1, -8)$

02

정답 (1) $(3, -2, 4)$ (2) $(1, 42, -60)$ (3) $(-35, -110, 145)$ (4) $(1, 42, -60)$

(1) $(2, 4, -5)+(1, -6, 9)=(3, -2, 4)$

(2) $3(2, 4, -5)-5(1, -6, 9)=(1, 42, -60)$

(3) $5\{(1, -6, 9)-4(2, 4, -5)\}=(-35, -110, 145)$

(4) $(2\vec{u}-7\vec{v})+(\vec{u}+2\vec{v})=2\vec{u}+\vec{u}+(-7\vec{v})+2\vec{v}$

$=3\vec{u}-5\vec{v}$

이므로

$3(2, 4, -5)-5(1, -6, 9)=(1, 42, -60)$

03

정답 (1) $5\sqrt{2}$ (2) $\sqrt{34}$ (3) 3 (4) $4\sqrt{5}$

(1) $\overrightarrow{AB}=(2, -1)-(-3, 4)=(5, -5)$

$|\overrightarrow{AB}|=\sqrt{5^2+(-5)^2}=5\sqrt{2}$

(2) $\overrightarrow{AB}=(-1, 5)-(4, 2)=(-5, 3)$

$|\overrightarrow{AB}|=\sqrt{(-5)^2+3^2}=\sqrt{34}$

(3) $\overrightarrow{AB}=(-2, -3, 4)-(1, -3, 4)=(-3, 0, 0)$

$|\overrightarrow{AB}|=\sqrt{3^2+0^2+0^2}=3$

(4) $\overrightarrow{AB}=(9, 3, 5)-(1, -1, 5)=(8, 4, 0)$

$|\overrightarrow{AB}|=\sqrt{8^2+4^2+0^2}=4\sqrt{5}$

04

정답 (1) $\left(\frac{1}{\sqrt{26}}, \frac{3}{\sqrt{26}}, -\frac{4}{\sqrt{26}}\right)$ (2) $\left(\frac{2}{3}, \frac{2}{3}, -\frac{1}{3}\right)$

(1) $\|\vec{u}\|=\sqrt{1^2+3^2+(-4)^2}=\sqrt{26}$이므로

$\left(\frac{1}{\sqrt{26}}, \frac{3}{\sqrt{26}}, -\frac{4}{\sqrt{26}}\right)$이다.

(2) $\|\vec{v}\|=\sqrt{2^2+2^2+(-1)^2}=3$이므로

$\left(\frac{2}{3}, \frac{2}{3}, -\frac{1}{3}\right)$이다.

05

정답 $5i-20j+34k$

$5\vec{u}=5(3i-4j+8k)=15i-20j+40k$,
$2\vec{v}=2(5i+0j+3k)=10i+0j+6k$이므로
$5\vec{u}-2\vec{v}=5i-20j+34k$

06

정답 (1) $\vec{c}=2\vec{a}-3\vec{b}$ (2) $\vec{c}=-\vec{a}+3\vec{b}$

(1) $m(1, 1)+n(-1, 1)=(m-n, m+n)$이고 두 벡터가 서로 같을 조건에 의하여
$m-n=5, m+n=-1$
연립하여 풀면 $m=2, n=-3$이다. 따라서
$\vec{c}=2\vec{a}-3\vec{b}$이다.

(2) $m(1, 2, 3)+n(2, 3, 7)=(m+2n, 2m+3n, 3m+7n)$이므로
$m+2n=5, 2m+3n=7, 3m+7n=18$이다. 연립하여 풀면
$m=-1, n=3$이므로
$\vec{c}=-\vec{a}+3\vec{b}$이다.

07

정답 (1) $(8, 4)$ (2) $(4, 1, 2)$

(1) $(3+5, 2+2)=(8, 4)$
(2) $(1+3, 2-1, 2+0)=(4, 1, 2)$

08

정답 (1) $(1, -2)$ (2) $(-1, 1, -3)$

(1) $(2-1, 0-2)=(1, -2)$
(2) $(0-1, 2-1, 0-3)=(-1, 1, -3)$

09

정답 $(4, 4)$

$D(x, y)$라 하면
$\overrightarrow{AB}=(2, -2)$, $\overrightarrow{CD}=(x-2, y-6)$
$\overrightarrow{AB}=\overrightarrow{CD}$이므로 $x-2=2, y-6=-2$이다.
따라서 $x=4, y=4$이다.
$\therefore D(4, 4)$

10

정답 ④

$$s\mathbf{v}+t\mathbf{w}=(s, s, -s)+(t, -t, t)$$
$$=(s+t, s-t, -s+t)=(5, -1, 1)$$
이므로
$$\begin{cases} s+t=5 \\ s-t=-1 \\ -s+t=1 \end{cases} \Rightarrow s=2, t=3$$
$\therefore st=6$

Topic 17 내적(inner product)

01

정답 풀이 참조

(1) $\vec{u}\cdot\vec{v}=2(-1)+(-3)2+4\cdot5=12$
(2) $\vec{v}\cdot\vec{w}=(-1)3+2\cdot6+5(-1)=4$
(3) $\vec{u}\cdot(2\vec{v})=2(-2)+(-3)4+4\cdot10=24$
(4) $(2\vec{v})\cdot(3\vec{w})=(-2)9+4\cdot18+10(-3)=24$
(5) $\vec{u}\cdot\vec{u}=2^2+(-3)^2+4^2=29$
(6) $\vec{u}\cdot(\vec{v}+\vec{w})=(2, -3, 4)\cdot(2, 8, 4)$
$=4-24+16=-4$
(7) $(\vec{u}+\vec{v})\cdot\vec{w}=(1, -1, 9)\cdot(3, 6, -1)$
$=3-6-9=-12$
(8) $(\vec{w}\cdot\vec{v})\vec{u}=\{3(-1)+6\cdot2+(-1)5\}(2, -3, 4)$
$=4(2, -3, 4)=(8, -12, 16)$

02

정답 (1) 16 (2) $9\sqrt{2}$

(1) $\vec{a}\cdot\vec{b}=\|\vec{a}\|\|\vec{b}\|\cos\theta=8\cdot4\cdot\frac{1}{2}=16$

(2) $\vec{a}\cdot\vec{b}=\|\vec{a}\|\|\vec{b}\|\cos\theta=3\cdot6\cdot\frac{\sqrt{2}}{2}=9\sqrt{2}$

03

정답 (ㄱ, ㅂ), (ㄴ, ㄹ), (ㄷ, ㅁ)

내적이 0이 되는 벡터의 쌍을 찾는다.
ㄱ과 ㅂ에서 $2(-4)+0\cdot3+1\cdot8=0$,
ㄴ과 ㄹ에서 $1\cdot3-1\cdot2+1(-1)=0$,
ㄷ과 ㅁ에서 $1\cdot2-4(-1)+6(-1)=0$이다.

04

정답 (1) $-\frac{1}{\sqrt{10}}$ (2) $\frac{3}{2\sqrt{5}}$ (3) $-\frac{2}{\sqrt{5}}$ (4) $\frac{\sqrt{2}}{3}$

(1) $\cos\theta=\frac{\vec{u}\cdot\vec{v}}{\|\vec{u}\|\|\vec{v}\|}=\frac{(-1)2-1\cdot4+4\cdot0}{\sqrt{(-1)^2+(-1)^2+4^2}\sqrt{2^2+4^2+0^2}}$
$=-\frac{1}{\sqrt{10}}$

(2) $\cos\theta=\frac{\vec{u}\cdot\vec{v}}{\|\vec{u}\|\|\vec{v}\|}=\frac{6-0-0}{\sqrt{9+1}\sqrt{4+4}}=\frac{3}{2\sqrt{5}}$

(3) $\cos\theta=\frac{\vec{u}\cdot\vec{v}}{\|\vec{u}\|\|\vec{v}\|}=\frac{-6-4}{\sqrt{5}\cdot\sqrt{25}}=-\frac{2}{\sqrt{5}}$

(4) $\cos\theta=\frac{\vec{u}\cdot\vec{v}}{\|\vec{u}\|\|\vec{v}\|}=\frac{1-1+2}{\sqrt{6}\cdot\sqrt{3}}=\frac{\sqrt{2}}{3}$

05

정답 ③

$\overrightarrow{OX}=(-1, 0, 1)$, $\overrightarrow{OY}=(1, 0, 0)$이므로

$\cos\theta=\frac{\overrightarrow{OX}\cdot\overrightarrow{OY}}{|\overrightarrow{OX}||\overrightarrow{OY}|}=-\frac{1}{\sqrt{2}}$

$\therefore \theta=135^\circ$

06

정답 ④

$\overrightarrow{AB}=(1,3,0)$, $\overrightarrow{AC}=(3,1,0)$

$\Rightarrow \cos\theta=\dfrac{\overrightarrow{AB}\cdot\overrightarrow{AC}}{|\overrightarrow{AB}||\overrightarrow{AC}|}=\dfrac{3}{5}$

$\Rightarrow \sin\theta=\sqrt{1-\cos^2\theta}=\sqrt{1-\dfrac{9}{25}}=\dfrac{4}{5}$

07

정답 ①

$\vec{a}+t\vec{b}=(1+t,\ -1-3t,\ 3+2t)$,

$2\vec{a}-\vec{b}=(1,\ 1,\ 4)$이고

$(\vec{a}+t\vec{b})\cdot(2\vec{a}-\vec{b})=0$이므로

$1+t+(-1-3t)+4(3+2t)=0$, $6t=-12$

$\therefore t=-2$

08

정답 $\dfrac{\pi}{2}$

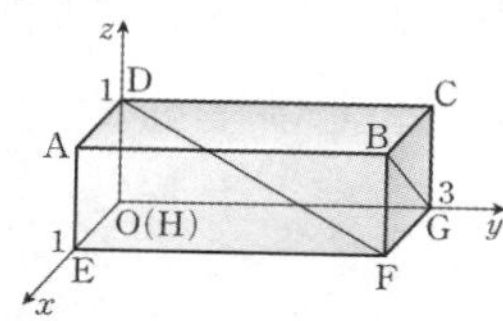

위 그림과 같이 좌표계를 설정하면

D(0, 0, 1), F(1, 3, 0), B(1, 3, 1), G(0, 3, 0)

이므로

$\overrightarrow{DF}=(1,\ 3,\ -1)$, $\overrightarrow{BG}=(-1,\ 0,\ -1)$

두 벡터 $\overrightarrow{DF}$, $\overrightarrow{BG}$가 이루는 각의 크기를 θ라고 하면

$\cos\theta=\dfrac{1\times(-1)+3\times0+(-1)\times(-1)}{\sqrt{1^2+3^2+(-1)^2}\sqrt{(-1)^2+(-1)^2}}=0$

$\therefore \theta=\dfrac{\pi}{2}$

Topic 18 방향코사인과 벡터의 정사영

01

정답 풀이 참조

(1) $\|\vec{a}\|=\sqrt{14}$이므로 $\cos\alpha=\dfrac{1}{\sqrt{14}}$, $\cos\beta=\dfrac{2}{\sqrt{14}}$, $\cos\gamma=\dfrac{3}{\sqrt{14}}$

(2) $\|\vec{b}\|=6$이므로

$\cos\alpha=\dfrac{2}{3}$, $\cos\beta=\dfrac{2}{3}$, $\cos\gamma=-\dfrac{1}{3}$

(3) $\|\vec{c}\|=2$이므로

$\cos\alpha=\dfrac{1}{2}$, $\cos\beta=0$, $\cos\gamma=-\dfrac{\sqrt{3}}{2}$

(4) $\|\vec{d}\|=\sqrt{78}$이므로

$\cos\alpha=\dfrac{5}{\sqrt{78}}$, $\cos\beta=\dfrac{7}{\sqrt{78}}$, $\cos\gamma=\dfrac{2}{\sqrt{78}}$

(5) $\|\vec{e}\|=\sqrt{3}$이므로

$\cos\alpha=\dfrac{1}{\sqrt{3}}$, $\cos\beta=\dfrac{1}{\sqrt{3}}$, $\cos\gamma=\dfrac{1}{\sqrt{3}}$

02

정답 풀이 참조

(1) $comp_{\vec{b}}\,\vec{a}=\dfrac{\vec{a}\cdot\vec{b}}{\|\vec{b}\|}=\dfrac{(-5)3+5(-4)}{5}=-7$

$proj_{\vec{b}}\,\vec{a}=comp_{\vec{b}}\,\vec{a}\cdot\dfrac{\vec{b}}{\|\vec{b}\|}=-7\cdot\dfrac{(3,\ -4)}{5}=\left(-\dfrac{21}{5},\ \dfrac{28}{5}\right)$

(2) $comp_{\vec{b}}\,\vec{a}=\dfrac{\vec{a}\cdot\vec{b}}{\|\vec{b}\|}=\dfrac{-2+1}{\sqrt{2}}=-\dfrac{1}{\sqrt{2}}$

$proj_{\vec{b}}\,\vec{a}=comp_{\vec{b}}\,\vec{a}\cdot\dfrac{\vec{b}}{\|\vec{b}\|}=-\dfrac{1}{\sqrt{2}}\cdot\dfrac{(-1,\ 1)}{\sqrt{2}}=\left(\dfrac{1}{2},\ -\dfrac{1}{2}\right)$

(3) $comp_{\vec{b}}\,\vec{a}=\dfrac{\vec{a}\cdot\vec{b}}{\|\vec{b}\|}=\dfrac{-2+2-1}{3}=-\dfrac{1}{3}$

$proj_{\vec{b}}\,\vec{a}=comp_{\vec{b}}\,\vec{a}\cdot\dfrac{\vec{b}}{\|\vec{b}\|}=-\dfrac{1}{3}\cdot\dfrac{(-2,\ 2,\ -1)}{3}$

$=\left(\dfrac{2}{9},\ -\dfrac{2}{9},\ \dfrac{1}{9}\right)$

(4) $comp_{\vec{b}}\,\vec{a}=\dfrac{\vec{a}\cdot\vec{b}}{\|\vec{b}\|}=\dfrac{-6+6-14}{7}=-2$

$proj_{\vec{b}}\,\vec{a}=comp_{\vec{b}}\,\vec{a}\cdot\dfrac{\vec{b}}{\|\vec{b}\|}=-2\cdot\dfrac{(6,\ -3,\ -2)}{7}$

$=\left(-\dfrac{12}{7},\ \dfrac{6}{7},\ \dfrac{4}{7}\right)$

03

정답 ②

$proj_u\, v=\dfrac{v\cdot u}{u\cdot u}u=\dfrac{4}{7}(1,\ 2,\ 3)$

04

정답 ②

$\vec{u}$를 $\vec{v}$에 정사영한 벡터는 $\dfrac{\vec{u}\cdot\vec{v}}{\vec{v}\cdot\vec{v}}\vec{v}$이다.

$\therefore \alpha=\dfrac{\vec{u}\cdot\vec{v}}{\vec{v}\cdot\vec{v}}=\dfrac{(-1)\cdot3+2\cdot(-2)+(-1)\cdot2}{3^2+(-2)^2+2^2}=-\dfrac{9}{17}$

05

정답 ④

$\overrightarrow{a_T}$는 $\vec{a}$의 $\vec{b}$ 위로의 정사영이다. 즉

$$\overrightarrow{a_T}=\frac{\vec{a}\cdot\vec{b}}{\vec{b}\cdot\vec{b}}\vec{b}=\frac{1+0-2}{1+4+1}<1, 2, 1>$$

$$=-\frac{1}{6}<1, 2, 1>$$

06

정답 ①

$\vec{v}=(2,\ -1,\ 3)$, $\vec{w}=(1,\ -3,\ 2)$이므로

$$proj_{\vec{w}}\ \vec{v}=\frac{\vec{w}\cdot\vec{v}}{\vec{w}\cdot\vec{w}}\vec{w}=\frac{2+3+6}{1+9+4}(1,\ -3,\ 2)$$

$$=\frac{11}{14}(1,\ -3,\ 2)$$

$$proj_{\vec{v}}\ \vec{w}=\frac{\vec{v}\cdot\vec{w}}{\vec{v}\cdot\vec{v}}\vec{v}=\frac{2+3+6}{4+1+9}(2,\ -1,\ 3)$$

$$=\frac{11}{14}(2,\ -1,\ 3)$$

이다. 두 벡터사영 $proj_{\vec{w}}\ \vec{v}$와 $proj_{\vec{v}}\ \vec{w}$ 사이의 각을 θ라 하면

$$proj_{\vec{w}}\ \vec{v}\cdot proj_{\vec{v}}\ \vec{w}=\left|proj_{\vec{w}}\ \vec{v}\right|\cdot\left|proj_{\vec{v}}\ \vec{w}\right|\cdot\cos\theta$$

$$\frac{11}{14}(1,\ -3,\ 2)\cdot\frac{11}{14}(2,\ -1,\ 3)$$

$$=\left|\frac{11}{14}(1,\ -3,\ 2)\right|\cdot\left|\frac{11}{14}(2,\ -1,\ 3)\right|\cdot\cos\theta$$

$$\frac{121}{156}(2+3+6)=\frac{11}{14}\sqrt{1+9+4}\cdot\frac{11}{14}\sqrt{4+1+9}\cdot\cos\theta$$

$$\therefore\ \cos\theta=\frac{11}{14}\qquad\therefore\ \theta=\cos^{-1}\frac{11}{14}$$

참고

두 공간벡터를 서로 정사영시켜 얻은 두 벡터가 이루는 각은 원래의 두 벡터가 이루는 각의 크기와 같다. 즉,

$$\cos\theta=\frac{|2+3+6|}{\sqrt{14}\cdot\sqrt{14}}=\frac{11}{14}\qquad\therefore\ \theta=\cos^{-1}\frac{11}{14}$$

Topic 19 외적(outer product)

01

정답 풀이 참조

(1) $\vec{a}\times\vec{b}=\begin{vmatrix} i & j & k\\ 1 & -1 & 0\\ 0 & 3 & 5\end{vmatrix}=i(-5)-j(5)+k(3)$

$=-5i-5j+3k$

(2) $\vec{a}\times\vec{b}=\begin{vmatrix} i & j & k\\ 2 & 1 & 0\\ 4 & 0 & -1\end{vmatrix}=i(-1)-j(-2)+k(-4)$

$=-i+2j-4k$

(3) $\vec{a}\times\vec{b}=\begin{vmatrix} i & j & k\\ 1 & 2 & 3\\ 4 & 5 & 6\end{vmatrix}=i(12-15)-j(6-12)+k(5-8)$

$=-3i+6j-3k$

(4) $\vec{a}\times\vec{b}=\begin{vmatrix} i & j & k\\ 2 & -3 & 4\\ 3 & 1 & -2\end{vmatrix}=i(6-4)-j(-4-12)+k(2+9)$

$=2i+16j+11k$

02

정답 풀이 참조

(1) $\overrightarrow{P_1P_2}\times\overrightarrow{P_1P_3}=\begin{vmatrix} i & j & k\\ 0 & 1 & 1\\ 1 & 2 & 2\end{vmatrix}=i(2-2)-j(0-1)+k(0-1)$

$=j-k$

(2) $\overrightarrow{P_1P_2}\times\overrightarrow{P_1P_3}=\begin{vmatrix} i & j & k\\ -1 & 5 & -4\\ -2 & 4 & 1\end{vmatrix}$

$=i(5+16)-j(-1-8)+k(-4+10)$

$=21i+9j+6k$

03

정답 풀이 참조

두 벡터에 모두 수직인 벡터는 외적을 뜻한다.

(1) $\vec{u}\times\vec{v}=\begin{vmatrix} i & j & k\\ 1 & 3 & 4\\ 2 & -6 & -5\end{vmatrix}$

$=i(-15+24)-j(-5-8)+k(-6-6)$

$=9i+13j-12k=(9,\ 13,\ -12)$

(2) $\vec{u}\times\vec{v}=\begin{vmatrix} i & j & k\\ 2 & -7 & 4\\ 1 & -1 & 1\end{vmatrix}=i(-7+4)-j(2-4)+k(-2+7)$

$=-3i+2j+5k=(-3,\ 2,\ 5)$

04

정답 풀이 참조

(1) $(2i)\times j=2(i\times j)=2k=(0,\ 0,\ 2)$

(2) $i\times(-2k)=-2(i\times k)=2j=(0,\ 2,\ 0)$

(3) $k\times(2i-j)=k\times(2i)+k\times(-j)$

$=2(k\times i)-(k\times j)$

$=2j-(-i)=i+2j$

$=(1,\ 2,\ 0)$

(4) $(2i-j+5k)\times i=(2i\times i)+(-j\times i)+(5k\times i)$

$=2(i\times i)+(i\times j)+5(k\times i)$

$=0+k+5j$

$=5j+k=(0,\ 5,\ 1)$

(5) $(i\times k)-3(j\times i)=-j-3(-k)$

$=-j+3k=(0,\ -1,\ 3)$

(6) $(i+j)\times(i+5k)=\{(i+j)\times i\}+\{(i+j)\times 5k\}$

$=(i\times i)+(j\times i)+(i\times 5k)+(j\times 5k)$

$=0-k-5j+5i$

$=5i-5j-k$

$=(5,\ -5,\ -1)$

05

정답 ①

$\overrightarrow{OZ}\cdot\overrightarrow{OX}=(a,\ b,\ c)\cdot(1,\ 0,\ 1)=a+c=0$,

$\overrightarrow{OZ}\cdot\overrightarrow{OY}=(a,\ b,\ c)\cdot(1,\ 1,\ 1)=a+b+c=0$

이므로 $b=0$이다.

06

정답 ④

$$\frac{|a\cdot b|^2}{|a|^2|b|^2}+\frac{|a\times b|^2}{|a|^2|b|^2}$$

$$= \frac{(|a||b|\cos\theta)^2 + (|a||b|\sin\theta)^2}{|a|^2|b|^2}$$

$$= \frac{|a|^2|b|^2\cos^2\theta + |a|^2|b|^2\sin^2\theta}{|a|^2|b|^2}$$

$$= \frac{|a|^2|b|^2(\cos^2\theta + \sin^2\theta)}{|a|^2|b|^2} = \frac{|a|^2|b|^2}{|a|^2|b|^2} = 1$$

07

정답 ③

$\| A \times B \|^2 + (A \cdot B)^2$

$= \| A \|^2 \| B \|^2 \sin^2\theta + \| A \|^2 \| B \|^2 \cos^2\theta$

$= \| A \|^2 \| B \|^2 = (a_1{}^2 + a_2{}^2 + a_3{}^2)(b_1{}^2 + b_2{}^2 + b_3{}^2)$

$= 3 \cdot 3 = 9$

08

정답 $(0, 18, 0)$, $(0, -18, 0)$

$\|\vec{a} \times \vec{b}\| = 3\sqrt{3} \times 4 \times n \sin\frac{2}{3}\pi = 18n$이고 오른손 법칙에 의해

$n = j$ 또는 $n = -j$이다. 따라서

$\vec{a} \times \vec{b} = -18j$ 또는 $18j$이다.

Topic 20 평행사변형과 삼각형의 넓이

01

정답 (1) $\sqrt{155}$ (2) $4\sqrt{10}$ (3) $\sqrt{101}$ (4) $\sqrt{14}$

(1) $|\vec{u} \times \vec{v}| = \left\| \begin{matrix} i & j & k \\ 6 & 3 & 1 \\ 5 & 1 & 2 \end{matrix} \right\| = |i(6-1) - j(12-5) + k(6-15)|$

$= |5i - 7j - 9k| = \sqrt{155}$

(2) $|\vec{u} \times \vec{v}| = \left\| \begin{matrix} i & j & k \\ 3 & -1 & 4 \\ 6 & -2 & 12 \end{matrix} \right\|$

$= |i(-12+8) - j(36-24) + k(-6+6)|$

$= |-4i - 12j + 0k|$

$= \sqrt{160} = 4\sqrt{10}$

(3) $|\vec{u} \times \vec{v}| = \left\| \begin{matrix} i & j & k \\ 2 & 3 & 0 \\ -1 & 2 & -2 \end{matrix} \right\|$

$= |i(-6-0) - j(-4-0) + k(4+3)|$

$= |-6i + 4j + 7k| = \sqrt{101}$

(4) $|\vec{u} \times \vec{v}| = \left\| \begin{matrix} i & j & k \\ 1 & 1 & -1 \\ 3 & 2 & -5 \end{matrix} \right\|$

$= |i(-5+2) - j(-5+3) + k(2-3)|$

$= |-3i + 2j - k| = \sqrt{14}$

02

정답 (1) 2 (2) 8

(1) 두 벡터 $\overrightarrow{P_1P_2}$, $\overrightarrow{P_1P_3}$에 결정되는 평행사변형의 넓이이므로

$|\overrightarrow{P_1P_2} \times \overrightarrow{P_1P_3}| = \left\| \begin{matrix} i & j & k \\ -1 & 1 & 0 \\ 3 & -1 & 0 \end{matrix} \right\|$

$= |i(0-0) - j(0-0) + k(1-3)| = 2$

(2) 두 벡터 $\overrightarrow{P_1P_3}$, $\overrightarrow{P_1P_4}$에 결정되는 평행사변형의 넓이이므로

$|\overrightarrow{P_1P_3} \times \overrightarrow{P_1P_4}| = \left\| \begin{matrix} i & j & k \\ -3 & 2 & 0 \\ 4 & 0 & 0 \end{matrix} \right\|$

$= |i(0) - j(0) + k(0-8)| = 8$

03

정답 (1) 3 (2) $\frac{1}{2}$ (3) $\frac{1}{2}\sqrt{185}$ (4) $\frac{7}{2}$

(1) $\frac{1}{2}\left|\left|\overrightarrow{P_1P_2} \times \overrightarrow{P_1P_3}\right|\right| = \frac{1}{2}\left\| \begin{matrix} i & j & k \\ 0 & 1 & 2 \\ 2 & 2 & 0 \end{matrix} \right\|$

$= \frac{1}{2}|i(0-4) - j(0-4) + k(0-2)|$

$= \frac{1}{2} \times 6 = 3$

(2) $\frac{1}{2}\left|\left|\overrightarrow{P_1P_2} \times \overrightarrow{P_1P_3}\right|\right| = \frac{1}{2}\left\| \begin{matrix} i & j & k \\ 0 & 1 & 0 \\ 0 & 0 & 1 \end{matrix} \right\|$

$= \frac{1}{2}|i(1-0) - j(0-0) + k(0-0)|$

$= \frac{1}{2}$

(3) $\frac{1}{2}\left|\left|\overrightarrow{P_1P_2} \times \overrightarrow{P_1P_3}\right|\right| = \frac{1}{2}\left\| \begin{matrix} i & j & k \\ -1 & 0 & 3 \\ 1 & 4 & 2 \end{matrix} \right\|$

$= \frac{1}{2}|i(0-12) - j(-2-3) + k(-4-0)|$

$= \frac{1}{2}\sqrt{185}$

(4) $\frac{1}{2}\left|\left|\overrightarrow{P_1P_2} \times \overrightarrow{P_1P_3}\right|\right| = \frac{1}{2}\left\| \begin{matrix} i & j & k \\ 0 & -3 & -1 \\ -2 & -3 & -2 \end{matrix} \right\|$

$= \frac{1}{2}|i(6-3) - j(0-2) + k(0-6)|$

$= \frac{1}{2}\sqrt{49} = \frac{7}{2}$

04

정답 (1) 14 (2) $\sqrt{281}$

(1) $\overrightarrow{P_1P_2} = (-1, 3, 0)$, $\overrightarrow{P_2P_3} = (-1, -3, 4)$,

$\overrightarrow{P_3P_4} = (1, -3, 0)$, $\overrightarrow{P_4P_1} = (1, 3, -4)$이므로

$\overrightarrow{P_1P_2} = \overrightarrow{P_4P_3}$, $\overrightarrow{P_2P_3} = \overrightarrow{P_1P_4}$인 평행사변형이다.

$\therefore \left|\left|\overrightarrow{P_1P_2} \times \overrightarrow{P_2P_3}\right|\right| = \left\| \begin{matrix} i & j & k \\ -1 & 3 & 0 \\ -1 & -3 & 4 \end{matrix} \right\|$

$= |i(12-0) - j(-4-0) + k(3+3)|$

$= |12i + 4j + 6k| = 14$

(2) $\overrightarrow{P_1P_2} = (-4, 0, 1)$, $\overrightarrow{P_1P_3} = (-1, -4, 1)$,

$\overrightarrow{P_3P_4} = (-4, 0, 1)$, $\overrightarrow{P_2P_4} = (-1, -4, 1)$이므로

$\overrightarrow{P_1P_2} = \overrightarrow{P_3P_4}$, $\overrightarrow{P_1P_3} = \overrightarrow{P_2P_4}$인 평행사변형이다.

$\therefore \left|\left|\overrightarrow{P_1P_2} \times \overrightarrow{P_1P_3}\right|\right| = \left\| \begin{matrix} i & j & k \\ -4 & 0 & 1 \\ -1 & -4 & 1 \end{matrix} \right\|$

$= |i(0+4) - j(-4+1) + k(16-0)|$

$= |4i + 3j + 16k| = \sqrt{281}$

05

정답 ②

$A=(1, -3, 4)$, $B=(0, 0, 4)$, $C=(2, 0, 0)$, $D=(1, 3, 0)$이라 두면 $\overline{AB}=\overline{CD}=\sqrt{10}$, $\overline{AC}=\overline{BD}=\sqrt{26}$이므로 ABCD는 평행사변형이다.

$$\therefore |\overrightarrow{AB}\times\overrightarrow{AC}|=\left\|\begin{vmatrix} i & j & k \\ -1 & 3 & 0 \\ 1 & 3 & -4\end{vmatrix}\right\|=|<-12, -4, -6>|$$
$$=\sqrt{(-12)^2+(-4)^2+(-6)^2}=14$$

06

정답 ⑤

$\overrightarrow{OP}=(1, 2, 0)$, $\overrightarrow{OQ}=(1, 0, 1)$이므로

$$(\text{평행사변형의 넓이})=\left\|\begin{vmatrix} i & j & k \\ 1 & 0 & 1 \\ 1 & 2 & 0\end{vmatrix}\right\|$$
$$=|(-2, 1, 2)|$$
$$=\sqrt{(-2)^2+1^2+2^2}=3$$

07

정답 ③

두 벡터 $\vec{A}$, $\vec{B}$가 이루는 삼각형의 넓이를 S라 하면

$$S=\frac{1}{2}\left\|\begin{vmatrix} i & j & k \\ 2 & 1 & 3 \\ -2 & 3 & -2\end{vmatrix}\right\|$$
$$=\frac{1}{2}|(-11, -2, 8)|$$
$$=\frac{1}{2}\sqrt{(-11)^2+(-2)^2+8^2}=\frac{\sqrt{189}}{2}$$

08

정답 ③

$\overrightarrow{AB}=\langle 1, 2, 3\rangle$, $\overrightarrow{AC}=\langle 1, -5, 4\rangle$이므로

$$\overrightarrow{AB}\times\overrightarrow{AC}=\begin{vmatrix} i & j & k \\ 1 & 2 & 3 \\ 1 & -5 & 4\end{vmatrix}=\langle 23, -1, -7\rangle$$

이다. 따라서 세 점을 꼭짓점으로 하는 평행사변형의 넓이는

$|\overrightarrow{AB}\times\overrightarrow{AC}|=\sqrt{579}$

이다.

Topic 21 삼중곱(triple product)

01

정답 (1) 30 (2) 8 (3) −20 (4) −54

(1) $\begin{vmatrix} 2 & 0 & 0 \\ 0 & 3 & 0 \\ 0 & 0 & 5\end{vmatrix}=30$

(2) $\begin{vmatrix} 5 & 1 & 0 \\ 6 & 2 & 0 \\ 4 & 2 & 2\end{vmatrix}=5(4-0)-1(12-0)+0=8$

(3) $\begin{vmatrix} -1 & 2 & 3 \\ 3 & 4 & -2 \\ -1 & 2 & 5\end{vmatrix}=-1(20+4)-2(15-2)+3(6+4)$
$=-20$

(4) $\begin{vmatrix} 3 & -1 & 6 \\ 2 & 4 & 3 \\ 5 & -1 & 6\end{vmatrix}=3(24+3)-(-1)(12-15)+6(-2-20)$
$=-54$

02

정답 (1) 5 (2) −5 (3) 5 (4) −5 (5) −5 (6) 0

(1) $\vec{w}\cdot(\vec{u}\times\vec{v})=\vec{u}\cdot(\vec{v}\times\vec{w})=5$

(2) $\vec{u}\cdot(\vec{w}\times\vec{v})=\vec{u}\cdot\{-(\vec{v}\times\vec{w})\}=-5$

(3) $(\vec{v}\times\vec{w})\cdot\vec{u}=\vec{u}\cdot(\vec{v}\times\vec{w})=5$

(4) $\vec{v}\cdot(\vec{u}\times\vec{w})=\vec{v}\cdot\{-(\vec{w}\times\vec{u})\}=-5$

(5) $(\vec{u}\times\vec{w})\cdot\vec{v}=\vec{v}\cdot(\vec{u}\times\vec{w})=-5$

(6) $\vec{v}\cdot(\vec{w}\times\vec{w})=\vec{v}\cdot\vec{0}=0$

03

정답 (1) 0 (2) $-j$ (3) j (4) i

(1) $i\times(j\times k)=i\times i=0$

(2) $i\times(i\times j)=i\times k=-j$

(3) $(i\times j)\times i=k\times i=j$

(4) $(i\times k)\times(j\times i)=-j\times(-k)=i$

04

정답 풀이 참조

(1) $\vec{u}\times(\vec{v}\times\vec{w})=(\vec{u}\cdot\vec{w})\vec{v}-(\vec{u}\cdot\vec{v})\vec{w}$
$=(-4+0-20)\vec{v}-(-6+0+24)\vec{w}$
$=-24\vec{v}-18\vec{w}$

$(\vec{u}\times\vec{v})\times\vec{w}=(\vec{u}\cdot\vec{w})\vec{v}-(\vec{v}\cdot\vec{w})\vec{u}$
$=-24\vec{v}-(6+5-30)\vec{u}$
$=-24\vec{v}+19\vec{u}$

(2) $\vec{u}\times(\vec{v}\times\vec{w})=(\vec{u}\cdot\vec{w})\vec{v}-(\vec{u}\cdot\vec{v})\vec{w}$
$=(-7+2-8)\vec{v}-(1-5+0)\vec{w}$
$=-13\vec{v}+4\vec{w}$

$(\vec{u}\times\vec{v})\times\vec{w}=(\vec{u}\cdot\vec{w})\vec{v}-(\vec{v}\cdot\vec{w})\vec{u}$
$=-13\vec{v}-(-7-10+0)\vec{u}$
$=-13\vec{v}+17\vec{u}$

05

정답 ②

$\vec{b}\times(\vec{c}\times\vec{a})=(\vec{a}\cdot\vec{b})\vec{c}-(\vec{b}\cdot\vec{c})\vec{a}$
$=-(\vec{b}\cdot\vec{c})\vec{a}$

$\vec{a}\times(\vec{b}\times(\vec{c}\times\vec{a}))=-(\vec{b}\cdot\vec{c})\{\vec{a}\times\vec{a}\}=0$

$$\therefore (\vec{a}\times(\vec{b}\times(\vec{c}\times\vec{a}))+\vec{b}\times\vec{c})\cdot\vec{a}=\vec{a}\cdot(\vec{b}\times\vec{c})=\begin{vmatrix} 1 & 1 & 1 \\ 1 & -1 & 0 \\ 0 & 2 & 2\end{vmatrix}=-2$$

06

정답 ④

ㄱ. $\vec{a}\times\vec{b}=-\vec{b}\times\vec{a}$이므로 거짓이다.

ㄴ. $\vec{a}\cdot(\vec{b}\times\vec{c})=\begin{vmatrix}\vec{a}\\ \vec{b}\\ \vec{c}\end{vmatrix}=-\begin{vmatrix}\vec{c}\\ \vec{b}\\ \vec{a}\end{vmatrix}$
$=\begin{vmatrix}\vec{c}\\ \vec{a}\\ \vec{b}\end{vmatrix}=\vec{c}\cdot(\vec{a}\times\vec{b})=(\vec{a}\times\vec{b})\cdot\vec{c}$

이 성립한다.

ㄷ. 외적은 결합 법칙이 성립하지 않으므로 $(\vec{a}\times\vec{b})\times\vec{c}=\vec{a}\times(\vec{b}\times\vec{c})$가 성립하지 않는다.

ㄹ. 외적의 성질에 의하여 $\vec{a}\times(\vec{b}\times\vec{c})=(\vec{a}\cdot\vec{c})\vec{b}-(\vec{a}\cdot\vec{b})\vec{c}$가 성립한다.

07

정답 ②

a. (주어진 식)
$=(\vec{a}+\vec{b})\times\vec{a}-(\vec{a}+\vec{b})\times\vec{b}$
$=\vec{b}\times\vec{a}-\vec{a}\times\vec{b}$
$=2(\vec{b}\times\vec{a})=2\vec{b}\times\vec{a}$
$=\vec{b}\times 2\vec{a}\neq 2\vec{a}\times\vec{b}$ (거짓)

b. $\vec{a}=(a_1, a_2, a_3)$, $\vec{b}=(b_1, b_2, b_3)$, $\vec{c}=(c_1, c_2, c_3)$라 하면

$$\vec{a}\cdot(\vec{b}\times\vec{c})=\begin{vmatrix} a_1 & a_2 & a_3 \\ b_1 & b_2 & b_3 \\ c_1 & c_2 & c_3 \end{vmatrix}$$

$$(\vec{a}\times\vec{b})\cdot\vec{c}=\vec{c}\cdot(\vec{a}\times\vec{b})=\begin{vmatrix} c_1 & c_2 & c_3 \\ a_1 & a_2 & a_3 \\ b_1 & b_2 & b_3 \end{vmatrix}=\begin{vmatrix} a_1 & a_2 & a_3 \\ b_1 & b_2 & b_3 \\ c_1 & c_2 & c_3 \end{vmatrix} \text{(참)}$$

c. (주어진 식)$=(\vec{a}\cdot\vec{c})\vec{b}-(\vec{a}\cdot\vec{b})\vec{c}+(\vec{b}\cdot\vec{a})\vec{c}-(\vec{b}\cdot\vec{c})\vec{a}+(\vec{c}\cdot\vec{b})\vec{a}-(\vec{c}\cdot\vec{a})\vec{b}$
$=\vec{0}$(참)

d. $(\vec{a}\times\vec{b})\cdot(\vec{c}\times\vec{d})=(\vec{a}\cdot\vec{c})(\vec{b}\cdot\vec{d})-(\vec{a}\cdot\vec{d})(\vec{b}\cdot\vec{c})$(거짓)

08

정답 ③

a. $u=(u_1, u_2, u_3)$, $v=(v_1, v_2, v_3)$ 이라 하면

$$u\cdot(u\times v)=\begin{vmatrix} u_1 & u_2 & u_3 \\ u_1 & u_2 & u_3 \\ v_1 & v_2 & v_3 \end{vmatrix}=0 \text{ (참)}$$

b. $u\cdot v=0$ 이면 $\|u\|\|v\|\cos\theta=0$ 이고
$u\times v=0$ 이면 $\|u\|\|v\|\sin\theta=0$ 이다.
이때, $\cos\theta$ 와 $\sin\theta$ 가 동시에 0 일 수 없으므로
$\|u\|=0 \Leftrightarrow u=0$ 이거나,
$\|v\|=0 \Leftrightarrow v=0$ 이다. (참)

c. $u\times v=u\times w \Leftrightarrow u\times v-u\times w=0$
$\Leftrightarrow u\times(v-w)=0$
$\Leftrightarrow u=\vec{0}$ 또는 $u//v-w$ (거짓)

d. $|u\cdot(v\times w)|=\|u\|\|v\times w\||\cos\theta_1|$
$=\|u\|\|v\|\|w\||\sin\theta_2||\cos\theta_1|$
$\le\|u\|\|v\|\|w\|$ (참)

Topic 22 평행육면체와 사면체의 부피

01

정답 (1) 16 (2) 0

(1) $|\vec{u}\cdot(\vec{v}\times\vec{w})|=\left\|\begin{matrix} 0 & 2 & -2 \\ 1 & 2 & 0 \\ -2 & 3 & 1 \end{matrix}\right\|$
$=|0-2(1-0)-2(3+4)|=16$

(2) $|\vec{u}\cdot(\vec{v}\times\vec{w})|=\left\|\begin{matrix} 5 & -2 & 1 \\ 4 & -1 & 1 \\ 1 & -1 & 0 \end{matrix}\right\|$
$=|5(0+1)-(-2)(0-1)+(-4+1)|$
$=0$

02

정답 (1) $\frac{1}{2}$ (2) $\frac{17}{6}$

(1) $\overrightarrow{PQ}$, $\overrightarrow{PR}$, $\overrightarrow{PS}$에 의해 결정되는 사면체이므로

$$\frac{1}{6}\left\|\begin{matrix} 1 & 2 & -1 \\ 3 & 4 & 0 \\ -1 & -3 & 4 \end{matrix}\right\|=\frac{1}{6}|16-24+5|=\frac{1}{2}$$

(2) $\overrightarrow{PQ}$, $\overrightarrow{PR}$, $\overrightarrow{PS}$을 세 벡터로 잡으면

$$\frac{1}{6}\left\|\begin{matrix} 3 & -1 & -3 \\ 2 & -1 & 1 \\ 4 & -4 & 3 \end{matrix}\right\|$$
$$=\frac{1}{6}|3(-3+4)-(-1)(6-4)-3(-8+4)|=\frac{17}{6}$$

03

정답 ②

$$\begin{vmatrix} 2 & 1 & -1 \\ 1 & -1 & 2 \\ 1 & 2 & -1 \end{vmatrix}=2\begin{vmatrix} -1 & 2 \\ 2 & -1 \end{vmatrix}-\begin{vmatrix} 1 & 2 \\ 1 & -1 \end{vmatrix}-\begin{vmatrix} 1 & -1 \\ 1 & 2 \end{vmatrix}$$
$=2(1-4)-(-1-2)-(2+1)$
$=-6$

이므로 평행육면체의 부피는 $|-6|=6$이다.

04

정답 ④

세 벡터 $(2, 4, -1)$, $(1\,3, -2)$, $(3, 1, -3)$을 이웃하는 세 변으로 하는 평행육면체의 부피는

$\left\|\begin{matrix} 2 & 4 & -1 \\ 1 & 3 & -2 \\ 3 & 1 & -3 \end{matrix}\right\|=18$이고 사면체의 부피는 평행육면체의 부피의 $\frac{1}{6}$이므로 3이다.

05

정답 ③

세 벡터 $\overrightarrow{PQ}$, $\overrightarrow{PR}$, $\overrightarrow{PS}$에 대한 스칼라 삼중적의 절댓값을 구하면 된다.

$$\left\|\begin{matrix} 2 & 2 & -2 \\ 2 & -2 & 2 \\ -2 & 2 & 2 \end{matrix}\right\|=|2(-4-4)-2(4+4)-2(4-4)|$$
$=32$

06

정답 ①

$\boldsymbol{u}=(0, 1, 1)$, $\boldsymbol{v}=(-1, 1, 2)$, $\boldsymbol{w}=(x, y, 1)$라 하자.
$|\boldsymbol{w}|=\sqrt{x^2+y^2+1}=\sqrt{2} \Rightarrow x^2+y^2=1$이므로,
$x=\cos t$, $y=\sin t$ 으로 치환하자. 평행육면체의 부피는
$f(x, y)=|\boldsymbol{u}\cdot(\boldsymbol{v}\times\boldsymbol{w})|=|x-y+1|=|\cos t-\sin t+1|$
$=\left|\sqrt{2}\cos\left(t+\frac{\pi}{4}\right)+1\right|$이다.

따라서 평행육면체의 부피의 최댓값은 $\sqrt{2}+1$이다.

실력 UP 단원 마무리

01

$-2+2l=0$, $-2m-5-1=0$에서 $l=1$, $m=-3$이므로
$l+m=-2$

정답 ①

02

$|\vec{u}-\vec{v}|^2 = (\vec{u}-\vec{v})\cdot(\vec{u}-\vec{v})$
$= \vec{u}\cdot\vec{u}-2(\vec{u}\cdot\vec{v})+\vec{v}\cdot\vec{v}$
$= |\vec{u}|^2-2|\vec{u}||\vec{v}|\cos\theta+|\vec{v}|^2$ (θ는 $\vec{u}$, $\vec{v}$ 의 사잇각)
$= 25 - 24\cos\theta$
$\therefore 1 \le |\vec{u}-\vec{v}|^2 \le 49 \Rightarrow 1 \le |\vec{u}-\vec{v}| \le 7$

정답 ②

03

두 벡터 x, y에 모두 수직인 벡터의 외적 $x\times y$를 구하면

$$x\times y=\begin{vmatrix} i & j & k \\ 1 & 2 & -1 \\ 2 & 1 & 1 \end{vmatrix}=(2-(-1))i-(1-(-2))j+(1-4)k$$
$$=3i-3j-3k=(3,\ -3,\ -3)$$

따라서 두 벡터에 동시에 수직인 벡터는 외적의 상수배 $(t,\ -t,\ -t)$ (t는 상수)이다.
벡터 $(-1,\ 1,\ 1)$은 $t=-1$일 때이다.

정답 ③

04

$|\vec{a}+\vec{b}|^2=2^2$ 에서
$(\vec{a}+\vec{b})\cdot(\vec{a}+\vec{b})=4 \Leftrightarrow |\vec{a}|^2+2(\vec{a}\cdot\vec{b})+|\vec{b}|^2=4$ …㉠
$|\vec{a}-\vec{b}|^2=1^2$ 에서
$(\vec{a}-\vec{b})\cdot(\vec{a}-\vec{b})=1 \Leftrightarrow |\vec{a}|^2-2(\vec{a}\cdot\vec{b})+|\vec{b}|^2=1$ …㉡
㉠+㉡ 하면 $|\vec{a}|^2+|\vec{b}|^2=\frac{5}{2}$,
㉠-㉡ 하면 $\vec{a}\cdot\vec{b}=\frac{3}{4}$ 이다.
$\therefore |2\vec{a}-\vec{b}|^2+|\vec{a}-2\vec{b}|^2$
$=4|\vec{a}|^2-4(\vec{a}\cdot\vec{b})+|\vec{b}|^2+|\vec{a}|^2-4(\vec{a}\cdot\vec{b})+4|\vec{b}|^2$
$=5(|\vec{a}|^2+|\vec{b}|^2)-8(\vec{a}\cdot\vec{b})=\frac{13}{2}$

정답 ④

05

$(\vec{a}-2\vec{b})\times(2\vec{a}+\vec{b})$
$=\vec{a}\times2\vec{a}+\vec{a}\times\vec{b}-2\vec{b}\times2\vec{a}-2\vec{b}\times\vec{b}$
$=2(\vec{a}\times\vec{a})+\vec{a}\times\vec{b}-4(\vec{b}\times\vec{a})-2(\vec{b}\times\vec{b})$
$=\vec{a}\times\vec{b}-4(\vec{b}\times\vec{a})$ ($\because$ $\vec{a}\times\vec{a}=\vec{0}$, $\vec{b}\times\vec{b}=\vec{0}$)
$=5(\vec{a}\times\vec{b})$ ($\because$ $\vec{a}\times\vec{b}=-(\vec{b}\times\vec{a})$)
$=\vec{a}\times5\vec{b}$

정답 ④

06

$\overrightarrow{AB}=(1,3,0)$, $\overrightarrow{AC}=(3,1,0)$

$\Rightarrow \cos\theta=\dfrac{\overrightarrow{AB}\cdot\overrightarrow{AC}}{|\overrightarrow{AB}||\overrightarrow{AC}|}=\dfrac{3}{5}$

$\Rightarrow \sin\theta=\sqrt{1-\cos^2\theta}=\sqrt{1-\dfrac{9}{25}}=\dfrac{4}{5}$

정답 ④

07

$u=<2,\ -1,\ 2>$, $v=<-2,\ -2,\ 2>$이라 하면

$proj_v u=\dfrac{u\cdot v}{v\cdot v}v=\dfrac{2}{12}<-2,\ -2,\ 2>$
$=\left\langle -\dfrac{1}{3},\ -\dfrac{1}{3},\ \dfrac{1}{3}\right\rangle$

정답 ③

08

$\overrightarrow{AB}=(1,\ -1,\ -1)$, $\overrightarrow{AC}=(-1,\ 0,\ -1)$이므로 삼각형의 넓이는
$\frac{1}{2}|\overrightarrow{AB}\times\overrightarrow{AC}|=\frac{\sqrt{6}}{2}$

정답 ④

09

$\overrightarrow{OA}=(1,3,0)$과 $\overrightarrow{OB}=(4,1,0)$으로 만들어지는 평행사변형의 넓이는

$$|\overrightarrow{OA}\times\overrightarrow{OB}|=\begin{vmatrix} i & j & k \\ 1 & 3 & 0 \\ 4 & 1 & 0 \end{vmatrix}=|k(1-12)|=11$$이다.

정답 ④

10

$$\begin{vmatrix} 1 & 0 & 2 \\ 0 & 1 & 0 \\ 1 & 3 & 5 \end{vmatrix}=(5-0)+2(0-1)=5-2=3$$

정답 ③

11

가. (참) $a\times(b+c)=a\times b+a\times c$(분배법칙)
나. (참) $a\cdot(b\times c)=-c\cdot(b\times a)$
$=c\cdot(a\times b)$
$=(a\times b)\cdot c$
다. (참) $|a\times b|^2=(|a||b|\sin\theta)^2=|a|^2|b|^2\sin^2\theta$
$=|a|^2|b|^2(1-\cos^2\theta)$
$=|a|^2|b|^2-(a\cdot b)^2$
$=(a\cdot a)(b\cdot b)-(a\cdot b)(a\cdot b)$
라. (참) $(a\times b)\times c=(a\cdot c)b-(b\cdot c)a$

정답 ④

12

ㄱ. (참) $\vec{u}=(a_1,a_2,a_3)$, $\vec{v}=(b_1,b_2,b_3)$로 놓고 계산하면
$(\vec{u}-\vec{v})\times\vec{u}=\vec{u}\times\vec{v}$
ㄴ. (참) 내적이 0이면 두 벡터는 서로 수직이거나 둘 중 하나가 영벡터이고 외적이 $\vec{0}$이면 두 벡터는 평행이거나 둘 중 하나가 영벡터이다.
내, 외적이 동시에 0이어야 하므로 둘 중 하나는 영벡터이다.

ㄷ. (참) 스칼라 삼중적에서는 결합법칙이 성립한다.
ㄹ. (거짓) 외적에서는 결합법칙이 성립하지 않는다.

정답 ③

13

$A(2,3,1),\ B(3,1,2),\ C(3,3,0),\ D(3,4,2)$
$\Rightarrow \overrightarrow{AB}=(1,-2,1),\ \overrightarrow{AC}=(1,0,-1),\ \overrightarrow{AD}=(1,1,1)$
$\Rightarrow |\overrightarrow{AB}\cdot(\overrightarrow{AC}\times\overrightarrow{AD})|=\left|\begin{vmatrix}1&-2&1\\1&0&-1\\1&1&1\end{vmatrix}\right|=6$

$\therefore\ V=\frac{1}{6}\cdot 6=1$

정답 ①

14

세 벡터로 결정되는 평행육면체의 부피는 삼중적의 크기이다.
$\begin{vmatrix}-1&0&1\\1&1&1\\x&y&z\end{vmatrix}=-(z-y)+(y-x)=-x+2y-z=0$
이므로 $x+z=2y,\ x+y+z=3y$이다.

정답 ③

15

$$(A\times B)\cdot(A\times C)=(A\cdot A)(B\cdot C)-(A\cdot C)(B\cdot A)$$
$$=1\cdot\frac{1}{4}-0\cdot 0=\frac{1}{4}$$

| 다른 풀이 |

두 벡터 $A\times B$, $A\times C$는 벡터 B, C가 이루는 평면상에 존재하며, 그 두 벡터가 이루는 각도는 벡터 B, C가 이루는 각도와 같다. 그 각도를 θ라 하면

$$(A\times B)\cdot(A\times C)=|A\times B||A\times C|\cos\theta$$
$$=|A||B|\sin\alpha|A||C|\sin\beta\cdot\cos\theta$$
$$\left(단,\ \alpha,\ \beta=\frac{\pi}{2}\right)$$
$$=|B||C|\cos\theta$$
$$=B\cdot C$$
$$=\frac{1}{4}$$

정답 ②

16

$\vec{u}$를 $\vec{v}$에 정사영한 벡터는 $\frac{\vec{u}\cdot\vec{v}}{\vec{v}\cdot\vec{v}}\vec{v}$이다.

$\therefore\ \alpha=\frac{\vec{u}\cdot\vec{v}}{\vec{v}\cdot\vec{v}}=\frac{(-1)\cdot 3+2\cdot(-2)+(-1)\cdot 2}{3^2+(-2)^2+2^2}=-\frac{9}{17}$

정답 ②

17

① $i\times(i\times j)=i\times k=-j$
② $(i\times i)\times j=0\times j=0$
③ $k\times(i\times j)=k\times k=0$
④ $(i\times j)\cdot(j\times k)=k\cdot i=j$

정답 ①

18

$[i-j]\times[(j-k)\times(j+5k)]$
$=(1,-1,0)\times[(0,1,-1)\times(0,1,5)]$
$=(1,-1,0)\times\begin{vmatrix}i&j&k\\0&1&-1\\0&1&5\end{vmatrix}$
$=(1,-1,0)\times(6,0,0)$
$=\begin{vmatrix}i&j&k\\1&-1&0\\6&0&0\end{vmatrix}=(0,0,6)=6k$

정답 ②

04 직선과 평면의 방정식

핵심 문제 | Topic 23~28

Topic 23 직선의 방정식

01

정답 풀이 참조

(1) 구하는 직선 위의 임의의 점을 (x, y)로 놓으면 벡터방정식은
$(x, y)=t(-2, 3)$,
매개방정식은 $x=-2t,\ y=3t$,
대칭방정식은 $\frac{x}{-2}=\frac{y}{3} \Rightarrow -\frac{x}{2}=\frac{y}{3}$이다.

(2) 벡터방정식 : $(x, y)=(2, -1)+t(2, 1)$
매개방정식 : $x=2+2t,\ y=-1+t$
대칭방정식 : $\frac{x-2}{2}=\frac{y+1}{1} \Rightarrow \frac{x-2}{2}=y+1$

(3) 벡터방정식 : $(x, y, z)=t(-3, 0, 1)$
매개방정식 : $x=-3t,\ y=0,\ z=t$
대칭방정식 : $\frac{x}{-3}=\frac{z}{1},\ y=0$

(4) 벡터방정식 : $(x, y, z)=(1, 2, 1)+t(3, 5, -2)$
매개방정식 : $x=1+3t,\ y=2+5t,\ z=1-2t$
대칭방정식 : $\frac{x-1}{3}=\frac{y-2}{5}=\frac{z-1}{-2}$

02

정답 풀이 참조

(1) 두 점을 각각 $\mathrm{P}(1, 1, 1)$, $\mathrm{Q}(3, 4, -5)$라 하고, 점 P를 지나고 방향벡터 $\overrightarrow{\mathrm{PQ}}=(2, 3, -6)$을 갖는 직선의 방정식을 구한다.
벡터방정식 : $(x, y, z)=(1, 1, 1)+t(2, 3, -6)$
또는 $(x, y, z)=(1-t)(1, 1, 1)+t(3, 4, -5)$
매개방정식 : $x=1+2t,\ y=1+3t,\ z=1-6t$
대칭방정식 : $\frac{x-1}{2}=\frac{y-1}{3}=\frac{z-1}{-6}$

(2) 점 $(-7, 2, 5)$를 지나고 방향벡터는
$(-7-4, 2-2, 5-1)=(-11, 0, 4)$이므로
벡터방정식 : $(x, y, z)=(-7, 2, 5)+t(-11, 0, 4)$
또는 $(x, y, z)=(1-t)(-7, 2, 5)+t(4, 2, 1)$
매개방정식 : $x=-7-11t,\ y=2,\ z=5+4t$
대칭방정식 : $\frac{x+7}{-11}=\frac{z-5}{4},\ y=2$

(3) 점 $(0, 4, 5)$를 지나고, 방향벡터는
$(0+2, 4-6, 5-3)=(2, -2, 2)$이므로
벡터방정식 : $(x, y, z)=(0, 4, 5)+t(2, -2, 2)$
또는 $(x, y, z)=(1-t)(0, 4, 5)+t(-2, 6, 3)$
매개방정식 : $x=2t,\ y=4-2t,\ z=5+2t$
대칭방정식 : $\frac{x}{2}=\frac{y-4}{-2}=\frac{z-5}{2}$

(4) 점 $(1, 1, -2)$를 지나고 방향벡터는
$(4-1, -1-1, 0+2)=(3, -2, 2)$이므로
벡터방정식 : $(x, y, z)=(1, 1, -2)+t(3, -2, 2)$
또는 $(x, y, z)=(1-t)(1, 1, -2)+t(4, -1, 0)$
매개방정식 : $x=1+3t,\ y=1-2t,\ z=-2+2t$
대칭방정식 : $\frac{x-1}{3}=\frac{y-1}{-2}=\frac{z+2}{2}$

03

정답 풀이 참조

(1) $(x, y)=(-2+4t, 3-t)$이므로
점 $(-2, 3)$을 지나고 방향벡터는 $(4, -1)$이다.

(2) 점 $(0, 7, 3)$을 지나고 방향벡터는 $(4, 0, 4)//(1, 0, 1)$이다.

(3) 두 점 $(2, -2)$, $(1, 4)$를 지나는 직선의 벡터방정식이다.
따라서 방향벡터는 $(1-2, 4-(-2))=(-1, 6)$이다.

(4) 점 $(0, -5, 1)$과 원점 $(0, 0, 0)$을 지나는 방정식이므로 방향벡터는 $(0, 5, -1)$이다.

04

정답 $x=3+2t,\ y=2-3t,\ z=-1+6t$

$\frac{x}{2}=\frac{1-y}{3}=\frac{z-5}{6} \Leftrightarrow \frac{x}{2}=\frac{y-1}{-3}=\frac{z-5}{6}$이므로
방향벡터는 $(2, -3, 6)$이고 점 $(3, 2, -1)$을 지나므로
$x=3+2t,\ y=2-3t,\ z=-1+6t$이다.

05

정답 $x=1,\ y=2+t,\ z=8$

y축의 단위방향벡터는 $(0, 1, 0)$이므로 매개방정식은
$x=1,\ y=2+t,\ z=8$이다.

06

정답 (1) $x=\frac{y}{3}$ (2) $x=y=z$

(1) 벡터 $\vec{v}$에 직교하는 벡터를 $\vec{w}=(a, b)$라 하면
$\vec{v}\cdot\vec{w}=(3, -1)\cdot(a, b)=3a-b=0$이므로
$a=1,\ b=3$은 이 방정식을 만족한다. 따라서 벡터방정식은
$(x, y)=t(1, 3)$이고 대칭방정식은 $x=\frac{y}{3}$이다.

(2) $\vec{w}=(a, b, c)$라 하면
$\vec{v}\cdot\vec{w}=(1, -4, 3)\cdot(a, b, c)=a-4b+3c=0$이고
$a=1,\ b=1,\ c=1$은 이 방정식을 만족한다. 따라서 벡터방정식은 $(x, y, z)=t(1, 1, 1)$이고 대칭방정식은
$x=y=z$이다.

Topic 24 평면의 방정식

01

정답 풀이 참조

(1) $-(x-1)+(y+2)-2(z-0)=0$

$\Rightarrow x-y+2z=3$

(2) $0(x-0)-(y-6)-(z+2)=0$

$\Rightarrow y+z=4$

02

정답 풀이 참조

(1) 벡터방정식 : $(-1, 1, 4)+t_1(6, -1, 0)+t_2(-1, 3, 1)$

매개방정식 : $x=-1+6t_1-t_2,\ y=1-t_1+3t_2,\ z=4+t_2$

(2) 벡터방정식 : $(0, 5, -4)+t_1(0, 0, -5)+t_2(1, -3, -2)$

매개방정식 : $x=t_2, y=5-3t_2, z=-4-5t_1-2t_2$

03

정답 풀이 참조

(1) (ⅰ) 문제 1의 (1)의 대칭방정식에서 매개방정식을 얻기 위해 다른 두 변수를 어느 한 변수에 대하여 푼다. 즉 $x-y+2z=3$에서 $x=3+y-2z$이고 t_1, t_2를 y, z 대신 사용하면 매개방정식은 $x=3+t_1-2t_2,\ y=t_1,\ z=t_2$이다. 벡터방정식은 $(x, y, z)=(3, 0, 0)+t_1(1, 1, 0)+t_2(-2, 0, 1)$이다.

(ⅱ) 문제 1의 (2)에서 $y+z=4 \Rightarrow y=4-z$이므로 매개방정식은 $y=4-t,\ z=t$이고 벡터방정식은 $(x, y, z)=(0, 4, 0)+t(0, -1, 1)$이다.

(2) (ⅰ) 문제 2의 (1)은 점 P를 지나고 $\overrightarrow{v_1}, \overrightarrow{v_2}$에 수직인 벡터를 법선벡터로 하는 평면이다.

$$\begin{vmatrix} i & j & k \\ 6 & -1 & 0 \\ -1 & 3 & 1 \end{vmatrix}=i(-1)-j(6)+k(18-1)$$

$$=-i-6j+17k$$

이므로 평면의 대칭방정식은

$-(x+1)-6(y-1)+17(z-4)=0$

$\Rightarrow x+6y-17z+63=0$

(ⅱ) 문제 2의 (2)에서

$$\begin{vmatrix} i & j & k \\ 0 & 0 & -5 \\ 1 & -3 & -2 \end{vmatrix}=i(0-15)-j(0+5)+k(0-0)$$

$$=-15i-5j\ //\ 3i+j$$

이므로 평면의 대칭방정식은

$3(x-0)+(y-5)=0 \Rightarrow 3x+y-5=0$이다.

04

정답 (1) $-3x+4y-z=0$ (2) $2x-y+1=0$ (3) 없다. (4) $5x-3y+z=2$ (5) $\frac{x}{2}+\frac{y}{3}+\frac{z}{5}=1$

(1) 원점을 지나고 두 벡터 $(1, 1, 1)-(0, 0, 0)$, $(3, 2, -1)-(0, 0, 0)$에 수직인 벡터를 법선으로 하는 평면을 구한다.

$$\begin{vmatrix} i & j & k \\ 1 & 1 & 1 \\ 3 & 2 & -1 \end{vmatrix}=i(-1-2)-j(-1-3)+k(2-3)$$

$$=-3i+4j-k$$

이므로 평면의 방정식은 $-3x+4y-z=0$이다.

| 다른 풀이 |

$$\begin{vmatrix} x & y & z & 1 \\ 0 & 0 & 0 & 1 \\ 1 & 1 & 1 & 1 \\ 3 & 2 & -1 & 1 \end{vmatrix}$$

$$=x\begin{vmatrix} 0 & 0 & 1 \\ 1 & 1 & 1 \\ 2 & -1 & 1 \end{vmatrix}-y\begin{vmatrix} 0 & 0 & 1 \\ 1 & 1 & 1 \\ 3 & 2 & 1 \end{vmatrix}+z\begin{vmatrix} 0 & 0 & 1 \\ 1 & 1 & 1 \\ 3 & 2 & 1 \end{vmatrix}-\begin{vmatrix} 0 & 0 & 0 \\ 1 & 1 & 1 \\ 3 & 2 & -1 \end{vmatrix}$$

$=x(-1-2)-y(2-3)+z(2-3)+0=0$

$=-3x+y-z=0$

(2) $(0, 1, 1)-(0, 1, 0)=(0, 0, 1)$,

$(1, 3, -1)-(0, 1, 0)=(1, 2, -1)$이므로

$$\begin{vmatrix} i & j & k \\ 0 & 0 & 1 \\ 1 & 2 & -1 \end{vmatrix}=i(0-2)-j(0-1)+k(0-0)$$

$$=-2i+j$$

따라서 평면의 방정식은

$-2(x-0)+(y-1)=0 \Rightarrow 2x-y+1=0$이다.

(3) $(4, 3, 1)-(1, 2, -1)=(3, 1, 2)$,

$(7, 4, 3)-(1, 2, -1)=(6, 2, 4)$이므로

$$\begin{vmatrix} i & j & k \\ 3 & 1 & 2 \\ 6 & 2 & 4 \end{vmatrix}=i(4-4)-j(12-12)+k(6-6)=0$$

이 경우 세 점은 동일직선상에 있으므로 평면을 생성하지 않는다.

(4) $(3, 5, 2)-(2, 3, 1)=(1, 2, 1)$,

$(-1, -1, 4)-(2, 3, 1)=(-3, -4, 3)$이므로

$$\begin{vmatrix} i & j & k \\ 1 & 2 & 1 \\ -3 & -4 & 3 \end{vmatrix}=i(6+4)-j(3+3)+k(-4+6)$$

$$=10i-6j+2k$$

이므로 방정식은

$10(x-2)-6(y-3)+2(z-1)=0$

$\Rightarrow 5x-3y+z=2$

(5) x, y, z절편이 각각 2, 3, 5이므로

$\frac{x}{2}+\frac{y}{3}+\frac{z}{5}=1$이다.

05

정답 ④

평면의 법선벡터는 $A(1, 1, -1)$, $B(3, 4, 1)$, $C(-5, -1, -3)$이라 하면 평면의 법선벡터는 $\overrightarrow{AB}\times\overrightarrow{AC}$이다.

$\overrightarrow{AB}=(3, 4, 1)-(1, 1, -1)=(2, 3, 2)$

$\overrightarrow{AC}=(-5, -1, -3)-(1, 1, -1)=(-6, -2, -2)$

$$\overrightarrow{AB}\times\overrightarrow{AC}=\begin{vmatrix} i & j & k \\ 2 & 3 & 2 \\ -6 & -2 & -2 \end{vmatrix}=(-2, -8, 14)$$

따라서 법선벡터는 $(1, 4, -7)$이다.

한 점 $(1, 1, -1)$을 지나고 법선벡터를 $(1, 4, -7)$로 하는 평면의 방정식은

$(x-1)+4(y-1)-7(z+1)=0 \Leftrightarrow 2x+8y-14z=24$

$\therefore a=2,\ b=8,\ c=-14$

$\therefore\ a+b+c=-4$

06

정답 ③

세 점 $P=(2, -2, 0)$, $Q=(3, 0, 0)$, $R=(-3, -2, 2)$를 지나는 평면의 법선벡터는 $\overrightarrow{PQ}\times\overrightarrow{PR}$이다.

$$\overrightarrow{PQ}\times\overrightarrow{PR} = \begin{vmatrix} i & j & k \\ 1 & 2 & 0 \\ -5 & 0 & 2 \end{vmatrix} = 4i-2j+10k$$

평면의 식은

$4(x-2)-2(y+2)+10z=0 \Leftrightarrow 2x-y+5z=6$

이고, 주어진 보기 중에서 위의 식을 만족하는 점은$(1,-9,-1)$ 이다.

07

정답 $4x-9y+11z=14$

두 점 $A(3,1,1)$, $B(-2,0,2)$ 을 포함하므로 구하는 평면의 법선벡터는 벡터 $\overrightarrow{AB}$ 와 수직이다.

또한, 두 점 $P(0,4,1)$, $Q(2,0,-3)$ 을 잇는 선분에 평행하므로 구하는 평면의 법선벡터는 벡터 $\overrightarrow{PQ}$ 와 수직이다. 즉,

$\overrightarrow{AB}=(-2,0,2)-(3,1,1)=(-5,-1,1)$,

$\overrightarrow{PQ}=(2,0,-3)-(0,4,1)=(2,-4,-4)//(1,-2,-2)$

이고 구하는 평면의 법선벡터는

$$\overrightarrow{AB}\times\overrightarrow{PQ}=\begin{vmatrix} i & j & k \\ -5 & -1 & 1 \\ 1 & -2 & -2 \end{vmatrix}=4i-9j+11k$$

이다. 따라서 평면은 점 A 를 지나고 법선벡터가 $4i-9j+11k$ 이므로

$4(x-3)-9(y-1)+11(z-1)=0$

$\Leftrightarrow 4x-9y+11z=14$

이다.

08

정답 9

α, β, γ 세 점을 지나는 평면의 방정식은

$$\det\begin{bmatrix} x & y & z & 1 \\ 1-t & 4 & 7 & 1 \\ 0 & 3-t & 3 & 1 \\ 0 & 1 & 5-t & 1 \end{bmatrix}=0 \text{ 이다.}$$

또, 원점을 지나는 평면이므로

$(t-2)(t-1)(t-6)=0$이 성립한다.

따라서 만족하는 t의 값은 $t=1,\ 2,\ 6$이다.

t값들의 합은 9이다.

Topic 25 직선과 평면의 위치 관계

01

정답 수직 : m, n 평행 : l, s

각 직선의 방향벡터를 구해보면 다음과 같다.

$l:(3,-4,2)$, $m:(2,-3,4)$, $n:\left(1,4,\frac{5}{2}\right)$, $s:(-3,4,-2)$

$l=(-1)s$이므로 l와 s는 평행이고,

$(2,-3,4)\cdot\left(1,4,\frac{5}{2}\right)=0$이므로 m과 n은 서로 수직이다.

02

정답 평행 : a와 e, c와 f, 직교 : a와 d, b와 c, b와 f, d와 e 각 평면의 법선벡터는 다음과 같다.

$a:(2,-1,2)$, $b:(1,2,2)$, $c:\left(1,1,-\frac{3}{2}\right)$,

$d:(-5,-2,4)$, $e:(-2,1,-2)$, $f:(-6,-6,9)$

따라서 서로 평행인 것은 a와 e, c와 f이고

서로 직교하는 평면은 a와 d, b와 c, b와 f, d와 e이다.

03

정답 ㄷ, ㄹ

평면의 법선벡터가 직선의 방향벡터 $(-2,3,1)$과 평행해야 한다.

보기 중 $(-2,3,1)$의 실수배인 법선벡터를 갖는 것은 ㄷ, ㄹ이다.

04

정답 -3

$(k,1,-1)\cdot(-2,-3,3)=-2k-3-3=0$에서 $k=-3$이다.

05

정답 -2

두 평면의 법선벡터는 각각 $(k-2,5,1)$, $(1,k+2,1)$이므로

서로 평행이면 $(k-2,5,1)=t(1,k+2,1)$ 즉,

$k-2=t$, $5=t(k+2)$, $1=t$이므로 $k=3$이다.

서로 수직이면 $(k-2,5,1)\cdot(1,k+2,1)=0$이므로

$k-2+5k+10+1=0$에서 $k=-\frac{3}{2}$이다.

따라서 $\alpha=3$, $\beta=-\frac{3}{2}$이므로 $\alpha\beta=-2$이다.

06

정답 ③

직선은 점 $A(1,-1,0)$을 지나고 방향벡터는 $\vec{d}=\langle 3,2,1\rangle$이다.

또한, 직선 위의 점 $A(1,-1,0)$과 점 $B(1,-1,1)$을 연결한 벡터는

$\overrightarrow{AB}=\langle 0,0,1\rangle$이므로 구하고자 하는 평면의 법선벡터 $\vec{n}$은

$$\vec{n}=\vec{d}\times\overrightarrow{AB}=\begin{vmatrix} j & j & k \\ 3 & 2 & 1 \\ 0 & 0 & 1 \end{vmatrix}=\langle 2,-3,0\rangle$$

이다. 따라서 점 $B(1,-1,1)$을 지나고 직선 $\frac{x-1}{3}=\frac{y+1}{2}=z$을 포함하는 평면의 방정식은 $2(x-1)-3(y+1)+0(z-1)=0$ 즉, $2x-3y-5=0$이다.

07

정답 ①

평면 $x-2y+z=1$을 P, 직선 $x=2y=3z$을 l, 구하려는 평면의 방정식을 R라고 할 때, R의 법선은 평면 P의 법선벡터와 직선 l의 방향 벡터에 동시에 수직이다.

$$\begin{vmatrix} i & j & k \\ 1 & -2 & 1 \\ 6 & 3 & 2 \end{vmatrix}=i(-7)-j(-4)+k(15)\text{이므로}$$

평면 R의 법선벡터는 $(7,-4,-15)$이고 점 $(0,0,0)$을 포함하므로 $7x-4y-15z=0$이다.

08

정답 ②

평면과 직선이 평행하면 평면의 법선벡터와 직선의 방향벡터가 서로 수직이다. 평면의 법선벡터 $(2,k,-2k)$ 와 직선의 방향벡터 $(2,-2,k)$ 가 서로 수직이므로

$(2,k,-2k)\cdot(2,-2,k)=0$

즉, $4-2k-2k^2=0$ 이므로 이차방정식의 근과 계수의 관계에 의해 k 값들의 합은 -1 이다.

09

정답 ①

두 평면 $2x+y-z=2$와 $x-y-z=3$의 법선벡터를 각각 $n_1=(2, 1, -1)$, $n_2=(1, -1, -1)$이라 하자.

그러면 구하고자 하는 평면의 법선벡터 $n=n_1\times n_2=(-2, 1, -3)$이다.

$\therefore\ -2x+y-3z=4 \Leftrightarrow 2x-y+3z+4=0$

10

정답 $(-2, -4, 3)$

점 P와 대칭인 점의 좌표를 $Q(a, b, c)$라고 하면 선분 PQ의 중점 $\left(\frac{a-2}{2}, \frac{b+4}{2}, \frac{c+7}{2}\right)$은 직선 $\frac{x}{2}=y-1=\frac{z-3}{-2}$ 위의 점이다.

$\therefore\ \frac{a-2}{4}=\frac{b+2}{2}=\frac{c+1}{-4}$ ⋯ ㉠

직선의 방향벡터 $(2, 1, -2)$와 $\overrightarrow{PQ}$는 수직이므로

$(2, 1, -2)\cdot(a+2, b-4, c-7)=0$

$\Rightarrow 2a+b-2c+14=0$ ⋯ ㉡

㉠, ㉡을 연립하여 풀면 $a=-2, b=-4, c=3$이다.

따라서 점 P와 대칭인 점의 좌표는 $(-2, -4, 3)$이다.

Topic 26 직선과 평면의 사잇각

01

정답 (1) $\frac{\pi}{3}$ (2) $\frac{\pi}{6}$ (3) $\cos^{-1}\frac{4}{21}$ (4) $\cos^{-1}\left(-\frac{1}{9\sqrt{14}}\right)$

(1) 두 직선의 방향벡터가 각각 $(3, 2, -1)$, $(1, 3, 2)$이므로

$$\cos\theta=\frac{3\cdot1+2\cdot3+(-1)\cdot2}{\sqrt{3^2+2^2+(-1)^2}\sqrt{1^2+3^2+2^2}}=\frac{1}{2}$$

$\therefore\ \theta=\frac{\pi}{3}$

(2) 두 직선의 방향벡터는 $(3, 5, 4)$, $(-1, 10, 7)$이므로

$$\cos\theta=\frac{-3+50+28}{\sqrt{50}\sqrt{150}}=\frac{75}{5\sqrt{2}\cdot5\sqrt{6}}=\frac{\sqrt{3}}{2}$$

$\therefore\ \theta=\frac{\pi}{6}$

(3) 방향벡터는 각각 $(-1, 2, -2)$, $(2, -3, -6)$이므로

$$\cos\theta=\frac{-2-6+12}{\sqrt{9}\sqrt{49}}=\frac{4}{21}\quad \therefore\ \theta=\cos^{-1}\frac{4}{21}$$

(4) 방향벡터는 각각 $(2, 7, -1)$, $(-2, 1, 4)$이므로

$$\cos\theta=\frac{-4+7-4}{\sqrt{54}\sqrt{21}}=-\frac{1}{9\sqrt{14}}\quad \therefore\ \theta=\cos^{-1}\left(-\frac{1}{9\sqrt{14}}\right)$$

02

정답 (1) $\frac{\pi}{3}$ (2) $\frac{\pi}{3}$ (3) $\frac{\pi}{4}$ (4) $\frac{\pi}{3}$

(1) 두 평면의 법선벡터는 각각 $(2, -1, 3)$, $(3, 2, 1)$이므로

$$\cos\theta=\frac{6-2+3}{\sqrt{14}\sqrt{14}}=\frac{7}{14}=\frac{1}{2}\quad \therefore\ \theta=\frac{\pi}{3}$$

(2) 두 평면의 법선벡터는 각각 $(1, -4, -1)$, $(0, 1, -1)$이므로

$$\cos\theta=\frac{0-4+1}{\sqrt{18}\sqrt{2}}=-\frac{3}{6}=-\frac{1}{2}\quad \therefore\ \theta=\frac{2}{3}\pi$$

이때, 두 평면의 사잇각은 예각으로 정의하므로

$\theta=\pi-\frac{2}{3}\pi=\frac{\pi}{3}$이다.

(3) 두 평면의 법선벡터는 $(2, -1, -2)$, $(1, 1, -4)$이므로

$$\cos\theta=\frac{2-1+8}{\sqrt{9}\sqrt{18}}=\frac{9}{9\sqrt{2}}=\frac{1}{\sqrt{2}}\quad \therefore\ \theta=\frac{\pi}{4}$$

(4) 두 평면의 법선벡터는 $(2, -3, 1)$, $(3, -1, -2)$이므로

$$\cos\theta=\frac{6+3-2}{\sqrt{14}\sqrt{14}}=\frac{7}{14}=\frac{1}{2}\quad \therefore\ \theta=\frac{\pi}{3}$$

03

정답 풀이 참조

(1) 직선의 방향벡터는 $(4, -5, 3)$, 평면의 법선벡터는 $(3, -5, -4)$이므로

$$\sin\theta=\frac{12+25-12}{\sqrt{50}\sqrt{50}}=\frac{1}{2}\quad \therefore\ \theta=\frac{\pi}{6}$$

(2) 직선의 방향벡터는 $(1, 1, \sqrt{2})$, 평면의 법선벡터는 $(1, -1, \sqrt{2})$이므로

$$\sin\theta=\frac{1-1+2}{\sqrt{4}\sqrt{4}}=\frac{1}{2}\quad \therefore\ \theta=\frac{\pi}{6}$$

04

정답 2

두 평면의 법선벡터는 $(2, 1, -1)$, $(1, a, 1)$이므로

$\cos\frac{\pi}{3}=\frac{2+a-1}{\sqrt{6}\sqrt{2+a^2}}=\frac{1}{2}$에서 $a^2-4a+4=0$

$\therefore\ a=2$

05

정답 $-\frac{1}{3}$

$\overrightarrow{AB}=(4, 0, -3)$, $\overrightarrow{CD}=(-2, 2, -1)$이므로

$$\cos\theta=\frac{-8+0+3}{\sqrt{25}\sqrt{9}}=-\frac{1}{3}$$

06

정답 ③

두 평면의 사잇각은 평면의 법선 벡터에 의해 결정되므로

$$\cos\theta=\frac{|2\cdot5+(-1)\cdot3+(-2)(-4)|}{\sqrt{2^2+(-1)^2+(-2)^2}\sqrt{5^2+3^2+(-4)^2}}=\frac{1}{\sqrt{2}}$$

$\therefore\ \theta=\frac{\pi}{4}$

07

정답 ①

직선의 방향벡터는 $(2, 1, -1)$, 평면의 법선벡터는 $(1, 2, 1)$이므로

$$\sin\theta=\frac{2+2-1}{\sqrt{6}\sqrt{6}}=\frac{1}{2}\quad \therefore\ \theta=\frac{\pi}{6}$$

08

정답 ④

$r=i-3j+k+\lambda(-i-3j+2k)+\mu(2i+j-3k)$는 점 $(1, -3, 1)$과 두 벡터 $<-1, -3, 2>$, $<2, 1, -3>$을 포함하는 평면의 벡터방정식이므로 법선벡터는

$$\begin{vmatrix} i & j & k \\ -1 & -3 & 2 \\ 2 & 1 & -3 \end{vmatrix}=i(9-2)-j(3-4)+k(-1+6)$$

$=<7, 1, 5>$

직선 $r=3i-k+t(i-j-k)$의 방향벡터는 $<1, -1, -1>$이므로 평면의 법선벡터와 직선의 방향벡터가 이루는 사잇각을 θ라 하면

$$\sin\theta=\frac{<7, 1, 5>\cdot<1, -1, -1>}{\sqrt{7^2+1^2+5^2}\sqrt{1^2+(-1)^2+(-1)^2}}=\frac{1}{15}$$

이므로 직선과 평면이 이루는 사잇각의 코사인 값은

$$\cos\theta=\sqrt{1-\left(\frac{1}{15}\right)^2}=\frac{4\sqrt{14}}{15}$$

Topic 27 교점과 교선

01

정답 풀이 참조

(1) xy평면과의 교점은 $z=0$일 때이므로 $0=3+t$에서 $t=-3$일 때이다. 따라서 $x=2-(-3)=5$, $y=1+2(-3)=-5$ 이므로 교점의 좌표는 $(5, -5, 0)$이다.

yz평면과의 교점은 $x=0$일 때이므로 $t=2$일 때이다.

따라서 $y=1+2\cdot2=5$, $z=3+2=5$ 이므로 교점의 좌표는 $(0, 5, 5)$이다.

zx평면과의 교점은 $y=0$일 때이므로 $t=-\frac{1}{2}$일 때이다.

따라서 $x=2+\frac{1}{2}=\frac{5}{2}$, $z=3-\frac{1}{2}=\frac{5}{2}$이므로 교점의 좌표는 $\left(\frac{5}{2}, 0, \frac{5}{2}\right)$이다.

(2) xy 평면과의 교점은 $z=0$을 대입하면

$\frac{x-1}{2}=\frac{y+2}{3}=-2$에서 $x=-3$, $y=-8$이므로 $(-3, -8, 0)$이다.

$x=0$을 대입하면 $-\frac{1}{2}=\frac{y+2}{3}=\frac{z-4}{2}$에서

$y=-\frac{7}{2}$, $z=3$이므로 yz평면과의 교점은 $\left(0, -\frac{7}{2}, 3\right)$이다.

$y=0$을 대입하면 $\frac{x-1}{2}=\frac{z-4}{2}=\frac{2}{3}$에서 $x=\frac{7}{3}$, $z=\frac{16}{3}$

이므로 zx평면과의 교점은 $\left(\frac{7}{3}, 0, \frac{16}{3}\right)$이다.

02

정답 (1) $(7, 3, -3)$ (2) $(4, 1, 6)$

(1) $3t+4=3s+1$, $5-2t=s+1$, $2t-5=3s-9$를 연립하여 풀면 $t=1$, $s=2$이므로 교점의 좌표는 $(7, 3, -3)$이다.

(2) $3-t=2+2s$, $2+t=3s-2$, $8+2t=8s-2$를 연립하여 풀면 $t=-1$, $s=1$이다. 따라서 교점의 좌표는 $(4, 1, 6)$이다.

03

정답 (1) $x=2+2t$, $y=1-t$, $z=4-t$
(2) $x=1-t$, $y=-1+3t$, $z=2-t$

(1) 두 직선의 방향벡터는 각각 $(1, 1, 1)$, $(-2, 1, -5)$이므로 평면의 법선벡터는

$$\begin{vmatrix} i & j & k \\ 1 & 1 & 1 \\ -2 & 1 & -5 \end{vmatrix}=i(-5-1)-j(-5+2)+k(1+2)$$

$$=-6i+3j+3k//2i-j-k$$

평면의 법선벡터가 구하는 직선의 방향벡터이므로

$(2, 1, 4)+t(2, -1, -1)$

$\Rightarrow x=2+2t$, $y=1-t$, $z=4-t$

(2) 두 직선의 방향벡터는 각각 $(1, 2, 5)$, $(1, 1, 2)$이므로 평면의 법선벡터는

$$\begin{vmatrix} i & j & k \\ 1 & 2 & 5 \\ 1 & 1 & 2 \end{vmatrix}=i(4-5)-j(2-5)+k(1-2)$$

$$=-i+3j-k$$

따라서 직선의 방정식은

$(1, -1, 2)+t(-1, 3, -1)$

$\Rightarrow x=1-t$, $y=-1+3t$, $z=2-t$

04

정답 (1) $-2x-5=\frac{2y-7}{5}=z$ (2) $\frac{x-3}{2}=\frac{y+2}{-1}=z$

(1) $x+y-2z-1=0\cdots$ ㉠, $x-y+3z+6=0\cdots$ ㉡에서

㉠-㉡을 하면 $2y-5z-7=0 \Rightarrow z=\frac{2y-7}{5}$

㉠+㉡을 하면 $2x+z+5=0 \Rightarrow z=-2x-5$

따라서 교선의 방정식은 $-2x-5=\frac{2y-7}{5}=z$

(2) $x+y-z-1=0\cdots$ ㉠, $2x+y-3z-4=0\cdots$ ㉡에서

$2\times$㉠-㉡을 하면 $z=-y-2$

㉡-㉠을 하면 $z=\frac{x-3}{2}$

따라서 교선의 방정식은 $\frac{x-3}{2}=\frac{y+2}{-1}=z$

05

정답 (1) $x=1-\frac{3}{5}t$, $z=-1+\frac{7}{5}t$ (2) $x=-\frac{1}{2}t$, $y=0$, $z=t$

(1) $y=t$로 놓으면 $x-z=2-2t$, $3x+2z=1+t$이므로

$x=1-\frac{3}{5}t$, $z=-1+\frac{7}{5}t$

따라서 매개방정식은 $x=1-3t$, $y=t$, $z=-1+7t$

(2) $z=t$로 놓으면 $y=0$이므로 $x=-\frac{1}{2}t$, $y=0$, $z=t$

06

정답 ①

$\frac{x-1}{1}=\frac{y-2}{2}=\frac{z}{4}=t \Rightarrow x=t+1$, $y=2t+2$, $z=4t$

$3x-2y+z=2$에 대입하면

$3(t+1)-2(2t+2)+4t=2$

$\Rightarrow t=1$

$\Rightarrow (x_0, y_0, z_0)=(2, 4, 4)$

$\therefore x_0+y_0+z_0=10$

07

정답 ②

교선의 방향벡터는 두 평면의 법선벡터의 외적과 같은 방향을 가지므로

$$\begin{vmatrix} i & j & k \\ 4 & 2 & 2 \\ 2 & -3 & 1 \end{vmatrix}=i(2+6)-j(4-4)+k(-12-4)=<8, 0, -16>$$

즉 교선의 방향벡터는 $<1, 0, -2>$이고 이 방향벡터가 구하는 평면의 법선벡터가 된다. 따라서 평면의 방정식은

$(x+1)-2(z-1)=0,\ x-2z+3=0$

08

정답 ③

두 평면의 교선의 방향벡터는 두 평면의 법선벡터와 모두 수직인 벡터이므로

$\begin{vmatrix} i & j & k \\ 3 & -2 & 1 \\ 2 & 1 & 7 \end{vmatrix} = <-15,\ -19,\ 7> \qquad \therefore \dfrac{a}{b}=\dfrac{15}{19}$

09

정답 ⑤

두 평면의 법선벡터는 각각 $(1,\ -1,\ 1)$, $(3,\ 4,\ -5)$이다. 교선의 방향벡터는 두 평면의 법선벡터에 모두 수직이므로

$(a,\ b,\ c)=\begin{vmatrix} i & j & k \\ 1 & -1 & 1 \\ 3 & 4 & -5 \end{vmatrix}=(1,\ 8,\ 7)$

$\therefore abc=1\cdot 8\cdot 7=56$

10

정답 ④

평면 α의 법선벡터는

$\overrightarrow{P_1P_2}\times\overrightarrow{P_1P_3}=\begin{vmatrix} i & j & k \\ -3 & 2 & 1 \\ 1 & 1 & -4 \end{vmatrix}=<-9,\ -11,\ -5>//<9, 11, 5>$

이므로 평면의 방정식은 $\alpha : 9x+11y+5z=24$이다. $A(-2, 2, -6)$을 지나고 $u=<1, 1, -2>$에 평행한 직선의 대칭방정식은

$x+2=y-2=\dfrac{z+6}{-2}$이므로

직선과 평면 α의 교점을 $(t-2, t+2, -2t-6)$으로 놓으면 $9(t-2)+11(t+2)+5(-2t-6)=24$가 성립하므로 $t=5$일 때이다.

따라서 교점의 좌표는 $(3, 7, -16)$이므로

$\overrightarrow{BA}=<-5, -5, 10>//<1, 1, -2>$,

$\overrightarrow{BP_2}=<-4, -4, 16>//<1, 1, -4>$이다.

$\therefore \cos\theta=\dfrac{\overrightarrow{BA}\cdot\overrightarrow{BP_2}}{|\overrightarrow{BA}||\overrightarrow{BP_2}|}$

$=\dfrac{<1, 1, -2>\cdot<1, 1, -4>}{\sqrt{1^2+1^2+(-2)^2}\sqrt{1^2+1^2+(-4)^2}}$

$=\dfrac{5}{9}\sqrt{3}$

Topic 28 공간에서의 거리

01

정답 (1) $\sqrt{11}$ (2) $\dfrac{\sqrt{82}}{5}$ (3) $7\sqrt{3}$ (4) $\dfrac{\sqrt{14}}{\sqrt{3}}$

(1) 원점 O에서 이 직선에 내린 수선의 발을 Q라 하면

$\overrightarrow{OQ}=(t-2, t+2, 3+2t)$

직선의 방향벡터 $\vec{d}$에 대하여 $\vec{d}\cdot\overrightarrow{OQ}=0$이므로

$(1, 1, 2)\cdot(t-2, t+2, 3+2t)=0 \quad \therefore t=-1$

따라서 수선의 발은 $\overrightarrow{OQ}=(-3, 1, 1)$이고

$|\overrightarrow{OQ}|=\sqrt{9+1+1}=\sqrt{11}$

| 다른 풀이 |

점 $(-2, 2, 3)$을 지나고 방향벡터가 $(1, 1, 2)$인 직선이므로

$\dfrac{|\overrightarrow{OQ}\times\vec{d}|}{|\vec{d}|}=\dfrac{|(-2, 2, 3)\times(1, 1, 2)|}{\sqrt{1^2+1^2+2^2}}=\dfrac{\sqrt{66}}{\sqrt{6}}=\sqrt{11}$

$(\because)\ \left|\begin{vmatrix} i & j & k \\ -2 & 2 & 3 \\ 1 & 1 & 2 \end{vmatrix}\right|=|i(4-3)-j(-4-3)+k(-2-2)|$

$=|i+7j-4k|=\sqrt{1^2+7^2+(-4)^2}=\sqrt{66}$

(2) 점 $(3, 2, -1)$을 지나고 방향벡터가 $(3, -4, 5)$인 직선이므로

$\overrightarrow{PQ}=(3, 2, -1)-(1, 2, -1)=(2, 0, 0)$이라 하면

$\dfrac{|(2, 0, 0)\times(3, -4, 5)|}{\sqrt{3^2+(-4)^2+5^2}}=\dfrac{\sqrt{164}}{\sqrt{50}}=\dfrac{\sqrt{82}}{5}$

$(\because)\ \left|\begin{vmatrix} i & j & k \\ 2 & 0 & 0 \\ 3 & -4 & 5 \end{vmatrix}\right|=|i(0)-j(10)+k(-8)|$

$=\sqrt{0+10^2+(-8)^2}=\sqrt{164}$

(3) 점 $(10, -3, 0)$을 지나고 방향벡터가 $(4, 0, 4)$인 직선이므로

$\overrightarrow{PQ}=(10, -3, 0)-(-1, 4, 3)=(11, -7, -3)$으로 놓으면

$\dfrac{|(11, -7, -3)\times(4, 0, 4)|}{4\sqrt{1^2+1^2}}=\dfrac{|-28(i+2j-k)|}{4\sqrt{2}}$

$=\dfrac{28\sqrt{1^2+2^2+(-1)^2}}{4\sqrt{2}}=7\sqrt{3}$

(4) 점 $(0, 1, 0)$을 지나고 방향벡터가 $(2, 2, 2)$인 직선이므로

$\overrightarrow{PQ}=(0, 1, 0)-(2, 1, -1)=(-2, 0, 1)$로 놓으면

$\dfrac{|(-2, 0, 1)\times 2(1, 1, 1)|}{2\sqrt{1^2+1^2+1^2}}=\dfrac{|2(-i+3j-2k)|}{2\sqrt{3}}$

$=\dfrac{2\sqrt{(-1)^2+3^2+(-2)^2}}{2\sqrt{3}}=\dfrac{\sqrt{14}}{\sqrt{3}}$

02

정답 (1) 1 (2) $\dfrac{4}{\sqrt{3}}$ (3) $\dfrac{23}{\sqrt{65}}$ (4) $\dfrac{10}{\sqrt{14}}$

(1) $d=\dfrac{|2\cdot 2-1\cdot 1-2(-3)-6|}{\sqrt{2^2+(-1)^2+(-2)^2}}=\dfrac{3}{3}=1$

(2) $d=\dfrac{|1\cdot 0-1\cdot 3-1(-2)-3|}{\sqrt{1^2+(-1)^2+(-1)^2}}=\dfrac{4}{\sqrt{3}}$

(3) $d=\dfrac{|2\cdot(-1)+5(-1)-6\cdot 2-4|}{\sqrt{2^2+5^2+(-6)^2}}=\dfrac{23}{\sqrt{65}}$

(4) $d=\dfrac{|1\cdot 3+3(-1)-2\cdot 2-6|}{\sqrt{1^2+3^2+(-2)^2}}=\dfrac{10}{\sqrt{14}}$

03

정답 (1) $\dfrac{4}{\sqrt{5}}$ (2) $2\sqrt{2}$ (3) $\dfrac{6}{\sqrt{17}}$ (4) $\dfrac{2}{\sqrt{6}}$

(1) 두 직선이 각각 점 $(3, 4, 1)$, $(1, 3, 4)$를 지나고 방향벡터는 $(2, -1, 3)$, $(4, -2, 5)$이므로

$\overrightarrow{PQ}=(1, 3, 4)-(3, 4, 1)=(-2, -1, 3)$,

$\vec{d_1}\times\vec{d_2}=\begin{vmatrix} i & j & k \\ 2 & -1 & 3 \\ 4 & -2 & 5 \end{vmatrix}=i+2j$이고 두 직선 사이의 거리 d는

$d=\dfrac{|(-2, -1, 3)\cdot(1, 2, 0)|}{\sqrt{1^2+2^2+0^2}}=\dfrac{4}{\sqrt{5}}$

| 다른 풀이 |

두 직선의 방향벡터에 모두 수직인 벡터를 법선벡터로 하고, 한

직선을 포함하는 평면의 방정식을 구한 다음, 이 평면과 다른 한 직선 위의 점 사이의 거리를 구한다.
즉 (1, 2, 0)을 법선벡터로 하고 점 (3, 4, 1)을 포함하는 평면은 $x-3+2(y-4)+0(z-1)=0 \Rightarrow x+2y-11=0$이고
이 평면과 다른 한 직선 $x=1+4s,\ y=3-2x,\ z=4+5s$ 위의 점 (1, 3, 4) 사이의 거리를 구하면
$\frac{|1+6+0-11|}{\sqrt{1+4}}=\frac{4}{\sqrt{5}}$ 이다.

(2) 각각 점 (0, 1, 2), (2, 3, 0)을 지나고 방향벡터는 (1, −1, 3), (2, −2, 7)이므로
$\overrightarrow{PQ}=(2,3,0)-(0,1,2)=2(1,1,-1)$,
$\overrightarrow{d_1}\times\overrightarrow{d_2}=\begin{vmatrix} i & j & k \\ 1 & -1 & 3 \\ 2 & -2 & 7\end{vmatrix}=-i-j$이고 두 직선 사이의 거리 d는
$$d=\frac{|2(1,1,-1)\cdot(-1,-1,0)|}{\sqrt{(-1)^2+1^2+0}}=2\sqrt{2}$$

(3) 각각 점 (3, −1, 2), (3, 2, 2)를 지나고 방향벡터는 (2, 4, −1), (2, 1, 2)이므로
$\overrightarrow{PQ}=(3,2,2)-(3,-1,2)=(0,3,0)$,
$\overrightarrow{d_1}\times\overrightarrow{d_2}=\begin{vmatrix} i & j & k \\ 2 & 4 & -1 \\ 2 & 1 & 2\end{vmatrix}=9i-6j-6k$
두 직선 사이의 거리 d는
$$d=\frac{|(0,3,0)\cdot 3(3,-2,-2)|}{3\sqrt{9+4+4}}=\frac{6}{\sqrt{17}}$$

(4) 각각 점 (1, −1, 0), (2, 0, 1)을 지나고 방향벡터는 (2, −1, 3), (−1, 3, 1)이므로
$\overrightarrow{PQ}=(2,0,1)-(1,-1,0)=(1,1,1)$
$\overrightarrow{d_1}\times\overrightarrow{d_2}=\begin{vmatrix} i & j & k \\ 2 & -1 & 3 \\ -1 & 3 & 1\end{vmatrix}=5(-2,-1,1)$
두 직선 사이의 거리 d는
$$d=\frac{|(1,1,1)\cdot 5(-2,-1,1)|}{5\sqrt{4+1+1}}=\frac{2}{\sqrt{6}}$$

04

정답 (1) $\frac{9}{\sqrt{41}}$ (2) $\frac{5}{2\sqrt{14}}$ (3) $\frac{11}{\sqrt{6}}$ (4) $\frac{1}{2\sqrt{26}}$

(1) $d=\frac{|10-1|}{\sqrt{1^2+2^2+6^2}}=\frac{9}{\sqrt{41}}$

(2) 두 방정식의 계수를 일치시키면
$2x-3y+z=4,\ 2x-3y+z=\frac{3}{2}$ 이므로
$$d=\frac{\left|4-\frac{3}{2}\right|}{\sqrt{2^2+(-3)^2+1^2}}=\frac{5}{2\sqrt{14}}$$

(3) 계수를 일치시키면 $2x-y-z=5,\ 2x-y-z=-6$이므로
$$d=\frac{|5-(-6)|}{\sqrt{2^2+(-1)^2+(-1)^2}}=\frac{11}{\sqrt{6}}$$

(4) $3z=-4x+y,\ 6z=1-8x+2y$
$\Rightarrow 4x-y+3z=0,\ 4x-y+3z=\frac{1}{2}$
이므로
$$d=\frac{\frac{1}{2}}{\sqrt{4^2+(-1)^2+3^2}}=\frac{1}{2\sqrt{26}}$$

05

정답 ④

$10x+2y-2z=5$의 한 점 $\left(\frac{1}{2},0,0\right)$에서 평면 $5x+y-z=2$까지의 거리를 구해보자.
$$d=\frac{\left|\frac{5}{2}+0-0-2\right|}{\sqrt{25+1+1}}=\frac{\sqrt{3}}{18}$$

06

정답 ①

직선 $x-1=y-1=z$ 위의 한 점 (1,1,0)과 두 직선의 방향벡터의 외적을 법선벡터로 하는 평면의 방정식을 구해보자.
법선벡터$=\begin{vmatrix} i & j & k \\ 1 & 1 & 1 \\ 1 & 2 & 3\end{vmatrix}=(1,-2,1)$
따라서 평면의 방정식은
$(x-1)-2(y-1)+(z-0)=0 \Leftrightarrow x-2y+z+1=0$
이제 평면의 방정식과 다른 직선의 방정식 $x=\frac{y-1}{2}=\frac{z}{3}$ 사이의 거리를 구하자.
$x-2y+z+1=0$과 (0,1,0)사이의 거리는 $\frac{|0-2+0+1|}{\sqrt{1+4+1}}=\frac{1}{\sqrt{6}}$

07

정답 ②

직선 $l: \frac{x-3}{2}=y-5=\frac{z+4}{3}$ 의 방향 벡터는 $\vec{d}=(2,1,3)$이고
평면 $P: -2x+y+z=3$의 법선벡터는 $\vec{n}=(-2,1,1)$이다.
$\vec{n}\cdot\vec{d}=0$이므로 평면과 직선은 서로 평행이다.
직선 $\frac{x-3}{2}=y-5=\frac{z+4}{3}$ 위의 점 (3, 5, −4)와 평면 $-2x+y+z=3$사이의 거리를 구하면
$\frac{|-6+5-4-3|}{\sqrt{4+1+1}}=\frac{8}{\sqrt{6}}=\frac{8\sqrt{6}}{6}=\frac{4\sqrt{6}}{3}$ 이다.
따라서 직선 l과 평면 P 사이의 거리는 $\frac{4\sqrt{6}}{3}$ 이다.

08

정답 ②

점 (1, 2, −1)을 지나고 방향벡터가 (1, −1, 2)인 직선이므로
$\overrightarrow{PQ}=(1,2,-1)$로 놓으면
$$d=\frac{|(1,2,-1)\times(1,-1,2)|}{\sqrt{1^2+(-1)^2+2^2}}=\frac{|3(i-j-k)|}{\sqrt{6}}=\frac{3\sqrt{3}}{\sqrt{6}}=\frac{3}{\sqrt{2}}$$

09

정답 ②

원점 O(0, 0, 0)와 P(2, 0, −1)을 지나는 직선을 L_1,
Q(1, −1, 1), R(7, 3, 5)를 지나는 직선을 L_2라 하면, 두 직선 L_1, L_2는 꼬인 위치에 있다.
L_1의 방향벡터는 $\overrightarrow{d_1}=(2,0,-1)$,
L_2의 방향벡터는 $\overrightarrow{d_2}=(3,2,2)$이므로
$\overrightarrow{d_1}\times\overrightarrow{d_2}=\begin{vmatrix} i & j & k \\ 2 & 0 & -1 \\ 3 & 2 & 2\end{vmatrix}=<2,-7,4>$

이므로 두 직선 사이의 거리는

$$d=\frac{|\overrightarrow{OQ}\cdot(\overrightarrow{d_1}\times\overrightarrow{d_2})|}{\|\overrightarrow{d_1}\times\overrightarrow{d_2}\|}=\frac{|(1,\ -1,\ 1)\cdot(2,\ -7,\ 4)|}{\sqrt{2^2+(-7)^2+4^2}}$$

$$=\frac{13}{\sqrt{69}}$$

실력 UP 단원 마무리

01

부분적분에 의해 각 선형방정식의 계수를 행으로, 우변의 상수를 $A(1,-2,4)$, $B(4,1,7)$, $C(-1,5,1)$ 는 한 평면위에 있으므로 평면의 법선벡터는 직선의 방향벡터이므로

$$\overrightarrow{AB}\times\overrightarrow{AC}=\begin{vmatrix} i & j & k \\ 3 & 3 & 3 \\ -2 & 7 & -3 \end{vmatrix}=-30i+3j+27k$$

은 직선의 한 방향벡터이다. 따라서 구하는 직선의 식은

$$\frac{x-1}{-30}=\frac{y-1}{3}=\frac{z-1}{27}\ \Rightarrow\ \frac{x-1}{10}=\frac{y-1}{-1}=\frac{z-1}{-9}$$

이다.

정답 ③

02

(i)한 점 : $A(1,3,2)$

(ii)법선벡터 : $\overrightarrow{AB}\times\overrightarrow{AC}=(2,\ -2,\ 4)\times(3,\ -1,\ -2)$

$$=\begin{vmatrix} i & j & k \\ 2 & -2 & 4 \\ 3 & -1 & -2 \end{vmatrix}=(8,\ 16,\ 4)//(2,4,1)$$

따라서 평면의 방정식은

$2(x-1)+4(y-3)+1(z-2)=0 \Leftrightarrow 2x+4y+z=16$

정답 ①

03

(i) 평면 $ax+by+cz=1$이 평면 $x+2y+z=4$에 수직이므로
$(a,\ b,\ c)\perp(1,\ 2,\ 1)$, 즉 $(a,\ b,\ c)\cdot(1,\ 2,\ 1)=0$
$a+2b+c=0$ ⋯ ㉠

(ii) $P_1(-1,\ 0,\ 1)$과 $P_2(0,\ -2,\ -1)$이 평면 $ax+by+cz=1$ 위의 점이므로
$-a+c=1$ ⋯ ㉡
$-2b-c=1$ ⋯ ㉢
㉠+㉡+㉢을 하면 $c=2$
이를 ㉡, ㉢에 대입하면
$a=1,\ b=-\frac{3}{2}\quad \therefore\ a+b+c=1+\left(-\frac{3}{2}\right)+2=\frac{3}{2}$

정답 ④

04

평면 $2x-3y+2z=34$에 직선 $x=2+3t$, $y=-4t$, $z=5+t$를 대입하면

$2(2+3t)-3(-4t)+2(5+t)=34$

$\Leftrightarrow\ 4+6t+12t+10+2t=34$

$\Leftrightarrow\ 20t=20\ \Leftrightarrow\ t=1$

이다. $t=1$일 때, $(x,\ y,\ z)=(5,\ -4,\ 6)$이므로
$a+b-c=5-4-6=-5$이다.

정답 ①

05

$x=\frac{y-7}{2}=-1-\frac{z}{4}=s$, $\frac{x+4}{2}=4-y=\frac{7-z}{3}=t$ 라 놓으면 두 직선 위의 점은 각각

$(s,\ 2s+7,-4s-4)$, $(2t-4,\ 4-t,\ 7-3t)$

로 나타낼 수 있다. 그런데, 두 직선의 교점은 두 직선 위에 모두

있는 점이므로

$(s,\ 2s+7,\ -4s-4)=(2t-4,\ 4-t, 7-3t)$

를 연립하여 풀면 $s=-2$, $t=1$ 이다.

따라서 교점의 좌표는 $(-2,3,4)$ 이다.

$\therefore\ \alpha+\beta+\gamma=5$

정답 ③

06

두 평면 $x+2y-3z=1$, $x+y-z=4$ 의 교선의 방정식의 방향벡터는 두 평면의 법선벡터에 수직이므로

$$\begin{vmatrix} i & j & k \\ 1 & 2 & -3 \\ 1 & 1 & -1 \end{vmatrix} = i-2j-k$$

이다. 또한, 두 평면에 $z=0$ 을 대입하면

$x+2y=1,\ \ x+y=4$

이므로 교선은 $(7,-3,0)$ 을 지난다. 따라서 구하는 직선의 방정식은

$\dfrac{x-7}{1}=\dfrac{y+3}{-2}=\dfrac{z}{-1}$ 즉, $\dfrac{x-7}{-1}=\dfrac{y+3}{2}=z$ 이다.

$\therefore\ a+b+p+q=-1+2+7-3=5$

정답 ③

07

직선의 방향벡터 $u=(2,\ 1,\ 3)$에 대해 평면에의 정사영을 u', 평면의 법선벡터 $n=(2,\ 1,\ -1)$이라 하면

$$u'=u-\frac{(u,\ n)}{(n,\ n)}n=\left(\frac{4}{3},\ \frac{2}{3},\ \frac{10}{3}\right)//(2,\ 1,\ 5)$$

이것은 구하는 직선의 방향벡터가 된다.

직선의 매개변수 표현

$x=2t-1,\ \ y=t+1,\ \ z=3t+2$

를 평면의 방정식에 대입하면 직선과 평면의 교점은 $(3,\ 3,\ 8)$이다.

$\therefore\ \dfrac{x-3}{2}=y-3=\dfrac{z-8}{5}$

정답 ①

08

세 평면이 하나의 직선을 공유한다는 것은 연립방정식

$$\begin{cases} \lambda x+y-2z=0 \\ 2x+y-\lambda z=0 \\ -4x-y+(\lambda+1)z=0 \end{cases} \Leftrightarrow \begin{bmatrix} \lambda & 1 & -2 \\ 2 & 1 & -\lambda \\ -4 & -1 & \lambda+1 \end{bmatrix}\begin{bmatrix} x \\ y \\ z \end{bmatrix}=\begin{bmatrix} 0 \\ 0 \\ 0 \end{bmatrix}$$

이 무수히 많은 해 (x,y,z) 를 갖는다는 것과 동일하다. 즉

$\begin{vmatrix} \lambda & 1 & -2 \\ 2 & 1 & -\lambda \\ -4 & -1 & \lambda+1 \end{vmatrix}=0$ 이므로 $\lambda=2$ 이다.

따라서 평면은

$$\begin{cases} 2x+y-2z=0 \\ 2x+y-2z=0 \\ -4x-y+3z=0 \end{cases} \Leftrightarrow \begin{cases} 2x+y-2z=0 \\ -4x-y+3z=0 \end{cases}$$

이다.

이 두 평면이 공유하는 직선의 방향벡터는 두 평면의 법선벡터에 수직이므로 구하는 직선의 방향벡터 $\vec{a}$ 는

$$\vec{a}=\begin{vmatrix} i & j & k \\ 2 & 1 & -2 \\ -4 & -1 & 3 \end{vmatrix}=i+2j+2k$$

이다. 두 평면은 원점을 공유하므로 구하는 직선은

$x=\dfrac{y}{2}=\dfrac{z}{2}\ \Leftrightarrow\ 2x=y=z$

정답 ③

09

평면 $x-2y-4z=0$ 에 수직인 벡터를 $v=(1,-2,-4)$ 라 하자.

벡터 $a=(0,\ 0,\ 1)$을 벡터 $v=(1,-2,-4)$에 정사영시킨 벡터는

$$\frac{a\bullet v}{v\bullet v}v=\frac{-4}{1+4+16}(1,\ -2,\ -4)=-\frac{4}{21}(1,\ -2,\ -4)$$

이다. 따라서 a 의 평면 위로의 정사영 벡터는

$$a-\frac{a\bullet v}{v\bullet v}v=(0,\ 0,\ 1)-\left\{-\frac{4}{21}(1,\ -2,\ -4)\right\}$$
$$=\frac{1}{21}(4,\ -8,\ 5)$$

정답 ④

10

평면 $2x-z=1$ 과 $y-3z=1$ 의 사잇각은 법선벡터의 사잇각과 같다. 따라서 구하는 각을 θ라 하면

$$\cos\theta=\frac{2\cdot 0+0\cdot 1+(-1)\cdot(-3)}{\sqrt{2^2+0^2+(-1)^2}\sqrt{0^2+1^2+(-3)^2}}=\frac{3}{\sqrt{50}}$$

$\therefore\ \theta=\cos^{-1}\dfrac{3}{\sqrt{50}}$

정답 ④

11

두 직선의 방향벡터가 각각 $\overrightarrow{u_1}=(1,k,1)$, $\overrightarrow{u_2}=(k,1,-1)$ 이므로

$$\cos 60^\circ=\frac{|k+k-1|}{\sqrt{1^2+k^2+1^2}\sqrt{k^2+1^2+(-1)^2}}=\frac{1}{2}$$

$2|2k-1|=k^2+2$

$2(2k-1)=\pm(k^2+2)$

$k^2-4k+4=0$ 또는 $k^2+4k=0$

$k=2$ 또는 $k=0$ 또는 $k=-4$

따라서 상수 k 의 최댓값은 2 이다.

정답 ④

12

직선 $L_1 : x-1=\dfrac{y+2}{2}=z$ 의 방향벡터 $\overrightarrow{d_1}=<1,2,1>$

직선 $L_2 : \dfrac{x}{2}=y-1=z+3$ 의 방향벡터 $\overrightarrow{d_2}=<2,1,1>$

벡터 $\overrightarrow{d_1}\times\overrightarrow{d_2}=<1,1,-3>$를 법선벡터로 갖고 점 $(1,-2,0)$ 을 지나는 평면은

$x+y-3z=-1$ 이므로 점 $(0,1,-3)$ 으로부터 평면 $x+y-3z+1=0$ 까지의 거리는 $\sqrt{11}$ 이다.

정답 ②

13

주어진 두 평면의 법선벡터를 각각 $n_1=(1,2,1)$, $n_2=(1,-1,-1)$이라고 하자. 교선의 방향벡터는

$$n_1\times n_2=\begin{vmatrix} i & j & k \\ 1 & 2 & 1 \\ 1 & -1 & -1 \end{vmatrix}=<-1,2,-3>=-<1,-2,3>$$

교선 위의 한 점은 두 평면을 모두 만족하는 점이므로 연립방정식을 통해서 찾을 수 있다.

교선 위의 한 점 $(0,11,-15)$을 생각하자.

교선의 방정식은 $x=t,\ y=-2t+11,\ z=3t-15$이다.

원점 $(0, 0, 0)$과 교선 위의 임의의 점 $(t, -2t+11, 3t-15)$의 벡터는 $\langle t, -2t+11, 3t-15\rangle$이고 교선의 방향벡터 $<-1, 2, -3>$와 수직인 곳이 교선에서 원점과 가장 가까운 점이다.
$\langle t, -2t+11, 3t-15\rangle \cdot \langle 1, -2, 3\rangle = 14t-67=0$이 되어야 한다.

즉, $t=\dfrac{67}{14}$일 때, 가장 가까운 점 $(a, b, c)=(t, -2t+11, 3t-15)$가 된다.

$t=\dfrac{67}{14}$일 때, $a+b+c=2t-4=\dfrac{39}{7}$이다.

정답 ④

14

평행한 두 평면 $ax+by+cz=d_1$과 $ax+by+cz=d_2$ 사이의 거리는 $\dfrac{|d_1-d_2|}{\sqrt{a^2+b^2+c^2}}$이므로 $\dfrac{|9-4|}{\sqrt{1^2+(-2)^2+3^2}}=\dfrac{5}{\sqrt{14}}$

정답 ④

15

두 평면 $x+2y+3z=4$와 $-x+3y+z=1$의 교선의 방향벡터는 두 평면의 법선벡터에 동시에 수직이므로

$$\begin{vmatrix} i & j & k \\ 1 & 2 & 3 \\ -1 & 3 & 1 \end{vmatrix} = -7i-4j+5k$$

이다. 한편, $\mathrm{A}(-1, 2, 3)$, $\mathrm{B}(2, 1, 5)$를 지나고 평면 $4x-y+3z=2$에 수직인 평면의 법선벡터는

$$\overrightarrow{\mathrm{AB}} \times (4, -1, 3) = \begin{vmatrix} i & j & k \\ 3 & -1 & 2 \\ 4 & -1 & 3 \end{vmatrix} = -i-j+k$$

이다. 위 두 벡터가 이루는 각을 α라 하면

$$\cos\alpha = \frac{(-7)(-1)+(-4)(-1)+5\cdot 1}{\sqrt{(-7)^2+(-4)^2+5^2}\sqrt{(-1)^2+(-1)^2+1^2}} = \frac{16}{3\sqrt{30}}$$

이다. 그런데 $\alpha+\theta=\dfrac{\pi}{2}$이므로

$$\sin\theta = \sin\left(\frac{\pi}{2}-\alpha\right) = \cos\alpha = \frac{16}{3\sqrt{30}}$$

이다.

정답 ①

05 벡터공간(vector spaces)

핵심 문제 | Topic 29~34

Topic 29 벡터공간과 부분공간

01

정답 풀이 참조

(1) $k<0$일 때, $k(a_1, a_2)\notin V$ 이므로 스칼라 곱에 대하여 닫혀 있지 않다.

(2) $(a_1, 2a_1+1)+(b_1, 2b_1+1)=(a_1+b_1, 2(a_1+b_1)+2)$이므로 덧셈에 대해 닫혀있지 않다.

(3) 모든 이차다항식의 집합이므로 덧셈에 대하여 닫혀있지 않다. ($\because$ $2x^2+(-2x^2)=0$)

(4) 스칼라 곱의 항등원이 존재하지 않는다.

02

정답 (3), (4), (6), (7), (8)

(1) $k<0$일 때, $k(a, b, c)\notin W$이므로 스칼라 곱에 대하여 닫혀있지 않다. (×)

(2) $v_1=(1, 0, 0)$, $v_2=(0, 1, 0)$라 하면 v_1, $v_2\in W$이지만 $v_1+v_2\notin W$이다. (×)

(3) 이차정방행렬 전체의 집합이고 이 집합은 덧셈과 스칼라곱에 닫혀있다. (○)

(4) W는 $x=1$에 대응하는 함숫값을 0으로 하는 함수 전체의 집합이다. 덧셈과 스칼라곱에 닫혀있으므로 부분공간이다. (○)

(5) W는 $x=0$에 대응하는 함숫값을 1로 하는 함수 전체의 집합이다. $f(0)+f(0)=2f(0)=2$이므로 이 집합은 덧셈에 대하여 닫혀있지 않다. (×)

(6) W는 우함수 전체의 집합이고 $f, g\in W$와 임의의 스칼라 a, b에 대하여

$$(af+bg)(-x)=af(-x)+bg(-x)=af(x)+bg(x)=(af+bg)(x)$$

이므로 덧셈과 스칼라곱에 대하여 닫혀있다. (○)

(7) W는 기함수 전체의 집합이므로 $f, g\in W$와 임의의 스칼라 a, b에 대하여

$$(af+bg)(-x)=af(-x)+bg(-x)=-af(x)-bg(x)=-(af+bg)(x)$$

이므로 덧셈과 스칼라곱에 대하여 닫혀있다. (○)

(8) $f(x)=c_1x+c_2xe^x$, $g(x)=d_1x+d_2xe^x$라 하면

$f(x)+g(x)=\alpha x+\beta xe^x\,(c_1+d_1=\alpha,\ c_2+d_2=\beta)$,

$kf(x)=\alpha x+\beta xe^x\,(kc_1=\alpha,\ kc_2=\beta)$이므로

덧셈과 스칼라곱에 대하여 닫혀있다. (○)

03

정답 풀이 참조

$W_1\cap W_2=\{(0, 0, 0)\}$ 즉, 원점이고

$W_1+W_2=\{(x, y, 0)\mid x, y\in R\}$이므로 xy평면 전체이다.

04

정답 ④

$\mathbb{R}^2$의 부분공간은 영부분공간과 원점을 지나는 직선, $\mathbb{R}^2$전체의 세 가지이다.

05

정답 ③

(가) $\begin{bmatrix}0 & a_1 & b_1\\ c_1 & d_1 & 0\end{bmatrix}$, $\begin{bmatrix}0 & a_2 & b_2\\ c_2 & d_2 & 0\end{bmatrix}$에 대하여

$$\begin{bmatrix}0 & a_1 & b_1\\ c_1 & d_1 & 0\end{bmatrix}+\begin{bmatrix}0 & a_2 & b_2\\ c_2 & d_2 & 0\end{bmatrix}=\begin{bmatrix}0 & a_1+a_2 & b_1+b_2\\ c_1+c_2 & d_1+d_2 & 0\end{bmatrix}\in W,$$

$k\begin{bmatrix}0 & a_1 & b_1\\ c_1 & d_1 & 0\end{bmatrix}=\begin{bmatrix}0 & ka_1 & kb_1\\ kc_1 & kd_1 & 0\end{bmatrix}\in W$이므로 부분공간이다. (○)

(나) V는 n차 정방행렬 전체의 집합, W는 n차 가역행렬 전체의 집합이다.

[반례] $\begin{bmatrix}1 & 0\\ 0 & -1\end{bmatrix}+\begin{bmatrix}-1 & 0\\ 0 & 1\end{bmatrix}=\begin{bmatrix}0 & 0\\ 0 & 0\end{bmatrix}\notin W$이므로 덧셈에 대하여 닫혀있지 않다. (×)

(다) $p_1(x)=a_1+b_1x+c_1x^2$, $p_2(x)=a_2+b_2x+c_2x^2$라 하면

$p_1(x)+p_2(x)=(a_1+a_2)+(b_1+b_2)x+(c_1+c_2)x^2\in W$,

$kp_1(x)=ka_1+kb_1x+kc_1x^2\in W$이므로 부분공간이다. (○)

따라서 부분공간인 것은 (가), (다)의 2개이다.

Topic 30 일차독립과 일차종속

01

정답 풀이 참조

(1) 선형계 $\begin{bmatrix}1 & 1 & 1\\ 2 & 1 & -3\\ 2 & 1 & -1\end{bmatrix}\begin{bmatrix}x\\ y\\ z\end{bmatrix}=\begin{bmatrix}0\\ 0\\ 0\end{bmatrix}$의 해를 구해보면

$\left[\begin{array}{ccc|c}1 & 1 & 1 & 0\\ 2 & 1 & -3 & 0\\ 2 & 1 & -1 & 0\end{array}\right]\sim\left[\begin{array}{ccc|c}1 & 0 & 0 & 0\\ 0 & 1 & 0 & 0\\ 0 & 0 & 1 & 0\end{array}\right]$에서

$x=0, y=0, z=0$이다. 즉

$(0, 0, 0)=0(1, 2, 2)+0(1, 1, 1)+0(1, -3, -1)$이다.

(2) $\left[\begin{array}{ccc|c}1 & 1 & 1 & 3\\ 2 & 1 & -3 & 0\\ 2 & 1 & -1 & 2\end{array}\right]\sim\left[\begin{array}{ccc|c}1 & 0 & 0 & 1\\ 0 & 1 & 0 & 1\\ 0 & 0 & 1 & 1\end{array}\right]$이므로

$x=1, y=1, z=1$이다. 즉

$(3, 0, 2)=1(1, 2, 2)+1(1, 1, 1)+1(1, -3, -1)$이다.

02

정답 풀이 참조

(1) $\left[\begin{array}{ccc|c}2 & 1 & -1 & 0\\ 2 & -3 & 0 & 0\\ -4 & 2 & 1 & 0\\ 0 & -4 & 0 & 0\end{array}\right]\sim\left[\begin{array}{ccc|c}1 & 0 & 0 & 0\\ 0 & 1 & 0 & 0\\ 0 & 0 & 1 & 0\\ 0 & 0 & 0 & 0\end{array}\right]$이므로

$x=0,\ y=0,\ z=0,\ w=0$이다. 즉

$(0,0,0,0)=0(2,2,-4,0)+0(1,-3,2,-4)+0(-1,0,1,0)$
이다.

(2) $\begin{bmatrix} 2 & 1 & -1 & | & 1 \\ 2 & -3 & 0 & | & 3 \\ -4 & 2 & 1 & | & -4 \\ 0 & -4 & 0 & | & 2 \end{bmatrix} \sim \begin{bmatrix} 1 & 0 & 0 & | & \frac{3}{4} \\ 0 & 1 & 0 & | & -\frac{1}{2} \\ 0 & 0 & 1 & | & 0 \\ 0 & 0 & 0 & | & 0 \end{bmatrix}$이므로

$x=\frac{3}{4},\ y=-\frac{1}{2},\ z=0,\ w=0$이다. 즉

$(1,3,-4,2)=\frac{3}{4}(2,2,-4,0)-\frac{1}{2}(1,-3,2,-4)$
$+0(-1,0,1,0)$

이다.

03

정답 풀이 참조

ㄱ. $\begin{bmatrix} 1 & 2 & -3 \\ 4 & 5 & -6 \end{bmatrix} \sim \begin{bmatrix} 1 & 2 & -3 \\ 0 & -3 & 6 \end{bmatrix}$이므로 $rank=2$이다. 따라서 일차독립이다.

ㄴ. $\begin{bmatrix} 1 & 2 & 4 \\ 1 & 3 & 5 \\ 2 & 1 & 5 \end{bmatrix} \sim \begin{bmatrix} 1 & 2 & 4 \\ 0 & 1 & 1 \\ 0 & -3 & -3 \end{bmatrix} \sim \begin{bmatrix} 1 & 2 & 4 \\ 0 & 1 & 1 \\ 0 & 0 & 0 \end{bmatrix}$이므로 계수는 2이다.
즉, 행렬식 값이 0이므로 일차종속이다.

ㄷ. R^3상의 벡터 4개의 집합이므로 항상 일차종속이다.

04

정답 풀이 참조

(1) $-\begin{bmatrix} 1 & 2 \\ -3 & 4 \end{bmatrix} = \begin{bmatrix} -1 & -2 \\ 3 & -4 \end{bmatrix}$이므로 일차종속이다.

(2) 한 벡터가 다른 벡터의 스칼라배가 아니므로 일차독립이다.

(3) $-2(-3x^2+x+2)=-6x^2-2x-4$이므로 일차종속이다.

(4) $a\cdot 1+be^x+c\cdot 2e^{2x}=0$을 만족하는 (a,b,c)는 $(0,0,0)$뿐 이므로 일차독립이다.

| 다른 풀이 |

론스키안 판정법을 사용하면

$f_1(x)=1,\ f_2(x)=e^x,\ f_3(x)=2e^{2x}$에서

$\begin{vmatrix} f_1(x) & f_2(x) & f_3(x) \\ f'_1(x) & f'_2(x) & f'_3(x) \\ f''_1(x) & f''_2(x) & f''_3(x) \end{vmatrix} = \begin{vmatrix} 1 & e^x & 2e^{2x} \\ 0 & e^x & 4e^{2x} \\ 0 & e^x & 8e^{2x} \end{vmatrix} = 4e^{3x} \neq 0$이므로

일차독립이다.

05

정답 ②

R^3의 세 벡터를

$(3-k,-1,0)=\vec{a},\ (-1,2-k,-1)=\vec{b},\ (0,-1,3-k)=\vec{c}$
라 할 때,

$$\vec{a}\cdot(\vec{b}\times\vec{c}) = \begin{vmatrix} 3-k & -1 & 0 \\ -1 & 2-k & -1 \\ 0 & -1 & 3-k \end{vmatrix} = \begin{vmatrix} 3-k & 0 & k-3 \\ -1 & 2-k & -1 \\ 0 & -1 & 3-k \end{vmatrix} = \begin{vmatrix} 3-k & 0 & 0 \\ -1 & 2-k & -2 \\ 0 & -1 & 3-k \end{vmatrix}$$

$=(3-k)(k^2-5k+4)$
$=(3-k)(k-4)(k-1)$

이고 일차종속이면 $\vec{a}\cdot(\vec{b}\times\vec{c})=0$이다.

따라서 일차종속이 되는 k값은 1, 3, 4이고 합은 8이다.

06

정답 ②

$(3,2,9)=a(0,1,1)+b(1,0,1)+c(1,1,0)$
$=(b+c,\ a+c,\ a+b)$

이므로 $2(a+b+c)=14$에서 $a+b+c=7$이다.

$\therefore a=4,\ b=5,\ c=-2$

07

정답 ②

$D=\begin{vmatrix} 1 & 1 & 1 \\ 2 & 1 & a \\ 3 & 1 & b \end{vmatrix}=2a-b-1\neq 0$이어야 하므로

보기 중 이 조건을 만족하는 것은 ②이다.

08

정답 ②

$y_1 = Mx_1 = \begin{bmatrix} 1 & 2 & 3 \\ 0 & 1 & 2 \\ 0 & 0 & 1 \end{bmatrix}\begin{bmatrix} 1 \\ 1 \\ 1 \end{bmatrix} = \begin{bmatrix} 6 \\ 3 \\ 1 \end{bmatrix}$

$y_2 = Mx_2 = \begin{bmatrix} 1 & 2 & 3 \\ 0 & 1 & 2 \\ 0 & 0 & 1 \end{bmatrix}\begin{bmatrix} 1 \\ 1 \\ 0 \end{bmatrix} = \begin{bmatrix} 3 \\ 1 \\ 0 \end{bmatrix}$

$y_3 = Mx_3 = \begin{bmatrix} 1 & 2 & 3 \\ 0 & 1 & 2 \\ 0 & 0 & 1 \end{bmatrix}\begin{bmatrix} 1 \\ 0 \\ 0 \end{bmatrix} = \begin{bmatrix} 1 \\ 0 \\ 0 \end{bmatrix}$

$\det\begin{vmatrix} y_1^T \\ y_2^T \\ y_3^T \end{vmatrix} = \det\begin{vmatrix} 6\,3\,1 \\ 3\,1\,0 \\ 1\,0\,0 \end{vmatrix} \neq 0$이므로 $rank\begin{bmatrix} 6\,3\,1 \\ 3\,1\,0 \\ 1\,0\,0 \end{bmatrix}=3$

즉, 행벡터들 $\{y_1^T, y_2^T, y_3^T\}$는 일차독립이다.

따라서 $\{y_1^T, y_2^T\}$도 일차독립이고 $\{y_2^T, y_3^T\}$도 일차독립이다.

Topic 31 기저(basis)와 차원(dimension)

01

정답 ㄴ, ㄹ

ㄱ, ㄷ. R^3의 차원은 3이므로 벡터의 수도 3이어야 한다.
따라서 기저가 아니다.

ㄴ. $\begin{bmatrix} 1 & 0 & 1 \\ 2 & 2 & 0 \\ 3 & 3 & 3 \end{bmatrix} \sim \begin{bmatrix} 1 & 0 & 1 \\ 0 & 2 & -2 \\ 0 & 3 & 0 \end{bmatrix} \sim \begin{bmatrix} 1 & 0 & 1 \\ 0 & 1 & -1 \\ 0 & 0 & 3 \end{bmatrix}$이므로 일차독립이다.
따라서 R^3의 기저이다.

ㄹ. $\begin{vmatrix} 2 & 3 & -1 \\ 4 & 1 & 1 \\ 0 & -7 & 1 \end{vmatrix}=2+0+28-0-12+14=32\neq 0$이므로
일차독립이다. 따라서 R^3의 기저이다.

ㅁ. $\begin{bmatrix} 1 & 1 & 2 \\ 1 & 2 & 5 \\ 5 & 3 & 4 \end{bmatrix} \sim \begin{bmatrix} 1 & 1 & 2 \\ 0 & 1 & 3 \\ 0 & -2 & -6 \end{bmatrix} \sim \begin{bmatrix} 1 & 1 & 2 \\ 0 & 1 & 3 \\ 0 & 0 & 0 \end{bmatrix}$이므로
일차독립이 아니다. 따라서 R^3의 기저가 아니다.

02

정답 ㄴ, ㄷ

ㄱ. x와 $2x$가 서로 비례 관계에 있으므로 일차독립이 아니다.

ㄴ. $ax+b(1-x)+2cx^2=0 \Leftrightarrow b+(a-b)x+2cx^2=0$
에서 $b=0,\ a-b=0,\ c=0$ 즉, $a=b=c=0$이어야 하므로
$\{x,\ 1-x,\ 2x^2\}$은 일차독립이다. 따라서 P_2의 기저이다.

ㄷ. $a(1-2x-2x^2)+b(-2+3x-x^2)+c(1-x+6x^2)=0$
$\Leftrightarrow a+b+c+(-2a+3b-c)x+(-2a-b+6c)x^2=0$
에서 $\begin{bmatrix}1&1&1\\-2&3&-1\\-2&-1&6\end{bmatrix}\begin{bmatrix}a\\b\\c\end{bmatrix}=\begin{bmatrix}0\\0\\0\end{bmatrix}$이고

$$\begin{bmatrix}1&1&1\\-2&3&-1\\-2&-1&6\end{bmatrix}\sim\begin{bmatrix}1&1&1\\0&5&1\\0&1&8\end{bmatrix}\sim\begin{bmatrix}1&1&1\\0&1&8\\0&5&1\end{bmatrix}\sim\begin{bmatrix}1&1&1\\0&1&8\\0&0&-39\end{bmatrix}$$

이므로 $c=0,\ b=0,\ a=0$이다. 즉 일차독립이고 따라서 P_2의 기저이다.

ㄹ. $a+4b-c+(2a-2b+18c)x+(-a+b-9c)x^2=0$에서
$2a-2b+18c=-2(-a+b-9c)$이므로 일차독립이 아니다.
따라서 P_2의 기저가 아니다.

03

정답 풀이 참조

(1) W_1의 기저는

$$\begin{bmatrix}1&0&0\\0&0&0\\0&0&0\end{bmatrix},\ \begin{bmatrix}0&1&0\\0&0&0\\0&0&0\end{bmatrix},\ \begin{bmatrix}0&0&1\\0&0&0\\0&0&0\end{bmatrix},\ \begin{bmatrix}0&0&0\\0&1&0\\0&0&0\end{bmatrix},\ \begin{bmatrix}0&0&0\\0&0&1\\0&0&0\end{bmatrix},$$

$\begin{bmatrix}0&0&0\\0&0&0\\0&0&1\end{bmatrix}$이고 차원은 6이다.

W_2의 기저는

$$\begin{bmatrix}1&0&0\\0&0&0\\0&0&0\end{bmatrix},\ \begin{bmatrix}0&0&0\\0&1&0\\0&0&0\end{bmatrix},\ \begin{bmatrix}0&0&0\\0&0&0\\0&0&1\end{bmatrix},\ \begin{bmatrix}0&1&0\\1&0&0\\0&0&0\end{bmatrix},\ \begin{bmatrix}0&0&1\\0&0&0\\1&0&0\end{bmatrix},$$

$\begin{bmatrix}0&0&0\\0&0&1\\0&1&0\end{bmatrix}$이고 차원은 6이다.

(2) W_1+W_2는 $M_{3\times3}$ 전체이므로 기저는

$$\begin{bmatrix}1&0&0\\0&0&0\\0&0&0\end{bmatrix},\ \begin{bmatrix}0&1&0\\0&0&0\\0&0&0\end{bmatrix},\ \begin{bmatrix}0&0&1\\0&0&0\\0&0&0\end{bmatrix},\ \begin{bmatrix}0&0&0\\1&0&0\\0&0&0\end{bmatrix},\ \begin{bmatrix}0&0&0\\0&1&0\\0&0&0\end{bmatrix},$$

$\begin{bmatrix}0&0&0\\0&0&1\\0&0&0\end{bmatrix},\ \begin{bmatrix}0&0&0\\0&0&0\\1&0&0\end{bmatrix},\ \begin{bmatrix}0&0&0\\0&0&0\\0&1&0\end{bmatrix},\ \begin{bmatrix}0&0&0\\0&0&0\\0&0&1\end{bmatrix}$이고

차원은 9이다.

$W_1\cap W_2=\{A\in M_{3\times3}|A$는 대각행렬$\}$이므로 기저는

$\begin{bmatrix}1&0&0\\0&0&0\\0&0&0\end{bmatrix},\ \begin{bmatrix}0&0&0\\0&1&0\\0&0&0\end{bmatrix},\ \begin{bmatrix}1&0&0\\0&0&0\\0&0&1\end{bmatrix}$이고 차원은 3이다.

04

정답 풀이 참조

(1) 동차계 $\begin{bmatrix}1&2&1\\2&9&0\\3&3&4\end{bmatrix}\begin{bmatrix}a_1\\a_2\\a_3\end{bmatrix}=\begin{bmatrix}0\\0\\0\end{bmatrix}$과 비동차계 $\begin{bmatrix}1&2&1\\2&9&0\\3&3&4\end{bmatrix}\begin{bmatrix}a_1\\a_2\\a_3\end{bmatrix}=\begin{bmatrix}b_1\\b_2\\b_3\end{bmatrix}$

에서 동차계는 자명해만을, 비동차계는 b_1, b_2, b_3의 모든 값에 대하여 유일해를 가짐을 보이면 된다. 즉 계수행렬이 가역행렬이어야 한다.

$\begin{vmatrix}1&2&1\\2&9&0\\3&3&4\end{vmatrix}=36+0+6-27-16-0=-1$이므로 S는 R^3의 기저이다.

(2) $(5,\ -1,\ 9)=c_1(1,\ 2,\ 1)+c_2(2,\ 9,\ 0)+c_3(3,\ 3,\ 4)$이어야 하므로

$\begin{bmatrix}1&2&3\\2&9&3\\1&0&4\end{bmatrix}\begin{bmatrix}c_1\\c_2\\c_3\end{bmatrix}=\begin{bmatrix}5\\-1\\9\end{bmatrix}$를 풀면

$\left[\begin{array}{ccc|c}1&2&3&5\\2&9&3&-1\\1&0&4&9\end{array}\right]\sim\left[\begin{array}{ccc|c}1&0&0&1\\0&1&0&-1\\0&0&1&2\end{array}\right]$이므로

$c_1=1,\ c_2=-1,\ c_3=2$

이다.

(3) 구하는 벡터를 v라 하면, 좌표벡터의 정의에 의해

$$\begin{aligned}v&=(-1)v_1+3v_2+2v_3\\&=-(1,\ 2,\ 1)+3(2,\ 9,\ 0)+2(3,\ 3,\ 4)\\&=(11,\ 31,\ 7)\end{aligned}$$

05

정답 $(7,\ -8,\ 3)$

$$\begin{aligned}7-x+2x^2&=a(1+x+x^2)+b(x+x^2)+cx^2\\&=a+(a+b)x+(a+b+c)x^2\end{aligned}$$

$a=7,\ a+b=-1,\ a+b+c=2$이므로
$a=7,\ b=-8,\ c=3$이다.

06

정답 ④

두 벡터는 일차독립이고 생성된 부분공간의 기저이므로 이 부분공간의 차원은 2이다. 즉 원점을 지나는 평면이 생성된다.
두 벡터에 수직인 벡터를 법선으로 갖는 평면이므로 외적을 구하면

$$\begin{aligned}\begin{vmatrix}i&j&k\\1&2&3\\0&1&1\end{vmatrix}&=i(2-3)-j(1-0)+k(1-0)\\&=<-1,\ -1,\ 1>//<1,\ 1,\ -1>\end{aligned}$$

평면이 점 $(1,\ 2,\ 3)$을 지나므로
$(x-1)+(y-2)-(z-3)=0 \Rightarrow x+y-z=0$
보기 중 이 평면 위에 있지 않은 점은 ④이다.

07

정답 ③

$$\begin{bmatrix}1&0&0&0&1\\-2&1&-1&2&-2\\0&5&-4&9&0\\2&10&-8&18&2\end{bmatrix}$$

$\sim\begin{bmatrix}1&0&0&0&1\\0&1&-1&2&0\\0&5&-4&9&0\\0&10&-8&18&0\end{bmatrix}$ [∵ (1행)×2+(2행)→(2행), (1행)×(−2)+(4행)→(4행)]

$\sim\begin{bmatrix}1&0&0&0&1\\0&1&-1&2&0\\0&0&1&-1&0\\0&0&2&-2&0\end{bmatrix}$ [∵ (2행)×(−5)+(3행)→(3행), (2행)×(−10)+(4행)→(4행)]

$\sim\begin{bmatrix}1&0&0&0&1\\0&1&-1&2&0\\0&0&1&-1&0\\0&0&0&0&0\end{bmatrix}$ [∵ (3행)×(−2)+(4행)→(4행)]

따라서 W의 차원은 3이다.

08

정답 ②

$$rank\begin{bmatrix}4&-1&1\\1&2&4\\2&1&3\end{bmatrix} = rank\begin{bmatrix}1&2&4\\2&1&3\\4&-1&1\end{bmatrix} \quad \begin{pmatrix}(1\text{행})\Leftrightarrow(2\text{행})\\(2\text{행})\Leftrightarrow(3\text{행})\end{pmatrix}$$

$$= rank\begin{bmatrix}1&2&4\\0&3&5\\0&-9&-15\end{bmatrix} \quad (\because \text{ 가우스 소거법 })$$

$$= rank\begin{bmatrix}1&2&4\\0&-3&-5\\0&0&0\end{bmatrix} = 2$$

$\vec{u} = (4, -1, k) = (4)(1,2,4) + (-3)(0,3,5)$

$\therefore k = 1$

09

정답 ③

ㄷ. (거짓) 두 벡터 v, $w \in V$가 일차종속이면 적당한 스칼라 k에 대하여 $w = kv$이다.

따라서 옳은 것은 ㄱ, ㄴ, ㄹ이다.

10

정답 ④

$U=\left\{\begin{bmatrix}a_{11}&a_{12}&a_{13}\\a_{21}&a_{22}&a_{23}\\a_{31}&a_{32}&a_{33}\end{bmatrix} \middle| a_{11}+a_{22}+a_{33}=0\right\}$의 차원 $\dim(U)=8$ 이다.

$W=\left\{\begin{bmatrix}a_{11}&a_{12}&a_{13}\\a_{21}&a_{22}&a_{23}\\a_{31}&a_{32}&a_{33}\end{bmatrix} \middle| a_{12}=a_{21},\ a_{13}=a_{31},\ a_{23}=a_{32}\right\}$의 차원 $\dim(W)=6$이다.

따라서, 두 부분공간의 차원의 합은 14이다.

Topic 32 행렬의 기본공간(행공간/열공간/영공간)

01

정답 풀이 참조

(1) $\begin{bmatrix}1&2&-2&1\\1&2&-1&3\\2&4&0&10\end{bmatrix} \sim \begin{bmatrix}1&2&-2&1\\0&0&1&2\\0&0&4&8\end{bmatrix} \sim \begin{bmatrix}1&2&-2&1\\0&0&1&2\\0&0&0&0\end{bmatrix}$

이므로 기저는 $\{(1, 2, -2, 1), (0, 0, 1, 2)\}$, 차원은 2이다.

(2) $\begin{bmatrix}1&2&1&5\\2&4&-3&0\\-3&1&2&-1\\1&2&-1&1\end{bmatrix} \sim \begin{bmatrix}1&2&1&5\\0&0&-5&-10\\0&7&5&14\\0&0&-2&-4\end{bmatrix}$

$\sim \begin{bmatrix}1&2&1&5\\0&7&5&14\\0&0&-5&-10\\0&0&-2&-4\end{bmatrix}$

$\sim \begin{bmatrix}1&2&1&5\\0&1&\frac{5}{7}&2\\0&0&1&2\\0&0&0&0\end{bmatrix}$

이므로 선두 1을 갖는 열벡터가 열공간의 기저가 된다.

$\therefore \{(1, 2, -3, 1), (2, 4, 1, 2), (1, -3, 2, -1)\}$

또한, 열공간의 차원은 3이다.

02

정답 풀이 참조

(1) $\begin{bmatrix}2&1&-2\\-1&1&-1\\1&0&1\end{bmatrix} \sim \begin{bmatrix}1&0&1\\2&1&-2\\-1&1&-1\end{bmatrix} \sim \begin{bmatrix}1&0&1\\0&1&-4\\0&1&0\end{bmatrix}$

$\sim \begin{bmatrix}1&0&1\\0&1&0\\0&1&-4\end{bmatrix} \sim \begin{bmatrix}1&0&1\\0&1&0\\0&0&-4\end{bmatrix}$

$\sim \begin{bmatrix}1&0&0\\0&1&0\\0&0&1\end{bmatrix}$

이므로 $x_1=0$, $x_2=0$, $x_3=0$이다. 따라서 기저는 영벡터이고 영공간$\{0\}$의 차원은 0이다.

(2) $\begin{bmatrix}1&-2&1\\2&-3&1\end{bmatrix} \sim \begin{bmatrix}1&-2&1\\0&1&-1\end{bmatrix} \sim \begin{bmatrix}1&-1&0\\0&1&-1\end{bmatrix}$이므로

$x_1-x_2=0$, $x_2-x_3=0$이다. 즉 $x_1=x_2=x_3$이므로 기저는 $\{(1, 1, 1)\}$이고 차원은 1이다.

(3) $\begin{bmatrix}1&2&2&-1&3\\1&2&3&1&5\\3&6&8&1&5\end{bmatrix} \sim \begin{bmatrix}1&2&2&-1&3\\0&0&1&2&2\\0&0&2&4&-4\end{bmatrix}$

$\sim \begin{bmatrix}1&2&2&-1&3\\0&0&1&2&2\\0&0&0&0&1\end{bmatrix}$

이므로 $x_5=0$, $x_3=-2x_4$, $x_1=-2x_2+5x_4$이다.

자유변수 $x_2=\alpha$, $x_4=\beta$로 놓으면 일반해는

$$\begin{bmatrix}x_1\\x_2\\x_3\\x_4\\x_5\end{bmatrix}=\alpha\begin{bmatrix}-2\\1\\0\\0\\0\end{bmatrix}+\beta\begin{bmatrix}5\\0\\-2\\1\\0\end{bmatrix}$$

이다. 따라서 해공간의 기저는

$\{(-2, 1, 0, 0, 0), (5, 0, -2, 1, 0)\}$이고, 차원은 2이다.

03

정답 풀이 참조

(1) $\begin{bmatrix}5\\-7\end{bmatrix}=\begin{bmatrix}3\\1\end{bmatrix}-2\begin{bmatrix}-1\\4\end{bmatrix}$이므로 $\begin{bmatrix}3&-1\\1&4\end{bmatrix}\begin{bmatrix}1\\-2\end{bmatrix}=\begin{bmatrix}5\\-7\end{bmatrix}$이다. 따라서, $\boldsymbol{b}$가 A의 열공간에 있음을 알 수 있다.

(2) $\begin{bmatrix}-1\\6\\10\end{bmatrix}=2\begin{bmatrix}1\\3\\0\end{bmatrix}-\begin{bmatrix}0\\6\\-1\end{bmatrix}+3\begin{bmatrix}-1\\2\\3\end{bmatrix}$이므로

$\begin{bmatrix}1&0&-1\\3&6&2\\0&-1&3\end{bmatrix}\begin{bmatrix}2\\-1\\3\end{bmatrix}=\begin{bmatrix}-1\\6\\10\end{bmatrix}$가 성립하고 (1)과 마찬가지로 $\boldsymbol{b}$가 A의 열공간에 있음을 확인할 수 있다.

04

정답 풀이 참조

(1) 행공간의 기저 : $\{(1, 0, 2), (0, 0, 1)\}$

열공간의 기저 : $\{(1, 0, 0), (2, 1, 0)\}$

영공간의 기저 : 일반해는 $x_1=x_3=0, x_2=t$이므로

기저는 $\{(0, 1, 0)\}$이다.

(2) $\begin{bmatrix}1&-2&10\\2&-3&18\\0&-7&14\end{bmatrix}\sim\begin{bmatrix}1&-2&10\\0&1&-2\\0&1&-2\end{bmatrix}\sim\begin{bmatrix}1&-2&10\\0&1&-2\\0&0&0\end{bmatrix}$

행공간의 기저 : $\{(1, -2, 10), (0, 1, -2)\}$

열공간의 기저 : $\{(1, 2, 0), (-2, -3, -7)\}$

동차선형계의 일반해를 구하면

$x_1-2x_2+10x_3=0,\ x_2-2x_3=0$에서 x_3를 자유변수 t로 놓으면

$x_2=2t,\ x_1=-6t$이므로 $\begin{bmatrix}x_1\\x_2\\x_3\end{bmatrix}=t\begin{bmatrix}-6\\2\\1\end{bmatrix}$ 따라서 영공간의 기저는

$\{(-6, 2, 1)\}$이다.

(3) 행공간의 기저 : $\{(1, -3, 0, 0), (0, 1, 0, 0)\}$

열공간의 기저 : $\{(1, 0, 0, 0), (-3, 1, 0, 0)\}$

동차선형계의 일반해는

$x_2=0,\ x_1=0,\ x_3=t,\ x_4=s$이므로

$\begin{bmatrix}x_1\\x_2\\x_3\\x_4\end{bmatrix}=t\begin{bmatrix}0\\0\\1\\0\end{bmatrix}+s\begin{bmatrix}0\\0\\0\\1\end{bmatrix}$이고

기저는 $\{(0, 0, 1, 0), (0, 0, 0, 1)\}$이다.

(4) $\begin{bmatrix}1&4&5&2\\2&1&3&0\\-1&3&2&2\end{bmatrix}\sim\begin{bmatrix}1&4&5&2\\0&-7&-7&-4\\0&7&7&4\end{bmatrix}\sim\begin{bmatrix}1&4&5&2\\0&1&1&\frac{4}{7}\\0&0&0&0\end{bmatrix}$

행공간의 기저 : $\left\{(1, 4, 5, 2), (0, 1, 1, \frac{4}{7})\right\}$

열공간의 기저 : $\{(1, 2, -1), (4, 1, 3)\}$

동차선형계의 일반해는

$x_2+x_3+\frac{4}{7}x_4=0,\ x_1+4x_2+5x_3+2x_4=0$에서 자유변수를

$x_3=t,\ x_4=s$라 하면 $x_2=-t-\frac{4}{7}s,\ x_1=-t+\frac{2}{7}s$이므로

$\begin{bmatrix}x_1\\x_2\\x_3\\x_4\end{bmatrix}=t\begin{bmatrix}-1\\-1\\1\\0\end{bmatrix}+s\begin{bmatrix}\frac{2}{7}\\-\frac{4}{7}\\0\\1\end{bmatrix}$이다.

따라서 영공간의 기저는

$\{(-1, -1, 1, 0), (2, -4, 0, 7)\}$이다.

05

정답 풀이 참조

$A=\begin{bmatrix}1&2&2&-1&3\\1&2&3&1&1\\3&6&8&1&5\end{bmatrix}\sim\begin{bmatrix}1&2&2&-1&3\\0&0&1&2&-2\\0&0&2&4&-4\end{bmatrix}$

$\sim\begin{bmatrix}1&2&2&-1&3\\0&0&1&2&-2\\0&0&0&0&0\end{bmatrix}$

이므로 방정식으로 나타내면

$\begin{cases}x_1+2x_2+2x_3-\ x_4+3x_5=0\\ \qquad\qquad x_3+2x_4-2x_5=0\end{cases}$이다.

x_2, x_4, x_5를 자유변수로 놓고 각각 α, β, γ라 하면

$x_3=-2x_4+2x_5=-2\beta+2\gamma$

$x_1=-2x_2-2(-2x_4+2x_5)+x_4-3x_5$

$=-2x_2+5x_4-7x_5=-2\alpha+5\beta-7\gamma$

이므로

$\begin{bmatrix}x_1\\x_2\\x_3\\x_4\\x_5\end{bmatrix}=\alpha\begin{bmatrix}-2\\1\\0\\0\\0\end{bmatrix}+\beta\begin{bmatrix}5\\0\\-2\\1\\0\end{bmatrix}+\gamma\begin{bmatrix}-7\\0\\2\\0\\1\end{bmatrix}$이다.

$\begin{bmatrix}-2\\1\\0\\0\\0\end{bmatrix},\begin{bmatrix}5\\0\\-2\\1\\0\end{bmatrix},\begin{bmatrix}-7\\0\\2\\0\\1\end{bmatrix}$을 각각 v_1, v_2, v_3라 하면 기저는

$\{v_1, v_2, v_3\}$이고 차원은 3이다.

06

정답 ④

$null(A)=\left\{(x, y, z, w)\ \middle|\ \begin{bmatrix}1&0&-1&-1\\0&1&-2&0\\0&0&0&0\end{bmatrix}\begin{bmatrix}x\\y\\z\\w\end{bmatrix}=\begin{bmatrix}0\\0\\0\\0\end{bmatrix}\right\}$

$=\left\{\begin{bmatrix}1\\0\\0\\1\end{bmatrix},\begin{bmatrix}1\\2\\1\\0\end{bmatrix}\right\}$

$\therefore\ a=1,\ b=2,\ c=1,\ d=0$

$\therefore\ a+b+c+d=4$

07

정답 ②

$(-4, \alpha, \beta)=a(1, -2, 1)+b(-2, 3, 1)+c(-1, 1, 2)$를 만족하는 a, b, c가 존재한다. 즉, 연립방정식

$\begin{cases}a-2b-c=-4\\-2a+3b+c=\alpha\\a+b+2c=\beta\end{cases}$ 의 실근이 존재한다.

$\left[\begin{array}{ccc|c}1&-2&-1&-4\\-2&3&1&\alpha\\1&1&2&\beta\end{array}\right]\Rightarrow\left[\begin{array}{ccc|c}1&-2&-1&-4\\0&-1&-1&-8+\alpha\\0&3&3&4+\beta\end{array}\right]$

$\Rightarrow\left[\begin{array}{ccc|c}1&-2&-1&-4\\0&-1&-1&-8+\alpha\\0&0&0&-20+3\alpha+\beta\end{array}\right]$

여기서 계수행렬의 $rank$는 2이므로 확대행렬의 $rank$도 2이어야 한다.

$\therefore\ -20+3\alpha+\beta=0$

08

정답 ②

A^t의 해공간의 기저벡터를 구하면 된다.

$$A^tX=\begin{bmatrix}1&2&0\\2&4&0\\3&8&1\\5&8&-1\end{bmatrix}\begin{bmatrix}x_1\\x_2\\x_3\end{bmatrix}=\begin{bmatrix}0\\0\\0\\0\end{bmatrix}$$ 에서 $X=<(2,\ -1,\ 2)>$

$\therefore\ (2,\ -1,\ 2)$

Topic 33 계수(rank)와 퇴화차수(nullity)

01

정답 풀이 참조

(1) $A=\begin{bmatrix}2&-1&3\\4&-2&1\\2&1&0\end{bmatrix}\sim\begin{bmatrix}2&-1&3\\0&0&-5\\0&2&-3\end{bmatrix}$

$\therefore rank(A)=3,\ nullity(A)=3-3=0$

(2) $B=\begin{bmatrix}1&0&-1\\2&0&-2\\0&0&0\end{bmatrix}\sim\begin{bmatrix}1&0&-1\\0&0&0\\0&0&0\end{bmatrix}$

$\therefore rank(B)=1,\ nullity(B)=3-1=2$

(3) $C=\begin{bmatrix}1&2&4&0\\-3&1&5&3\\-2&3&9&2\end{bmatrix}\sim\begin{bmatrix}1&2&4&0\\0&7&17&3\\0&7&17&2\end{bmatrix}\sim\begin{bmatrix}1&2&4&0\\0&7&17&3\\0&0&0&5\end{bmatrix}$

$\therefore rank(C)=3,\ nullity(C)=4-3=1$

(4) $D=\begin{bmatrix}-1&2&0&4&5\\3&-7&2&0&1\\2&-5&2&4&6\end{bmatrix}\sim\begin{bmatrix}-1&2&0&4&5\\0&-1&2&12&16\\0&-1&2&12&16\end{bmatrix}$

$\sim\begin{bmatrix}-1&2&0&4&5\\0&-1&2&12&16\\0&0&0&0&0\end{bmatrix}$

$rank(D)=2,\ nullity(D)=5-2=3$

02

정답 풀이 참조

(1) $A=\begin{bmatrix}1&1&0&1\\2&1&1&2\\1&1&1&4\end{bmatrix}\sim\begin{bmatrix}1&1&0&1\\0&-1&1&0\\0&0&1&3\end{bmatrix}$ 이므로

행공간의 기저는 $\{(1,1,0,1),(0,-1,1,0),(0,0,1,3)\}$
이고 차원은 3이다.

(2) $A^T=\begin{bmatrix}1&2&1\\1&1&1\\0&1&1\\1&2&4\end{bmatrix}\sim\begin{bmatrix}1&2&1\\0&-1&0\\0&1&1\\0&0&3\end{bmatrix}\sim\begin{bmatrix}1&2&1\\0&1&0\\0&0&1\\0&0&0\end{bmatrix}$ 에서

기저는 $\{(1,2,1),(0,1,0),(0,0,1)\}$이고 차원은 3이다.

(3) A의 열공간은 A^T의 행공간이므로 A의 열공간의 한 기저는 $\{(1,2,1),(0,1,0),(0,0,1)\}$이고 차원은 3이다.

03

정답 ①

A 의 열의 개수가 5 이고, 핵$N(A)=\{v\in R^4\mid Av=0\}$ 의 차원이 3 이기 위해서는 A 의 rank가 2 이어야 한다.

$\begin{bmatrix}1&2&-4&3&-1\\2&-3&13&-8&5\\3&-1&9&-5&k\end{bmatrix}$

$\sim\begin{bmatrix}1&2&-4&3&-1\\0&-7&21&-14&7\\0&-7&21&-14&k+3\end{bmatrix}$ $\left(\because \begin{matrix}1행\times(-2)+2행\rightarrow 2행\\1행\times(-3)+3행\rightarrow 3행\end{matrix}\right)$

$\sim\begin{bmatrix}1&2&-4&3&-1\\0&-7&21&-14&7\\0&0&0&0&k-4\end{bmatrix}$ $(\because 2행\times(-1)+3행\rightarrow 3행)$

여기서 A 의 rank가 2 이기 위해서는 $k-4=0$ 이다.
즉, $k=4$ 이다.

04

정답 ②

연립방정식을 행렬로 표현하면

$$\begin{bmatrix}2&2&-1&0&1\\-1&-1&2&-3&1\\1&1&-2&0&-1\\0&0&1&1&1\end{bmatrix}\begin{bmatrix}x_1\\x_2\\x_3\\x_4\\x_5\end{bmatrix}=\begin{bmatrix}0\\0\\0\\0\\0\end{bmatrix}$$

$A=\begin{bmatrix}2&2&-1&0&1\\-1&-1&2&-3&1\\1&1&-2&0&-1\\0&0&1&1&1\end{bmatrix}\sim\begin{bmatrix}1&1&-2&0&-1\\-1&-1&2&-3&1\\2&2&-1&0&1\\0&0&1&1&1\end{bmatrix}$

$\sim\begin{bmatrix}1&1&-2&0&-1\\0&0&0&-3&0\\0&0&3&0&3\\0&0&1&1&1\end{bmatrix}$

$\sim\begin{bmatrix}1&1&-2&0&-1\\0&0&1&1&1\\0&0&3&0&3\\0&0&0&-3&0\end{bmatrix}$

$\sim\begin{bmatrix}1&1&-2&0&-1\\0&0&1&1&1\\0&0&0&-3&0\\0&0&0&-3&0\end{bmatrix}$

$\sim\begin{bmatrix}1&1&-2&0&-1\\0&0&1&1&1\\0&0&0&1&0\\0&0&0&0&0\end{bmatrix}$

따라서 $rank(A)=3$ 이다.
(A의 열의 개수)= (A 의 해공간의 차원+ $rank(A)$)에서
A 의 해집합의 차원은 2 이다.

05

정답 ④

행렬 A의 행공간의 차원, 열공간의 차원은 $rankA$,
영공간의 차원은 (열의개수$-rankA$) 이다.
행렬 A의 계수를 구하면,

$A=\begin{bmatrix}1&-1&0&0\\2&1&1&2\\1&1&1&4\end{bmatrix}\sim\begin{bmatrix}1&-1&0&0\\0&3&1&2\\0&2&1&4\end{bmatrix}$ $\left(\because \begin{matrix}1행\times(-2)\rightarrow 2행\\1행\times(-1)\rightarrow 3행\end{matrix}\right)$

$\sim\begin{bmatrix}1&-1&0&0\\0&3&1&2\\0&0&\frac{1}{3}&\frac{8}{3}\end{bmatrix}$ $\left(\because 2행\times\left(-\frac{2}{3}\right)\rightarrow 3행\right)$

이므로 $rankA=3$, $nullA=4-3=1$ 이다.
$\therefore\ r=c=3,\ n=1,\ r+c-n=3+3-1=5$

06

정답 ③

$rank(A)=3$ 이므로 차원정리에 의해 $m=nullity(A)=4-3=1$ 이고,

$A^2=\begin{bmatrix}0&1&0&0\\0&0&2&0\\0&0&0&3\\0&0&0&0\end{bmatrix}\begin{bmatrix}0&1&0&0\\0&0&2&0\\0&0&0&3\\0&0&0&0\end{bmatrix}=\begin{bmatrix}0&0&2&0\\0&0&0&6\\0&0&0&0\\0&0&0&0\end{bmatrix}$ 이므로

$rank(A^2) = 2$ 이다. 차원정리에 의해
$n = nullity(A^2) = 4-2 = 2$ 이다.
따라서 $m+n = 3$ 이다.

07

정답 ③

$rank(A) \neq rank([A \,\vdots\, \boldsymbol{b}])$ 이면 해가 존재하지 않는다.

$$A = \begin{bmatrix} 1 & 2 & 3 & 3 \\ 5 & 7 & 8 & \alpha \\ 3 & 3 & 2 & 1 \end{bmatrix} \sim \begin{bmatrix} 1 & 2 & 3 & 3 \\ 0 & -3 & -7 & \alpha-15 \\ 0 & 0 & 0 & -\alpha+7 \end{bmatrix}$$

이고, $\alpha = 7$로 선택하면 $rank(A) = 2$이다. 계수정리에 의해
$rank(A) + nullity(A) = 4 \;\Rightarrow\; nullity(A) = 2 = d$
이다. 따라서 $\alpha + d = 7 + 2 = 9$이다.

(참고)

$\alpha = 7$일 때

$$[A \,\vdots\, \boldsymbol{b}] = \begin{bmatrix} 1 & 2 & 3 & 3 & \vdots & b_1 \\ 5 & 7 & 8 & 7 & \vdots & b_2 \\ 3 & 3 & 2 & 1 & \vdots & b_3 \end{bmatrix}$$

$$\sim \begin{bmatrix} 1 & 2 & 3 & 3 & \vdots & b_1 \\ 0 & -3 & -7 & -8 & \vdots & b_2 - 5b_1 \\ 0 & 0 & 0 & 0 & \vdots & b_3 - b_2 + 2b_1 \end{bmatrix}$$

이다. 여기서 $b_3 - b_2 + 2b_1 \neq 0$인 $\boldsymbol{b} \in \mathbb{R}^3$을 선택하면
$rank([A \,\vdots\, \boldsymbol{b}]) = 3$이다.

Topic 34 직교여공간

01

정답 (1) $y=-x$ (2) xz 평면 (3) z축

(1) $W^{\perp}$는 xy좌표계에서 원점을 지나고 $y=x$에 수직인 직선 즉, $y=-x$이다.
(2) W는 xyz좌표공간의 y축이다. 따라서 $W^{\perp}$는 xz 평면이다.
(3) W는 xyz좌표공간의 xy 평면이다. 따라서 $W^{\perp}$는 z축이다.

02

정답 (1) $\{(3, 2, 1)\}$ (2) $\{(-2, 1, 1)\}$

(1) $\{v_1, v_2\}$에 의해 생성되는 부분공간의 여공간은 선형계

$$\begin{bmatrix} 1 & -2 & 1 \\ 3 & -7 & 5 \end{bmatrix}\begin{bmatrix} x \\ y \\ z \end{bmatrix} = \begin{bmatrix} 0 \\ 0 \\ 0 \end{bmatrix}$$ 의 해공간이다. 가우스-조르단 소거법에 의해

$$\begin{bmatrix} 1 & -2 & 1 \\ 3 & -7 & 5 \end{bmatrix} \sim \begin{bmatrix} 1 & -2 & 1 \\ 0 & 1 & -2 \end{bmatrix} \sim \begin{bmatrix} 1 & 0 & -3 \\ 0 & 1 & -2 \end{bmatrix}$$ 이므로

$z=t$로 놓으면 $x=3t$, $y=2t$이므로 해공간의 기저는 $\{(3, 2, 1)\}$이고 차원은 1이다.

| 다른 풀이 |

두 벡터에 모두 수직인 벡터는 외적이다. 즉

$$\begin{vmatrix} i & j & k \\ 1 & -2 & 1 \\ 3 & -7 & 5 \end{vmatrix} = -3i-2j-k$$ 이므로 $(3, 2, 1)$이다.

(2) $$\begin{bmatrix} 2 & 1 & 3 \\ -1 & -4 & 2 \\ 4 & -5 & 13 \end{bmatrix} \sim \begin{bmatrix} 1 & 4 & -2 \\ 2 & 1 & 3 \\ 4 & -5 & 13 \end{bmatrix} \sim \begin{bmatrix} 1 & 4 & -2 \\ 0 & -7 & 7 \\ 0 & -21 & 21 \end{bmatrix}$$

$$\sim \begin{bmatrix} 1 & 4 & -2 \\ 0 & 1 & -1 \\ 0 & 0 & 0 \end{bmatrix} \sim \begin{bmatrix} 1 & 2 & 0 \\ 0 & 1 & -1 \\ 0 & 0 & 0 \end{bmatrix}$$

이므로 $x+2y=0$, $y=z$에서 z를 자유변수로 놓으면

$$\begin{bmatrix} x \\ y \\ z \end{bmatrix} = t\begin{bmatrix} -2 \\ 1 \\ 1 \end{bmatrix}$$ 이므로 영공간의 기저는 $\{(-2, 1, 1)\}$이고 차원은 1이다.

03

정답 ②

행렬 A의 행공간의 직교여공간은 행렬 A의 해공간이다.

$$A = \begin{bmatrix} 0 & 1 & -1 & -2 & 1 \\ 1 & 1 & -1 & 3 & 1 \\ 2 & 1 & -1 & 8 & 3 \\ -1 & 1 & -1 & -7 & 1 \end{bmatrix}$$

$$\sim \begin{bmatrix} 1 & 1 & -1 & 3 & 1 \\ 0 & 1 & -1 & -2 & 1 \\ 2 & 1 & -1 & 8 & 3 \\ -1 & 1 & -1 & -7 & 1 \end{bmatrix} (\because (1\text{행}) \leftrightarrow (2\text{행}))$$

$$\sim \begin{bmatrix} 1 & 1 & -1 & 3 & 1 \\ 0 & 1 & -1 & -2 & 1 \\ 0 & -1 & 1 & 2 & 1 \\ 0 & 2 & -2 & -4 & 2 \end{bmatrix} \left(\because \begin{matrix} (1\text{행}) \times (-2) + (3\text{행}) \to (3\text{행}) \\ (1\text{행}) \times (+1) + (4\text{행}) \to (4\text{행}) \end{matrix}\right)$$

$$\sim \begin{bmatrix} 1 & 1 & -1 & 3 & 1 \\ 0 & 1 & -1 & -2 & 1 \\ 0 & 0 & 0 & 0 & 2 \\ 0 & 0 & 0 & 0 & 0 \end{bmatrix} \left(\because \begin{matrix} (2\text{행}) \times (+1) + (3\text{행}) \to (3\text{행}) \\ (2\text{행}) \times (-2) + (4\text{행}) \to (4\text{행}) \end{matrix}\right)$$

$rank(A) = 3$ 이므로 차원정리에 의해 $nullity(A) = 5 - 3 = 2$

04

정답 ③

$$\left\{\begin{bmatrix} 1 \\ 0 \\ 2 \\ 1 \end{bmatrix}, \begin{bmatrix} 0 \\ 1 \\ 3 \\ -1 \end{bmatrix}\right\}$$ 에 수직인 R^4 공간의 원소를 $\begin{bmatrix} a \\ b \\ c \\ d \end{bmatrix}$ 라 하면,

$$\begin{cases} a+2c+d=0 \\ b+3c-d=0 \end{cases}$$ 을 만족한다.

즉, $$S^{\perp} = \left\{\begin{bmatrix} a \\ b \\ c \\ d \end{bmatrix} \middle| \, a+2c+d=0,\, b+3c-d=0\right\}$$

이 때, $S^{\perp}$의 한 기저는 ③ $$\left\{\begin{bmatrix} -3 \\ -2 \\ 1 \\ 1 \end{bmatrix}, \begin{bmatrix} 1 \\ 4 \\ -1 \\ 1 \end{bmatrix}\right\}$$ 이다.

05

정답 ②

$$\begin{bmatrix} 0 & 1 & 2 & 1 \\ 1 & 2 & 1 & 0 \\ 2 & 1 & 0 & 1 \\ 1 & 0 & 1 & 2 \end{bmatrix} \sim \begin{bmatrix} 1 & 2 & 1 & 0 \\ 0 & 1 & 2 & 1 \\ 0 & -3 & -2 & 1 \\ 0 & -2 & 0 & 2 \end{bmatrix}$$

$$\sim \begin{bmatrix} 1 & 2 & 1 & 0 \\ 0 & 1 & 2 & 1 \\ 0 & 0 & 4 & 4 \\ 0 & 0 & 4 & 4 \end{bmatrix} \sim \begin{bmatrix} 1 & 2 & 1 & 0 \\ 0 & 1 & 2 & 1 \\ 0 & 0 & 4 & 4 \\ 0 & 0 & 0 & 0 \end{bmatrix}$$

이므로 차원정리에 의하여
(해공간의 차원)=(열의 수)$-rank(A) = 4-3 = 1$이다.

06

정답 ④

$\begin{bmatrix}1&1&1&1\\0&1&1&1\end{bmatrix} \to \begin{bmatrix}1&0&0&0\\0&1&1&1\end{bmatrix}$이므로 $\begin{bmatrix}1&1&1&1\\0&1&1&1\end{bmatrix}\begin{bmatrix}x_1\\x_2\\x_3\\x_4\end{bmatrix}=\begin{bmatrix}0\\0\end{bmatrix}$의

해공간과 $\begin{bmatrix}1&0&0&0\\0&1&1&1\end{bmatrix}\begin{bmatrix}x_1\\x_2\\x_3\\x_4\end{bmatrix}=\begin{bmatrix}0\\0\end{bmatrix}$의 해공간이 같다.

따라서 해공간은 $x_1=0$과 $x_2+x_3+x_4=0$을 만족해야 하므로

해공간의 기저는 $\begin{bmatrix}0\\1\\0\\-1\end{bmatrix}$, $\begin{bmatrix}0\\0\\1\\-1\end{bmatrix}$이다. 또한 해공간에 수직인 공간은

행공간이므로 행공간의 기저는 $\begin{bmatrix}1\\0\\0\\0\end{bmatrix}$, $\begin{bmatrix}0\\1\\1\\1\end{bmatrix}$이다.

따라서 $u+w=(0,\ 0,\ 1,\ 1)$을 만족하기 위해서는

$a\begin{bmatrix}0\\1\\0\\-1\end{bmatrix}+b\begin{bmatrix}0\\0\\1\\-1\end{bmatrix}+c\begin{bmatrix}1\\0\\0\\0\end{bmatrix}+d\begin{bmatrix}0\\1\\1\\1\end{bmatrix}=\begin{bmatrix}0\\0\\1\\1\end{bmatrix}$을 만족해야 한다.

따라서 $c=0$이고 $a+d=0$, $b+d=1$, $-a-b+d=1$이어야 한다.

그러므로 $a=-\dfrac{2}{3}$, $b=\dfrac{1}{3}$, $d=\dfrac{2}{3}$이고

$$v=-\frac{2}{3}\begin{bmatrix}0\\1\\0\\-1\end{bmatrix}+\frac{1}{3}\begin{bmatrix}0\\0\\1\\-1\end{bmatrix}=\begin{bmatrix}0\\-\frac{2}{3}\\\frac{1}{3}\\\frac{1}{3}\end{bmatrix}$$이다.

07

정답 ⑤

$h_1(x)\in P_1$ 이므로 $h_1(x)=a_1x+a_0$ 으로 표현할 수 있고,

$h_2(x)=e^x-a_0-a_1x$ 이다. $h_2(x)\in(P_1)^{\perp}$ 이므로

$$\langle 1,\ h_2(x)\rangle=\int_{-1}^{1}1\cdot\left(e^x-a_0-a_1x\right)dx$$

$$=\int_{-1}^{1}\left(e^x-a_0\right)dx=e-\frac{1}{e}-2a_0=0$$

$$\langle x,\ h_2(x)\rangle=\int_{-1}^{1}x\cdot\left(e^x-a_0-a_1x\right)dx$$

$$=\int_{-1}^{1}\left(xe^x-a_1x^2\right)dx=\frac{2}{e}-\frac{2}{3}a_1=0$$

이다. 따라서 $a_0=\dfrac{e}{2}-\dfrac{1}{2e}$, $a_1=\dfrac{3}{e}$ 이고

$h_1(x)=\dfrac{e}{2}-\dfrac{1}{2e}+\dfrac{3}{e}x$ 이고 $h_1(1)=\dfrac{e}{2}+\dfrac{5}{2e}$ 이다.

08

정답 2

$A=\begin{bmatrix}1&6&3&1\\1&4&2&1\\0&2&1&0\end{bmatrix}\sim\begin{bmatrix}1&6&3&1\\0&-2&-1&0\\0&2&1&0\end{bmatrix}\sim\begin{bmatrix}1&6&3&1\\0&-2&-1&0\\0&0&0&0\end{bmatrix}$이고,

$\begin{bmatrix}1&6&3&1\\0&-2&-1&0\\0&0&0&0\end{bmatrix}\begin{bmatrix}x\\y\\z\\w\end{bmatrix}=\begin{bmatrix}0\\0\\0\end{bmatrix}$을 만족하려면

$x+6y+3z+w=0,\ 2y+z=0$을 만족해야 한다.

여기서 A의 영공간의 기저를 구하면

$\{v_1=(1,0,0,-1),\ v_2=(0,1,-2,0)\}$이다.

또한 위의 기저는 직교기저이므로 직교기저를 이용하여 A의 영공간 V 위로 벡터 x의 정사영을 구하면 다음과 같다.

$$Proj_V x=Proj_{v_1}x+Proj_{v_2}x$$
$$=\frac{x\cdot v_1}{v_1\cdot v_1}v_1+\frac{x\cdot v_2}{v_2\cdot v_2}v_2$$
$$=(1,0,0,-1)+(0,-2,4,0)$$
$$=(1,-2,4,-1)$$

$\therefore p_1+p_2+p_3+p_4=2$

실력 UP 단원 마무리

01

ㄱ. (거짓) 모든 벡터공간의 부분공간은 영부분공간 {0RIGHT과 그 자신이다.

ㄴ. (거짓) 영공간의 부분공간은 그 자신뿐이다.

ㄷ. (참) 벡터공간 V의 부분공간을 원소로 하는 집합을 C, C에 속한 모든 부분공간의 교집합을 W라 하면 스칼라 a와 $x, y \in W$에 대하여 x, y는 C의 임의의 부분공간에 속한다. 즉 $x+y \in W$, $ax \in C$이므로 W는 V의 부분공간이다.

ㄹ. (거짓) 합에 대하여 닫혀있지 않다. 즉 R^3의 두 부분공간인 원점을 지나는 한 직선과 원점을 포함하는 한 평면에 대하여 직선 위의 한 벡터와 평면 위의 한 벡터를 더하면 직선과 평면 밖의 임의의 벡터를 만들어 낼 수 있다.

(참고)

임의의 두 부분공간의 합집합이 부분공간일 필요충분조건은 한 부분공간이 다른 부분공간에 포함되는 것이다.

정답 ①

02

③ a, b가 임의의 실수일 때
$a(3, 0, 1)+b(2, -1, 0)=(3a+2b, -b, a)$이고 $x+2y+3z=0$에 대입하면
$3a+2b-2b+3a=6a$이므로 $a=0$일 때를 제외하면
주어진 부분공간을 생성하지 않는다.

정답 ③

03

평면은 서로 다른 두 벡터에 의해 결정되므로 서로 다른 세 벡터가 한 평면 위에 있다는 것은 이 벡터들이 일차종속임을 뜻한다.

$$\begin{bmatrix} 2 & 7 & -6 \\ 1 & 2 & -4 \\ -1 & 1 & x \end{bmatrix} \sim \begin{bmatrix} 1 & 2 & -4 \\ 2 & 7 & -6 \\ -1 & 1 & x \end{bmatrix} \sim \begin{bmatrix} 1 & 2 & -4 \\ 0 & 3 & 2 \\ 0 & 3 & x-4 \end{bmatrix}$$
$$\sim \begin{bmatrix} 1 & 2 & -4 \\ 0 & 3 & 2 \\ 0 & 0 & x-6 \end{bmatrix}$$

$\therefore x=6$

정답 ④

04

$D=\begin{vmatrix} 1 & 1 & 1 \\ 2 & 1 & a \\ 3 & 1 & b \end{vmatrix}=2a-b-1 \neq 0$이어야 하므로 보기 중 이 조건을 만족하는 것은 ②이다.

정답 ②

05

$(-2, \alpha)=a(-1,2)+b(1, 3)$을 만족하는 a, b가 존재한다.

즉, 연립방정식 $\begin{cases} -a+b=-2 \\ 2a+3b=\alpha \end{cases}$의 실근이 존재한다.

$$\left(\begin{array}{cc:c} -1 & 1 & -2 \\ 2 & 3 & \alpha \end{array}\right) \Rightarrow \left(\begin{array}{cc:c} -1 & 1 & -2 \\ 0 & 5 & \alpha-4 \end{array}\right)$$

여기서 계수행렬의 $rank$는 2이고 따라서 확대행렬의 $rank$도 항상 2이다. 즉, α는 모든 실수이다.

정답 ⑤

06

$\{(1,-1, 0),(0, 1, 2)\}$에 의해 생성된 부분공간에 수직인 벡터 a는

$a=\begin{vmatrix} i & j & k \\ 1 & -1 & 0 \\ 0 & 1 & 2 \end{vmatrix}=(-2,-2, 1)$이다.

여기서 b를 a에 정사영시킨 벡터는

$proj_a b=\dfrac{b \cdot a}{a \cdot a}a=\dfrac{2+0+1}{4+4+1}(-2, -2, 1)=\dfrac{1}{3}(-2,-2, 1)$

이다. 따라서 구하는 정사영 벡터는

$b-\dfrac{b \cdot a}{a \cdot a}a=(-1, 0, 1)-\dfrac{1}{3}(-2,-2, 1)=\left(-\dfrac{1}{3}, \dfrac{2}{3}, \dfrac{2}{3}\right)$

이다.

정답 ①

07

① (거짓) 가역행렬 A의 기약행사다리꼴은 단위행렬이다.
즉 유한 번의 기본행연산으로 단위행렬로 바꿀 수 있으므로 행동치이다.

정답 ①

08

A^{-1} : 존재 $\Leftrightarrow |A| \neq 0$
$\Leftrightarrow rank(A)=3$
$\Leftrightarrow null(A)=\vec{0}$
$\Leftrightarrow$ 행(열)벡터들이 일차독립

정답 ④

09

$(3, 3, 3)=\alpha(1, 2, 0)+\beta(0, 1, 2)+\gamma(2, 0, 1)$이므로

$$\left[\begin{array}{ccc|c} 1 & 2 & 0 & 3 \\ 0 & 1 & 2 & 3 \\ 2 & 0 & 1 & 3 \end{array}\right] \sim \left[\begin{array}{ccc|c} 1 & 2 & 0 & 3 \\ 0 & 1 & 2 & 3 \\ 0 & -4 & 1 & -3 \end{array}\right]$$
$$\sim \left[\begin{array}{ccc|c} 1 & 2 & 0 & 3 \\ 0 & 1 & 2 & 3 \\ 0 & 0 & 9 & 9 \end{array}\right]$$

$\therefore \gamma=1, \beta=1, \alpha=1$
$\therefore \alpha+\beta+\gamma=3$

정답 ③

10

주어진 선형계를 계수행렬로 나타내고 가우스 소거법을 이용하여 행사다리꼴로 나타내면

$$\begin{bmatrix} 2 & 2 & -1 & 0 & 1 \\ -1 & -1 & 2 & -3 & 1 \\ 1 & 1 & -2 & 0 & -1 \\ 0 & 0 & 1 & 1 & 1 \end{bmatrix}$$
$$\sim \begin{bmatrix} -1 & -1 & 2 & -3 & 1 \\ 2 & 2 & -1 & 0 & 1 \\ 1 & 1 & -2 & 0 & -1 \\ 0 & 0 & 1 & 1 & 1 \end{bmatrix} (1\text{행} \leftrightarrow 2\text{행})$$
$$\sim \begin{bmatrix} -1 & -1 & 2 & -3 & 1 \\ 0 & 0 & 3 & -6 & 3 \\ 0 & 0 & 0 & -3 & 0 \\ 0 & 0 & 1 & 1 & 1 \end{bmatrix} \begin{pmatrix} 1\text{행} \times 2+2\text{행} \to 2\text{행} \\ 1\text{행}+3\text{행} \to 3\text{행} \end{pmatrix}$$
$$\sim \begin{bmatrix} -1 & -1 & 2 & -3 & 1 \\ 0 & 0 & 3 & -6 & 3 \\ 0 & 0 & 0 & -3 & 0 \\ 0 & 0 & 0 & 3 & 0 \end{bmatrix} \left(2\text{행} \times \left(-\frac{1}{3}\right)+4\text{행} \to 4\text{행}\right)$$

$$\sim \begin{bmatrix} -1 & -1 & 2 & -3 & 1 \\ 0 & 0 & 3 & -6 & 3 \\ 0 & 0 & 0 & -3 & 0 \\ 0 & 0 & 0 & 0 & 0 \end{bmatrix} \text{(3행+4행→4행)}$$

따라서 계수행렬의 $rank$는 3이고 차원정리에 의해
$nullity = n - rank = 5 - 3 = 2$

정답 ②

11

$$\begin{bmatrix} 0 & 0 & 1 & 1 & 1 \\ 1 & 1 & -2 & 0 & -1 \\ 2 & 2 & -1 & 0 & 1 \\ -1 & -1 & 2 & -3 & 1 \end{bmatrix} \sim \begin{bmatrix} 1 & 1 & -2 & 0 & -1 \\ 0 & 0 & 1 & 1 & 1 \\ 2 & 2 & -1 & 0 & 1 \\ -1 & -1 & 2 & -3 & 1 \end{bmatrix}$$

$$\sim \begin{bmatrix} 1 & 1 & -2 & 0 & -1 \\ 0 & 0 & 1 & 1 & 1 \\ 0 & 0 & 3 & 0 & 3 \\ 0 & 0 & 0 & -3 & 0 \end{bmatrix}$$

$$\sim \begin{bmatrix} 1 & 1 & -2 & 0 & -1 \\ 0 & 0 & 1 & 1 & 1 \\ 0 & 0 & 0 & -3 & 0 \\ 0 & 0 & 0 & -3 & 0 \end{bmatrix}$$

$$\sim \begin{bmatrix} 1 & 1 & -2 & 0 & -1 \\ 0 & 0 & 1 & 1 & 1 \\ 0 & 0 & 0 & -3 & 0 \\ 0 & 0 & 0 & 0 & 0 \end{bmatrix}$$

여기서 구하는 차원은 위 행렬의 rank와 같으므로 3이다.

정답 ③

12

$W_1 \cap W_2 \cap W_3$

$= \{(x_1, x_2, x_3, x_4) \mid 3x_1 = x_3,\ x_1 = 2x_2,\ 6x_2 = x_3\}$

$= \left\{(x_1, x_2, x_3, x_4) \mid x_1 = 2x_2 = \frac{1}{3}x_3\right\}$

$= \left(x_1, \frac{1}{2}x_1, 3x_1, x_4\right)$

$= x_1\left(1, \frac{1}{2}, 3, 0\right) + x_4(0, 0, 0, 1)$

이므로 주어진 공간의 기저는

$\left\{\left(1, \frac{1}{2}, 3, 0\right), (0, 0, 0, 1)\right\}$이고

$W_1 \cap W_2 \cap W_3$은 2차원이다.

정답 ②

13

$P_5(R)$의 임의의 $p(x) = ax^5 + bx^4 + cx^3 + dx^2 + ex + f$라고 하자.

(i) $p(0) = 0$을 만족하려면 $f = 0$이어야 한다.
즉 $U = \{ax^5 + bx^4 + cx^3 + dx^2 + ex \mid a, b, c, d, e \in R\}$이므로
$\dim U = 5$이다.

(ii) $p(-x) = p(x)$를 만족하려면 $p(x)$는 우함수이다.
즉 $V = \{bx^4 + dx^2 + f \mid d, e, f \in R\}$이므로 $\dim V = 3$이다.

(iii) $\dfrac{dp(x)}{dx} = 0$을 만족하려면

$\dfrac{dp(x)}{dx} = 5ax^4 + 4bx^3 + 3cx^2 + 2dx + e = 0$ 즉

$a = b = c = d = e = 0$이 되어야한다.

$W = \{f \mid f \in R\}$이므로 $\dim W = 1$이다.

따라서 $\dim U + \dim V + \dim W = 5 + 3 + 1 = 9$이다.

정답 ③

14

ㄱ. (참)

두 벡터 $\vec{v_1}$, $\vec{v_2}$가 1차 독립이므로 두 벡터는 평행이 아니다.
따라서 두 벡터의 외적 $\vec{v_1} \times \vec{v_2}$는 $\vec{v_1}$, $\vec{v_2}$에 각각 수직이다. 즉, 세 벡터 $\vec{v_1}$, $\vec{v_2}$, $\vec{v_1} \times \vec{v_2}$는 서로 평행하지 않으므로 1차 독립이다.

ㄴ. (참)

두 벡터 $\vec{v_1}$, $\vec{v_2}$가 1차 종속이므로 $\vec{v_2} = k\vec{v_1}$ (단, k는 임의의 상수)이다.
따라서 $\vec{v_1} \times \vec{v_2} = \vec{v_1} \times k\vec{v_1} = 0$이다.

ㄷ. (참)

$a(\vec{v_1} - \vec{v_2}) + b(\vec{v_1} + \vec{v_2}) + c(\vec{v_2} + \vec{v_3}) = 0$이라 하면
$(a+b)\vec{v_1} + (-a+b+c)\vec{v_2} + c\vec{v_3} = 0$이고 세 벡터 $\vec{v_1}$, $\vec{v_2}$, $\vec{v_3}$가 벡터공간 R^3의 기저이므로 위의 식을 만족시키는 상수는
$a+b=0$, $-a+b+c=0$, $c=0$ 즉, $a=b=c=0$뿐이다.
따라서 $\vec{v_1} - \vec{v_2}$, $\vec{v_1} + \vec{v_2}$, $\vec{v_2} + \vec{v_3}$는 일차독립이고 벡터공간 R^3의 기저가 된다.

정답 ④

15

행렬 $A = \begin{bmatrix} 1 & 3 & 0 & 3 \\ 2 & 7 & -1 & 5 \\ -1 & 0 & 2 & -1 \end{bmatrix}$의 영공간 X는

$$X = \left\{ \begin{bmatrix} x_1 \\ x_2 \\ x_3 \\ x_4 \end{bmatrix} \middle| \begin{bmatrix} 1 & 3 & 0 & 3 \\ 2 & 7 & -1 & 5 \\ -1 & 0 & 2 & -1 \end{bmatrix} \begin{bmatrix} x_1 \\ x_2 \\ x_3 \\ x_4 \end{bmatrix} = \begin{bmatrix} 0 \\ 0 \\ 0 \\ 0 \end{bmatrix} \right\}$$

$$= \left\{ \begin{bmatrix} x_1 \\ x_2 \\ x_3 \\ x_4 \end{bmatrix} \middle| \begin{bmatrix} 1 & 3 & 0 & 3 \\ 0 & 1 & -1 & -1 \\ 0 & 0 & 1 & 1 \end{bmatrix} \begin{bmatrix} x_1 \\ x_2 \\ x_3 \\ x_4 \end{bmatrix} = \begin{bmatrix} 0 \\ 0 \\ 0 \\ 0 \end{bmatrix} \right\}$$

$$= \left\{ \begin{bmatrix} x_1 \\ x_2 \\ x_3 \\ x_4 \end{bmatrix} \middle| \begin{bmatrix} 1 & 3 & 0 & 3 \\ 0 & 1 & 0 & 0 \\ 0 & 0 & 1 & 1 \end{bmatrix} \begin{bmatrix} x_1 \\ x_2 \\ x_3 \\ x_4 \end{bmatrix} = \begin{bmatrix} 0 \\ 0 \\ 0 \\ 0 \end{bmatrix} \right\}$$

$$= \left\{ \begin{bmatrix} x_1 \\ x_2 \\ x_3 \\ x_4 \end{bmatrix} \middle| x_1 + 3x_2 + 3x_4 = 0,\ x_2 = 0,\ x_3 + x_4 = 0 \right\}$$

$$= \left\{ \begin{bmatrix} x_1 \\ x_2 \\ x_3 \\ x_4 \end{bmatrix} \middle| x_1 = -3t,\ x_2 = 0,\ x_3 = -t,\ x_4 = t \right\} (t\text{는 실수})$$

이다.

이 때, 영공간 X의 기저는 $v = t(-3, 0, -1, 1)$이다.

$\therefore\ \dfrac{b}{a} + \dfrac{d}{c} = \dfrac{0}{-3} + \dfrac{1}{-1} = -1$

정답 ③

06 고윳값 문제

핵심 문제 | Topic 35~42

Topic 35 고윳값과 고유벡터

01

정답 풀이 참조

고윳값과 고유벡터의 정의 $Av=\lambda v$를 만족하는 지 확인하고 λ값을 찾아보자.

(1) $\begin{bmatrix}4&2\\5&1\end{bmatrix}\begin{bmatrix}-2\\5\end{bmatrix}=\begin{bmatrix}2\\-5\end{bmatrix}=-\begin{bmatrix}-2\\5\end{bmatrix}$이므로 $Av_1=-v_1$이다. 따라서, v_1은 A의 고유벡터이고 이때, 고윳값은 -1이다.

(2) $\begin{bmatrix}2&2\\1&3\end{bmatrix}\begin{bmatrix}2\\-1\end{bmatrix}=\begin{bmatrix}2\\-1\end{bmatrix}$이므로 $Av_1=v_1$이다. 따라서 v_1은 A의 고유벡터이고 이때 고윳값은 1이다.

$\begin{bmatrix}2&2\\1&3\end{bmatrix}\begin{bmatrix}1\\1\end{bmatrix}=\begin{bmatrix}4\\4\end{bmatrix}=4\begin{bmatrix}1\\1\end{bmatrix}$이므로 $Av_2=4v_2$이다. 따라서 v_2는 A 고유벡터이고 이때 고윳값은 4이다.

(3) $\begin{bmatrix}3&-1&1\\7&-5&1\\6&-6&2\end{bmatrix}\begin{bmatrix}0\\1\\1\end{bmatrix}=\begin{bmatrix}0\\-4\\-4\end{bmatrix}=-4\begin{bmatrix}0\\1\\1\end{bmatrix}$이므로 $Av_1=-4v_1$이다.

따라서 v_1은 A의 고유벡터이고 이 때 고윳값은 -4이다.

$\begin{bmatrix}3&-1&1\\7&-5&1\\6&-6&2\end{bmatrix}\begin{bmatrix}1\\1\\0\end{bmatrix}=\begin{bmatrix}2\\2\\0\end{bmatrix}=2\begin{bmatrix}1\\1\\0\end{bmatrix}$이므로 $Av_2=2v_2$이다. 따라서 v_2는 A의 고유벡터이고 이때, 고윳값은 2이다.

02

정답 (1) 3, -1 (2) 4, -2 (3) 1, 2, 3 (4) 3, 5 (5) 1, -1, -2

(1) $\begin{vmatrix}1-\lambda&1\\4&1-\lambda\end{vmatrix}=(1-\lambda)^2-4=\lambda^2-2\lambda-3$
$=(\lambda-3)(\lambda+1)=0$
$\therefore \lambda=3,\ -1$

(2) $\begin{vmatrix}4-\lambda&3\\0&-2-\lambda\end{vmatrix}=(4-\lambda)(-2-\lambda)=0$
$\therefore \lambda=4,\ -2$

(3) $\begin{vmatrix}1-\lambda&1&0\\0&2-\lambda&2\\0&0&3-\lambda\end{vmatrix}=(3-\lambda)\begin{vmatrix}1-\lambda&1\\0&2-\lambda\end{vmatrix}$
$=(3-\lambda)(2-\lambda)(1-\lambda)=0$
$\therefore \lambda=1,\ 2,\ 3$

(4) $\begin{vmatrix}4-\lambda&1&-1\\2&5-\lambda&-2\\1&1&2-\lambda\end{vmatrix}$
$=(4-\lambda)\begin{vmatrix}5-\lambda&-2\\1&2-\lambda\end{vmatrix}-\begin{vmatrix}2&-2\\1&2-\lambda\end{vmatrix}-\begin{vmatrix}2&5-\lambda\\1&1\end{vmatrix}$
$=(4-\lambda)\{(5-\lambda)(2-\lambda)+2\}-\{2(2-\lambda)+2\}-\{2-(5-\lambda)\}$
$=-\lambda^3+11\lambda^2-39\lambda+45$
$=-(\lambda-3)^2(\lambda-5)=0$
$\therefore \lambda=3,\ 5$

(5) $\begin{vmatrix}-\lambda&0&2&0\\1&-\lambda&1&0\\0&1&-2-\lambda&0\\0&0&0&1-\lambda\end{vmatrix}$
$=(1-\lambda)\begin{vmatrix}-\lambda&0&2\\1&-\lambda&1\\0&1&-2-\lambda\end{vmatrix}$ (4행에 대한 여인수 전개)
$=(1-\lambda)\left\{-\lambda\begin{vmatrix}-\lambda&1\\1&-2-\lambda\end{vmatrix}+2\begin{vmatrix}1&-\lambda\\0&1\end{vmatrix}\right\}$
$=(1-\lambda)[-\lambda\{-\lambda(-2-\lambda)-1\}+2\cdot 1]$
$=\lambda^4+\lambda^3-3\lambda^2-\lambda+2$
$=(\lambda-1)^2(\lambda+1)(\lambda+2)=0$
$\therefore \lambda=-2,\ -1,\ 1$

03

정답 풀이 참조

(1) $\lambda=3$일 때,

$\begin{bmatrix}-2&1\\4&-2\end{bmatrix}\begin{bmatrix}x_1\\x_2\end{bmatrix}=\begin{bmatrix}-2x_1+x_2\\4x_1-2x_2\end{bmatrix}=\begin{bmatrix}0\\0\end{bmatrix}$이므로 일반해는

$\begin{bmatrix}x_1\\x_2\end{bmatrix}=t\begin{bmatrix}1\\2\end{bmatrix}$($t\neq 0$인 실수)이다.

$\lambda=-1$일 때,

$\begin{bmatrix}2&1\\4&2\end{bmatrix}\begin{bmatrix}x_1\\x_2\end{bmatrix}=\begin{bmatrix}2x_1+x_2\\4x_1+2x_2\end{bmatrix}=\begin{bmatrix}0\\0\end{bmatrix}$이므로 일반해는

$\begin{bmatrix}x_1\\x_2\end{bmatrix}=t\begin{bmatrix}1\\-2\end{bmatrix}$($t\neq 0$인 실수)이다.

따라서 고유벡터는 $(1,\ 2)$, $(1,\ -2)$이다.

(2) $\lambda=4$일 때,

$\begin{bmatrix}0&3\\0&-6\end{bmatrix}\begin{bmatrix}x_1\\x_2\end{bmatrix}=\begin{bmatrix}3x_2\\-6x_2\end{bmatrix}=\begin{bmatrix}0\\0\end{bmatrix}$이므로 $x_2=0$이다. x_1을 자유변수 t로 두면 일반해는 $\begin{bmatrix}x_1\\x_2\end{bmatrix}=t\begin{bmatrix}1\\0\end{bmatrix}$이다.

$\lambda=-2$일 때,

$\begin{bmatrix}6&3\\0&0\end{bmatrix}\begin{bmatrix}x_1\\x_2\end{bmatrix}=\begin{bmatrix}6x_1+3x_2\\0\end{bmatrix}=\begin{bmatrix}0\\0\end{bmatrix}$이므로 $2x_1+x_2=0$,

$x_1=t$로 두면 일반해는 $\begin{bmatrix}x_1\\x_2\end{bmatrix}=t\begin{bmatrix}1\\-2\end{bmatrix}$이다.

따라서 고유벡터는 $(1,\ 0)$, $(1,\ -2)$이다.

(3) $\lambda=1$일 때,

$\begin{bmatrix}0&1&0\\0&1&2\\0&0&2\end{bmatrix}\begin{bmatrix}x_1\\x_2\\x_3\end{bmatrix}=\begin{bmatrix}0\\0\\0\end{bmatrix}$에서 $x_2=0,\ x_3=0$이다. x_1을 자유변수 t로 두면 일반해는 $\begin{bmatrix}x_1\\x_2\\x_3\end{bmatrix}=t\begin{bmatrix}1\\0\\0\end{bmatrix}$이다.

$\lambda=2$일 때,

$\begin{bmatrix}-1&1&0\\0&0&2\\0&0&1\end{bmatrix}\begin{bmatrix}x_1\\x_2\\x_3\end{bmatrix}=\begin{bmatrix}0\\0\\0\end{bmatrix}$에서 $x_3=0,\ x_1=x_2$이다. $x_1=t$로 두면

일반해는 $\begin{bmatrix}x_1\\x_2\\x_3\end{bmatrix}=t\begin{bmatrix}1\\1\\0\end{bmatrix}$ 이다.

$\lambda=3$일 때,

$\begin{bmatrix}-2&1&0\\0&-1&2\\0&0&0\end{bmatrix}\begin{bmatrix}x_1\\x_2\\x_3\end{bmatrix}=\begin{bmatrix}0\\0\\0\end{bmatrix}$ 에서 $x_2=2x_3$, $x_2=2x_1$ 이므로

일반해는 $\begin{bmatrix}x_1\\x_2\\x_3\end{bmatrix}=t\begin{bmatrix}1\\2\\1\end{bmatrix}$ 이다.

따라서 고유벡터는 (1, 0, 0), (1, 1, 0), (1, 2, 1)이다.

(4) $\lambda=3$일 때,

$\begin{bmatrix}1&1&-1\\2&2&-2\\1&1&-1\end{bmatrix}\begin{bmatrix}x_1\\x_2\\x_3\end{bmatrix}=\begin{bmatrix}0\\0\\0\end{bmatrix}$ 이므로 $x_1+x_2-x_3=0$이다.

$x_1=t$, $x_2=s$로 두면 일반해는 $\begin{bmatrix}x_1\\x_2\\x_3\end{bmatrix}=t\begin{bmatrix}1\\0\\1\end{bmatrix}+s\begin{bmatrix}0\\1\\1\end{bmatrix}$ 이다.

$\lambda=5$일 때,

$\begin{bmatrix}-1&1&-1\\2&0&-2\\1&1&-3\end{bmatrix}\begin{bmatrix}x_1\\x_2\\x_3\end{bmatrix}=\begin{bmatrix}0\\0\\0\end{bmatrix}$ 에서 $x_1-x_3=0$, $x_2-2x_3=0$이므로

$x_3=t$로 두면 일반해는 $\begin{bmatrix}x_1\\x_2\\x_3\end{bmatrix}=t\begin{bmatrix}1\\2\\1\end{bmatrix}$ 이다.

따라서 고유벡터는 (1, 0, 1), (0, 1, 1), (1, 2, 1)이다.

(5) $\lambda=-2$일 때,

$\begin{bmatrix}2&0&2&0\\1&2&1&0\\0&1&0&0\\0&0&0&3\end{bmatrix}\begin{bmatrix}x_1\\x_2\\x_3\\x_4\end{bmatrix}=\begin{bmatrix}0\\0\\0\\0\end{bmatrix}$ 에서 $x_4=0$, $x_2=0$, $x_1+x_3=0$이므로

일반해는 $\begin{bmatrix}x_1\\x_2\\x_3\\x_4\end{bmatrix}=t\begin{bmatrix}1\\0\\-1\\0\end{bmatrix}$ 이다.

$x=-1$일 때,

$\begin{bmatrix}1&0&2&0\\1&1&1&0\\0&1&-1&0\\0&0&0&2\end{bmatrix}\begin{bmatrix}x_1\\x_2\\x_3\\x_4\end{bmatrix}=\begin{bmatrix}0\\0\\0\\0\end{bmatrix}$ 에서

$x_4=0$, $x_2=x_3$, $x_1+x_2+x_3=0$, $x_1+2x_3=0$

$\Rightarrow$ $x_1=-2x_3$, $x_2=x_3$, $x_4=0$이므로 일반해는

$\begin{bmatrix}x_1\\x_2\\x_3\\x_4\end{bmatrix}=t\begin{bmatrix}-2\\1\\1\\0\end{bmatrix}$ 이다.

$x=1$일 때,

$\begin{bmatrix}-1&0&2&0\\1&-1&1&0\\0&1&-3&0\\0&0&0&0\end{bmatrix}\begin{bmatrix}x_1\\x_2\\x_3\\x_4\end{bmatrix}=\begin{bmatrix}0\\0\\0\\0\end{bmatrix}$ 에서

$x_2=3x_3$, $x_1-x_2+x_3=0$, $-x_1+2x_3=0$

$\Rightarrow$ $x_1=2x_3$, $x_2=3x_3$이므로 $x_3=t$, $x_4=s$로 놓으면 일반해는

$\begin{bmatrix}x_1\\x_2\\x_3\\x_4\end{bmatrix}=t\begin{bmatrix}2\\3\\1\\0\end{bmatrix}+s\begin{bmatrix}0\\0\\0\\1\end{bmatrix}$ 이다.

따라서 고유벡터는

(1, 0, −1, 0), (−2, 1, 1, 0), (2, 3, 1, 0), (0, 0, 0, 1)이다.

04

정답 풀이 참조

(1) $\begin{vmatrix}5-\lambda&-1\\1&3-\lambda\end{vmatrix}=(5-\lambda)(3-\lambda)+1=(\lambda-4)^2=0$에서

고윳값은 4이다.

$\begin{bmatrix}1&-1\\1&-1\end{bmatrix}\begin{bmatrix}x\\y\end{bmatrix}=\begin{bmatrix}0\\0\end{bmatrix}$ 에서 $x=y$이므로 선형계의 일반해는

$\begin{bmatrix}x\\y\end{bmatrix}=t\begin{bmatrix}1\\1\end{bmatrix}$ 즉, 고유벡터는 $\begin{bmatrix}1\\1\end{bmatrix}$ 이고 고유공간의 기저는 {(1, 1)}

이다.

(참고) 기하학적으로는 좌표평면상의 직선 $y=x$를 나타낸다.

(2) $\begin{vmatrix}5-\lambda&1&3\\0&-1-\lambda&0\\0&1&2-\lambda\end{vmatrix}=(5-\lambda)(-1-\lambda)(2-\lambda)=0$에서

고윳값은 −1, 2, 5이다.

$\lambda=-1$일 때,

$\begin{bmatrix}6&1&3\\0&0&0\\0&1&3\end{bmatrix}\begin{bmatrix}x\\y\\z\end{bmatrix}=\begin{bmatrix}0\\0\\0\end{bmatrix}$ 에서 $x=0$, $y=-3z$이므로

$\begin{bmatrix}x\\y\\z\end{bmatrix}=t\begin{bmatrix}0\\-3\\1\end{bmatrix}$ 이다. 따라서 고유공간의 기저는 {(0, −3, 1)}이다.

$\lambda=2$일 때,

$\begin{bmatrix}3&1&3\\0&-3&0\\0&1&0\end{bmatrix}\begin{bmatrix}x\\y\\z\end{bmatrix}=\begin{bmatrix}0\\0\\0\end{bmatrix}$ 에서 $x_2=0$, $x_1=-x_3$이므로

$\begin{bmatrix}x\\y\\z\end{bmatrix}=s\begin{bmatrix}-1\\0\\1\end{bmatrix}$ 이다. 따라서 고유공간의 기저는 {(−1, 0, 1)}이다.

$\lambda=5$일 때,

$\begin{bmatrix}0&1&3\\0&-6&0\\0&1&-3\end{bmatrix}\begin{bmatrix}x\\y\\z\end{bmatrix}=\begin{bmatrix}0\\0\\0\end{bmatrix}$ 에서 $x_2=0$, $x_3=0$이므로

$\begin{bmatrix}x\\y\\z\end{bmatrix}=t\begin{bmatrix}1\\0\\0\end{bmatrix}$ 이다. 따라서 고유공간의 기저는 {(1, 0, 0)}이다.

(참고) 각 고윳값에 해당하는 고유공간은 좌표공간상의 직선 $y=-3z$, $x=-z$과 x축이다.

05

정답 (1) 1, 2 (2) 3, 7, 1 (3) −1, 3, 2

삼각행렬의 고윳값은 행렬의 주대각원소이다.

06

정답 ②

고윳값의 정의에 의해

$\begin{pmatrix}-1&a\\b&6\end{pmatrix}\begin{pmatrix}1\\3\end{pmatrix}=2\begin{pmatrix}1\\3\end{pmatrix}\Leftrightarrow\begin{pmatrix}-1+3a\\b+18\end{pmatrix}=\begin{pmatrix}2\\6\end{pmatrix}\Leftrightarrow a=1,\ b=-12$

$\therefore\ a+b=-11$

07

정답 ④

A의 두 고윳값은 $A^2-(a+d)A+(ad-bc)I=O$의 해이다. 판별식 D는

$D=(a+d)^2-4(ad-bc)$

$= (a^2+2ad+d^2)-4ad+4bc$
$= (a-d)^2+4bc$
이므로
ㄱ. 참
$D=(a-d)^2+4bc>0$이면 이차방정식의 두 해는 서로 다른 두 실수이므로 A의 고윳값은 서로 다른 두 실수이다.
ㄴ. 참
$D=(a-d)^2+4bc=0$이면 이차방정식은 실수인 중근을 가지므로 A는 실수의 고윳값만을 갖는다.
ㄷ. 참
$D=(a-d)^2+4bc<0$이면 이차방정식은 서로 다른 두 허근을 가지므로 A는 실수의 고윳값을 갖지 않는다.
ㄹ. 참
$b=c$이면 $D=(a-d)^2+4bc=(a-d)^2+4b^2 \ge 0$이므로 이차방정식의 두 해는 모두 실근이다. 따라서 A의 모든 고윳값은 실수이다.
그러므로 ㄱ, ㄴ, ㄷ, ㄹ 모두 옳다.

08

정답 ③

$\lambda = 1$ 에 대응하는 고유벡터

$$(A-I)\vec{x} = \vec{0} \Leftrightarrow \begin{bmatrix} -2 & -2 & -2 \\ 1 & 1 & 1 \\ -1 & -1 & -1 \end{bmatrix}\begin{bmatrix} x \\ y \\ z \end{bmatrix} = \begin{bmatrix} 0 \\ 0 \\ 0 \end{bmatrix}$$
$$\Leftrightarrow x+y+z=0$$

따라서 $\lambda = 1$ 에 대응하는 고유벡터는 가, 나, 다

09

정답 ①

$$|A-\lambda I| = 0 \Leftrightarrow \begin{vmatrix} 4-\lambda & 0 & 1 \\ -2 & 1-\lambda & 0 \\ -2 & 0 & 1-\lambda \end{vmatrix} = 0$$
$$\Leftrightarrow (1-\lambda)\{(4-\lambda)(1-\lambda)+2\} = 0$$
$$\Leftrightarrow (1-\lambda)(\lambda^2-5\lambda+6) = 0$$
$$\Leftrightarrow (1-\lambda)(\lambda-2)(\lambda-3) = 0$$

따라서 $\lambda = 1,\ 2,\ 3$이다.

10

정답 ③

A의 고유치를 λ, 고유벡터를 v라고 하면 $Av=\lambda v$가 성립한다.
(i) $\lambda=2$일 때,
$\begin{bmatrix} a & b \\ c & d \end{bmatrix}\begin{bmatrix} 1 \\ 0 \end{bmatrix} = 2\begin{bmatrix} 1 \\ 0 \end{bmatrix} \Leftrightarrow a=2,\ c=0$이다.
(ii) $\lambda=5$일 때,
$\begin{bmatrix} a & b \\ c & d \end{bmatrix}\begin{bmatrix} 1 \\ 1 \end{bmatrix} = 5\begin{bmatrix} 1 \\ 1 \end{bmatrix} \Leftrightarrow a+b=5,\ c+d=5$이다.
(i), (ii)에 의하여 $a=2,\ b=3,\ c=0,\ d=5$이다.

Topic 36 고윳값과 고유벡터의 성질

01

정답 풀이 참조

$$\begin{vmatrix} 5-\lambda & 6 \\ 3 & -2-\lambda \end{vmatrix} = (5-\lambda)(-2-\lambda)-18 = \lambda^2-3\lambda-28$$
$$= (\lambda-7)(\lambda+4) = 0$$

에서 고윳값은 $\lambda=7$, $\lambda=-4$이고 고유벡터는
$\lambda=7$일 때, $\begin{bmatrix} -2 & 6 \\ 3 & -9 \end{bmatrix}\begin{bmatrix} x \\ y \end{bmatrix} = \begin{bmatrix} 0 \\ 0 \end{bmatrix}$에서 $x-3y=0$이므로 $(3,\ 1)$
$\lambda=-4$일 때, $\begin{bmatrix} 9 & 6 \\ 3 & 2 \end{bmatrix}\begin{bmatrix} x \\ y \end{bmatrix} = \begin{bmatrix} 0 \\ 0 \end{bmatrix}$에서 $3x+2y=0$이므로 $(2,\ -3)$이다.

(1) A^2의 고유치는 $7^2, (-4)^2$ 즉, $49, 16$이고 고유벡터는 $(3, 1), (2, -3)$이다.
(2) $-A$의 고유치는 $-7, 4$, 고유벡터는 $(3, 1), (2, -3)$이다.
(3) A^{-1}의 고유치는 $\frac{1}{7}, -\frac{1}{4}$이고 고유벡터는 $(3, 1), (2, -3)$이다.
(4) A^T의 고유치는 $7, -4$이고 고유벡터는 $\lambda=7$일 때,
$\begin{bmatrix} -2 & 3 \\ 6 & -9 \end{bmatrix}\begin{bmatrix} x \\ y \end{bmatrix} = \begin{bmatrix} 0 \\ 0 \end{bmatrix}$에서 $2x-3y=0$이므로
$\begin{bmatrix} x \\ y \end{bmatrix} = t\begin{bmatrix} 3 \\ 2 \end{bmatrix}$ 즉, 고유벡터는 $(3, 2)$이다.
$\lambda=-4$일 때,
$\begin{bmatrix} 9 & 3 \\ 6 & 2 \end{bmatrix}\begin{bmatrix} x \\ y \end{bmatrix} = \begin{bmatrix} 0 \\ 0 \end{bmatrix}$에서 $3x-y=0$이므로
$\begin{bmatrix} x \\ y \end{bmatrix} = t\begin{bmatrix} 1 \\ 3 \end{bmatrix}$, 즉 고유벡터는 $(1, 3)$이다.

02

정답 풀이 참조

(1) 고윳값의 합은 $tr(A)=4$이다.
(2) 고윳값의 곱은
$|A| = -6-4-4-(-6-2-8) = -14+16 = 2$이다.
(3) $|A_{11}|=-3+4=1$, $|A_{22}|=-2+2=0$, $|A_{33}|=6-2=4$
이므로 특성방정식은
$\lambda^3-tr(A)\lambda^2+(A_{11}+A_{22}+A_{33})\lambda-\det(A)$
$=\lambda^3-4\lambda^2+5\lambda-2=0$
이다.
(4) $\lambda^3-4\lambda^2+5\lambda-2=(\lambda-1)^2(\lambda-2)=0$이므로
A의 고윳값은 $1, 1, 2$이고 $7A^{-1}$의 고윳값은 $7, 7, \frac{7}{2}$이다.

03

정답 ③

ㄴ. $\det(A)=\det(A^T)$이므로 가역행렬의 전치행렬은 가역이다.
ㄹ. $\text{rank}((A)=0$인 행렬은 영행렬뿐이다.
ㅁ. A가 가역일 때, 동차계 $Ax=0$는 자명해만을 갖는다.
동치가 아닌 명제는 ㄴ, ㄹ, ㅁ의 3개이다.

04

정답 ④

$\lambda_1+\lambda_2=$(대각원소의 합)이므로
① $\lambda_1+\lambda_2=3+2=5$
② $\lambda_1+\lambda_2=3+4=7$

③ $\lambda_1+\lambda_2=2+4=6$
④ $\lambda_1+\lambda_2=4+4=8$

05

정답 ①

대각원소의 합이 고윳값의 합과 같으므로 $6+a=5+2i+5-2i$
$\therefore a=4$

06

정답 ④

행렬 A의 특성방정식

$$p(\lambda)=\det(\lambda I_2-A)=\begin{vmatrix}\lambda+1 & 2\\ -3 & \lambda-4\end{vmatrix}$$
$$=(\lambda-1)(\lambda-2)=0$$

을 계산하면 행렬 A의 고윳값은 $\lambda=1,\ 2$이다. 고윳값 성질에 의해 $tr(A^8)=1^8+2^8=1+256=257$ 이다.

07

정답 ④

A^{-1}의 고유벡터는 A의 고유벡터와 같다. 보기에서

④ $\begin{bmatrix}1&-3&3\\0&-5&6\\0&-3&4\end{bmatrix}\begin{bmatrix}2\\2\\1\end{bmatrix}=\begin{bmatrix}-1\\-4\\-2\end{bmatrix}$이고 $\begin{bmatrix}-1\\-4\\-2\end{bmatrix}=\lambda\begin{bmatrix}2\\2\\1\end{bmatrix}$을 만족하는 스칼라 λ는 존재하지 않으므로 $[2\ \ 2\ \ 1]^T$는 고유벡터가 아니다.

08

정답 ②

A의 고유치는 1, 1, 2, 4이다.

가. [참]
$\because\ |A|=1\times1\times2\times4=8$

나. [거짓]
$\because\ tr(A)=1+1+2+4=8$

다. [참]
$\because\ |A|\neq0$이므로 역행렬이 존재한다.

09

정답 ③

(모든 고윳값의 합)$=\lambda_1+\lambda_2+\lambda_3+\lambda_4=tr(A)=0$이고,

$$\alpha=|A|=\begin{vmatrix}1&1&1&1\\1&-1&1&-1\\1&1&-1&-1\\1&-1&-1&1\end{vmatrix}=\begin{vmatrix}1&0&0&0\\1&-2&0&-2\\1&0&-2&-2\\1&-2&-2&0\end{vmatrix}$$
$$=\begin{vmatrix}-2&0&-2\\0&-2&-2\\-2&-2&0\end{vmatrix}=\begin{vmatrix}-2&0&0\\0&-2&-2\\-2&-2&2\end{vmatrix}$$
$$=-2\begin{vmatrix}-2&-2\\-2&2\end{vmatrix}=-2(-4-4)=16$$

이므로 $\alpha+\lambda_1+\lambda_2+\lambda_3+\lambda_4=16$이다.

10

정답 ④

① (거짓) A가 가역이면 모든 자연수 n에 대하여 A^n은 가역이다.
② (거짓) $\det(nA)=n^3\det(A)\neq n\det(A)$
③ (거짓) (반례) 0을 고윳값으로 가지면 비가역이다.
④ (참) λ가 A의 고윳값이고 v가 λ에 대응되는 A의 고유벡터이면, λ^2은 A^2의 고윳값이고, v는 λ^2에 대응되는 A^2의 고유벡터이므로 v의 상수배인 $2v$ 또한 λ^2에 대응되는 A^2의 고유벡터이다.

Topic 37 케일리-해밀턴 정리

01

정답 풀이 참조

(1) $tr(A)=6,\ \det(A)=5+8=13$이므로 특성다항식은 $f(\lambda)=\lambda^2-6\lambda+13$이고 $f(A)=A^2-6A+13I$이다.

$$A^2=\begin{bmatrix}1&-2\\4&5\end{bmatrix}\begin{bmatrix}1&-2\\4&5\end{bmatrix}=\begin{bmatrix}-7&-12\\24&17\end{bmatrix}$$이므로

$$A^2-6A+13I=\begin{bmatrix}-7&-12\\24&17\end{bmatrix}-6\begin{bmatrix}1&-2\\4&5\end{bmatrix}+13\begin{bmatrix}1&0\\0&1\end{bmatrix}$$
$$=\begin{bmatrix}0&0\\0&0\end{bmatrix}$$

(2) $f(\lambda)=\lambda^2-0\cdot\lambda+9=\lambda^2+9$이고

$$f(A)=A^2+9I=\begin{bmatrix}-9&0\\0&-9\end{bmatrix}+9\begin{bmatrix}1&0\\0&1\end{bmatrix}=\begin{bmatrix}0&0\\0&0\end{bmatrix}$$이다.

02

정답 (1) A^2+6A (2) $6A^2+17A-4I$

(1) $tr(A)=1$이고 삼각행렬이므로 $\det(A)=0$이다.
$A_{11}=-6,\ A_{22}=0,\ A_{33}=0$이다. 따라서 특성다항식은 $f(\lambda)=\lambda^3-\lambda^2-6\lambda$이고 케일리-해밀턴 정리에 의하여 $f(A)=A^3-A^2-6A=O$이므로 $A^3=A^2+6A$이다.

(4) $tr(A)=6,\ \det(A)=-4\begin{vmatrix}1&1\\3&4\end{vmatrix}=-4$이고
$A_{11}=-16,\ A_{22}=-1,\ A_{33}=0$이므로 특성다항식은 $f(\lambda)=\lambda^3-6\lambda^2-17\lambda+4$이다. 따라서 $f(A)=A^3-6A^2-17A+4I=O$이고 $A^3=6A^2+17A-4I$이다.

03

정답 6

이차정방행렬 A의 특성다항식은 $\lambda^2-tr(A)\lambda+\det(A)$이므로
$tr(A)=a+1=2$에서 $a=1$,
$\det(A)=a+4=1+4=b$
$\therefore a+b=6$

04

정답 ③

$$|\lambda I-A|=\begin{vmatrix}\lambda-1&0&-2\\-3&\lambda-a&-4\\0&0&\lambda-5\end{vmatrix}=(\lambda-1)(\lambda-a)(\lambda-5)$$

이므로 특성방정식의 근은 1, 5, a이다. 근과 계수의 관계에 의하여

$$\begin{cases}1+5+a=8\\1\cdot5+5\cdot a+a\cdot1=b\\1\cdot5\cdot a=5a\end{cases}\ \text{즉,}\ \begin{cases}a+6=8\\6a+5=b\\5a=5a\end{cases}$$이므로

$a=2,\ b=17$
$\therefore\ a+b=19$

05

정답 ②

행렬 A의 특성방정식은 $(\lambda-2)(\lambda+1)+1=0$, $\lambda^2-\lambda-1=0$
행렬 A가 2×2행렬이므로 행렬 A는 이 방정식을 만족한다.
즉 $A^2-A-I=O$에서 $A^2-A=I$, $A^3-A^2=A$이므로
$A^3-A^2-2A-I=A-2A-I=-A-I$
$\therefore x=-1, y=-1$
$\therefore x^2+y^2=2$

06

정답 ③

케일리-해밀턴 정리에 의해 $f(A)=A^2-5A+7E=0$이고
$g(x)=(x^2-5x+7)(2x+1)+x+1$에서
$g(A)=(A^2-5A+7)(2A+1)+A+E=A+E=\begin{pmatrix}3 & -1\\ 1 & 4\end{pmatrix}$

07

정답 ③

주어진 행렬의 특성방정식은
$\lambda^2-(a+2)\lambda+2a-1=0$이므로
Cayley-Hamilton 정리에 의해
$A^2-(a+2)A+(2a-1)I=O$가 성립한다.
따라서 $a=3$이므로 $A=\begin{pmatrix}2 & 1\\ 1 & 3\end{pmatrix}$이고
$A^3=5\begin{pmatrix}3 & 4\\ 4 & 7\end{pmatrix}$이다. 따라서 A^3의 모든 원소의 합은
$5(3+4+4+7)=90$이다.

08

정답 ①

행렬 A의 특성방정식을 구하면
$p(\lambda)=\det(\lambda I_3-A)=\lambda^3+2\lambda^2-\lambda-2=0$
이다. 케일리-해밀턴 정리에 의해서 $A^3+2A^2-A-2I_3=O$ (단, O는 영행렬이다.)이 성립한다. 양변에 A^2을 곱하여 정리하면
$A^5=-10A^2+A+10I_3$ 이다. 따라서
$a_2=-10$, $a_1=1$, $a_0=10$이므로 $a_0+a_1+a_2=1$이다.

09

정답 ①

A의 고윳값이 $\frac{1}{2}, \frac{3}{2}, \frac{4}{5}$이므로 $|A|=\frac{1}{2}\times\frac{3}{2}\times\frac{4}{5}=\frac{3}{5}$

$$\therefore \lim_{n\to\infty}\sum_{k=0}^{n}|A|^k=1+\frac{3}{5}+\left(\frac{3}{5}\right)^2+\left(\frac{3}{5}\right)^3+\cdots$$
$$=\frac{1}{1-\frac{3}{5}}=\frac{5}{2}$$

Topic 38 행렬의 닮음과 대각화

01

정답 풀이 참조

(1) $\begin{vmatrix}1-\lambda & 1\\ 1 & 1-\lambda\end{vmatrix}=(1-\lambda)^2-1=\lambda(\lambda-2)$이므로 고윳값은 0, 2이고 $\lambda=0$의 고유벡터는 $\begin{bmatrix}1 & 1\\ 1 & 1\end{bmatrix}\begin{bmatrix}x\\ y\end{bmatrix}=\begin{bmatrix}0\\ 0\end{bmatrix}$에서 $x=-y$이므로 $(1, -1)$, $\lambda=2$의 고유벡터는 $\begin{bmatrix}-1 & 1\\ 1 & -1\end{bmatrix}\begin{bmatrix}x\\ y\end{bmatrix}=\begin{bmatrix}0\\ 0\end{bmatrix}$에서 $x=y$이므로 $(1, 1)$이다. 따라서 두 고윳값의 대수적 중복도와 기하적 중복도는 모두 1이다.

(2) $\begin{vmatrix}-\lambda & 1\\ -1 & 2-\lambda\end{vmatrix}=-\lambda(2-\lambda)+1=(\lambda-1)^2=0$이므로 고윳값은 1이고 $\begin{bmatrix}-1 & 1\\ -1 & 1\end{bmatrix}\begin{bmatrix}x\\ y\end{bmatrix}=\begin{bmatrix}0\\ 0\end{bmatrix}$에서 고유벡터는 $(1, 1)$이다. 따라서 대수적중복도는 2, 기하적 중복도는 1이다.

(3) 상삼각행렬이므로 고윳값은 3, 4이다.
$\lambda=3$일 때, 고유벡터는
$\begin{bmatrix}0 & 1 & 0\\ 0 & 0 & 4\\ 0 & 0 & 1\end{bmatrix}\begin{bmatrix}x\\ y\\ z\end{bmatrix}=\begin{bmatrix}0\\ 0\\ 0\end{bmatrix}$에서 $(1, 0, 0)$이다.
$\lambda=4$일 때, 고유벡터는
$\begin{bmatrix}-1 & 1 & 0\\ 0 & -1 & 4\\ 0 & 0 & 0\end{bmatrix}\begin{bmatrix}x\\ y\\ z\end{bmatrix}=\begin{bmatrix}0\\ 0\\ 0\end{bmatrix}$에서
$y=4z$, $x=y$이므로 $(4, 4, 1)$이다.
따라서 고윳값 3의 대수적 중복도는 2, 기하적 중복도는 1이고 고윳값 4의 대수적 중복도는 1, 기하적 중복도는 1이다.

(4) $\begin{vmatrix}4-\lambda & 0 & 1\\ 2 & 3-\lambda & 2\\ 1 & 0 & 4-\lambda\end{vmatrix}=-(\lambda-5)(\lambda-3)^2$ 이므로 고윳값은 3, 5이고 $\lambda=3$일 때 고유벡터는
$\begin{bmatrix}1 & 0 & 1\\ 2 & 0 & 2\\ 1 & 0 & 1\end{bmatrix}\begin{bmatrix}x\\ y\\ z\end{bmatrix}=\begin{bmatrix}0\\ 0\\ 0\end{bmatrix}$에서 $x=-z$이므로
$(1, 0, -1)$, $(0, 1, 0)$이다.
$\lambda=5$일 때,
$\begin{bmatrix}-1 & 0 & 1\\ 2 & -2 & 2\\ 1 & 0 & -1\end{bmatrix}\begin{bmatrix}x\\ y\\ z\end{bmatrix}=\begin{bmatrix}0\\ 0\\ 0\end{bmatrix}$에서
$x=z$, $y=2z$이므로 $(1, 2, 1)$이다.
따라서 고윳값 3의 대수적 중복도는 2, 기하적 중복도는 2이고 고윳값 5의 대수적 중복도는 1, 기하적 중복도는 1이다.

02

정답 풀이 참조

n차 정방행렬 A가 n개의 서로 다른 고윳값을 갖고 이 고윳값들의 대수적 복도와 기하적 중복도가 일치하면 A는 대각화가능하다. 따라서 문제 1의 에서 대각화 가능한 것은 (1), (4)이다.

(1) $\begin{bmatrix}1 & 1\\ 1 & 1\end{bmatrix}=\begin{bmatrix}-1 & 1\\ 1 & 1\end{bmatrix}\begin{bmatrix}0 & 0\\ 0 & 2\end{bmatrix}\begin{bmatrix}-1 & 1\\ 1 & 1\end{bmatrix}^{-1}$

(4) $\begin{bmatrix}4 & 0 & 1\\ 2 & 3 & 2\\ 1 & 0 & 4\end{bmatrix}=\begin{bmatrix}1 & 0 & 1\\ 0 & 1 & 2\\ -1 & 0 & 1\end{bmatrix}\begin{bmatrix}3 & 0 & 0\\ 0 & 3 & 0\\ 0 & 0 & 5\end{bmatrix}\begin{bmatrix}1 & 0 & 1\\ 0 & 1 & 2\\ -1 & 0 & 1\end{bmatrix}^{-1}$

03

정답 풀이 참조

(1) $\begin{vmatrix} 2-\lambda & 3 \\ 1 & 4-\lambda \end{vmatrix} = (\lambda-1)(\lambda-5)=0$이므로 서로 다른 두 고윳값 $\lambda=1, 5$를 갖는다. 따라서 대각화 가능하고

$\lambda=1$일 때, 고유벡터는 $(-3, 1)$,

$\lambda=5$일 때, 고유벡터는 $(1, 1)$이므로 대각화하면 다음과 같다.

$$\begin{bmatrix} 2 & 3 \\ 1 & 4 \end{bmatrix} = \begin{bmatrix} -3 & 1 \\ 1 & 1 \end{bmatrix}\begin{bmatrix} 1 & 0 \\ 0 & 5 \end{bmatrix}\begin{bmatrix} -3 & 1 \\ 1 & 1 \end{bmatrix}^{-1}$$

(2) $\begin{vmatrix} -2-\lambda & -1 \\ 1 & -4-\lambda \end{vmatrix} = (\lambda+3)^2=0$이므로 고윳값은 -3이다.

고유벡터는 $\begin{bmatrix} 1 & -1 \\ 1 & -1 \end{bmatrix}\begin{bmatrix} x \\ y \end{bmatrix} = \begin{bmatrix} 0 \\ 0 \end{bmatrix}$에서 $(1, 1)$뿐이므로 대수적 중복도와 기하적 중복도가 일치하지 않는다. 따라서 대각화불가능하다.

(3) $\begin{vmatrix} 1-\lambda & 0 & 1 \\ 0 & -1-\lambda & 3 \\ 0 & 0 & 2-\lambda \end{vmatrix} = -\lambda^3+2\lambda^2+\lambda-2$

$=-(\lambda-2)(\lambda-1)(\lambda+1)=0$

이므로 고윳값은 $-1, 1, 2$이다.

$\lambda=-1$일 때, 고유벡터는 $(0, 1, 0)$

$\lambda=1$일 때, 고유벡터는 $(1, 0, 0)$,

$\lambda=2$일 때, 고유벡터는 $(1, 1, 1)$이므로 대각화하면 다음과 같다.

$$\begin{bmatrix} 1 & 0 & 1 \\ 0 & -1 & 3 \\ 0 & 0 & 2 \end{bmatrix} = \begin{bmatrix} 0 & 1 & 1 \\ 1 & 0 & 1 \\ 0 & 0 & 1 \end{bmatrix}\begin{bmatrix} -1 & 0 & 0 \\ 0 & 1 & 0 \\ 0 & 0 & 2 \end{bmatrix}\begin{bmatrix} 0 & 1 & 1 \\ 1 & 0 & 1 \\ 0 & 0 & 1 \end{bmatrix}^{-1}$$

(4) $\begin{vmatrix} 1-\lambda & 2 & 2 \\ 2 & 3-\lambda & -2 \\ -5 & 3 & 8-\lambda \end{vmatrix} = -\lambda^3+12\lambda^2-47\lambda+60$

$=-(\lambda-3)(\lambda-4)(\lambda-5)=0$

이므로 고윳값은 3, 4, 5이고

$\lambda=3$일 때 고유벡터는 $(1, 0, 1)$,

$\lambda=4$일 때 고유벡터는 $(2, 2, 1)$,

$\lambda=5$일 때 고유벡터는 $(0, -1, 1)$이므로 대각화하면 다음과 같다.

$$\begin{bmatrix} 1 & 2 & 2 \\ 2 & 3 & -2 \\ -5 & 3 & 8 \end{bmatrix} = \begin{bmatrix} 1 & 2 & 0 \\ 0 & 2 & -1 \\ 1 & 1 & 1 \end{bmatrix}\begin{bmatrix} 3 & 0 & 0 \\ 0 & 4 & 0 \\ 0 & 0 & 5 \end{bmatrix}\begin{bmatrix} 1 & 2 & 0 \\ 0 & 2 & -1 \\ 1 & 1 & 1 \end{bmatrix}^{-1}$$

(5) 상삼각행렬이므로 고윳값은 1, 2이고

$\lambda=1$일 때 고유벡터는 $(1, 0, 0)$뿐이므로 대수적 중복도와 기하적 중복도가 일치하지 않는다 따라서 대각화 불가능하다.

(6) $\begin{vmatrix} 1-\lambda & 2 & 0 \\ 2 & -1-\lambda & 0 \\ 0 & 0 & 1-\lambda \end{vmatrix} = -\lambda^3+\lambda^2+5\lambda-5$

$=-(\lambda-1)(\lambda-\sqrt{5})(\lambda+\sqrt{5})=0$

이므로 고윳값은 $1, \sqrt{5}, -\sqrt{5}$이다.

$\lambda=1$일 때, 고유벡터는 $(0, 0, 1)$,

$\lambda=\sqrt{5}$일 때, 고유벡터는 $\left(\frac{1+\sqrt{5}}{2}, 1, 0\right)$

$\lambda=-\sqrt{5}$일 때, 고유벡터는 $\left(\frac{1-\sqrt{5}}{2}, 1, 0\right)$이므로 대각화하면 다음과 같다.

$$\begin{bmatrix} 1 & 3 & -1 \\ 0 & 2 & 4 \\ 0 & 0 & 1 \end{bmatrix} = \begin{bmatrix} 0 & \frac{1+\sqrt{5}}{2} & \frac{1-\sqrt{5}}{2} \\ 0 & 1 & 1 \\ 1 & 0 & 0 \end{bmatrix}\begin{bmatrix} 1 & 0 & 0 \\ 0 & \sqrt{5} & 0 \\ 0 & 0 & -\sqrt{5} \end{bmatrix}\begin{bmatrix} 0 & \frac{1+\sqrt{5}}{2} & \frac{1-\sqrt{5}}{2} \\ 0 & 1 & 1 \\ 1 & 0 & 0 \end{bmatrix}^{-1}$$

04

정답 풀이 참조

(1) $\begin{vmatrix} 5-\lambda & 7 \\ 0 & -3-\lambda \end{vmatrix} = (\lambda-5)(\lambda+3)=0$이므로 고윳값은 $5, -3$이다.

$\lambda=5$일 때 고유벡터는 $(1, 0)$,

$\lambda=-3$일 때 고유벡터는 $(7, -8)$이므로

$P=\begin{bmatrix} 1 & 7 \\ 0 & -8 \end{bmatrix}$이고 $P^{-1}AP=\begin{bmatrix} 5 & 0 \\ 0 & -3 \end{bmatrix}$이다.

(2) $\begin{vmatrix} 1-\lambda & 0 & 0 \\ 0 & 1-\lambda & 1 \\ 0 & 1 & 1-\lambda \end{vmatrix} = -\lambda(\lambda-1)(\lambda-2)=0$이므로 고윳값은 0, 1, 2이다. 고유벡터는

$\lambda=0$일 때 $(0, -1, 1)$, $\lambda=1$일 때 $(1, 0, 0)$, $\lambda=2$일 때 $(0, 1, 1)$이므로 $P=\begin{bmatrix} 0 & 1 & 0 \\ -1 & 0 & 1 \\ 1 & 0 & 1 \end{bmatrix}$이고 $P^{-1}AP=\begin{bmatrix} 0 & 0 & 0 \\ 0 & 1 & 0 \\ 0 & 0 & 2 \end{bmatrix}$이다.

05

정답 ④

$\det\begin{vmatrix} 1 & 1 & 0 \\ 0 & 1 & 2 \\ 3 & 2 & -2 \end{vmatrix}=0$이고 $\left\|\begin{vmatrix} 1-\lambda & 1 & 0 \\ 0 & 1-\lambda & 2 \\ 3 & 2 & \lambda-2 \end{vmatrix}\right\| = 7\lambda-\lambda^3$이므로

$\lambda(\lambda^2-7)=0$에서 3개의 실고유치를 갖는다.

ㄱ. (거짓) $\det A=0$이므로 비가역행렬이다.

ㄴ. (참) 3개의 일차독립인 고유벡터를 가지므로 대각화 가능하다.

ㄷ. (참) $\lambda=0$일 때, 고유벡터 $(2, -2, 1)$을 갖는다.

06

정답 ①

A와 B가 닮은 행렬이므로 행렬식의 값은 서로 같다.

$\therefore 1\times(2-0)-0+(0-4)=-2$

07

정답 ④

행렬 A와 행렬 $\begin{bmatrix} \alpha & 0 & 0 \\ 0 & \beta & 0 \\ 0 & 0 & \gamma \end{bmatrix}$는 닮음행렬이므로 $trA=tr\begin{bmatrix} \alpha & 0 & 0 \\ 0 & \beta & 0 \\ 0 & 0 & \gamma \end{bmatrix}$

따라서 $\alpha+\beta+\gamma=6$이다.

08

정답 ②

가. $\begin{vmatrix} -1-\lambda & 0 & 1 \\ 3 & -\lambda & -3 \\ 1 & 0 & -1-\lambda \end{vmatrix}$

$=(-\lambda)(\lambda^2+2\lambda+1-1)=-\lambda^2(\lambda+2)$

이므로 $\lambda=0$과 $\lambda=-2$이다.

(i) $\lambda=-2$일 때, 대수적 중복도가 1이므로 기하적 중복도도 1이다.

(ii) $\lambda=0$일 때는

$rank\begin{bmatrix} -1-0 & 0 & 1 \\ 3 & 0-0 & -3 \\ 1 & 0 & -1-0 \end{bmatrix} = rank\begin{bmatrix} -1 & 0 & 1 \\ 0 & 0 & 0 \\ 0 & 0 & 0 \end{bmatrix}=1$이므로

$nullity\begin{bmatrix} -1-0 & 0 & 1 \\ 3 & 0-0 & -3 \\ 1 & 0 & -1-0 \end{bmatrix}=3-1=2$이다.

따라서 (대수적 중복도)=(기하적 중복도)=2이다.

(i), (ii)에 의하여 대각화 가능하다.

나. $\begin{vmatrix} 2-\lambda & 0 & 0 \\ 1 & 3-\lambda & 0 \\ -3 & 5 & 3-\lambda \end{vmatrix} = (3-\lambda)^2(2-\lambda)$이므로 $\lambda=2$과 $\lambda=3$이다.

(i) $\lambda=2$일 때, 대수적 중복도가 1이므로 기하적 중복도도 1이다.

(ii) $\lambda=3$일 때,

$rank\begin{bmatrix} 2-3 & 0 & 0 \\ 1 & 3-3 & 0 \\ -3 & 5 & 3-3 \end{bmatrix} = rank\begin{bmatrix} -1 & 0 & 0 \\ 0 & 0 & 0 \\ 0 & 5 & 0 \end{bmatrix} = 2$이므로

$nullity\begin{bmatrix} 2-3 & 0 & 0 \\ 1 & 3-3 & 0 \\ -3 & 5 & 3-3 \end{bmatrix} = 3-2=1$이다.

따라서 (대수적 중복도)=2이고 (기하적 중복도)=1이므로 대각화 불가능하다.

다. $\begin{vmatrix} 4-\lambda & -2 & 1 \\ 2 & -\lambda & 3 \\ 2 & -2 & 3-\lambda \end{vmatrix}$

$= \begin{vmatrix} 2-\lambda & 0 & \lambda-2 \\ 2 & -\lambda & 3 \\ 2 & -2 & 3-\lambda \end{vmatrix} = \begin{vmatrix} 2-\lambda & 0 & 0 \\ 2 & -\lambda & 5 \\ 2 & -2 & 5-\lambda \end{vmatrix}$

$=(2-\lambda)(\lambda^2-5\lambda+10)$

이므로 $\lambda=2$, $\lambda=\dfrac{5\pm\sqrt{25-40}}{2}=\dfrac{5\pm\sqrt{15}i}{2}$이다.

따라서 실수체 위에서 대각화 가능하지 않다.

라. $\begin{vmatrix} -\lambda & 0 & -2 \\ 1 & 2-\lambda & 1 \\ 1 & 0 & 3-\lambda \end{vmatrix}$

$=(2-\lambda)(\lambda^2-3\lambda+2)=(2-\lambda)(\lambda-1)(\lambda-2)$

이므로 $\lambda=1$, $\lambda=2$이다.

(i) $\lambda=1$일 때, 대수적 중복도가 1이므로 기하적 중복도도 1이다.

(ii) $\lambda=2$일 때, $rank\begin{bmatrix} 0-2 & 0 & -2 \\ 1 & 2-2 & 1 \\ 1 & 0 & 3-2 \end{bmatrix} = rank\begin{bmatrix} 1 & 0 & 1 \\ 0 & 0 & 0 \\ 0 & 0 & 0 \end{bmatrix} = 1$

이므로

$nullity\begin{bmatrix} 0-2 & 0 & -2 \\ 1 & 2-2 & 1 \\ 1 & 0 & 3-2 \end{bmatrix} = 3-1=2$이다.

따라서 (대수적 중복도)=(기하적 중복도)=2이다.

(i), (ii)에 의하여 대각화 가능하다.

그러므로 대각화 가능한 행렬은 가, 라 2개이다.

09

정답 13

$A=\begin{bmatrix} 3 & 1 & -5 \\ 0 & 2 & 6 \\ 0 & 0 & a \end{bmatrix}$에 대한 고유다항식은

$(3-x)(2-x)(a-x)=0$

$\Leftrightarrow x^3-(5+a)x^2+(6+5a)x-6a=0$ 이므로

$f(x)=x^3+bx^2+cx-12 = x^3-(5+a)x^2+(6+5a)x-6a$

$\Leftrightarrow \begin{cases} a+5=-b \\ 6+5a=c \\ -6a=-12 \end{cases} \Leftrightarrow a=2,\ b=-7\ ,\ c=16$ 이다.

따라서, 행렬 $A=\begin{bmatrix} 3 & 1 & -5 \\ 0 & 2 & 6 \\ 0 & 0 & 2 \end{bmatrix}$에 대해

$\lambda=2$일 때, 고유벡터 $v=\{v \mid (A-2I)v=0\}$

$\Leftrightarrow \begin{bmatrix} 3-2 & 1 & -5 \\ 0 & 2-2 & 6 \\ 0 & 0 & 2-2 \end{bmatrix}\begin{bmatrix} x \\ y \\ z \end{bmatrix} = \begin{bmatrix} 0 \\ 0 \\ 0 \end{bmatrix}$

$\Leftrightarrow \{(x,y,z) \mid x+y-5z=0,\ 6z=0\}$ 이므로

$\lambda=2$에 대한 고유공간은 1차원이다.

따라서, 행렬 B의 최소다항식은 $(x-3)(x-2)$ 인 $d=2$인 이차식이다.

$\therefore\ a+b+c+d\ =2-7+16+2\ =13$

참고 행렬 $A\in M_{n\times n}(F)$에 대하여 $p(A)=O$ 즉 특성방정식을 만족하는 최고차항의 계수가 1이고 가장 낮은 차수를 갖는 다항식을 최소다항식이라 한다.

Topic 39 행렬의 거듭제곱

01

정답 풀이 참조

(1) $A^3=\begin{bmatrix} 1 & (-2)\cdot 3 \\ 0 & 1 \end{bmatrix}=\begin{bmatrix} 1 & -6 \\ 0 & 1 \end{bmatrix}$

(2) $A^4=\begin{bmatrix} 1 & 0 \\ (-3)\cdot 4 & 1 \end{bmatrix}=\begin{bmatrix} 1 & 0 \\ -12 & 1 \end{bmatrix}$

(3) 특성방정식이 $(-1-\lambda)(4-\lambda)-6=0 \Rightarrow \lambda^2-3\lambda-10=0$이므로 케일리-해밀턴 정리에 의해

$A^2-3A-10I=O \Rightarrow A^2=3A+10I \Rightarrow A^3=3A^2+10A$이다.

$\therefore\ A^3=3\begin{bmatrix} -1 & 3 \\ 2 & 4 \end{bmatrix}\begin{bmatrix} -1 & 3 \\ 2 & 4 \end{bmatrix}+10\begin{bmatrix} -1 & 3 \\ 2 & 4 \end{bmatrix}$

$=3\begin{bmatrix} 7 & 9 \\ 6 & 22 \end{bmatrix}+10\begin{bmatrix} -1 & 3 \\ 2 & 4 \end{bmatrix}$

$=\begin{bmatrix} 11 & 57 \\ 38 & 106 \end{bmatrix}$

| 다른 풀이 |

$\lambda^2-3\lambda-10=(\lambda-5)(\lambda+2)=0$에서 고윳값은 $\lambda=5,\ -2$이다.

따라서 $A=PDP^{-1}$을 만족하는 대각 행렬은 $D=\begin{bmatrix} 5 & 0 \\ 0 & -2 \end{bmatrix}$

$\lambda=5$일 때 고유벡터는 $(1,2)$,

$\lambda=-2$일 때 고유벡터는 $(-3,1)$이므로

$P=\begin{bmatrix} 1 & -3 \\ 2 & 1 \end{bmatrix}$이다. 따라서

$A^3=\begin{bmatrix} 1 & -3 \\ 2 & 1 \end{bmatrix}\begin{bmatrix} 5 & 0 \\ 0 & -2 \end{bmatrix}^3\begin{bmatrix} 1 & -3 \\ 2 & 1 \end{bmatrix}^{-1}$

$=\dfrac{1}{7}\begin{bmatrix} 1 & -3 \\ 2 & 1 \end{bmatrix}\begin{bmatrix} 125 & 0 \\ 0 & -8 \end{bmatrix}\begin{bmatrix} 1 & 3 \\ -2 & 1 \end{bmatrix}$

$=\begin{bmatrix} 11 & 57 \\ 38 & 106 \end{bmatrix}$

(4) 특성방정식은 $\lambda^2-\lambda-2=(\lambda-2)(\lambda+1)=0$이므로 고윳값은 $-1,\ 2$이다.

$\lambda=-1$일 때, 고유벡터는 $(1,\ -1)$,

$\lambda=2$일 때 고유벡터는 $(1,\ 0)$이므로

$A=\begin{bmatrix} 1 & 1 \\ -1 & 0 \end{bmatrix}\begin{bmatrix} -1 & 0 \\ 0 & 2 \end{bmatrix}\begin{bmatrix} 1 & 1 \\ -1 & 0 \end{bmatrix}^{-1}$이다.

$\therefore A^{10}=\begin{bmatrix} 1 & 1 \\ -1 & 0 \end{bmatrix}\begin{bmatrix} (-1)^{10} & 0 \\ 0 & 2^{10} \end{bmatrix}\begin{bmatrix} 0 & -1 \\ 1 & 1 \end{bmatrix}$

$=\begin{bmatrix} 1024 & 1023 \\ 0 & 1 \end{bmatrix}$

(5) 특성방정식은

$\lambda^3-2\lambda^2-\lambda+2=(\lambda+1)(\lambda-1)(\lambda-2)=0$이므로

고윳값은 $\lambda=-1,\ 1,\ 2$이다.

$\lambda=-1$일 때 고유벡터는 $(0,\ -1,\ 1)$,

$\lambda=1$일 때 고유벡터는 $(1, 0, 0)$,

$\lambda=2$일 때 고유벡터는 $(3, 2, 1)$이므로

$$A=\begin{bmatrix}0&1&3\\-1&0&2\\1&0&1\end{bmatrix}\begin{bmatrix}-1&0&0\\0&1&0\\0&0&2\end{bmatrix}\begin{bmatrix}0&1&3\\-1&0&2\\1&0&1\end{bmatrix}^{-1}$$ 이다.

$$A^5=\begin{bmatrix}0&1&3\\-1&0&2\\1&0&1\end{bmatrix}\begin{bmatrix}-1&0&0\\0&1&0\\0&0&2^5\end{bmatrix}\begin{bmatrix}0&1&3\\-1&0&2\\1&0&1\end{bmatrix}^{-1}$$

$$=\frac{1}{3}\begin{bmatrix}0&1&3\\-1&0&2\\1&0&1\end{bmatrix}\begin{bmatrix}-1&0&0\\0&1&0\\0&0&32\end{bmatrix}\begin{bmatrix}0&-1&2\\3&-3&-3\\0&1&1\end{bmatrix}$$

$$=\begin{bmatrix}1&31&31\\0&21&22\\0&11&10\end{bmatrix}$$

(6) 특성방정식은 $\lambda^3-3\lambda^2+2\lambda=\lambda(\lambda-1)(\lambda-2)=0$ 이므로 고윳값은 $\lambda=0, 1, 2$이다.

$\lambda=0$일 때 고유벡터는 $(0, -1, 2)$,

$\lambda=1$일 때 고유벡터는 $(0, 0, 1)$,

$\lambda=2$일 때 고유벡터는 $(1, 2, 5)$이므로

$$A=\begin{bmatrix}0&0&1\\-1&0&2\\2&1&5\end{bmatrix}\begin{bmatrix}0&0&0\\0&1&0\\0&0&2\end{bmatrix}\begin{bmatrix}0&0&1\\-1&0&2\\2&1&5\end{bmatrix}^{-1}$$

$$\therefore A^{10}=\begin{bmatrix}0&0&1\\-1&0&2\\2&1&5\end{bmatrix}\begin{bmatrix}0&0&0\\0&1^{10}&0\\0&0&2^{10}\end{bmatrix}\begin{bmatrix}0&0&1\\-1&0&2\\2&1&5\end{bmatrix}^{-1}$$

$$=\begin{bmatrix}0&0&1\\-1&0&2\\2&1&5\end{bmatrix}\begin{bmatrix}0&0&0\\0&1&0\\0&0&1024\end{bmatrix}\begin{bmatrix}2&-1&0\\-9&2&1\\1&0&0\end{bmatrix}$$

$$=\begin{bmatrix}2^{10}&0&0\\2^{11}&0&0\\5\cdot 2^{10}-9&2&1\end{bmatrix}$$

02

정답 ①

$A=\begin{bmatrix}a&b\\c&d\end{bmatrix}$일 때, 케일리-해밀턴 정리에 의해

$A^2-(a+d)A+(ad-bc)I=O$이므로

$A^2-\{3+(-3)\}A+\{3\cdot(-3)-(-2)\cdot 2\}I=O$

즉, $A^2=5I$이므로

$$A^{200}=(A^2)^{100}=5^{100}I=\begin{bmatrix}5^{100}&0\\0&5^{100}\end{bmatrix}$$

03

정답 ①

A의 특성방정식은 $\lambda^2-\lambda+1=0$, 양변에 $\lambda+1$을 곱하여 인수분해하면 $(\lambda+1)(\lambda^2-\lambda+1)=\lambda^3+1=0$ 이므로 $A^3=-I$이다.($\because$ 케일리-해밀턴의 정리)

B의 특성방정식은 $\lambda^2-1=0$이므로 $B^2=I$이다.

$\therefore A^6-B^6=(-I)^2-I^3=I-I=O$

04

정답 ③

$A=\begin{pmatrix}1&2\\4&3\end{pmatrix}$이라 하면

$$\begin{vmatrix}1-\lambda&2\\4&3-\lambda\end{vmatrix}=(1-\lambda)(3-\lambda)-8=\lambda^2-4\lambda-5$$
$$=(\lambda+1)(\lambda-5)$$

이므로 A의 고윳값은 -1, 5이다.

이때의 고유벡터를 구해보면

(i) $\lambda=-1$일 때, $\begin{pmatrix}2&2\\4&4\end{pmatrix}\begin{pmatrix}x\\y\end{pmatrix}=\begin{pmatrix}0\\0\end{pmatrix}\Rightarrow 2x+2y=0\Rightarrow x+y=0$

$\therefore$ 고유벡터는 $\begin{pmatrix}1\\-1\end{pmatrix}$

(ii) $\lambda=5$일 때, $\begin{pmatrix}-4&2\\4&-2\end{pmatrix}\begin{pmatrix}x\\y\end{pmatrix}=\begin{pmatrix}0\\0\end{pmatrix}\Rightarrow 4x-2y=0\Rightarrow 2x-y=0$

$\therefore$ 고유벡터는 $\begin{pmatrix}1\\2\end{pmatrix}$

즉, $P=\begin{pmatrix}1&1\\-1&2\end{pmatrix}$, $D=P^{-1}AP=\begin{pmatrix}-1&0\\0&5\end{pmatrix}$이므로

$A=P\begin{pmatrix}-1&0\\0&5\end{pmatrix}P^{-1}$

$$\therefore A^{100}=P\begin{pmatrix}-1&0\\0&5\end{pmatrix}^{100}P^{-1}$$
$$=\begin{pmatrix}1&1\\-1&2\end{pmatrix}\begin{pmatrix}-1&0\\0&5\end{pmatrix}^{100}\frac{1}{3}\begin{pmatrix}2&-1\\1&1\end{pmatrix}$$
$$=\frac{1}{3}\begin{pmatrix}1&1\\-1&2\end{pmatrix}\begin{pmatrix}1&0\\0&5^{100}\end{pmatrix}\begin{pmatrix}2&-1\\1&1\end{pmatrix}$$
$$=\frac{1}{3}\begin{pmatrix}1&5^{100}\\-1&2\cdot 5^{100}\end{pmatrix}\begin{pmatrix}2&-1\\1&1\end{pmatrix}$$
$$=\frac{1}{3}\begin{pmatrix}2+5^{100}&5^{100}-1\\2\cdot 5^{100}-2&2\cdot 5^{100}+1\end{pmatrix}$$

따라서 행렬 $\begin{pmatrix}1&2\\4&3\end{pmatrix}^{100}$의 $(1, 1)$ 원소는 $\dfrac{5^{100}+2}{3}$이다.

05

정답 ②

행렬 $A=\begin{bmatrix}3&-1\\-1&3\end{bmatrix}$의 특성[고유]방정식은

$\lambda^2-6\lambda+8=0$이므로 $\lambda=2$, 4이다.

행렬 A는 서로 다른 고유치를 가지므로 대각화 가능하다.

고유치 $\lambda=2$에 대응하는 고유벡터는 $\begin{bmatrix}1\\1\end{bmatrix}$이고

고유치 $\lambda=4$에 대응하는 고유벡터는 $\begin{bmatrix}1\\-1\end{bmatrix}$이므로

$A=P\begin{bmatrix}2&0\\0&4\end{bmatrix}P^{-1}$, $P=\begin{bmatrix}1&1\\1&-1\end{bmatrix}$이다. 따라서

$$A^{10}\begin{bmatrix}1\\1\end{bmatrix}=P\begin{bmatrix}2^{10}&0\\0&4^{10}\end{bmatrix}P^{-1}\begin{bmatrix}1\\1\end{bmatrix}$$
$$=\begin{bmatrix}1&1\\1&-1\end{bmatrix}\begin{bmatrix}2^{10}&0\\0&2^{20}\end{bmatrix}\frac{1}{2}\begin{bmatrix}1&1\\1&-1\end{bmatrix}\begin{bmatrix}1\\1\end{bmatrix}$$
$$=\frac{1}{2}\begin{bmatrix}2^{10}+2^{20}&2^{10}-2^{20}\\2^{10}-2^{20}&2^{10}+2^{20}\end{bmatrix}\begin{bmatrix}1\\1\end{bmatrix}=\frac{1}{2}\begin{bmatrix}2\cdot 2^{10}\\2\cdot 2^{10}\end{bmatrix}$$

이므로 $a+b=2^{11}$

06

정답 ③

$$|A-\lambda I|=\begin{vmatrix}0.9-\lambda&0.1\\0.4&0.6-\lambda\end{vmatrix}=\lambda^2-1.5\lambda+0.5=(\lambda-1)(\lambda-0.5)$$

이므로 $\lambda=1$, $\lambda=0.5$이다.

(i) $\lambda=1$일 때, $\begin{bmatrix}-0.1&0.1\\0.4&-0.4\end{bmatrix}\begin{bmatrix}x\\y\end{bmatrix}=\begin{bmatrix}0\\0\end{bmatrix}\Leftrightarrow -x+y=0$이므로

고유벡터는 $\begin{bmatrix}1\\1\end{bmatrix}$이다.

(ii) $\lambda=0.5$일 때, $\begin{bmatrix}0.4&0.1\\0.4&0.1\end{bmatrix}\begin{bmatrix}x\\y\end{bmatrix}=\begin{bmatrix}0\\0\end{bmatrix}\Leftrightarrow 4x+y=0$이므로 고유

벡터는 $\begin{bmatrix} 1 \\ -4 \end{bmatrix}$이다.

따라서 $A^n = PD^nP^{-1} = \begin{bmatrix} 1 & 1 \\ 1 & -4 \end{bmatrix}\begin{bmatrix} 1^n & 0 \\ 0 & \left(\frac{1}{2}\right)^n \end{bmatrix}\frac{1}{5}\begin{bmatrix} 4 & 1 \\ 1 & -1 \end{bmatrix}$이다.

그러므로 $\lim_{n\to\infty} A^n = \lim_{n\to\infty}\frac{1}{5}\begin{bmatrix} 1 & 1 \\ 1 & -4 \end{bmatrix}\begin{bmatrix} 1^n & 0 \\ 0 & \left(\frac{1}{2}\right)^n \end{bmatrix}\begin{bmatrix} 4 & 1 \\ 1 & -1 \end{bmatrix}$

$$= \frac{1}{5}\begin{pmatrix} 1 & 1 \\ 1 & -4 \end{pmatrix}\begin{pmatrix} 1 & 0 \\ 0 & 0 \end{pmatrix}\begin{pmatrix} 4 & 1 \\ 1 & -1 \end{pmatrix}$$

$$= \frac{1}{5}\begin{bmatrix} 1 & 0 \\ 1 & 0 \end{bmatrix}\begin{bmatrix} 4 & 1 \\ 1 & -1 \end{bmatrix} = \frac{1}{5}\begin{bmatrix} 4 & 1 \\ 4 & 1 \end{bmatrix}$$ 이다.

07

정답 ①

2×2 행렬 A의 고윳값이 1과 -1이면 대각화 가능하므로 정칙행렬 P에 대하여 $P^{-1}AP = D = \begin{bmatrix} 1 & 0 \\ 0 & -1 \end{bmatrix}$를 만족하고

$D^{2020} = (D^2)^{1010} = \begin{bmatrix} 1 & 0 \\ 0 & 1 \end{bmatrix}$이므로

$A^{2020} = PD^{2020}P^{-1} = PP^{-1} = I$이다.

Topic 40 직교행렬(orthogonal matrix)

01

정답 (1), (2), (4)

(1) $A^TA = \begin{bmatrix} 0 & 1 \\ 1 & 0 \end{bmatrix}\begin{bmatrix} 0 & 1 \\ 1 & 0 \end{bmatrix} = \begin{bmatrix} 1 & 0 \\ 0 & 1 \end{bmatrix}$이므로 직교행렬이다.

(2) $B^TB = \begin{bmatrix} \frac{1}{\sqrt{2}} & \frac{1}{\sqrt{2}} \\ -\frac{1}{\sqrt{2}} & \frac{1}{\sqrt{2}} \end{bmatrix}\begin{bmatrix} \frac{1}{\sqrt{2}} & -\frac{1}{\sqrt{2}} \\ \frac{1}{\sqrt{2}} & \frac{1}{\sqrt{2}} \end{bmatrix} = \begin{bmatrix} 1 & 0 \\ 0 & 1 \end{bmatrix}$이므로

직교행렬이다.

(3) $C^TC = \begin{bmatrix} \frac{1}{\sqrt{2}} & 0 & \frac{1}{\sqrt{2}} \\ 1 & 0 & 0 \\ 0 & 1 & 0 \end{bmatrix}\begin{bmatrix} \frac{1}{\sqrt{2}} & 1 & 0 \\ 0 & 0 & 1 \\ \frac{1}{\sqrt{2}} & 0 & 0 \end{bmatrix} = \begin{bmatrix} 1 & \frac{1}{\sqrt{2}} & 0 \\ \frac{1}{\sqrt{2}} & 1 & 0 \\ 0 & 0 & 1 \end{bmatrix}$

이므로 직교행렬이 아니다.

(4) $D^TD = \frac{1}{3}\begin{bmatrix} 2 & -2 & 1 \\ 2 & 1 & -2 \\ 1 & 2 & 2 \end{bmatrix}\cdot\frac{1}{3}\begin{bmatrix} 2 & 2 & 1 \\ -2 & 1 & 2 \\ 1 & -2 & 2 \end{bmatrix}$

$= \begin{bmatrix} 1 & 0 & 0 \\ 0 & 1 & 0 \\ 0 & 0 & 1 \end{bmatrix}$이므로 직교행렬이다.

02

정답 풀이 참조

직교행렬의 역행렬은 전치행렬이다. 따라서

(1) $A^{-1} = A^T = \begin{bmatrix} 0 & 1 \\ 1 & 0 \end{bmatrix}$

(2) $B^{-1} = B^T = \begin{bmatrix} \frac{1}{\sqrt{2}} & \frac{1}{\sqrt{2}} \\ -\frac{1}{\sqrt{2}} & \frac{1}{\sqrt{2}} \end{bmatrix}$

(4) $D^{-1} = D^T = \frac{1}{3}\begin{bmatrix} 2 & 2 & 1 \\ -2 & 1 & 2 \\ 1 & -2 & 2 \end{bmatrix}$

03

정답 $a^2+b^2 = \frac{1}{2}$

$AA^T = \begin{bmatrix} a+b & b-a \\ a-b & b+a \end{bmatrix}\begin{bmatrix} a+b & a-b \\ b-a & b+a \end{bmatrix}$

$= \begin{bmatrix} 2(a^2+b^2) & 0 \\ 0 & 2(a^2+b^2) \end{bmatrix} = \begin{bmatrix} 1 & 0 \\ 0 & 1 \end{bmatrix}$

에서 $2(a^2+b^2) = 1$, $a^2+b^2 = \frac{1}{2}$이어야 한다.

04

정답 ③

행렬 A가 직교행렬이면 A의 행(열)벡터는 유클리드 내적에 관하여 정규직교집합을 이룬다. 따라서 각 행벡터들의 크기가 1이므로

$\frac{1}{4}+a^2+b^2 = 1$, $d^2+\frac{1}{2}+c^2 = 1$, $e^2+f^2+\frac{1}{2} = 1$

$\therefore\ a^2+b^2+c^2+d^2+e^2+f^2 = \frac{7}{4}$

05

정답 ③

$A^{-1} = A^T$ 이므로 행렬 A는 직교행렬이다.

직교행렬의 행렬식은 1 또는 -1이므로 $|A^2| = |A|^2 = (\pm1)^2 = 1$

| 다른 풀이 |

$|A^{-1}| = |A^T| \Rightarrow \frac{1}{|A|} = |A| \Rightarrow |A|^2 = 1 \Rightarrow |A^2| = 1$

06

정답 ③

주어진 행렬 A는 직교행렬이므로

$\langle Au, Av\rangle = (Av)^t(Au) = v^tA^tAu = v^tu = \langle u, v\rangle$ 이다.

따라서, 주어진 보기 중에 $\langle u, v\rangle$값이 최대가 되는 것을 찾으면 된다.

① $\langle u, v\rangle = 12$, ② $\langle u, v\rangle = 6$, ③ $\langle u, v\rangle = 13$,
④ $\langle u, v\rangle = -4$

07

정답 ②

$AA^T = I$이므로 A는 직교행렬이다.

따라서 A의 행벡터의 크기가 1이므로

$\frac{a^2+16}{16} = 1 \Rightarrow a = 0$,

$\frac{b^2+13}{16} = 1 \Rightarrow b^2 = 3$,

$\frac{c^2+12}{16} = 1 \Rightarrow c^2 = 4$

$\frac{d^2+16}{16} = 1 \Rightarrow d = 0$,

$\frac{e^2+4}{16}=1 \Rightarrow e^2=12$

또한 A의 행벡터들끼리 내적은 0이므로 $b=\sqrt{3}$, $c=2, e=-2\sqrt{3}$

따라서 $a+b+c+d+e=2-\sqrt{3}$

Topic 41 대칭행렬의 대각화/멱등행렬/멱영행렬

01

정답 ㄱ, ㄷ, ㄹ

ㄱ. (참) $(A^2)^T=(AA)^T=A^TA^T=AA=A^2$이므로 대칭행렬이다.

ㄴ. (거짓) $AB=BA$가 성립할 때만 대칭행렬이 된다.

ㄷ. (참) $(A^2-2A+3I)^T=(A^2)^T-(2A)^T+(3I)^T$

$=A^2-2A+3I$

이므로 대칭행렬이다.

ㄹ. (참) $A^TA=A$이면 $A^T=I$ 이므로 양변을 전치하면

$(A^TA)^T=A^T \Rightarrow A^T(A^T)^T=A^T$

$\Rightarrow A^TA=A^T$

$\Rightarrow IA=A^T \Rightarrow A=A^T$

따라서 $A^TA=A=A^2$이므로 $A=I$이다.

02

정답 풀이 참조

(1) 서로 다른 고윳값은 7, 4이고 대응하는 단위고유벡터는 각각 $\begin{bmatrix}1\\0\end{bmatrix}$, $\begin{bmatrix}0\\1\end{bmatrix}$이므로 $P=P^{-1}=\begin{bmatrix}1&0\\0&1\end{bmatrix}$이다. 따라서

$P^{-1}AP=\begin{bmatrix}1&0\\0&1\end{bmatrix}\begin{bmatrix}7&0\\0&4\end{bmatrix}\begin{bmatrix}1&0\\0&1\end{bmatrix}=\begin{bmatrix}7&0\\0&4\end{bmatrix}$이다.

(2) $\begin{vmatrix}1-\lambda&3\\3&1-\lambda\end{vmatrix}=\lambda^2-2\lambda-8=0$에서 고윳값은 $\lambda=4,\ -2$이다.

$\lambda=4$에 대응하는 고유벡터는

$\begin{bmatrix}-3&3\\3&-3\end{bmatrix}\begin{bmatrix}x\\y\end{bmatrix}=\begin{bmatrix}0\\0\end{bmatrix}$에서 $\begin{bmatrix}1\\1\end{bmatrix}$

$\lambda=-2$에 대응하는 고유벡터는

$\begin{bmatrix}3&3\\3&3\end{bmatrix}\begin{bmatrix}x\\y\end{bmatrix}=\begin{bmatrix}0\\0\end{bmatrix}$에서 $\begin{bmatrix}1\\-1\end{bmatrix}$

따라서 단위고유벡터는 각각 $\begin{bmatrix}\frac{1}{\sqrt{2}}\\\frac{1}{\sqrt{2}}\end{bmatrix}$, $\begin{bmatrix}\frac{1}{\sqrt{2}}\\-\frac{1}{\sqrt{2}}\end{bmatrix}$이고

$P=\begin{bmatrix}\frac{1}{\sqrt{2}}&\frac{1}{\sqrt{2}}\\\frac{1}{\sqrt{2}}&-\frac{1}{\sqrt{2}}\end{bmatrix}$, $P^{-1}=\begin{bmatrix}\frac{1}{\sqrt{2}}&\frac{1}{\sqrt{2}}\\\frac{1}{\sqrt{2}}&-\frac{1}{\sqrt{2}}\end{bmatrix}$이므로

$P^{-1}AP=\begin{bmatrix}\frac{1}{\sqrt{2}}&\frac{1}{\sqrt{2}}\\\frac{1}{\sqrt{2}}&-\frac{1}{\sqrt{2}}\end{bmatrix}\begin{bmatrix}1&3\\3&1\end{bmatrix}\begin{bmatrix}\frac{1}{\sqrt{2}}&\frac{1}{\sqrt{2}}\\\frac{1}{\sqrt{2}}&-\frac{1}{\sqrt{2}}\end{bmatrix}$

$=\begin{bmatrix}4&0\\0&-2\end{bmatrix}$

이다.

03

정답 풀이 참조

(1) $\begin{bmatrix}7&0\\0&4\end{bmatrix}=7\begin{bmatrix}1\\0\end{bmatrix}[1\ \ 0]+4\begin{bmatrix}0\\1\end{bmatrix}[0\ \ 1]$

$=7\begin{bmatrix}1&0\\0&0\end{bmatrix}+4\begin{bmatrix}0&0\\0&1\end{bmatrix}$

(2) $\begin{bmatrix}1&3\\3&1\end{bmatrix}=4\begin{bmatrix}\frac{1}{\sqrt{2}}\\\frac{1}{\sqrt{2}}\end{bmatrix}\begin{bmatrix}\frac{1}{\sqrt{2}}&\frac{1}{\sqrt{2}}\end{bmatrix}-2\begin{bmatrix}\frac{1}{\sqrt{2}}\\-\frac{1}{\sqrt{2}}\end{bmatrix}\begin{bmatrix}\frac{1}{\sqrt{2}}&-\frac{1}{\sqrt{2}}\end{bmatrix}$

$=4\begin{bmatrix}\frac{1}{2}&\frac{1}{2}\\\frac{1}{2}&\frac{1}{2}\end{bmatrix}-2\begin{bmatrix}\frac{1}{2}&-\frac{1}{2}\\-\frac{1}{2}&\frac{1}{2}\end{bmatrix}$

04

정답 풀이 참조

(1) $(I-A)^2=I-2A+A^2=I-2A+A=I-A$이므로

$A^2=A$이면 $(I-A)^2=I-A$가 성립한다.

(2) $(2A-I)^2=4A^2-4A+I=4A-4A+I=I(\because A^2=A)$

$\Rightarrow 2A-I=I \Rightarrow A=I$

05

정답 ③

$|4\vec{v_1}-3\vec{v_2}|^2=(4\vec{v_1}-3\vec{v_2})\cdot(4\vec{v_1}-3\vec{v_2})$

$=16\vec{v_1}\cdot\vec{v_1}-24\vec{v_1}\cdot\vec{v_2}+9\vec{v_2}\cdot\vec{v_2}$

$=25$

($\because$ $\vec{v_1}$, $\vec{v_2}$는 단위벡터이고 대칭행렬의 서로 다른 고유치에 대응하는 고유벡터이므로 직교한다.)

따라서 $|4\vec{v_1}-3\vec{v_2}|=5$이다.

06

정답 ④

가. $A^{-1}=\frac{1}{|A|}adj(A)$이고 이때, $adj(A)$도 상삼각행렬이므로 A^{-1}는 상삼각행렬이다. (참)

나. 삼각행렬의 행렬식은 주대각원소의 곱이고, A가 가역일 필요충분조건은 $\det(A)\neq 0$이다. (참)

다. B는 직교대각화 가능하고 A와 B는 직교닮음이므로 $P^{-1}BP=P^TBP=A$ 이다. 따라서 A는 대각행렬이다. (참)

07

정답 풀이 참조

$\frac{1}{1-x}=1+x+x^2+x^3+\cdots$

$\Rightarrow 1=(1-x)(1+x+x^2+x^3+\cdots)$

x대신 A를 대입하면

$(I-A)(I+A+A^2+A^3+\cdots)=I$이므로

$(I-A)^{-1}=I+A+A^2+\cdots$로 나타낼 수 있다.

이때 A가 지표 k인 멱영행렬이면

$(I-A)^{-1}=I+A+A^2+\cdots+A^{k-1}$이다. 따라서

(1) $A^2=\begin{bmatrix}0&1\\0&0\end{bmatrix}\begin{bmatrix}0&1\\0&0\end{bmatrix}=\begin{bmatrix}0&0\\0&0\end{bmatrix}$이므로 멱영지표는 2이고

$(I-A)^{-1}=\begin{bmatrix}1&0\\0&1\end{bmatrix}+\begin{bmatrix}0&1\\0&0\end{bmatrix}=\begin{bmatrix}1&1\\0&1\end{bmatrix}$이다.

(2) $A^2=\begin{bmatrix}0&0&0\\1&0&0\\8&1&0\end{bmatrix}\begin{bmatrix}0&0&0\\1&0&0\\8&1&0\end{bmatrix}=\begin{bmatrix}0&0&0\\0&0&0\\1&0&0\end{bmatrix}$

$A^3=\begin{bmatrix}0&0&0\\0&0&0\\1&0&0\end{bmatrix}\begin{bmatrix}0&0&0\\1&0&0\\8&1&0\end{bmatrix}=\begin{bmatrix}0&0&0\\0&0&0\\0&0&0\end{bmatrix}$이므로 멱영지표는 3이고

$(I-A)^{-1}=I+A+A^2$

$=\begin{bmatrix}1&0&0\\0&1&0\\0&0&1\end{bmatrix}+\begin{bmatrix}0&0&0\\1&0&0\\8&1&0\end{bmatrix}+\begin{bmatrix}0&0&0\\0&0&0\\1&0&0\end{bmatrix}=\begin{bmatrix}1&0&0\\1&1&0\\9&1&1\end{bmatrix}$

(3) $A^2=\begin{bmatrix}0&0\\1&0\end{bmatrix}\begin{bmatrix}0&0\\1&0\end{bmatrix}=\begin{bmatrix}0&0\\0&0\end{bmatrix}$이므로 멱영지표는 2이고

$(I-A)^{-1}=I+A=\begin{bmatrix}1&0\\0&1\end{bmatrix}+\begin{bmatrix}0&0\\1&0\end{bmatrix}=\begin{bmatrix}1&0\\1&1\end{bmatrix}$이다.

(4) $A^2=\begin{bmatrix}0&2&1\\0&0&3\\0&0&0\end{bmatrix}\begin{bmatrix}0&2&1\\0&0&3\\0&0&0\end{bmatrix}=\begin{bmatrix}0&0&6\\0&0&0\\0&0&0\end{bmatrix}$

$A^3=\begin{bmatrix}0&0&6\\0&0&0\\0&0&0\end{bmatrix}\begin{bmatrix}0&2&1\\0&0&3\\0&0&0\end{bmatrix}=\begin{bmatrix}0&0&0\\0&0&0\\0&0&0\end{bmatrix}$이므로 멱영지표는 3이고 $(I-A)^{-1}=I+A+A^2$

$=\begin{bmatrix}1&0&0\\0&1&0\\0&0&1\end{bmatrix}+\begin{bmatrix}0&2&1\\0&0&3\\0&0&0\end{bmatrix}+\begin{bmatrix}0&0&6\\0&0&0\\0&0&0\end{bmatrix}=\begin{bmatrix}1&2&7\\0&1&3\\0&0&1\end{bmatrix}$

08

정답 11

주어진 등식은 3×3 대칭행렬을 스펙트럼 분해한 형태이다. 따라서 a, b, c는 고윳값이고 열벡터들은 각각의 고윳값에 대응하는 직교 단위 고유벡터들이다.

$\therefore a({u_1}^2+{u_2}^2+{u_3}^2)+b({v_1}^2+{v_2}^2+{v_3}^2)+c({w_1}^2+{w_2}^2+{w_3}^2)$

$=a\cdot1^2+b\cdot1^2+c\cdot1^2$

$=1+4+6=11$

09

정답 풀이 참조

세 고유벡터에 대하여

$(0,1,-1)\cdot(1,0,0)=(0,0,0)$,

$(0,1,-1)\cdot(0,1,1,)=(0,0,0)$,

$(1,0,0)\cdot(0,1,1)=(0,0,0)$이므로 세 벡터는 직교기저이다.

따라서, $D=P^{-1}AP$에서 $A=PDP^{-1}$로부터 원래의 행렬을 구할 수 있다. 정규화 하면

$(0,1,-1)\to\left(0,\frac{1}{\sqrt2},-\frac{1}{\sqrt2}\right)$,

$(1,0,0)\to(1,0,0)$,

$(0,1,1)\to\left(0,\frac{1}{\sqrt2},\frac{1}{\sqrt2}\right)$이므로

$P=\begin{bmatrix}0&1&0\\\frac{1}{\sqrt2}&0&\frac{1}{\sqrt2}\\-\frac{1}{\sqrt2}&0&\frac{1}{\sqrt2}\end{bmatrix}$이다.

$\therefore A=\begin{bmatrix}0&1&0\\\frac{1}{\sqrt2}&0&\frac{1}{\sqrt2}\\-\frac{1}{\sqrt2}&0&\frac{1}{\sqrt2}\end{bmatrix}\begin{bmatrix}-1&0&0\\0&3&0\\0&0&7\end{bmatrix}\begin{bmatrix}0&\frac{1}{\sqrt2}&-\frac{1}{\sqrt2}\\1&0&0\\0&\frac{1}{\sqrt2}&\frac{1}{\sqrt2}\end{bmatrix}$

$=\begin{bmatrix}3&0&0\\0&3&4\\0&4&3\end{bmatrix}$

Topic 42 행렬지수

01

정답 풀이 참조

(1) $A^2=\begin{bmatrix}1&1\\0&2\end{bmatrix}\begin{bmatrix}1&1\\0&2\end{bmatrix}=\begin{bmatrix}1&1+2\\0&2^2\end{bmatrix}$,

$A^3=\begin{bmatrix}1&1+2\\0&2^2\end{bmatrix}\begin{bmatrix}1&1\\0&2\end{bmatrix}=\begin{bmatrix}1&1+2+2^2\\0&2^3\end{bmatrix}$, …이므로

$A^k=\begin{bmatrix}1&2^{k-1}\\0&2^k\end{bmatrix}\ \left(\because \sum_{i=1}^{k}2^{i-1}=2^k-1\right)$

(2) $e^A=\sum_{k=0}^{\infty}\frac{A^k}{k!}=I+\sum_{k=1}^{\infty}\frac{A^k}{k!}$

$=I+\begin{bmatrix}\sum_{k=1}^{\infty}\frac{1}{k!}&\sum_{k=1}^{\infty}\frac{2^k-1}{k!}\\0&\sum_{k=1}^{\infty}\frac{2^k}{k!}\end{bmatrix}=\begin{bmatrix}\sum_{k=0}^{\infty}\frac{1}{k!}&\sum_{k=0}^{\infty}\frac{2^k-1}{k!}\\0&\sum_{k=0}^{\infty}\frac{2^k}{k!}\end{bmatrix}$

$=\begin{bmatrix}e&e^2-e\\0&e^2\end{bmatrix}$

(3) 삼각행렬이므로 서로 다른 고윳값은 1, 2이다.

즉, $A=PDP^{-1}$를 만족하는 $D=\begin{bmatrix}1&0\\0&2\end{bmatrix}$이다.

$D^k=\begin{bmatrix}1^k&0\\0&2^k\end{bmatrix}$이므로

$e^D=\begin{bmatrix}\sum_{k=0}^{\infty}\frac{1}{k!}&0\\0&\sum_{k=0}^{\infty}\frac{2^k}{k!}\end{bmatrix}=\begin{bmatrix}e&0\\0&e^2\end{bmatrix}$이다.

(4) $e^A=e^{PDP^{-1}}=I+PDP^{-1}+\frac{1}{2!}PD^2P^{-1}+\frac{1}{3!}PD^3P^{-1}+\cdots$

$=P\left(I+D+\frac{D^2}{2!}+\frac{D^3}{3!}+\cdots\right)P^{-1}$

$=Pe^DP^{-1}$

이므로

$e^A=\begin{bmatrix}1&1\\0&1\end{bmatrix}\begin{bmatrix}e&0\\0&e^2\end{bmatrix}\begin{bmatrix}1&1\\0&1\end{bmatrix}^{-1}$

$=\begin{bmatrix}1&1\\0&1\end{bmatrix}\begin{bmatrix}e&0\\0&e^2\end{bmatrix}\begin{bmatrix}1&-1\\0&1\end{bmatrix}$

$=\begin{bmatrix}e&-e+e^2\\0&e^2\end{bmatrix}$

02

정답 (1) $\begin{bmatrix}e^{-2}&0&0\\0&e&0\\0&0&e^3\end{bmatrix}$ (2) $\begin{bmatrix}1&0&0\\0&e&0\\0&0&e^3\end{bmatrix}$

03

정답 풀이 참조

(1) $A=\begin{bmatrix}1&1\\1&-1\end{bmatrix}\begin{bmatrix}4&0\\0&-2\end{bmatrix}\begin{bmatrix}1&1\\1&-1\end{bmatrix}^{-1}$ (Topic 41의 2의 (2) 참조)

$=\begin{bmatrix}1&1\\1&-1\end{bmatrix}\begin{bmatrix}4&0\\0&-2\end{bmatrix}\cdot\left(-\frac{1}{2}\right)\begin{bmatrix}-1&-1\\-1&1\end{bmatrix}$

$=\frac{1}{2}\begin{bmatrix}1&1\\1&-1\end{bmatrix}\begin{bmatrix}4&0\\0&-2\end{bmatrix}\begin{bmatrix}1&1\\1&-1\end{bmatrix}$

이므로

$$e^{tA}=\frac{1}{2}\begin{bmatrix}1&1\\1&-1\end{bmatrix}\begin{bmatrix}e^{4t}&0\\0&e^{-2t}\end{bmatrix}\begin{bmatrix}1&1\\1&-1\end{bmatrix}$$

$$=\frac{1}{2}\begin{bmatrix}e^{4t}+e^{-2t}&e^{4t}-e^{-2t}\\e^{4t}-e^{-2t}&e^{4t}+e^{-2t}\end{bmatrix}$$

(2) $$e^{tA}=\begin{bmatrix}1&1\\-1&1\end{bmatrix}\begin{bmatrix}e^{8t}&0\\0&e^{4t}\end{bmatrix}\begin{bmatrix}1&1\\-1&1\end{bmatrix}^{-1}$$

$$=\begin{bmatrix}1&1\\-1&1\end{bmatrix}\begin{bmatrix}e^{8t}&0\\0&e^{4t}\end{bmatrix}\cdot\frac{1}{2}\begin{bmatrix}1&-1\\1&1\end{bmatrix}$$

$$=\frac{1}{2}\begin{bmatrix}e^{8t}+e^{4t}&-e^{8t}+e^{4t}\\-e^{8t}+e^{4t}&e^{8t}+e^{4t}\end{bmatrix}$$

(3) $$|A-\lambda I|=\begin{vmatrix}4-\lambda&0&1\\2&3-\lambda&2\\1&0&4-\lambda\end{vmatrix}$$

$$=(3-\lambda)\begin{vmatrix}4-\lambda&1\\1&4-\lambda\end{vmatrix}$$

$$=(3-\lambda)^2(5-\lambda)=0$$

에서 $\lambda=3,\ 5$이고

(i) $\lambda=3$일 때,

$\begin{bmatrix}1&0&1\\2&0&2\\1&0&1\end{bmatrix}\begin{bmatrix}x\\y\\z\end{bmatrix}=\begin{bmatrix}0\\0\\0\end{bmatrix}$에서 $\begin{bmatrix}x\\y\\z\end{bmatrix}=s\begin{bmatrix}1\\0\\-1\end{bmatrix}+t\begin{bmatrix}0\\1\\0\end{bmatrix}$이므로 고유벡터

는 $\begin{bmatrix}1\\0\\-1\end{bmatrix}$, $\begin{bmatrix}0\\1\\0\end{bmatrix}$이다.

(ii) $\lambda=5$일 때,

$\begin{bmatrix}-1&0&1\\2&-2&2\\1&0&-1\end{bmatrix}\begin{bmatrix}x\\y\\z\end{bmatrix}=\begin{bmatrix}0\\0\\0\end{bmatrix}$에서 $\begin{bmatrix}x\\y\\z\end{bmatrix}=s\begin{bmatrix}1\\2\\1\end{bmatrix}$이므로 고유벡터

는 $\begin{bmatrix}1\\2\\1\end{bmatrix}$이다.

따라서

$$e^{tA}=\begin{bmatrix}1&0&1\\0&1&2\\-1&0&1\end{bmatrix}\begin{bmatrix}e^{3t}&0&0\\0&e^{3t}&0\\0&0&e^{5t}\end{bmatrix}\begin{bmatrix}1&0&1\\0&1&2\\-1&0&1\end{bmatrix}^{-1}$$

$$=\begin{bmatrix}1&0&1\\0&1&2\\-1&0&1\end{bmatrix}\begin{bmatrix}e^{3t}&0&0\\0&e^{3t}&0\\0&0&e^{5t}\end{bmatrix}\cdot\frac{1}{2}\begin{bmatrix}1&0&-1\\-2&2&-2\\1&0&1\end{bmatrix}$$

$$=\frac{1}{2}\begin{bmatrix}e^{5t}+e^{3t}&0&e^{5t}-e^{3t}\\2e^{5t}-2e^{3t}&2e^{3t}&2e^{5t}-2e^{3t}\\e^{5t}-e^{3t}&0&e^{5t}+e^{3t}\end{bmatrix}$$

이다.

04

정답 ①

$A=PDP^{-1}$인 대각행렬 D에 대하여 e^A와 e^D는 닮음이므로 $\det(e^A)=\det(e^D)$이다.

$\begin{vmatrix}1-\lambda&2\\2&4-\lambda\end{vmatrix}=\lambda^2-5\lambda=0$에서 $\lambda=5,\ 0$이므로

$e^D=\begin{bmatrix}e^5&0\\0&e^0\end{bmatrix}$이고 $\det(e^A)=\det(e^D)=e^5$이다.

05

정답 $e^2+e^{-8}+e^{-6}$

$\begin{vmatrix}1-\lambda&2\\0&-4-\lambda\end{vmatrix}=(1-\lambda)(-4-\lambda)=0$에서 $\lambda=1,\ -4$이므로

$A=PDP^{-1}$을 만족하는 대각행렬 D에 대하여

$e^A=Pe^DP^{-1}\ \Rightarrow\ e^{2A}=Pe^{2D}P^{-1}$이 성립한다.

$e^D=\begin{bmatrix}e&0\\0&e^{-4}\end{bmatrix}$이므로 $e^{2D}=\begin{bmatrix}e^2&0\\0&e^{-8}\end{bmatrix}$이고

$tr(e^{2D})+\det(e^{2D})=e^2+e^{-8}+e^{-6}$이다.

06

정답 ②

$A=\left[\begin{array}{cc|cc}2&3&0&0\\-1&6&0&0\\\hline 0&0&-2&5\\0&0&1&2\end{array}\right]$로 블록을 나누어 고윳값을 구하면

$\begin{vmatrix}2-\lambda&3\\-1&6-\lambda\end{vmatrix}=\lambda^2-8\lambda+15=0$에서 $\lambda=3,\ 5$

$\begin{vmatrix}-2-\lambda&5\\1&2-\lambda\end{vmatrix}=\lambda^2-9=0$에서 $\lambda=3,\ -3$이다.

$A=PDP^{-1}$을 만족하는 대각행렬 D에 대하여

$e^A=Pe^DP^{-1}$이 성립하므로

$e^D=\begin{bmatrix}e^3&0&0&0\\0&e^3&0&0\\0&0&e^5&0\\0&0&0&e^{-3}\end{bmatrix}$에서 $\det(e^D)=e^8$이다.

07

정답 풀이 참조

$\lambda=2$이고 고유벡터는 $\begin{bmatrix}0&5\\0&0\end{bmatrix}\begin{bmatrix}x\\y\end{bmatrix}=\begin{bmatrix}0\\0\end{bmatrix}$에서 $\begin{bmatrix}1\\0\end{bmatrix}$이므로 대수적 중복도와 기하적 중복도가 일치하지 않는다. 즉 대각화 불가능하다. 이때,

$A=\begin{bmatrix}2&5\\0&2\end{bmatrix}=\begin{bmatrix}2&0\\0&2\end{bmatrix}+\begin{bmatrix}0&5\\0&0\end{bmatrix}$로 나타낼 수 있고

$B=\begin{bmatrix}2&0\\0&2\end{bmatrix}$, $C=\begin{bmatrix}0&5\\0&0\end{bmatrix}$로 놓으면

$A=B+C$이고 $BC=CB$이므로 $e^A=e^{B+C}=e^B\cdot e^C$이 성립한다.

이때,

$$e^C=I+C+\frac{C^2}{2!}+\frac{C^3}{3!}+\cdots=I+C\ (\because C^k=O,\ k\geq 2)$$

이므로

$e^A=e^B\cdot e^C=\begin{bmatrix}e^2&0\\0&e^2\end{bmatrix}\begin{bmatrix}1&5\\0&1\end{bmatrix}=\begin{bmatrix}e^2&5e^2\\0&e^2\end{bmatrix}$이다.

실력 UP 단원 마무리

01

$A\begin{bmatrix}5&2\\7&3\end{bmatrix}=B+2A$의 양변에 A^{-1}를 곱하여 정리하면

$\begin{bmatrix}5&2\\7&3\end{bmatrix}=A^{-1}B+2I \quad \therefore A^{-1}B=\begin{bmatrix}5&2\\7&3\end{bmatrix}-\begin{bmatrix}2&0\\0&2\end{bmatrix}=\begin{bmatrix}3&2\\7&1\end{bmatrix}$

특성방정식은 $(\lambda-3)(\lambda-1)-14=0 \to \lambda^2-4\lambda-11=0$ 이므로 고윳값의 합은 4이다.

정답 ②

02

하삼각행렬의 고윳값은 대각원소이므로 보기 중에서 고윳값이 아닌 것은 1이다.

정답 ①

03

④ $Ax = \lambda x$ 이고 x 와 λx 는 일차종속이므로 $\{x, Ax\}$에 의해서 생성된 R^n의 부분공간의 차원은 2가 될 수 없다.

정답 ④

04

$A\begin{bmatrix}1\\-1\\0\end{bmatrix}=-1\begin{bmatrix}1\\-1\\0\end{bmatrix}$, $A\begin{bmatrix}0\\1\\-1\end{bmatrix}=-1\begin{bmatrix}0\\1\\-1\end{bmatrix}$, $A\begin{bmatrix}1\\0\\1\end{bmatrix}=0\begin{bmatrix}0\\0\\0\end{bmatrix}$ 이므로,

A의 고유치는 $-1, -1, 0$이다. 따라서 $I-A+A^2$의 고유치는 $1-(-1)+(-1)^2=3$, $1-0+0^2=1$이므로 합은 $3+3+1=7$이다.

정답 ③

05

이차정방행렬을 $\begin{bmatrix}a&b\\b&c\end{bmatrix}$ 라 하면 벡터방정식 $AX=\lambda X$에 대입하면

(i) $\lambda=3$ 인 경우 : $\begin{bmatrix}a&b\\b&c\end{bmatrix}\begin{bmatrix}3\\4\end{bmatrix}=3\begin{bmatrix}3\\4\end{bmatrix}$ … ①

(ii) $\lambda=-2$ 인 경우 : $\begin{bmatrix}a&b\\b&c\end{bmatrix}\begin{bmatrix}-4\\3\end{bmatrix}=-2\begin{bmatrix}-4\\3\end{bmatrix}$ … ②

①, ②에서 $\begin{bmatrix}a&b\\b&c\end{bmatrix}\begin{bmatrix}3&-4\\4&3\end{bmatrix}=\begin{bmatrix}9&8\\12&-6\end{bmatrix}$ 이므로

$$\begin{bmatrix}a&b\\b&c\end{bmatrix}=\begin{bmatrix}9&8\\12&-6\end{bmatrix}\begin{bmatrix}3&-4\\4&3\end{bmatrix}^{-1}=\frac{1}{25}\begin{bmatrix}9&8\\12&-6\end{bmatrix}\begin{bmatrix}3&4\\-4&3\end{bmatrix}=\begin{bmatrix}-\frac{1}{5}&\frac{12}{5}\\\frac{12}{5}&\frac{6}{5}\end{bmatrix}$$

이므로 $a_{12}+a_{22}=\frac{18}{5}$ 이다.

정답 ④

06

A의 고유치를 구하면

$\begin{vmatrix}2-x&-4\\3&-5-x\end{vmatrix}=x^2+3x+2=0$에서 고유치는 $x=-1,-2$이다.

따라서 $tr(A^{2015})=A^{2015}$의 고유치의 합은

$(-1)^{2015}+(-2)^{2015}=-1-2^{2015}$

정답 ②

07

주어진 행렬을 A라 하면 $\frac{1}{a}, \frac{1}{b}, \frac{1}{c}$는 A^{-1}의 고윳값이므로

$A^{-1}=\begin{bmatrix}-2&1&1\\1&0&0\\0&1&0\end{bmatrix}$에서 $tr(A^{-1})=\frac{1}{a}+\frac{1}{b}+\frac{1}{c}=-2$이다.

정답 ②

08

가역행렬과 닮음인 행렬은 가역이다. 또 닮음인 두 행렬은 행렬식의 값과 고윳값은 동일하지만 같은 고유벡터를 갖지는 않는다.
따라서 옳지 않은 것은 ④이다.

정답 ④

09

$|\lambda I-A|=\begin{vmatrix}\lambda-1&2\\2&\lambda-1\end{vmatrix}=\lambda^2-2\lambda-3=(\lambda+1)(\lambda-3)$

(i) $\lambda=-1$일 때,

$\begin{pmatrix}-2&2\\2&-2\end{pmatrix}\begin{pmatrix}x\\y\end{pmatrix}=\begin{pmatrix}0\\0\end{pmatrix} \Rightarrow v_1=\begin{pmatrix}1\\1\end{pmatrix}$

(ii) $\lambda=3$일 때,

$\begin{pmatrix}2&2\\2&2\end{pmatrix}\begin{pmatrix}x\\y\end{pmatrix}=\begin{pmatrix}0\\0\end{pmatrix} \Rightarrow v_2=\begin{pmatrix}1\\-1\end{pmatrix}$

따라서 가역행렬 P의 두 열벡터는 $\begin{pmatrix}1\\1\end{pmatrix}$, $\begin{pmatrix}1\\-1\end{pmatrix}$이다.

두 열벡터 사이의 각을 θ라 하면

$v_1 \cdot v_2=|v_1||v_2|\cos\theta$에서

$0=\sqrt{2}\cdot\sqrt{2}\cdot\cos\theta$, $\cos\theta=0 \quad \therefore \theta=\frac{\pi}{2}$

정답 ③

10

$\begin{bmatrix}c\\f\\i\end{bmatrix}$는 고유치 -2에 대응하는 고유벡터이다.

따라서 $Av=-2v$를 만족하는 v를 보기에서 찾으면 된다.

$\begin{bmatrix}-1&0&1\\3&0&-3\\1&0&-1\end{bmatrix}\begin{bmatrix}1\\-3\\-1\end{bmatrix}=-2\begin{bmatrix}1\\-3\\-1\end{bmatrix}$이므로 보기 중 가능한 것은 ①이다.

정답 ①

11

A와 D는 닮은 행렬이므로 대각합과 행렬식이 같다.
따라서 $tr(D)=tr(A)=0+0+1=1$, $\det(D)=\det(A)=-4$이다.
즉, $tr(D)+\det(D)=1-4=-3$이다.

정답 ①

12

$\begin{vmatrix} \lambda+8 & -6 \\ 9 & \lambda-7 \end{vmatrix} = 0 \Rightarrow (\lambda+8)(\lambda-7)+54=0$

$\Rightarrow \lambda^2+\lambda-2=0$

$\Rightarrow (\lambda+2)(\lambda-1)=0$

이므로 주어진 행렬의 고유치는 $-2, 1$이다.

따라서 10 거듭제곱한 행렬의 고유치는 $(-2)^{10}$, 1^{10}이고 대각성분의 합은 고유치의 합과 같으므로 $1024+1=1025$이다.

정답 ③

13

$A=\begin{bmatrix} 2 & 5 & 1 & 1 \\ 1 & 4 & 2 & 2 \\ 0 & 0 & 6 & -5 \\ 0 & 0 & 2 & 3 \end{bmatrix}$에서 행렬 A는 블록 삼각행렬이므로

$A_1=\begin{bmatrix} 2 & 5 \\ 1 & 4 \end{bmatrix}$, $A_2=\begin{bmatrix} 6 & -5 \\ 2 & 3 \end{bmatrix}$이다.

따라서 A의 특성방정식을 $p(\lambda)$, A_1의 특성방정식을 $p_1(\lambda)$, A_2의 특성방정식을 $p_2(\lambda)$라 하면

$p(\lambda)=p_1(\lambda)p_2(\lambda)=(\lambda^2-6\lambda+3)(\lambda^2-9\lambda+28)$이다.

정답 $(\lambda^2-6\lambda+3)(\lambda^2-9\lambda+28)$

14

① [참] $A=A^T \rightarrow A^{-1}=(A^T)^{-1}=(A^{-1})^T$ 따라서 A^{-1}도 대칭행렬이다.

② [참] $AA=A^TA^T=(A^2)^T$ 따라서 A^2도 대칭행렬이다.

③ [참] $A=A^T$, $A^2=(A^2)^T$이므로

$A+A^2=A^T+(A^2)^T=(A+A^2)^T$ 따라서 $A+A^2$도 대칭행렬이다.

④ [거짓] [반례] $A=\begin{bmatrix} 1 & -1 \\ -1 & 5 \end{bmatrix}$, $S=\begin{bmatrix} 1 & 0 \\ -2 & -1 \end{bmatrix}$이면

$S^{-1}=\begin{bmatrix} 1 & 0 \\ -2 & -1 \end{bmatrix}$이다.

따라서 $S^{-1}AS=\begin{bmatrix} 1 & 0 \\ -2 & -1 \end{bmatrix}\begin{bmatrix} 1 & -1 \\ -1 & 5 \end{bmatrix}\begin{bmatrix} 1 & 0 \\ -2 & -1 \end{bmatrix}=\begin{bmatrix} 3 & 1 \\ 5 & 3 \end{bmatrix}$이다.

정답 ④

15

ㄱ. (참) $AA^t=I=A^tA$이므로 A는 직교행렬이다.

ㄴ. (거짓) $\det(A)=-1$이다.

ㄷ. (참) $A\sim I_4$ (I_4는 4×4인 단위행렬)이므로 $rank(A)=4$이다.

정답 ②

16

A와 B가 직교행렬이므로 $\det(A)=\pm1$, $\det(B)=\pm1$이다. 이때, $\det(A)\det(B)\neq1$이므로 $\det(A)\det(B)=-1$이다.

$\therefore \det\{(AB)^n\}=\{\det(AB)\}^n=\{\det(A)\det(B)\}^n$

$=(-1)^n=-1$ ($\because n$은 홀수)

정답 ②

17

주어진 등식은 3×3 대칭행렬을 스펙트럼 분해한 형태이다. 따라서 a, b, c는 고윳값이고 열벡터들은 각각의 고윳값에 대응하는 직교 단위 고유벡터들이다.

$\begin{vmatrix} \lambda & -2 & 1 \\ -2 & \lambda-3 & 2 \\ 1 & 2 & \lambda \end{vmatrix} = (\lambda+1)^2(\lambda-5)$

이므로 고윳값은 -1, -1, 5이다. 따라서

$a(u_1^2+u_2^2+u_3^2)+b(v_1^2+v_2^2+v_3^2)+c(w_1^2+w_2^2+w_3^2)$

$=(-1)+(-1)+5=3$ 이다.

정답 ①

18

행렬 A에 대하여 $A=PDP^{-1}$를 만족하는 대각행렬 D를 생각하면 $\det(e^{2A})=\det(e^{2D})$이므로

$\begin{vmatrix} 1-\lambda & 2 \\ 2 & 3-\lambda \end{vmatrix} = \lambda^2-4\lambda-1=0$에서 $\lambda=2\pm\sqrt{5}$이므로

$e^{2D}=\begin{bmatrix} e^{2(2+\sqrt{5})} & 0 \\ 0 & e^{2(2-\sqrt{5})} \end{bmatrix}$에서 $\det(e^{2A})=e^8$이다.

정답 ④

19

① $\|Av\|=\|v\|$이면 A는 직교행렬이므로 가역이다. 따라서 $Ax=b$는 모든 $b\in R^n$에 대하여 유일해를 갖는다.

② A가 가역이면 $\dim(N(A))=\dim(N(A^T))=0$이다.

③ A, B가 닮음이므로 $P^{-1}AP=B$라 하면

$|A-\lambda I|=|PBP^{-1}-\lambda I|=|P(B-\lambda I)P^{-1}|$

$=|P||B-\lambda I||P^{-1}|=|B-\lambda I|$

이다. 따라서 고윳값은 같다.

④ A의 원소가 모두 양수이면 $tr(A)$도 양수이므로 고윳값의 합이 양수이다. 따라서 A는 적어도 한 개의 양수인 고윳값을 가진다.

⑤ [반례] $A=\begin{bmatrix} 1 & 2 & 3 \\ 0 & 0 & 4 \\ 0 & 0 & 0 \end{bmatrix}$는 $rank(A)=2$이지만 고유치 1에 대한 대수적 중복도는 1이다.

정답 ⑤

20

가. (거짓) (반례) $A=\begin{pmatrix} 1 & 0 \\ 0 & 0 \end{pmatrix}$, $B=\begin{pmatrix} 0 & 0 \\ 0 & 1 \end{pmatrix}$

나. (참) $A=U^{-1}UA \Rightarrow rank(A)\leq rank(UA)$이고 $rank(UA)\leq rank(A)$이므로 $rank(A)=rank(UA)$

다. (거짓) $A=\begin{pmatrix} 1 & 1 \\ 1 & 1 \end{pmatrix}$, $B=\begin{pmatrix} -1 & -1 \\ -1 & -1 \end{pmatrix}$

라. (참) 실베스터 부등식

$rank(A)+rank(B)-n\leq rank(AB)$에서 $B=A$라 하면

$rank(A)\leq\frac{n}{2}$

정답 ②

07 선형변환(Linear Transformation)

핵심 문제 | Topic 43~49

Topic 43 선형변환(선형사상)

01

정답 풀이 참조

(1) $c \in R$에 대하여
$T(cx+y)=3(cx+y)$
$=c \cdot 3x+3y=cT(x)+T(y)$
이다. 따라서 주어진 변환은 선형변환이다.

(2) $c \in R$, $x=(a_1, b_1)$, $y=(a_2, b_2)$라 하면
$cx+y=c(a_1, b_1)+(a_2, b_2)=(ca_1+a_2, cb_1+b_2)$이므로
$T(cx+y)=(2(ca_1+a_2)+cb_1+b_2, ca_1+a_2)$,
$cT(x)+T(y)=c(2a_1+b_1, a_1)+(2a_2+b_2, a_2)$
$=(2ca_1+cb_1+2a_2+b_2, ca_1+a_2)$
이므로 $T(cx+y)=cT(x)+T(y)$를 만족한다. 따라서 주어진 변환은 선형변환이다.

(3) $T(cA+B)=(cA+B)^T$
$=cA^T+B^T=cT(A)+T(B)$
이므로 선형변환의 정의를 만족한다. 따라서 주어진 변환은 선형변환이다.

(4) $T(cA+B)=tr(cA+B)$
$=c \cdot tr(A)+tr(B)$
$=cT(A)+T(B)$
따라서 주어진 변환은 선형변환이다.

(5) $T(cf+g)=\int_a^b \{cf(x)+g(x)\}dx$
$=c\int_a^b f(x)dx+\int_a^b f(x)dx=cT(f)+T(g)$
따라서 주어진 변환은 선형변환이다.

(6) $X_1, X_2 \in M_{n\times r}(R)$에 대하여
$T(cX_1+X_2)=A(cX_1+X_2)$
$=cAX_1+AX_2=cT(X_1)+T(X_2)$
따라서 주어진 변환은 선형변환이다.

02

정답 풀이 참조

$x=(a_1, b_1)$, $y=(a_2, b_2)$라 하면
$cx+y=(ca_1+a_2, cb_1+b_2)$이다.

(1) $T(cx+y)=(1, cb_1+b_2)$이고
$cT(x)+T(y)=c(1, b_1)+(1, b_2)=(c+1, cb_1+b_2)$이므로
$T(cx+y)\neq cT(x)+T(y)$이다. 따라서 주어진 변환은 선형변환이 아니다.

(2) $T(cx+y)=(ca_1+a_2, (cb_1+b_2)^2)$
$cT(x)+T(y)=c(a_1, b_1^2)+(a_2, b_2^2)=(ca_1+a_2, cb_1^2+b_2^2)$이고 $b_1=b_2=0$ 또는 $c=1$, $b_2=0$인 경우를 제외하면 일반적으로 $(cb_1+b_2)^2\neq cb_1^2+b_2^2$은 성립하지 않는다.
따라서 $T(cx+y)\neq cT(x)+T(y)$이므로 선형변환이 아니다.

(3) $T(cx+y)=(|ca_1+a_2|, cb_1+b_2)$,
$cT(x)+T(y)=c(|a_1|, b_1)+(|a_2|, b_2)$
$=(c|a_1|+|a_2|, cb_1+b_2)$
이므로 $a_1a_2\geq 0$인 조건이 없다면 $T(cx+y)=cT(x)+T(y)$가 성립하지 않는다. 따라서 선형변환이 아니다.

(4) $T(cx+y)=(ca_1+a_2+1, cb_1+b_2)$,
$cT(x)+T(y)=c(a_1+1, b_1)+(a_2+1, b_2)$
$=(ca_1+a_2+2, cb_1+b_2)$
이므로 $T(cx+y)\neq cT(x)+T(y)$이다. 따라서 선형변환이 아니다.

(5) $T(c(x, y, z))=T(cx, cy, cz)=(cx, c^2yz, cx+cy+cz)$
$cT(x, y, z)=c(x, yz, x+y+z)=(cx, cyz, cx+cy+cz)$이므로
$T(c(x, y, z))\neq cT(x, y, z)$ $(c\neq 1)$이므로 선형변환이 아니다.

(6) $T(0, 0, 0, 0)\neq(0, 0)$이므로 선형변환이 아니다.

03

정답 ①

선형사상의 선형성과 동차성을 만족시키기 위해서는 이차항이나 상수항을 포함하지 않아야 한다.
$T(u+v)=T(u)+T(v)$, $T(cu)=cT(u)$를 만족하는 것은 ①뿐이다.

04

정답 $(-1, 5)$

선형변환이므로 $T(cx+y)=cT(x)+T(y)$를 만족한다. 즉
$T(2v_1-v_2)=2T(v_1)-T(v_2)$
$=2(1, 2)-(3, -1)=(-1, 5)$이다.

05

정답 ④

$(5, 3, 1)=2(1, 0, 0)+2(1, 1, 0)+1(1, 1, 1)$이므로
$T(5, 3, 1)=2T(1, 0, 0)+2T(1, 1, 0)+T(1, 1, 1)$
$=2(1, 0)+2(2, 0)+(0, 3)$
$=(6, 3)$

06

정답 ③

$v_1=(1, 1, 1)$, $v_2=(1, 1, 0)$, $v_3=(1, 0, 0)$이고
선형변환(linear transformation)
$(4, 2, 4)=av_1+bv_2+cv_3$
$=(a, a, a)+(b, b, 0)+(c, 0, 0)$
$=(a+b+c, a+b, a)$
이므로 $a=4$, $b=-2$, $c=2$이다.

$\therefore L(4,\ 2,\ 4) = 4L(v_1) - 2L(v_2) + 2L(v_3)$
$= 4(1,\ 0) - 2(2,\ -1) + 2(4,\ 3)$
$= (4-4+8,\ 0+2+6) = (8,\ 8)$

07

정답 ④

$(1, 3, 7) = \alpha(1, 2, 3) + \beta(2, 3, 4) + \gamma(3, 5, 6)$에서
$\alpha = 5,\ \beta = 1,\ \gamma = -2$이다.
선형변환 성질에 의해
$T(1, 3, 7) = 5 \cdot T(1, 2, 3) + 1 \cdot T(2, 3, 4) + (-2) \cdot T(3, 5, 6)$
$= 5(1, 0, 0) + (1, 1, 0) + (-2)(1, 1, 1)$
$= (4, -1, -2)$
이다. 따라서 $a = 4,\ b = -1,\ c = -2$이고 $abc = 8$이다.

08

정답 ③

주어진 함수는 선형변환이므로 선형성에 의하여 다음을 만족한다.
$T(x-x^2) = 1+x \Rightarrow T(x) - T(x^2) = 1+x$ ⋯ ㉠
$T(1-x) = x+x^2 \Rightarrow T(1) - T(x) = x+x^2$ ⋯ ㉡
$T(1+x^2) = 1+x^2 \Rightarrow T(1) + T(x^2) = 1+x^2$ ⋯ ㉢
㉠+㉡+㉢을 하면
$2T(1) = 2+2x+2x^2$이므로
$T(1) = 1+x+x^2$ ⋯ ㉣
㉣−㉡를 하면 $T(x) = 1$이고,
㉢−㉣를 하면 $T(x^2) = -x$이다.
$T(5-4x+3x^2) = 5T(1) - 4T(x) + 3T(x^2) = 1+2x+5x^2$
$\therefore a+b+c = 1+2+5 = 8$

| 다른 풀이 |

$5-4x+3x^2 = A(x-x^2) + B(1-x) + C(1+x^2)$
$= (-A+C)x^2 + (A-B)x + (B+C)$

이므로 $\begin{cases} -A+C=3 \\ A-B=-4 \\ B+C=5 \end{cases}$

세 식을 모두 더하면 $2C=4$이므로
$C=2,\ A=-1,\ B=3$
$\therefore T(5-4x+3x^2) = (-1)T(x-x^2) + 3T(1-x) + 2T(1+x^2)$
$= (-1)(1+x) + 3(x+x^2) + 2(1+x^2)$
$= 1+2x+5x^2$

Topic 44 표준행렬과 표현행렬

01

정답 풀이 참조

(1) R^2의 표준기저는 $\{(1, 0), (0, 1)\}$이므로
$T(1, 0) = (1+2 \cdot 0, 0, 2 \cdot 1 - 3 \cdot 0) = (1, 0, 2)$
$T(0, 1) = (0+2 \cdot 1, 0, 2 \cdot 0 - 3 \cdot 1) = (2, 0, -3)$
즉, $T(1, 0) = 1e_1 + 0e_2 + 2e_3$,
$T(0, 1) = 2e_1 + 0e_2 - 3e_3$이다. 따라서 R^2와 R^3의 표준 순서기저를 각각 α, β라 하면
$[T]_\alpha^\beta = \begin{bmatrix} 1 & 2 \\ 0 & 0 \\ 2 & -3 \end{bmatrix}$이다.

(2) $[T]_\alpha^\beta = [2 \ \ -1 \ \ 4]$

(3) $[T]_\alpha^\beta = \begin{bmatrix} 0 & 2 & 1 \\ -1 & 4 & 5 \\ 1 & 0 & 1 \end{bmatrix}$

(4) $P_3(R)$의 표준 순서기저 $\alpha = \{1, x, x^2, x^3\}$,
$P_2(R)$의 표준 순서기저 $\beta = \{1, x, x^2\}$에 대하여
$T(1) = 0,\ T(x) = 1,\ T(x^2) = 2x,\ T(x^3) = 3x^2$이므로
$T(1) = 0 \cdot 1 + 0 \cdot x + 0 \cdot x^2$,
$T(x) = 1 \cdot 1 + 0 \cdot x + 0 \cdot x^2$,
$T(x^2) = 0 \cdot 1 + 2 \cdot x + 0 \cdot x^2$,
$T(x^3) = 0 \cdot 1 + 0cdotx + 3 \cdot x^2$이다. 따라서
$[T]_\alpha^\beta = \begin{bmatrix} 0 & 1 & 0 & 0 \\ 0 & 0 & 2 & 0 \\ 0 & 0 & 0 & 3 \end{bmatrix}$이다.

(5) $[T]_\alpha^\beta = \begin{bmatrix} 3 & 0 & 0 \\ 0 & 5 & 0 \\ 0 & 0 & -7 \end{bmatrix}$

(6) $[T]_\alpha^\beta = \begin{bmatrix} 0 & 0 & 0 & 1 \\ 1 & 0 & 0 & 0 \\ 0 & 0 & 1 & 0 \\ 0 & 1 & 0 & 0 \\ 1 & 0 & -1 & 0 \end{bmatrix}$

02

정답 풀이 참조

(1) $T(e_1) = (2, 3) = 2e_1 + 3e_2$,
$T(e_2) = (4, -5) = 4e_1 - 5e_2$이므로
$[T]_E = \begin{bmatrix} 2 & 4 \\ 3 & -5 \end{bmatrix}$

(2) $T(1, 2) = (10, -7) = a(1, 2) + b(2, 3)$에서
$a = -44,\ b = 27$
$T(2, 3) = (16, -9) = c(1, 2) + d(2, 3)$에서
$c = -66,\ d = 41$이다.
$\therefore [T]_V = \begin{bmatrix} -44 & -66 \\ 27 & 41 \end{bmatrix}$

03

정답 풀이 참조

(1) $T(1, 0) = (1, 2, 3),\ T(0, 1) = (-1, 0, 1)$이다.
$(1, 2, 3) = -\frac{1}{3}(1, 1, 0) + 1(0, 1, 1) + \frac{2}{3}(2, 2, 3)$
$(-1, 0, 1) = -1(1, 1, 0) + 1(0, 1, 1) + 0(2, 2, 3)$이므로
$[T]_\alpha^\beta = \begin{bmatrix} -\frac{1}{3} & -1 \\ 1 & 1 \\ \frac{2}{3} & 0 \end{bmatrix}$이다.

(2) $T(1, 2) = (-1, 2, 5),\ T(2, 3) = (-1, 4, 9)$이다.
$(-1, 2, 5) = -\frac{7}{3}(1, 1, 0) + 3(0, 1, 1) + \frac{2}{3}(2, 2, 3)$
$(-1, 4, 9) = -\frac{11}{3}(1, 1, 0) + 5(0, 1, 1) + \frac{4}{3}(2, 2, 3)$
이므로
$[T]_\gamma^\beta = \begin{bmatrix} -\frac{7}{3} & -\frac{11}{3} \\ 3 & 5 \\ \frac{2}{3} & \frac{4}{3} \end{bmatrix}$이다.

04

정답 풀이 참조

(1) $A=\begin{bmatrix}\frac{1}{9}&\frac{2}{9}&\frac{2}{9}\\ \frac{2}{9}&\frac{4}{9}&\frac{4}{9}\\ \frac{2}{9}&\frac{4}{9}&\frac{4}{9}\end{bmatrix}=\frac{1}{9}\begin{bmatrix}1&2&2\\2&4&4\\2&4&4\end{bmatrix}\sim\frac{1}{9}\begin{bmatrix}1&2&2\\0&0&0\\0&0&0\end{bmatrix}$ 이므로 A는

$rank(A)=1$인 대칭행렬이다. 또

$$A^2=\frac{1}{9}\begin{bmatrix}1&2&2\\2&4&4\\2&4&4\end{bmatrix}\frac{1}{9}\begin{bmatrix}1&2&2\\2&4&4\\2&4&4\end{bmatrix}=\frac{1}{81}\begin{bmatrix}9&18&18\\18&36&36\\18&36&36\end{bmatrix}$$
$$=\frac{1}{9}\begin{bmatrix}1&2&2\\2&4&4\\2&4&4\end{bmatrix}=A$$

이므로 멱등행렬이다. 따라서 A는 A의 1차원 열공간 위로의 정사영을 나타내는 표준행렬이고, 이때 기저는 $\{(1,2,2)\}$이므로 열공간은 매개방정식 $x=t,\ y=2t,\ z=2t$인 직선이다.

(2) $A=\begin{bmatrix}\frac{2}{3}&-\frac{1}{3}&-\frac{1}{3}\\ -\frac{1}{3}&\frac{2}{3}&-\frac{1}{3}\\ -\frac{1}{3}&-\frac{1}{3}&\frac{2}{3}\end{bmatrix}=\frac{1}{3}\begin{bmatrix}2&-1&-1\\-1&2&-1\\-1&-1&2\end{bmatrix}$

$$\sim\frac{1}{3}\begin{bmatrix}1&0&-1\\0&1&-1\\0&0&0\end{bmatrix}$$

이므로 $rank(A)=2$인 대칭행렬이다. 또

$$A^2=\frac{1}{3}\begin{bmatrix}2&-1&-1\\-1&2&-1\\-1&-1&2\end{bmatrix}\frac{1}{3}\begin{bmatrix}2&-1&-1\\-1&2&-1\\-1&-1&2\end{bmatrix}$$
$$=\frac{1}{9}\begin{bmatrix}6&-3&-3\\-3&6&-3\\-3&-3&6\end{bmatrix}$$
$$=\frac{1}{3}\begin{bmatrix}2&-1&-1\\-1&2&-1\\-1&-1&2\end{bmatrix}$$

이므로 멱등행렬이다. 따라서 A는 A의 2차원 열공간 위로의 정사영을 나타내는 표준행렬이고, 이때 열공간의 기저는 $\{(2,-1,-1),(-1,2,-1)\}$이므로 열공간은

$\begin{vmatrix}i&j&k\\2&-1&-1\\-1&2&-1\end{vmatrix}=3i+3j+3k$에서 $(1,1,1)$을 법선으로 하고 점 $(2,-1,-1)$을 포함하는 평면 즉,

$(x-2)+(y+1)+(z+1)=0 \Rightarrow x+y+z=0$이다.

05

정답 ②

$\alpha_1=(1,\ 0,\ -1),\ \alpha_2=(-1,\ 1,\ 0),\ \alpha_3=(1,\ 1,\ 1)$이라 하면

$T(\alpha_1)=T(1,\ 0,\ -1)=(3-0-2,\ 1-0-1,\ -1+0)$
$=(1,\ 0,\ -1)=1\cdot\alpha_1+0\cdot\alpha_2+0\cdot\alpha_3$

$T(\alpha_2)=T(-1,\ 1,\ 0)=(-3-1,\ -1-1,\ 1+1)$
$=(-4,\ -2,\ 2)$
$=\left(-\frac{10}{3}\right)\alpha_1+\left(-\frac{2}{3}\right)\alpha_2+\left(-\frac{4}{3}\right)\alpha_3$

$T(\alpha_3)=T(1,\ 1,\ 1)=(3-1+2,\ 1-1+1,\ -1+1)$
$=(4,\ 1,\ 0)$
$=\left(\frac{5}{3}\right)\alpha_1+\left(-\frac{2}{3}\right)\alpha_2+\left(\frac{5}{3}\right)\alpha_3$

$$\therefore\ [T]_S=\begin{bmatrix}1&-\frac{10}{3}&\frac{5}{3}\\0&-\frac{2}{3}&-\frac{2}{3}\\0&-\frac{4}{3}&\frac{5}{3}\end{bmatrix}=\frac{1}{3}\begin{bmatrix}3&-10&5\\0&-2&-2\\0&-4&5\end{bmatrix}$$

06

정답 ④

T에 관한 정의로부터

$T(1)=1=1\cdot1+0\cdot x+0\cdot x^2$

$T(x)=3x-5=-5\cdot1+3\cdot x+0\cdot x^2$

$T(x^2)=(3x-5)^2=25\cdot1-30\cdot x+9\cdot x^2$

이므로, 표현행렬은 $\begin{bmatrix}1&-5&25\\0&3&-30\\0&0&9\end{bmatrix}$이다.

따라서 $tr(T)=13$이다.

07

정답 ③

$L(1,0,0)=(1,0,0)\times(i+j)=(0,0,1)$
$L(0,1,0)=(0,1,0)\times(i+j)=(0,0,-1)$
$L(0,0,1)=(0,0,1)\times(i+j)=(-1,1,0)$

이므로 변환의 표준행렬은 $\begin{bmatrix}0&0&-1\\0&0&1\\1&-1&0\end{bmatrix}$이다.

고윳값을 구하면

$\begin{vmatrix}-\lambda&0&-1\\0&-\lambda&1\\1&-1&-\lambda\end{vmatrix}=-\lambda(\lambda^2+2)=0$에서 $\lambda=0,\ \pm\sqrt{2}i$

$\lambda=0$에 대응하는 고유벡터를 구하면

$$\begin{bmatrix}0&0&-1\\0&0&1\\1&-1&0\end{bmatrix}\begin{bmatrix}x\\y\\z\end{bmatrix}=\begin{bmatrix}0\\0\\0\end{bmatrix}\Rightarrow t\begin{bmatrix}1\\1\\0\end{bmatrix}$$

08

정답 ④

$(1,\ 0,\ 0)=e_1,\ (0,\ 1,\ 0)=e_2,\ (0,\ 0,\ 1)=e_3$라고 하면

$T(1)=(0,\ 0,\ 1)=0e_1+0e_2+1e_3$

$T(x)=\left(1,\ 0,\ \frac{1}{2}\right)=1e_1+0e_2+\frac{1}{2}e_3$

$T(x^2)=\left(0,\ 2,\ \frac{1}{3}\right)=0e_1+2e_2+\frac{1}{3}e_3$이므로

표현행렬 $T=\begin{bmatrix}0&1&0\\0&0&2\\1&\frac{1}{2}&\frac{1}{3}\end{bmatrix}$이다.

$\sum_{i=1}^{3}\sum_{j=1}^{3}a_{ij}$는 T의 모든성분의 합이므로

T의 모든 성분의 합은 $1+2+1+\frac{1}{2}+\frac{1}{3}=\frac{29}{6}$이다.

Topic 45 핵(kernel)과 치역(range)의 차원

01

정답 풀이 참조

(1) $T(x, y, z)=(x, y, 0)$이므로 치역은 xy 평면 전체이고 $T(0, 0, z)=(0, 0, 0)$이므로 핵은 z축이다.

(2) 치역은 평면 $y=x$ 전체이고 핵은 평면 $y=x$에 수직이고 원점을 지나는 직선이다.

(3) $T(x, y, z)=(x\cos\theta-y\sin\theta,\ x\sin\theta+y\cos\theta,\ z)$이다. 벡터 $v=(x, y, z)$의 원점으로부터의 거리가 변하지 않으므로 핵은 $\{0\}$이고 치역은 R^3 전체이다.

02

정답 풀이 참조

(1) T의 치역은 표준행렬의 열공간과 같으므로

$$A^T=\begin{bmatrix}1&0&1\\2&1&1\\-1&1&-2\end{bmatrix}\sim\begin{bmatrix}1&0&1\\0&1&-1\\0&0&0\end{bmatrix}\text{에서}$$

기저는 $\{(1, 0, 1), (0, 1, -1)\}$이고 차원은 2이다.

(2) 선형계 $\begin{bmatrix}1&2&-1\\0&1&1\\1&1&-2\end{bmatrix}\begin{bmatrix}x\\y\\z\end{bmatrix}=\begin{bmatrix}0\\0\\0\end{bmatrix}$을 풀면

$$\begin{bmatrix}1&2&-1\\0&1&1\\1&1&-2\end{bmatrix}\sim\begin{bmatrix}1&2&-1\\0&1&1\\0&-1&-1\end{bmatrix}\sim\begin{bmatrix}1&2&-1\\0&1&1\\0&0&0\end{bmatrix}\text{에서}$$

$\begin{cases}x+2y-z=0\\ \quad\ y+z=0\end{cases}$ 이므로 $z=t$로 놓으면 $\begin{bmatrix}x\\y\\z\end{bmatrix}=t\begin{bmatrix}3\\-1\\1\end{bmatrix}$이다.

따라서 기저는 $\{(3, -1, 1)\}$이고 $\dim[\ker(T)]=1$이다.

03

정답 풀이 참조

(1) A의 표준행렬의 열공간이 치역이므로

$$A^T=\begin{bmatrix}1&1&3\\2&3&8\\3&5&13\\1&-2&-3\end{bmatrix}\sim\begin{bmatrix}1&1&3\\0&1&2\\0&2&4\\0&-3&-6\end{bmatrix}\sim\begin{bmatrix}1&1&3\\0&1&2\\0&0&0\\0&0&0\end{bmatrix}\text{에서}$$

치역의 기저는 $\{(1, 1, 3), (0, 1, 2)\}$이고 $\dim[Im(A)]=2$이다.

(2) 핵공간은 선형계 $AX=O$의 해공간이므로

$$\begin{bmatrix}1&2&3&1\\1&3&5&-2\\3&8&13&-3\end{bmatrix}\sim\begin{bmatrix}1&2&3&1\\0&1&2&-3\\0&0&0&0\end{bmatrix}\text{에서}$$

$\begin{cases}x+2y+3z+w=0\\ \quad\ y+2z-3w=0\end{cases}$이다. 자유변수는 z, w의 두 개이므로 $\dim[Ker(A)]=2$이고

$z=1, w=0$일 때, $(1, -2, 1, 0)$,

$z=0, w=1$일 때, $(-7, 3, 0, 1)$이므로 기저는 $\{(1, -2, 1, 0), (-7, 3, 0, 1)\}$이다.

04

정답 (1) 2 (2) 3 (3) 4 (4) 1

(1) $nullity(T)=5-rank(T)=2$

(2) $Im(T)=R^3$이므로 $rank(T)=3$이다. 따라서 $nullity(T)=6-3=3$이다.

(3) $\dim(P_4)=5$이므로 $nullity(T)=5-1=4$이다.

(4) $nullity(T)=4-rank(T)=1$이다.

05

정답 4, 0

동차 선형계 $AX=O$가 자명해만을 가지므로 $\ker(A)=0$이다. 즉 $nullity(A)=0$이므로 $rank(A)=4-0=4$이다.

06

정답 ②

선형변환 T의 치역의 차원은 $rank(M)$과 같다.

$$rank(M)=rank\begin{bmatrix}1&1&-5&3\\1&0&-2&1\\2&-1&-1&0\\-2&4&-8&6\end{bmatrix}=rank\begin{bmatrix}1&1&-5&3\\0&-1&3&-2\\0&-3&9&-6\\0&6&-18&12\end{bmatrix}$$

$$=rank\begin{bmatrix}1&1&-5&3\\0&1&-3&2\\0&1&-3&2\\0&1&-3&2\end{bmatrix}=rank\begin{bmatrix}1&1&-5&3\\0&1&-3&2\\0&0&0&0\\0&0&0&0\end{bmatrix}=2$$

07

정답 ④

$$T(x_1, x_2, x_3, x_4)=(x_1+x_2+x_3,\ x_2+x_4,\ x_1-x_2+x_3)$$

$$=\begin{bmatrix}1&1&1&0\\0&1&0&1\\1&-1&1&0\end{bmatrix}\begin{bmatrix}x_1\\x_2\\x_3\\x_4\end{bmatrix}$$

이다. 따라서 선형변환 T의 표준행렬은

$A=\begin{bmatrix}1&1&1&0\\0&1&0&1\\1&-1&1&0\end{bmatrix}\in M_{3\times4}$이다. 행렬의 계수정리에 의해

$\dim(\mathrm{Im}(T))+\dim(\ker(T))=rank(A)+nullity(A)=4$

이다.

08

정답 ①

벡터공간 $ImF=\{b+2cx+3dx^2\mid b,c,d\in R\}$에 대해 $\{1, 2x, 3x^2\}$은 하나의 기저이므로 상공간(ImF)의 차원은 3이다.

또한, $\ker F=\left\{\begin{bmatrix}a&b\\c&d\end{bmatrix}\ \middle|\ b+2cx+3dx^2=0\right\}$

$=\left\{\begin{bmatrix}a&b\\c&d\end{bmatrix}\ \middle|\ b=c=d=0\right\}$

에 대해 $\left\{\begin{bmatrix}1&0\\0&0\end{bmatrix}\right\}$은 하나의 기저이므로 핵공간(($\ker F$)의 차원은 1이다.

| 다른 풀이 |

$F\begin{bmatrix}1&0\\0&0\end{bmatrix}=0=0\cdot1+0\cdot2x+0\cdot3x^2$,

$F\begin{bmatrix}0&1\\0&0\end{bmatrix}=1=1\cdot1+0\cdot2x+0\cdot3x^2$,

$F\begin{bmatrix}0&0\\1&0\end{bmatrix}=2x=0\cdot1+1\cdot2x+0\cdot3x^2$,

$F\begin{bmatrix}0&0\\0&1\end{bmatrix}=3x^3=0\cdot1+0\cdot2x+1\cdot3x^2$

이므로 F의 표현행렬은 $F=\begin{bmatrix}0&1&0&0\\0&0&1&0\\0&0&0&1\end{bmatrix}$이다. 따라서

$rankF=3$이므로 상공간(imF)의 차원은 3이다. 또한, 차원정리에 의해 (핵공간(($\ker F$)의 차원)=(열의 개수)$-rankF=1$이다.

09

정답 ②

$W=\{X\in\mathbb{R}^3 \mid AX=\mathbf{0}\}$는 A의 해공간이므로 $\dim W\geq 1$이면 A는 비정칙이다. 따라서 $\det(A)=0$인 실수 a를 구하면 된다.

$$\det(A)=\begin{vmatrix}1&1&1\\1&2&a+1\\2&1&a^2\end{vmatrix}=\begin{vmatrix}1&1&1\\0&1&a\\0&-1&a^2-2\end{vmatrix}=a^2-2+a=0\text{이므로}$$

$a=-2,\ 1$이고 합은 -1이다.

10

정답 ④

사상 T를 행렬로 나타내고 가우스 소거법을 사용하면

$$\begin{bmatrix}1&2&1\\1&1&1\\2&7&a\\3&5&b\end{bmatrix}\sim\begin{bmatrix}1&1&1\\1&2&1\\2&7&a\\3&5&b\end{bmatrix}\sim\begin{bmatrix}1&1&1\\0&1&0\\0&5&a-2\\0&2&b-3\end{bmatrix}$$

$$\sim\begin{bmatrix}1&1&1\\0&1&0\\0&0&a-2\\0&0&b-3\end{bmatrix}$$

ImT 즉 열공간의 차원이 2이므로 핵공간의 차원은 $c=1$이고 $rankT=2$ 이어야 하므로 $a=2$, $b=3$ 이다.

$\therefore\ a+b+c=6$

Topic 46 선형변환의 성질

01

정답 (1), (4), (5), (6)

(1) $\ker(T)=\{(0,0)\}$이므로 일대일이다.

(2) $\ker(T)=\{(0,0),\ (1,\ -1)\}$이므로 일대일이 아니다.

(3) $\ker(T)=\{(0,0,0),\ (1,\ -1,\ -1)\}$이므로 일대일이 아니다.

(4) $\ker(T)=\{(0,0)\}$이므로 일대일이다.

(5) $T(a+bx+cx^2)=ax+bx^2+cx^3=0$에서 $a=b=c=0$이어야 하므로 $\ker(T)=\{0\}$이다. 따라서 일대일이다.

(6) $T(a+bx+cx^2)=a+b(x+1)+c(x+1)^2$
$=a+b+c+(b+2c)x+cx^2=0$

에서 $c=0,\ b=0,\ a=0$이므로 $\ker(T)=\{0\}$이다.
따라서 일대일이다.

02

정답 (1), (3), (6)

(1) $T(x,y)=(3y,2x)$이므로 R^2의 표준순서기저 $\{(1,0),\ (0,1)\}$에 대하여 $T(1,0)=(0,2)$, $T(0,1)=(3,0)$이다.
이때, $span\{(0,2),\ (3,0)\}=R^2$이므로 전사이다.

(2) $T(1,0)=(1,0)$, $T(0,1)=(1,0)$이므로 R^2를 생성하지 못한다.
따라서 전사가 아니다.

(3) $T(1,0,0)=(1,0)$, $T(0,1,0)=(1,1)$, $T(0,0,1)=(0,\ -1)$이고
$span\{(1,0),\ (1,1),\ (0,\ -1)\}=span\{(1,0),\ (0,\ -1)\}=R^2$
이므로 이 변환은 전사이다.

(4) $T(1,0)=(0,1,1)$, $T(0,1)=(1,0,\ -1)$이고 두 개의 벡터로는 R^3를 생성할 수 없으므로 이 변환은 전사가 아니다.

(5) P_2의 표준기저 $\{1,\ x,\ x^2\}$에 대하여
$T(1)=x$, $T(x)=x^2$, $T(x^2)=x^3$이고 $\{x,\ x^2,\ x^3\}$은 P_3를 생성하지 못한다. 따라서 전사가 아니다.

(6) $T(1)=1$, $T(x)=x+1$, $T(x^2)=(x+1)^2$이고 P_3의 모든 벡터는 $T(1)$, $T(x)$, $T(x^2)$의 일차결합으로 나타낼 수 있다. 따라서 전사이다.

03

정답 풀이 참조

(1) $\begin{cases}x-y=0\\x-2y=0\end{cases}\Rightarrow\begin{cases}x-y=0\\\ \ -y=0\end{cases}$에서 $y=0,\ x=0$이므로 이 변환은 단사이다. 또
$T(1,0)=(1,1)$, $T(0,1)=(-1,\ -2)$이고 이 두 벡터는 R^2를 생성하므로 전사이다. 따라서 이 변환은 정칙변환이고
$T(x,y)=(a,b)$일 때, $T^{-1}(a,b)=(x,y)$인 변환을 찾을 수 있다. 즉
$\begin{cases}x-y=a\\x-2y=b\end{cases}\Rightarrow\begin{cases}x-y=a\\\ \ y=a-b\end{cases}$에서 $x=2a-b$, $y=a-b$이므로
$T^{-1}(x,y)=(2x-y,\ x-y)$이다.

(참고)

$[T]_{R^2}=\begin{bmatrix}1&-1\\1&-2\end{bmatrix}$에서 $[T^{-1}]_{R^2}=[T]_{R^2}^{-1}=\begin{bmatrix}2&-1\\1&-1\end{bmatrix}$이다.

(2) $\begin{cases}2x-4y=0\\3x-6y=0\end{cases}\Rightarrow x-2y=0$이므로 핵공간은 $\{(0,0),\ (2,1)\}$이다. 따라서 정칙이 아니므로 역사상도 존재하지 않는다.

04

정답 풀이 참조

(1) $2T_1(x,y,z)-5T_2(x,y,z)=2(2x,\ y+z)-5(y,x)$
$=(4x-5y,\ -5x+2y+2z)$

(2) $(T_2\circ T_1)(x,y,z)=T_2(T_1(x,y,z))$
$=T_2(2x,\ y+z)=(y+z,\ 2x)$

(3) T_2의 치역이 T_1의 정의역에 포함되지 않으므로 정의되지 않는다.

05

정답 풀이 참조

$T_1: R^3\to R^2$, $T_2: R^2\to R^2$이므로 $T_2\circ T_1: R^3\to R^2$이다.

$[T_1]=\begin{bmatrix}2&0&0\\0&1&1\end{bmatrix}$, $[T_2]=\begin{bmatrix}0&1\\1&0\end{bmatrix}$이므로 합성의 표준행렬은

$[T_2\circ T_1]=\begin{bmatrix}0&1\\1&0\end{bmatrix}\begin{bmatrix}2&0&0\\0&1&1\end{bmatrix}=\begin{bmatrix}0&1&1\\2&0&0\end{bmatrix}$이다.

06

정답 3

$(G\circ F)(A)=G(A^T)=tr(A^T)$이고

$A^T=\begin{bmatrix}3&1\\5&0\end{bmatrix}$이므로 $tr(A^T)=3$이다.

07

정답 ④

선형변환 T의 표현행렬 $A=\begin{pmatrix}20 & -21\\0 & 21\end{pmatrix}$ 의 고윳값을 λ_1, λ_2 라 하면 $\lambda_1+\lambda_2=tr(A)=20+21=41$ 이다.

08

정답 ②

$\text{rank}(A)=m$ 이면 일차독립인 열벡터가 m개이고, 열벡터는 $\mathbb{R}^m$을 span하므로 T는 위로 (on to) 선형사상, $\text{rank}(A)=n$이면 $\text{nullity}(A)=0$이므로 T는 일대일(one to one) 선형사상이다.
그러므로 (가), (나)는 거짓이고 (다)는 참이다.

09

정답 ④

$T^{-1}(1,\ 2,\ 3)=(a,\ b,\ c)$라 두면 $T(a,\ b,\ c)=(1,\ 2,\ 3)$이다.

즉, $\begin{cases}a+2b-2c=1 & \cdots ㉠\\ a+2b+c=2 & \cdots ㉡\\ -a-b=3 & \cdots ㉢\end{cases}$이라 두고

$\frac{1}{3}\times$(㉡$-$㉠)을 하면 $c=\frac{1}{3}$,

$(-1)\times$㉢을 하면 $a+b=-3$

$\therefore a+b+c=-3+\frac{1}{3}=-\frac{8}{3}$

10

정답 ②

$D=P^{-1}BP$이므로 $D^3=P^{-1}B^3P$이다.
선형변환 T의 표준행렬 B는

$B=\begin{bmatrix}1 & 2 & -2\\1 & 2 & 1\\-1 & -1 & 0\end{bmatrix}$이므로

$$|B-\lambda I|=\begin{vmatrix}1-\lambda & 2 & -2\\1 & 2-\lambda & 1\\-1 & -1 & -\lambda\end{vmatrix}$$

$$=\begin{vmatrix}1-\lambda & 2 & -2\\1 & 2-\lambda & 1\\0 & 1-\lambda & 1-\lambda\end{vmatrix}\quad [\because (2\text{행})+(3\text{행})\to(3\text{행})]$$

$$=\begin{vmatrix}1-\lambda & 2 & -4\\1 & 2-\lambda & \lambda-1\\0 & 1-\lambda & 0\end{vmatrix}$$

$[\because (2\text{열})\times(-1)+(3\text{열})\to(3\text{열})]$

$$=-(1-\lambda)\{-(\lambda-1)^2+4\}$$
$$=(\lambda-1)(-\lambda^2+2\lambda+3)$$
$$=-(\lambda-1)(\lambda+1)(\lambda-3)$$

즉, B의 고윳값은 $-1,\ 1,\ 3$이므로 D의 주대각원소는 $-1,\ 1,\ 3$이고 D^3의 주대각원소는 $(-1)^3,\ 1^3,\ 3^3$이다.

$\therefore tr(P^{-1}B^3P)=tr(D^3)=(-1)^3+1^3+3^3=27$

Topic 47 넓이 또는 부피와 선형변환

01

정답 ①

벡터 $\vec{a}=<-2,3,0>$, $\vec{b}=<-2,5,0>$를 두 변으로 하는 평행사변형의 넓이는 $|\vec{a}\times\vec{b}|=|<0,0,-4>|=4$ 이고

$\begin{vmatrix}6 & -2\\-3 & 2\end{vmatrix}=6$ 이므로 S의 면적은 $(4)\times(6)=24$ 이다.

02

정답 ④

선형변환 T의 표현행렬 $A=\begin{bmatrix}2 & 1\\3 & -2\end{bmatrix}$이고 삼각형 PQR의 넓이는 6이므로 삼각형 ABC의 넓이는 $S=||A||\cdot 6=42$

03

정답 ④

$A=\begin{bmatrix}1 & 1 & 1\\1 & 1 & 2\\1 & 2 & 3\\1 & 2 & 3\end{bmatrix}$으로 놓으면

$$A^TA=\begin{bmatrix}1 & 1 & 1 & 1\\1 & 1 & 2 & 2\\1 & 2 & 3 & 3\end{bmatrix}\begin{bmatrix}1 & 1 & 1\\1 & 1 & 2\\1 & 2 & 3\\1 & 2 & 3\end{bmatrix}=\begin{bmatrix}4 & 6 & 9\\6 & 10 & 15\\9 & 15 & 23\end{bmatrix}$$

이므로 $\det(A^TA)=2$

$S=\sqrt{\det(A^TA)}=\sqrt{2}$

04

정답 $\sqrt{226}$

$A=\begin{bmatrix}2 & 0\\1 & 2\\-1 & 4\\2 & -3\end{bmatrix}$로 놓으면

$$A^TA=\begin{bmatrix}2 & 1 & -1 & 2\\0 & 2 & 4 & -3\end{bmatrix}\begin{bmatrix}2 & 0\\1 & 2\\-1 & 4\\2 & -3\end{bmatrix}=\begin{bmatrix}10 & -8\\-8 & 29\end{bmatrix}\text{이고}$$

$\det(A^TA)=226$이므로

$S=\sqrt{\det(A^TA)}=\sqrt{226}$

05

정답 $9\sqrt{70}\pi$

$A=\begin{bmatrix}2 & 1\\1 & -2\\0 & 3\end{bmatrix}$로 놓으면

$$A^TA=\begin{bmatrix}2 & 1 & 0\\1 & -2 & 3\end{bmatrix}\begin{bmatrix}2 & 1\\1 & -2\\0 & 3\end{bmatrix}=\begin{bmatrix}5 & 0\\0 & 14\end{bmatrix}\text{이므로}$$

$\det(A^TA)=70$이다. 따라서

$V=\sqrt{\det(A^TA)}\cdot|V|=\sqrt{70}\cdot 9\pi=9\sqrt{70}\pi$이다.

06

정답 ④

$\overrightarrow{PQ}=<2,2,1>$, $\overrightarrow{PR}=<1,4,7>$,
$\overrightarrow{PS}=<0,1,0>$

$$\overrightarrow{PQ}\cdot(\overrightarrow{PR}\times\overrightarrow{PS})=\det\begin{bmatrix}2 & 2 & 1\\1 & 4 & 7\\0 & 1 & 0\end{bmatrix}=-13$$

따라서 선분 $\overline{PQ}$, $\overline{PR}$, $\overline{PS}$를 이웃하는 세 변으로 갖는 평행육면체 P의 부피는 $V(P)=|\overrightarrow{PQ}\cdot(\overrightarrow{PR}\times\overrightarrow{PS})|=13$ 이다.
또한

$$L\begin{bmatrix}1\\0\\0\end{bmatrix}=\begin{bmatrix}1\\1\\0\end{bmatrix},$$

$$L\begin{bmatrix}0\\1\\0\end{bmatrix}=L\begin{bmatrix}1\\1\\0\end{bmatrix}-L\begin{bmatrix}1\\0\\0\end{bmatrix}=\begin{bmatrix}-1\\3\\2\end{bmatrix},$$

$$L\begin{bmatrix}0\\0\\1\end{bmatrix}=L\begin{bmatrix}1\\1\\1\end{bmatrix}-L\begin{bmatrix}1\\1\\0\end{bmatrix}=\begin{bmatrix}-3\\1\\-1\end{bmatrix}$$

L의 행렬표현을 A라고 하면,

$$A=\begin{bmatrix}1&-1&-3\\1&3&1\\0&2&-1\end{bmatrix}\Rightarrow \det(A)=-12$$

따라서 $L(P)$의 부피는 $V(P)\cdot|\det(A)|=13\cdot 12=156$이다.

Topic 48 R^2와 R^3에서의 선형변환

01

정답 풀이 참조

(1) $\begin{bmatrix}\cos\frac{\pi}{6}&-\sin\frac{\pi}{6}\\\sin\frac{\pi}{6}&\cos\frac{\pi}{6}\end{bmatrix}\begin{bmatrix}\sqrt{3}\\-2\end{bmatrix}=\frac{1}{2}\begin{bmatrix}\sqrt{3}&-1\\1&\sqrt{3}\end{bmatrix}\begin{bmatrix}\sqrt{3}\\-2\end{bmatrix}$

$=\frac{1}{2}\begin{bmatrix}5\\-\sqrt{3}\end{bmatrix}$

$\therefore T(v)=\left(\frac{5}{2},-\frac{\sqrt{3}}{2}\right)$

(2) $\frac{1}{\sqrt{2}}\begin{bmatrix}1&-1\\1&1\end{bmatrix}\begin{bmatrix}\sqrt{3}\\-2\end{bmatrix}=\frac{1}{\sqrt{2}}\begin{bmatrix}\sqrt{3}+2\\\sqrt{3}-2\end{bmatrix}$

$\therefore T(v)=\left(\frac{\sqrt{3}+2}{\sqrt{2}},\frac{\sqrt{3}-2}{\sqrt{2}}\right)$

(3) $\frac{1}{2}\begin{bmatrix}1&\sqrt{3}\\-\sqrt{3}&1\end{bmatrix}\begin{bmatrix}\sqrt{3}\\-2\end{bmatrix}=\frac{1}{2}\begin{bmatrix}-\sqrt{3}\\-5\end{bmatrix}$

$\therefore T(v)=\left(-\frac{\sqrt{3}}{2},-\frac{5}{2}\right)$

(4) $\begin{bmatrix}0&-1\\1&0\end{bmatrix}\begin{bmatrix}\sqrt{3}\\-2\end{bmatrix}=\begin{bmatrix}2\\\sqrt{3}\end{bmatrix}$

$\therefore T(v)=(2,\sqrt{3})$

02

정답 풀이 참조

(1) $\begin{bmatrix}1&0&0\\0&\cos\frac{\pi}{6}&-\sin\frac{\pi}{6}\\0&\sin\frac{\pi}{6}&\cos\frac{\pi}{6}\end{bmatrix}\begin{bmatrix}-2\\1\\2\end{bmatrix}=\begin{bmatrix}1&0&0\\0&\frac{\sqrt{3}}{2}&-\frac{1}{2}\\0&\frac{1}{2}&\frac{\sqrt{3}}{2}\end{bmatrix}\begin{bmatrix}-2\\1\\2\end{bmatrix}$

$=\begin{bmatrix}-2\\\frac{\sqrt{3}-2}{2}\\\frac{1+2\sqrt{3}}{2}\end{bmatrix}$

$\therefore T(v)=\left(-2,\frac{\sqrt{3}-2}{2},\frac{1+2\sqrt{3}}{2}\right)$

(2) $\begin{bmatrix}\cos\frac{\pi}{4}&0&\sin\frac{\pi}{4}\\0&1&0\\-\sin\frac{\pi}{4}&0&\cos\frac{\pi}{4}\end{bmatrix}\begin{bmatrix}-2\\1\\2\end{bmatrix}=\frac{1}{\sqrt{2}}\begin{bmatrix}1&0&1\\0&\sqrt{2}&0\\-1&0&1\end{bmatrix}\begin{bmatrix}-2\\1\\2\end{bmatrix}$

$=\frac{1}{\sqrt{2}}\begin{bmatrix}0\\\sqrt{2}\\4\end{bmatrix}$

$\therefore T(v)=\left(0,\frac{1}{\sqrt{2}},4\right)$

(3) $\begin{bmatrix}\cos\frac{\pi}{2}&-\sin\frac{\pi}{2}&0\\\sin\frac{\pi}{2}&\cos\frac{\pi}{2}&0\\0&0&1\end{bmatrix}\begin{bmatrix}-2\\1\\2\end{bmatrix}=\begin{bmatrix}0&-1&0\\1&0&0\\0&0&1\end{bmatrix}\begin{bmatrix}-2\\1\\2\end{bmatrix}$

$=\begin{bmatrix}-1\\-2\\2\end{bmatrix}$

$\therefore T(v)=(-1,-2,2)$

03

정답 (1) $(1,2)$ (2) $(-1,-2)$ (3) $(-2,1)$ (4) $(2,-1)$

(1) $\begin{bmatrix}1&0\\0&-1\end{bmatrix}\begin{bmatrix}1\\-2\end{bmatrix}=\begin{bmatrix}1\\2\end{bmatrix}$ $\therefore T(v)=(1,2)$

(2) $\begin{bmatrix}-1&0\\0&1\end{bmatrix}\begin{bmatrix}1\\-2\end{bmatrix}=\begin{bmatrix}-1\\-2\end{bmatrix}$ $\therefore T(v)=(-1,-2)$

(3) $\begin{bmatrix}0&1\\1&0\end{bmatrix}\begin{bmatrix}1\\-2\end{bmatrix}=\begin{bmatrix}-2\\1\end{bmatrix}$ $\therefore T(v)=(-2,1)$

(4) $\begin{bmatrix}0&-1\\-1&0\end{bmatrix}\begin{bmatrix}1\\-2\end{bmatrix}=\begin{bmatrix}2\\-1\end{bmatrix}$ $\therefore T(v)=(2,-1)$

04

정답 풀이 참조

(1) $\begin{bmatrix}1&0&0\\0&1&0\\0&0&-1\end{bmatrix}\begin{bmatrix}4\\-1\\3\end{bmatrix}=\begin{bmatrix}4\\-1\\-3\end{bmatrix}$ $\therefore T(v)=(4,-1,-3)$

(2) $\begin{bmatrix}-1&0&0\\0&1&0\\0&0&1\end{bmatrix}\begin{bmatrix}4\\-1\\3\end{bmatrix}=\begin{bmatrix}-4\\-1\\3\end{bmatrix}$ $\therefore T(v)=(-4,-1,3)$

(3) $\begin{bmatrix}1&0&0\\0&-1&0\\0&0&1\end{bmatrix}\begin{bmatrix}4\\-1\\3\end{bmatrix}=\begin{bmatrix}4\\1\\3\end{bmatrix}$ $\therefore T(v)=(4,1,3)$

(4) 평면의 법선벡터 $n=\begin{bmatrix}1\\1\\1\end{bmatrix}$이므로 $n^Tn=[1\ \ 1\ \ 1]\begin{bmatrix}1\\1\\1\end{bmatrix}=3$,

$nn^T=\begin{bmatrix}1\\1\\1\end{bmatrix}[1\ \ 1\ \ 1]=\begin{bmatrix}1&1&1\\1&1&1\\1&1&1\end{bmatrix}$이다. 따라서

$T(v)=\begin{bmatrix}1&0&0\\0&1&0\\0&0&1\end{bmatrix}\begin{bmatrix}4\\-1\\3\end{bmatrix}-\frac{2}{3}\begin{bmatrix}1&1&1\\1&1&1\\1&1&1\end{bmatrix}\begin{bmatrix}4\\-1\\3\end{bmatrix}$

$=\begin{bmatrix}4\\-1\\3\end{bmatrix}-\frac{2}{3}\begin{bmatrix}6\\6\\6\end{bmatrix}=\begin{bmatrix}0\\-5\\-1\end{bmatrix}$

이다.

05

정답 (1) $(-2,0)$ (2) $(0,5)$

(1) $\begin{bmatrix}1&0\\0&0\end{bmatrix}\begin{bmatrix}-2\\5\end{bmatrix}=\begin{bmatrix}-2\\0\end{bmatrix}$

(2) $\begin{bmatrix}0&0\\0&1\end{bmatrix}\begin{bmatrix}-2\\5\end{bmatrix}=\begin{bmatrix}0\\5\end{bmatrix}$

06

정답 (1) $(1,2,0)$ (2) $(0,2,-3)$ (3) $(1,0,-3)$ (4) $\left(\frac{9}{7},\frac{18}{7},-\frac{15}{7}\right)$

(1) $\begin{bmatrix}1&0&0\\0&1&0\\0&0&0\end{bmatrix}\begin{bmatrix}1\\2\\-3\end{bmatrix}=\begin{bmatrix}1\\2\\0\end{bmatrix}$

(2) $\begin{bmatrix}0&0&0\\0&1&0\\0&0&1\end{bmatrix}\begin{bmatrix}1\\2\\-3\end{bmatrix}=\begin{bmatrix}0\\2\\-3\end{bmatrix}$

(3) $\begin{bmatrix}1&0&0\\0&0&0\\0&0&1\end{bmatrix}\begin{bmatrix}1\\2\\-3\end{bmatrix}=\begin{bmatrix}1\\0\\-3\end{bmatrix}$

(4) 평면의 법선벡터가 $\begin{bmatrix}1\\2\\3\end{bmatrix}$이므로 $n^Tn=14$, $nn^T=\begin{bmatrix}1&2&3\\2&4&6\\3&6&9\end{bmatrix}$이다.

따라서 정사영은

$\begin{bmatrix}1\\2\\-3\end{bmatrix}-\frac{1}{14}\begin{bmatrix}1&2&3\\2&4&6\\3&6&9\end{bmatrix}\begin{bmatrix}1\\2\\-3\end{bmatrix}=\begin{bmatrix}1\\2\\-3\end{bmatrix}-\frac{2}{7}\begin{bmatrix}1\\2\\3\end{bmatrix}=\frac{3}{7}\begin{bmatrix}3\\6\\-5\end{bmatrix}$ 즉,

$\left(\frac{9}{7},\ \frac{18}{7},\ -\frac{15}{7}\right)$이다.

07

정답 풀이 참조

(1) $n^Tn=[1\ \ -1\ \ -1]\begin{bmatrix}1\\-1\\-1\end{bmatrix}=3$,

$nn^T=\begin{bmatrix}1\\-1\\-1\end{bmatrix}[1\ \ -1\ \ -1]=\begin{bmatrix}1&-1&-1\\-1&1&1\\-1&1&1\end{bmatrix}$이므로

표준행렬은 $\frac{1}{3}\begin{bmatrix}1&-1&-1\\-1&1&1\\-1&1&1\end{bmatrix}$이다.

참고 n이 R^n의 영이 아닌 벡터이고 열벡터로 나타낸다면 사영 연산 $T(v)=proj_n v$에 대한 표준행렬은 $\frac{1}{n^Tn}nn^T$ 이다.

(2) $\frac{1}{3}\begin{bmatrix}1&-1&-1\\-1&1&1\\-1&1&1\end{bmatrix}\begin{bmatrix}-1\\0\\1\end{bmatrix}=\frac{1}{3}\begin{bmatrix}-2\\2\\2\end{bmatrix}$이므로 정사영 벡터는

$\left(-\frac{2}{3},\ \frac{2}{3},\ \frac{2}{3}\right)$이다.

08

정답 풀이 참조

(1) 표준행렬은 $I-\frac{1}{n^Tn}nn^T$이다.

$\begin{bmatrix}1&0&0\\0&1&0\\0&0&1\end{bmatrix}-\frac{1}{3}\begin{bmatrix}1&-1&-1\\-1&1&1\\-1&1&1\end{bmatrix}=\frac{1}{3}\begin{bmatrix}2&1&1\\1&2&-1\\1&-1&2\end{bmatrix}$

(2) $\frac{1}{3}\begin{bmatrix}2&1&1\\1&2&-1\\1&-1&2\end{bmatrix}\begin{bmatrix}-1\\0\\1\end{bmatrix}=\frac{1}{3}\begin{bmatrix}-1\\-2\\1\end{bmatrix}$

$\therefore\left(-\frac{1}{3},\ -\frac{2}{3},\ \frac{1}{3}\right)$

09

정답 (1) x축 (2) $\frac{\pi}{2}$

(1) 회전축을 찾기 위해 선형계 $(I-A)x=0$을 풀어야 한다.

$\left(\begin{bmatrix}1&0&0\\0&1&0\\0&0&1\end{bmatrix}-\begin{bmatrix}1&0&0\\0&0&-1\\0&1&0\end{bmatrix}\right)\begin{bmatrix}x\\y\\z\end{bmatrix}=\begin{bmatrix}0\\0\\0\end{bmatrix}$

$\Rightarrow\begin{bmatrix}0&0&0\\0&1&1\\0&-1&1\end{bmatrix}\begin{bmatrix}x\\y\\z\end{bmatrix}=\begin{bmatrix}0\\0\\0\end{bmatrix}$에서 $\begin{bmatrix}x\\y\\z\end{bmatrix}=t\begin{bmatrix}1\\0\\0\end{bmatrix}$이므로 회전축은 x축이다.

(2) 회전각을 θ라 하면

$\cos\theta=\frac{tr(A)-1}{2}=\frac{1-1}{2}=0$이므로 $\theta=\frac{\pi}{2}$이다.

10

정답 ①

점 A를 원점을 중심으로 시계반대방향으로 45° 만큼 회전 하면

$\begin{bmatrix}\cos\frac{\pi}{4}&-\sin\frac{\pi}{4}\\\sin\frac{\pi}{4}&\cos\frac{\pi}{4}\end{bmatrix}\begin{bmatrix}5\\6\end{bmatrix}=\frac{1}{\sqrt{2}}\begin{bmatrix}1&-1\\1&1\end{bmatrix}\begin{bmatrix}5\\6\end{bmatrix}$

$=\frac{1}{\sqrt{2}}\begin{bmatrix}-1\\11\end{bmatrix}$

이고 $y=-x$에 대하여 대칭이동하면

$\begin{bmatrix}\cos\frac{3}{2}\pi&\sin\frac{3}{2}\pi\\\sin\frac{3}{2}\pi&-\cos\frac{3}{2}\pi\end{bmatrix}\frac{1}{\sqrt{2}}\begin{bmatrix}-1\\11\end{bmatrix}=\frac{1}{\sqrt{2}}\begin{pmatrix}0&-1\\-1&0\end{pmatrix}\begin{pmatrix}-1\\11\end{pmatrix}$

$=\frac{1}{\sqrt{2}}\begin{pmatrix}-11\\1\end{pmatrix}$

이다. 그러므로 $b+c=\frac{-10}{\sqrt{2}}=-5\sqrt{2}$이다.

11

정답 ②

평면의 법선벡터 < 1, 1, 1 > 에 평행한 벡터는 고유치 -1 에 대응하는

고유벡터가 되고 (③), 평면 위의 벡터들은 고유치 1 에 대응하는 고유벡터가 된다. (①과 ④)

12

정답 ②

회전축과 수직인 평면의 방정식은 $x-y+z=k$ $(k\in R)$이다. 또한 이 평면과 각 축과의 절편은 $(k,0,0)$, $(0,-k,0)$, $(0,0,k)$이다. 세 점의 중심은 회전축 위에 존재하고, 세 점과 중심이 이루는 각은 각각 $\frac{2\pi}{3}$이다.

표준행렬을 구하기 위해서 평면 $x-y+z=1$위의

세 점 $(1,0,0)$, $(0,-1,0)$, $(0,0,1)$을 생각하자.

(i) 주어진 회전축에 대하여 점 $(1,0,0)$을 $\frac{2\pi}{3}$만큼 회전하면 $(0,0,1)$이 된다.

$\Rightarrow T(1,0,0)=(0,0,1)$

(ii) 주어진 회전축에 대하여 점 $(0,0,1)$을 $\frac{2\pi}{3}$만큼 회전하면 $(0,-1,0)$이 된다.

$\Rightarrow T(0,0,1)=(0,-1,0)$

(iii) 주어진 회전축에 대하여 점 $(0,-1,0)$을 $\frac{2\pi}{3}$만큼 회전하면 $(1,0,0)$이 된다.

$\Rightarrow T(0,-1,0)=(1,0,0)\ \Rightarrow T(0,1,0)=-(1,0,0)$

이를 R^3의 표준기저 $\{e_1=(1,0,0,),\ e_2=(0,1,0),\ e_3=(0,0,1)\}$에 대하여 선형사상으로 나타내면 $T(e_1)=e_3$, $T(e_2)=-e_1$, $T(e_3)=-e_2$이므로

$T(1,2,3) = T(e_1+2e_2+3e_3)$
$= T(e_1)+2T(e_2)+3T(e_3) = e_3-2e_1-3e_2$
$= (-2, -3, 1) = (a, b, c)$
$\therefore a+2b+3c = -5$

13

정답 $y = -\dfrac{8+5\sqrt{3}}{11}x$

$$\begin{bmatrix} \cos\frac{\pi}{3} & -\sin\frac{\pi}{3} \\ \sin\frac{\pi}{3} & \cos\frac{\pi}{3} \end{bmatrix}\begin{bmatrix} t \\ 2t \end{bmatrix} = \begin{bmatrix} \frac{1}{2} & -\frac{\sqrt{3}}{2} \\ \frac{\sqrt{3}}{2} & \frac{1}{2} \end{bmatrix}\begin{bmatrix} t \\ 2t \end{bmatrix} = \begin{bmatrix} \frac{1-2\sqrt{3}}{2}t \\ \frac{\sqrt{3}+2}{2}t \end{bmatrix}$$

$x = \dfrac{1-2\sqrt{3}}{2}t$, $y = \dfrac{\sqrt{3}+2}{2}t$이므로

$t = \dfrac{2}{1-2\sqrt{3}}x$를 대입하여 정리하면 $y = -\dfrac{8+5\sqrt{3}}{11}x$이다.

Topic 49 기저변환과 선형변환

01

정답 풀이 참조

(1) $\begin{bmatrix} 1 \\ 0 \end{bmatrix} = x\begin{bmatrix} 1 \\ 1 \end{bmatrix} + y\begin{bmatrix} 2 \\ 1 \end{bmatrix}$에서 $x = -1, y = 1$

$\begin{bmatrix} 0 \\ 1 \end{bmatrix} = x\begin{bmatrix} 1 \\ 1 \end{bmatrix} + y\begin{bmatrix} 2 \\ 1 \end{bmatrix}$에서 $x = 2, y = -1$이므로 추이행렬은

$\begin{bmatrix} -1 & 2 \\ 1 & -1 \end{bmatrix}$이다.

| 다른 풀이 |

$$[B' \mid B] = \left[\begin{array}{cc|cc} 1 & 2 & 1 & 0 \\ 1 & 1 & 0 & 1 \end{array}\right] \sim \left[\begin{array}{cc|cc} 1 & 2 & 1 & 0 \\ 0 & -1 & -1 & 1 \end{array}\right] \sim \left[\begin{array}{cc|cc} 1 & 0 & -1 & 2 \\ 0 & 1 & 1 & -1 \end{array}\right]$$

에서 추이행렬은 $\begin{bmatrix} -1 & 2 \\ 1 & -1 \end{bmatrix}$이다.

(2) $\begin{bmatrix} -1 & 2 \\ 1 & -1 \end{bmatrix}\begin{bmatrix} 5 \\ 2 \end{bmatrix} = \begin{bmatrix} -1 \\ 3 \end{bmatrix}$

(3) $\begin{bmatrix} 1 \\ 1 \end{bmatrix} = x\begin{bmatrix} 1 \\ 0 \end{bmatrix} + y\begin{bmatrix} 0 \\ 1 \end{bmatrix}$에서 $x = 1, y = 1$

$\begin{bmatrix} 2 \\ 1 \end{bmatrix} = x\begin{bmatrix} 1 \\ 0 \end{bmatrix} + y\begin{bmatrix} 0 \\ 1 \end{bmatrix}$에서 $x = 2, y = 1$이므로 추이행렬은 $\begin{bmatrix} 1 & 2 \\ 1 & 1 \end{bmatrix}$ 이다.

(4) $\begin{bmatrix} 1 & 2 \\ 1 & 1 \end{bmatrix}\begin{bmatrix} -1 \\ 3 \end{bmatrix} = \begin{bmatrix} 5 \\ 2 \end{bmatrix}$

02

정답 풀이 참조

(1) $T(1, 1) = (2, 4)$, $T(1, -1) = (4, -2)$이므로

$\begin{bmatrix} 2 \\ 4 \end{bmatrix} = x\begin{bmatrix} 1 \\ 1 \end{bmatrix} + y\begin{bmatrix} 1 \\ -1 \end{bmatrix}$에서 $x = 3, y = -1$

$\begin{bmatrix} 4 \\ -2 \end{bmatrix} = x\begin{bmatrix} 1 \\ 1 \end{bmatrix} + y\begin{bmatrix} 1 \\ -1 \end{bmatrix}$에서 $x = 1, y = 3$이다.

따라서 $[T]_B = \begin{bmatrix} 3 & 1 \\ -1 & 3 \end{bmatrix}$

(2) $(2, 4) = 3(1, 1) - (1, -1)$, $(3, 1) = 2(1, 1) + (1, -1)$이므로

추이행렬 P는 $\begin{bmatrix} 3 & 2 \\ -1 & 1 \end{bmatrix}$이고 $P^{-1} = \dfrac{1}{5}\begin{bmatrix} 1 & -2 \\ 1 & 3 \end{bmatrix}$이다. 따라서

$[T]_{B'} = \dfrac{1}{5}\begin{bmatrix} 1 & -2 \\ 1 & 3 \end{bmatrix}\begin{bmatrix} 3 & 1 \\ -1 & 3 \end{bmatrix}\begin{bmatrix} 3 & 2 \\ -1 & 1 \end{bmatrix} = \begin{bmatrix} 4 & 1 \\ -2 & 2 \end{bmatrix}$이다.

03

정답 풀이 참조

$(1, 0, 1) = e_1 + 0 + e_3$,
$(2, 1, 2) = 2e_1 + e_2 + 2e_3$,
$(1, 2, 2) = e_1 + 2e_2 + 2e_3$이므로

S에서 E로의 추이행렬은 $\begin{bmatrix} 1 & 2 & 1 \\ 0 & 1 & 2 \\ 1 & 2 & 2 \end{bmatrix}$이다.

E에서 S로의 추이행렬은

$$\left[\begin{array}{ccc|ccc} 1 & 2 & 1 & 1 & 0 & 0 \\ 0 & 1 & 2 & 0 & 1 & 0 \\ 1 & 2 & 2 & 0 & 0 & 1 \end{array}\right] \sim \left[\begin{array}{ccc|ccc} 1 & 2 & 1 & 1 & 0 & 0 \\ 0 & 1 & 2 & 0 & 1 & 0 \\ 0 & 0 & 1 & -1 & 0 & 1 \end{array}\right]$$
$$\sim \left[\begin{array}{ccc|ccc} 1 & 2 & 1 & 1 & 0 & 0 \\ 0 & 1 & 0 & 2 & 1 & -2 \\ 0 & 0 & 1 & -1 & 0 & 1 \end{array}\right] \sim \left[\begin{array}{ccc|ccc} 1 & 0 & 1 & -3 & -2 & 4 \\ 0 & 1 & 0 & 2 & 1 & -2 \\ 0 & 0 & 1 & -1 & 0 & 1 \end{array}\right] \sim \left[\begin{array}{ccc|ccc} 1 & 0 & 0 & -2 & -2 & 3 \\ 0 & 1 & 0 & 2 & 1 & -2 \\ 0 & 0 & 1 & -1 & 0 & 1 \end{array}\right]$$

이므로 $\begin{bmatrix} -2 & -2 & 3 \\ 2 & 1 & -2 \\ -1 & 0 & 1 \end{bmatrix}$이다.

04

정답 ①

순서 기저 $A = \{x,\ 1\}$에서 $B = \{2x-1,\ 2x+1\}$로의 변환행렬이므로

식 $\begin{cases} x = a(2x-1) + b(2x+1) \\ 1 = \alpha(2x-1) + \beta(2x+1) \end{cases}$ 이 성립하는 $a,\ b,\ \alpha,\ \beta$를 구하면,

연립방정식

$\begin{cases} 2a+2b = 1 \\ -a+b = 0 \end{cases} \Leftrightarrow a = \dfrac{1}{4},\ b = \dfrac{1}{4}$,

$\begin{cases} 2\alpha+2\beta = 0 \\ -\alpha+\beta = 1 \end{cases} \Leftrightarrow \alpha = -\dfrac{1}{2},\ \beta = \dfrac{1}{2}$

이다. 즉,

$\begin{cases} x = \dfrac{1}{4}(2x-1) + \dfrac{1}{4}(2x+1) \\ 1 = -\dfrac{1}{2}(2x-1) + \dfrac{1}{2}(2x+1) \end{cases}$

이므로 A에서 B로의 좌표변환행렬은

$\begin{pmatrix} \frac{1}{4} & -\frac{1}{2} \\ \frac{1}{4} & \frac{1}{2} \end{pmatrix} = \dfrac{1}{4}\begin{pmatrix} 1 & -2 \\ 1 & 2 \end{pmatrix}$이다.

05

정답 ④

$T(2, 1) = (4, 8) = 5(2, 1) - \dfrac{3}{2}(4, -2)$

$T(2,3)=(8,12)=8(2,1)-2(4,-2)$

$$[T]_{\alpha}^{\beta}=\begin{bmatrix}5 & 8\\ -\frac{3}{2} & -2\end{bmatrix}$$

06

정답 ③

$T(1,2)=(1,2)$, $T(-2,1)=(2,-1)$이므로 R^2의 한 순서기저 $B=\{(1,2),(-2,1)\}$에 대한 표현행렬 T는

$\begin{bmatrix}1\\2\end{bmatrix}=x\begin{bmatrix}1\\2\end{bmatrix}+y\begin{bmatrix}-2\\1\end{bmatrix}$에서 $x=1,\ y=0$,

$\begin{bmatrix}2\\-1\end{bmatrix}=x\begin{bmatrix}1\\2\end{bmatrix}+y\begin{bmatrix}-2\\1\end{bmatrix}$에서 $x=0,\ y=-1$이므로

$\begin{bmatrix}1 & 0\\0 & -1\end{bmatrix}$이다. R^2의 표준순서기저 $E=\{(1,0),(0,1)\}$에 대한 추이

행렬은 $P=\begin{bmatrix}1 & -2\\2 & 1\end{bmatrix}$, $P^{-1}=\frac{1}{5}\begin{bmatrix}1 & 2\\-2 & 1\end{bmatrix}$이므로

$$\begin{aligned}[T]_E&=P[T]_BP^{-1}\\&=\frac{1}{5}\begin{bmatrix}1 & -2\\2 & 1\end{bmatrix}\begin{bmatrix}1 & 0\\0 & -1\end{bmatrix}\begin{bmatrix}1 & 2\\-2 & 1\end{bmatrix}\\&=\frac{1}{5}\begin{bmatrix}-3 & 4\\4 & 3\end{bmatrix}\end{aligned}$$

이다.

07

정답 6

기저 $\{v_1, v_2, v_3, v_4\}$에 대한 표현행렬이 $\begin{bmatrix}2&0&0&0\\1&2&0&0\\0&1&2&0\\0&0&0&2\end{bmatrix}$이므로

$T(v_1)=2v_1+v_2$ $T(v_2)=2v_2+v_3$, $T(v_3)=2v_3$,
$T(v_4)=2v_4$

$$\begin{aligned}T^2(v_1)&=T(2v_1+v_2)\\&=2T(v_1)+T(v_2)\\&=2(2v_1+v_2)+(2v_2+v_3)\\&=4v_1+4v_2+v_3\end{aligned}$$

V의 기저 $\{v_1, v_2, v_3, v_4\}$를 α,
기저 $\{v_1, T(v_1), T^2(v_1), v_4\}$를 β라고 할 때,

β에서 α로의 기저 변환 행렬은 $P_{\beta\to\alpha}=\begin{bmatrix}1&2&4&0\\0&1&4&0\\0&0&1&0\\0&0&0&1\end{bmatrix}$이고

α에서 β로의 기저 변환 행렬은

$P_{\alpha\to\beta}=(P_{\beta\to\alpha})^{-1}=\begin{bmatrix}1&-2&4&0\\0&1&-4&0\\0&0&1&0\\0&0&0&1\end{bmatrix}$이므로

$$\begin{aligned}A&=[T]_{\beta}^{\beta}=P_{\alpha\to\beta}[T]_{\alpha}^{\alpha}P_{\beta\to\alpha}\\&=\begin{bmatrix}1&-2&4&0\\0&1&-4&0\\0&0&1&0\\0&0&0&1\end{bmatrix}\begin{bmatrix}2&0&0&0\\1&2&0&0\\0&1&2&0\\0&0&0&2\end{bmatrix}\begin{bmatrix}1&2&4&0\\0&1&4&0\\0&0&1&0\\0&0&0&1\end{bmatrix}\\&=\begin{bmatrix}0&0&8&0\\1&-2&-8&0\\0&1&2&0\\0&0&0&2\end{bmatrix}\begin{bmatrix}1&2&4&0\\0&1&4&0\\0&0&1&0\\0&0&0&1\end{bmatrix}\\&=\begin{bmatrix}0&0&8&0\\1&0&-12&0\\0&1&6&0\\0&0&0&2\end{bmatrix}\end{aligned}$$

이다. 그러므로 행렬 A의 모든 성분의 합은 6이다.

실력 UP 단원 마무리

01

$A=(a_{ij}),\ B=(b_{ij})\in M_n,\ c\in\mathbb{R}$ 에 대하여

(ㄱ) (i) $F(A+B)=a_{ij}+b_{ij}=F(A)+F(B)$

(ii) $F(cA)=ca_{ij}=cF(A)$

따라서 $F(A)=a_{ij}$ 는 선형사상이며 $F: M_n\to\mathbb{R}$ 을 만족한다.

(ㄴ) (i) $F(A+B)=Tr(A+B)=Tr(A)+Tr(B)$
$=F(A)+F(B)$

(ii) $F(cA)=Tr(cA)=cTr(A)=cF(A)$

따라서 $F(A)=Tr(A)$ 는 선형사상이며 $F: M_n\to\mathbb{R}$ 을 만족한다.

(ㄷ) $F(A+B)=\det(A+B)\neq\det(A)+\det(B)$ 이므로 사상 $F(A)=\det(A)$ 는 선형사상이 아니다.

정답 ③

02

$$T(1,\ 2,\ 3)=\begin{bmatrix}a&c&b\\c&b&a\\b&a&c\end{bmatrix}\begin{bmatrix}1\\2\\3\end{bmatrix}=\begin{bmatrix}a+2c+3b\\c+2b+3a\\b+2a+3c\end{bmatrix}$$

행끼리 더하면 $6(a+b+c)=12$이므로 $a+b+c=2$

$$T(1,\ -1,\ 1)=\begin{bmatrix}a&c&b\\c&b&a\\b&a&c\end{bmatrix}\begin{bmatrix}1\\-1\\1\end{bmatrix}=\begin{bmatrix}a-c+b\\c-b+a\\b-a+c\end{bmatrix}$$

성분을 모두 더하면 $a+b+c=2$

정답 ①

03

$(2,\ 4,\ -2)=-2v_1+6v_2-2v_3$이므로

$T(2,\ 4,\ -2)=T(-2v_1+6v_2-2v_3)$
$=-2T(v_1)+6T(v_2)-2T(v_3)$
$=-2(1,\ 0)+6(2,\ 1)-2(4,\ 3)$
$=(2,\ 0)$

정답 ③

04

선형변화 T의 표현행렬 $A=\begin{pmatrix}20&-21\\0&21\end{pmatrix}$ 의 고윳값을 $\lambda_1,\ \lambda_2$ 라 하면 $\lambda_1+\lambda_2=tr(A)=20+21=41$ 이다.

정답 ④

05

$$F(1)=6\int_0^1(x-t)\cdot 1\,dt=6x-3$$

$$F(x)=6\int_0^1(x-t)\cdot t\,dt=3x-2$$

$$\begin{bmatrix}F(1)\\F(x)\end{bmatrix}=\begin{bmatrix}6x-3\\3x-2\end{bmatrix}=\begin{bmatrix}-3&6\\-2&3\end{bmatrix}\begin{bmatrix}1\\x\end{bmatrix}$$

따라서 구하는 행렬은 $\begin{bmatrix}-3&6\\-2&3\end{bmatrix}$이다.

정답 ②

06

$$A=\begin{bmatrix}2&3&1\\3&3&1\\2&4&1\\5&7&2\end{bmatrix}$$

$$\sim\begin{bmatrix}2&3&1\\1&0&0\\0&1&0\\1&1&0\end{bmatrix}\ \begin{bmatrix}\because(1\text{행})\times(-1)+(2\text{행})\to(2\text{행})\\(1\text{행})\times(-1)+(3\text{행})\to(3\text{행})\\(1\text{행})\times(-2)+(4\text{행})\to(4\text{행})\end{bmatrix}$$

$$\sim\begin{bmatrix}0&0&1\\1&0&0\\0&1&0\\0&0&0\end{bmatrix}$$

$$\begin{bmatrix}\because(2\text{행})\times(-2)+(3\text{행})\times(-3)+(1\text{행})\to(1\text{행})\\(2\text{행})\times(-1)+(3\text{행})\times(-1)+(4\text{행})\to(4\text{행})\end{bmatrix}$$

이므로 $rankA=3$

$\therefore\dim(\mathrm{Ker}(T_A))=nullity(T_A)=nullity(A^T)$
$=4-rank(A^T)=4-rankA$
$=4-3=1$

정답 ②

07

$\mathrm{v}\in\mathbb{R}^2$ 에 대해 v 는 a 에 평행하거나 평행하지 않는 경우뿐이다. 따라서 표현행렬 P에 대해 고윳값 1 에 대응하는 고유벡터는 a 와 평행인 벡터들이고, 고윳값 0 에 대응하는 고유벡터는 a 와 평행하지 않는 벡터들이다. 각각의 대수적중복도는 1 이다.

정답 ③

08

선형사상의 표현행렬은 $[L]=\begin{pmatrix}1&1&0\\0&1&1\\1&0&1\end{pmatrix}$이고 $rank(A)=3$, $nullity(A)=0$이다.

따라서

$\dim(\mathrm{Ker}L)-\dim(\mathrm{Im}L)=nullity(A)-rank(A)=-3$

이다.

정답 ①

09

xz평면으로의 사영 $P(x,\ y,\ z)=(x,\ 0,\ z)$으로 정의된 일차변환 $P:R^3\to R^3$에 대응하는 변환행렬 A_P라고 할 때,

$A_p\begin{bmatrix}x\\y\\z\end{bmatrix}=\begin{bmatrix}x\\0\\z\end{bmatrix}$을 만족해야 한다.

따라서 $A_p=\begin{bmatrix}1&0&0\\0&0&0\\0&0&1\end{bmatrix}$이다.

정답 ④

10

$L\begin{pmatrix}1\\0\end{pmatrix}=\begin{pmatrix}0\\1\end{pmatrix},\ L\begin{pmatrix}0\\1\end{pmatrix}=\begin{pmatrix}1\\0\end{pmatrix}$이므로 $L=\begin{pmatrix}0&1\\1&0\end{pmatrix}$이다.

$v=\begin{pmatrix}v_1\\v_2\end{pmatrix}$라 두면

$L(v)=3v$

$\Rightarrow\begin{pmatrix}0&1\\1&0\end{pmatrix}\begin{pmatrix}v_1\\v_2\end{pmatrix}=3\begin{pmatrix}v_1\\v_2\end{pmatrix}$

$\Rightarrow \begin{pmatrix} v_2 \\ v_1 \end{pmatrix} = 3\begin{pmatrix} v_1 \\ v_2 \end{pmatrix}$

$\Rightarrow v_2 = 3v_1,\ v_1 = 3v_2$

$\Rightarrow v_2 = 3v_1 = 9v_2$ 이므로 $v_2 = 0,\ v_1 = 0$

따라서 $v = (0,\ 0)$ 이다.

| 다른 풀이 |

$|L - \lambda I| = \begin{vmatrix} -\lambda & 1 \\ 1 & -\lambda \end{vmatrix} = \lambda^2 - 1 = 0$ 에서

$\lambda = \pm 1$ 이므로 3은 L의 고윳값이 아니다.

따라서 $L(v) = 3v$를 만족하는 벡터는 $(0,\ 0)$ 뿐이다.

정답 ①

11

회전행렬 A는 $\det(A) = 1$ 이므로 $\alpha = \frac{1}{3}$ 이다. $(\because |kA| = k^n|A|)$

회전축은 A의 고유치 1에 대응하는 고유벡터이므로

$(A - I)\begin{bmatrix} x \\ y \\ z \end{bmatrix} = \begin{bmatrix} 0 \\ 0 \\ 0 \end{bmatrix}$ 에서

$$\begin{bmatrix} -\frac{1}{3} & -\frac{1}{3} & \frac{2}{3} \\ \frac{2}{3} & -\frac{1}{3} & -\frac{1}{3} \\ -\frac{1}{3} & \frac{2}{3} & -\frac{1}{3} \end{bmatrix}\begin{bmatrix} x \\ y \\ z \end{bmatrix} = \begin{bmatrix} 0 \\ 0 \\ 0 \end{bmatrix} \sim \begin{bmatrix} 1 & 0 & -1 \\ 0 & 1 & -1 \\ 0 & 0 & 0 \end{bmatrix}\begin{bmatrix} x \\ y \\ z \end{bmatrix} = \begin{bmatrix} 0 \\ 0 \\ 0 \end{bmatrix}$$

즉, $x - z = 0,\ y - z = 0$를 만족한다.

따라서 고유치 1에 대응하는 고유벡터는 $\begin{bmatrix} x \\ y \\ z \end{bmatrix} = \begin{bmatrix} z \\ z \\ z \end{bmatrix} = z\begin{bmatrix} 1 \\ 1 \\ 1 \end{bmatrix}$ 이다.

고유벡터 $(1,1,1)$의 단위벡터는 $\left(\frac{1}{\sqrt{3}}, \frac{1}{\sqrt{3}}, \frac{1}{\sqrt{3}}\right)$ 이다.

$|v_1 + v_2 + v_3| = \sqrt{3}$

정답 ②

12

㉠ 닮은 행렬은 같은 행렬식을 갖는다. (참)

㉡ 행렬곱 CD는 합성변환 $T \circ S$의 표현행렬이고, 행렬식의 성질에 의해 $|CD| = |C||D|$가 성립한다. (참)

㉢ 행렬과 그 전치행렬은 같은 특성방정식을 가지므로 고윳값이 같다. (참)

정답 ④

13

점 (p, q)가 나타내는 영역은 세 점 $(0, 0)$, $(-5, -5)$, $(0, -5)$를 꼭짓점으로 하는 제 3사분면의 삼각형이다.

$(x, y) = p(1, 2) + q(0, 1)$를 선형변환으로 나타내면

$\begin{pmatrix} x \\ y \end{pmatrix} = \begin{pmatrix} 1 & 0 \\ 2 & 1 \end{pmatrix}\begin{pmatrix} p \\ q \end{pmatrix}$ 이고 이 선형변환의 치역은

세 점 $(0, 0)$, $(-5, -5)$, $(-10, 0)$을 꼭짓점으로 하는 제3사분면의 삼각형이므로 넓이는 $\frac{1}{2} \times 10 \times 5 = 25$ 이다.

정답 ④

14

선형사상 T의 고유벡터를 $v_1 = (1,1,0)$, $v_2 = (0,1,1)$, $v_3 = (1,0,1)$ 이라 하면.

각 고유벡터에 대응되는 고윳값은 $2,\ 1,\ -1$ 이다.

이 때, T^{2020}의 고윳값은 $2^{2020},\ 1,\ 1$ 이고 대응되는 고유벡터는 v_1, v_2, v_3 이다.

또한, $v = (0,2,0)$은 $v = v_1 + v_2 - v_3$ 이므로

$T^{2020}(v) = T^{2020}(v_1 + v_2 - v_3)$

$= T^{2020}(v_1) + T^{2020}(v_2) - T^{2020}(v_3)$

$= 2^{2020}v_1 + v_2 - v_3$

$= 2^{2020}(1,1,0) + (0,1,1) - (1,0,1)$

$= (2^{2020} - 1,\ 2^{2020} + 1,\ 0)$

따라서,

$p + q + r = 2^{2020} - 1 + 2^{2020} + 1 = 2 \cdot 2^{2020} = 2^{2021}$

정답 ①

15

선형변환 $T: R^2 \to R^2$ 가 임의의 $(x, y) \in R^2$ 을 원점을 지나는 직선 $y = (\tan\theta)x$ 에 대한 대칭이동시키는 변환의 표준행렬은 $\begin{bmatrix} \cos 2\theta & \sin 2\theta \\ \sin 2\theta & -\cos 2\theta \end{bmatrix}$ 이다.

$$M = \begin{bmatrix} \cos 2\theta & \sin 2\theta \\ \sin 2\theta & -\cos 2\theta \end{bmatrix} = \begin{bmatrix} \frac{1}{\sqrt{5}} & \frac{2}{\sqrt{5}} \\ \frac{2}{\sqrt{5}} & -\frac{1}{\sqrt{5}} \end{bmatrix}$$ 이므로

$\cos 2\theta = \frac{1}{\sqrt{5}}$, $\sin 2\theta = \frac{2}{\sqrt{5}}$

$\tan 2\theta = \frac{\sin 2\theta}{\cos 2\theta} = 2$ 이고 $\tan 2\theta = \frac{2\tan\theta}{1 - \tan^2\theta}$ 이므로

$\frac{2\tan\theta}{1 - \tan^2\theta} = 2 \Rightarrow \tan\theta = \frac{-1 \pm \sqrt{5}}{2}$ 이다.

따라서 직선 l의 방정식은

$y = \frac{\sqrt{5} - 1}{2}x$ 또는 $y = \frac{-\sqrt{5} - 1}{2}x$ 이다.

정답 ④

08 내적공간과 이차형식

핵심 문제 | Topic 50~54

Topic 50 내적공간(그램-슈미트 직교화 과정)

01

정답 ①

(가) $(a, b) \in R$에 대하여

$<(a, b), (a, b)> = a^2 - b^2 \geq 0$이고, 이 부등식은 임의의 a, b에 대하여 성립하지 않는다.

(나) $A = \begin{bmatrix} a & b \\ c & d \end{bmatrix}$로 놓으면

$<A, A> = tr(A+A) = 2(a+d) \geq 0$이고, 이 부등식은 임의의 a, d에 대하여 성립하지 않는다.

(다) $<f(x), g(x)> = \int_0^1 f'(x)g(x)dx$,

$<g(x), f(x)> = \int_0^1 g'(x)f(x)dx$이므로

일반적으로 $<f(x), g(x)> \neq <g(x), f(x)>$이므로 내적이 아니다.

따라서 내적인 것의 개수는 0이다.

02

정답 (1) 23 (2) $\sqrt{26}$ (3) 5 (4) $\frac{23}{5\sqrt{26}}$ (5) $\sqrt{5}$

(1) $<(1, 5), (3, 4)> = 1 \cdot 3 + 5 \cdot 4 = 23$

(2) $\|u\|^2 = <u, u> = <(1, 5), (1, 5)> = 1 + 25 = 26$

$\therefore \|u\| = \sqrt{26}$

(3) $\|v\|^2 = <(3, 4), (3, 4)> = 9 + 16 = 25$

$\therefore \|v\| = 5$

(4) $\cos\theta = \frac{<u, v>}{\|u\|\|v\|} = \frac{23}{5\sqrt{26}}$

(5) $d(u, v) = \|u - v\| = \|(-2, 1)\| = \sqrt{5}$

03

정답 (1) 49 (2) $\sqrt{53}$ (3) $\sqrt{59}$ (4) $\frac{49}{\sqrt{53}\sqrt{59}}$ (5) $\sqrt{14}$

(1) $<u, v> = 3 \cdot 1 \cdot 3 + 2 \cdot 5 \cdot 4 = 49$

(2) $\|u\|^2 = <(1, 5), (1, 5)> = 3 \cdot 1 \cdot 1 + 2 \cdot 5 \cdot 5 = 53$

$\therefore \|u\| = \sqrt{53}$

(3) $\|v\|^2 = <(3, 4), (3, 4)> = 3 \cdot 3 \cdot 3 + 2 \cdot 4 \cdot 4 = 59$

$\therefore \|v\| = \sqrt{59}$

(4) $\cos\theta = \frac{<u, v>}{\|u\|\|v\|} = \frac{49}{\sqrt{53}\sqrt{59}}$

(5) $d(u, v) = \|u - v\| = \sqrt{<u-v, u-v>}$

$= \sqrt{<(-2, 1), (-2, 1)>}$

$= \sqrt{12+2} = \sqrt{14}$

04

정답 (1) $-\frac{2}{3}$ (2) $\sqrt{\frac{7}{3}}$ (3) $\frac{1}{\sqrt{3}}$ (4) $-\frac{2}{\sqrt{7}}$ (5) 4

(1) $\int_0^1 (x+1)(x-1)dx = \int_0^1 (x^2-1)dx$

$= \left[\frac{1}{3}x^3 - x\right]_0^1 = -\frac{2}{3}$

(2) $\|f(x)\|^2 = \int_0^1 (x+1)^2 dx = \int_0^1 (x^2+2x+1)dx$

$= \left[\frac{1}{3}x^3 + x^2 + x\right]_0^1 = \frac{7}{3}$

$\therefore \|f(x)\| = \sqrt{\frac{7}{3}}$

(3) $\|g(x)\|^2 = \int_0^1 (x-1)^2 dx = \int_0^1 (x^2-2x+1)dx$

$= \left[\frac{1}{3}x^3 - x^2 + x\right]_0^1 = \frac{1}{3}$

$\therefore \|g(x)\| = \frac{1}{\sqrt{3}}$

(4) $\cos\theta = \frac{<f(x), g(x)>}{\|f(x)\|\|g(x)\|} = \frac{-\frac{2}{3}}{\sqrt{\frac{7}{3}} \cdot \frac{1}{\sqrt{3}}} - \frac{2}{\sqrt{7}}$

(5) $d(f(x), g(x)) = \|f(x) - g(x)\|$

$= \sqrt{<(f(x)-g(x)), (f(x)-g(x))>}$

$= \int_0^1 2 \cdot 2dx = [4x]_0^1 = 4$

05

정답 풀이 참조

(1) $<2u+5v, 4u-6v>$

$= <2u, 4u-6v> + <5v, 4u-6v>$

$= <2u, 4u> - <2u, 6v> + <5v, 4u> - <5v, 6v>$

$= 8<u, u> - 12<u, v> + 20<v, u> - 30<v, v>$

$= 8\|u\|^2 + 8<u, v> - 30\|v\|^2$

(2) $<5u_1 + 6u_2, 3v_1 - 4v_2>$

$= <5u_1, 3v_1> + <5u_1, -4v_2> + <6u_2, 3v_1> + <6u_2, -4v_2>$

$= 15<u_1, v_1> - 20<u_1, v_2> + 18<u_2, v_1> - 24<u_2, v_2>$

(3) $\|2u - 3v\|^2 = <2u-3v, 2u-3v>$

$= 4<u, u> - 6<u, v> - 6<v, u> + 9<v, v>$

$= 4\|u\|^2 - 12<u, v> + 9\|v\|^2$

06

정답 (1), (3)

(1) $<(1, 0), (0, 1)> = 0$이므로 직교집합이고

$<(1, 0), (1, 0)> = 1$, $<(0, 1), (0, 1)> = 1$이므로 정규직교집합이다.

(2) $<(1, 0, 0), (0, 1, 0)>=0$, $<(1, 0, 0), (0, 1, 1)>=0$,
$<(0, 1, 0), (0, 1, 1)>=1$이므로 직교집합이 아니다.

(3) $<(3, 1, 1), (-1, 2, 1)>=0$,

$\left\langle(3, 1, 1), \left(-\frac{1}{2}, -2, \frac{7}{2}\right)\right\rangle=0$,

$\left\langle(-1, 2, 1), \left(-\frac{1}{2}, -2, \frac{7}{2}\right)\right\rangle=0$이므로 직교집합이다.

07

정답 풀이 참조

$v_1=u_1=(1, 1, 1)$

$v_2=u_2-\frac{<u_2, v_1>}{\|v_1\|^2}v_1=(-1, 1, 0)-\frac{0}{3}(1, 1, 1)$

$=(-1, 1, 0)$

$v_3=u_3-\frac{<u_3, v_1>}{\|v_1\|^2}v_1-\frac{<u_3, v_2>}{\|v_2\|^2}v_2$

$=(1, 2, 1)-\frac{4}{3}(1, 1, 1)-\frac{1}{2}(-1, 1, 0)$

$=\left(\frac{1}{6}, \frac{1}{6}, -\frac{1}{3}\right)$

세 벡터 v_1, v_2, v_3는 R^3의 직교기저를 이룬다. 이 벡터들을 정규화하면

$q_1=\frac{1}{\|v_1\|}v_1=\frac{1}{\sqrt{3}}(1, 1, 1)=\left(\frac{1}{\sqrt{3}}, \frac{1}{\sqrt{3}}, \frac{1}{\sqrt{3}}\right)$

$q_2=\frac{1}{\|v_2\|}v_2=\frac{1}{\sqrt{2}}(-1, 1, 0)=\left(-\frac{1}{\sqrt{2}}, \frac{1}{\sqrt{2}}, 0\right)$

$q_3=\frac{1}{\|v_3\|}v_3=\frac{1}{\frac{1}{\sqrt{6}}}\left(\frac{1}{6}, \frac{1}{6}, -\frac{1}{3}\right)=\left(\frac{1}{\sqrt{6}}, \frac{1}{\sqrt{6}}, -\frac{\sqrt{6}}{3}\right)$

이고 $\{q_1, q_2, q_3\}$는 R^3의 정규직교기저가 된다.

08

정답 ①

두 벡터 1, $1+x$가 이루는 각 θ는 $\cos\theta=\frac{\langle 1, 1+x\rangle}{\|1\|\ \|1+x\|}$이다. (단, $\|v\|$는 v의 크기이다.)

$\|1\|=\sqrt{\langle 1, 1\rangle}=\sqrt{\int_{-1}^{1}1\,dx}=\sqrt{2}$

$\|1+x\|=\sqrt{\langle 1+x, 1+x\rangle}=\sqrt{\int_{-1}^{1}(1+x)^2dx}=\frac{2\sqrt{2}}{\sqrt{3}}$

$\langle 1, 1+x\rangle=\int_{-1}^{1}(1+x)\,dx=2$에서

$\cos\theta=\frac{\langle 1, 1+x\rangle}{\|1\|\ \|1+x\|}=\frac{2}{\sqrt{2}\cdot\frac{2\sqrt{2}}{\sqrt{3}}}=\frac{\sqrt{3}}{2}$이므로

$\theta=\frac{\pi}{6}$이다.

09

정답 ②

$<ku+v, ku+v>$

$=<ku, ku+v>+<v, ku+v>$

$=<ku, ku>+<ku, v>+<v, ku>+<v, v>$

$=k^2\|u\|^2+2k<u, v>+\|v\|^2$

이고 이때, $\|u\|=\sqrt{3}$, $\|v\|=\sqrt{5}$, $<u, v>=-1$이므로

$3k^2-2k+5=13 \Rightarrow 3k^2-2k-8=0$

$\Rightarrow (k-2)(3k+4)=0$

$\therefore k=2(\because k>0)$

10

정답 ②

$(1, 0, 0)$, $(0, 1, 0)$, (a, b, c)가 내적에 대하여 직교단위기저이므로

(ⅰ) $(1, 0, 0)$과 (a, b, c)이 수직이다. 즉,
$(1, 0, 0)\cdot(a, b, c)=a-c=0 \Leftrightarrow a=c$이다.

(ⅱ) $(0, 1, 0)$과 (a, b, c)이 수직이다. 즉,
$(0, 1, 0)\cdot(a, b, c)=b=0$이다.

(ⅰ), (ⅱ)에 의하여 $(a, b, c)=(a, 0, a)$를 만족한다.
또한 크기가 1이어야 하므로

$(a, b, c)\cdot(a, b, c)=(a, 0, a)\cdot(a, 0, a)$

$=a^2-a^2-a^2+4a^2=3a^2=1$

$\Leftrightarrow a^2=\frac{1}{3}$이다.

그러므로 $a^2+b^2+c^2=a^2+0^2+a^2=2a^2=\frac{2}{3}$이다.

11

정답 ③

$w_1 = v_1 = (1,1,1)$

$w_2=v_2-proj_{w_1}v_2$

$=v_2-\frac{(v_2\cdot w_1)}{|w_1|^2}w_1 = (1,-1,0)$

$w_3=v_3-proj_{w_1}v_3-proj_{w_2}v_3$

$=v_3-\frac{(v_3\cdot w_1)}{|w_1|^2}w_1-\frac{(v_3\cdot w_2)}{|w_2|^2}w_2$

$=\left(-\frac{2}{3}, -\frac{2}{3}, \frac{4}{3}\right)$

따라서 $|w_2| = \sqrt{2}$, $|w_3| = \frac{2\sqrt{6}}{3}$ 이므로 $|w_2||w_3| = \frac{2\sqrt{12}}{3}$

12

정답 풀이 참조

$P_2(R)$의 표준 순서기저는 $\{1, x, x^2\}$이므로

$v_1=u_1=1$,

$v_2=u_2-\frac{<u_2, v_1>}{\|v_1\|^2}v_1=x-\frac{0}{2}\cdot 1=x$

$v_3=u_3-\frac{<u_3, v_1>}{\|v_1\|^2}v_1-\frac{<u_3, v_2>}{\|v_2\|^2}v_2$

$=x^2-\frac{1}{3}\cdot 1-0cdotx=x^2-\frac{1}{3}$

이다. 따라서 $P_2(R)$의 직교기저는 $\left\{1, x, x^2-\frac{1}{3}\right\}$이고 정규화하면

$q_1=\frac{1}{\sqrt{\int_{-1}^{1}1^2dt}}=\frac{1}{\sqrt{2}}$, $q_2=\frac{x}{\sqrt{\int_{-1}^{1}t^2\,dt}}=\sqrt{\frac{3}{2}}x$,

$$q_3=\frac{x^2-\frac{1}{3}}{\sqrt{\int_{-1}^{1}\left(t^2-\frac{1}{3}\right)^2dt}}=\frac{x^2-\frac{1}{3}}{\sqrt{\frac{8}{45}}}=\frac{\sqrt{10}}{4}(3x^2-1)$$ 즉,

$\left\{\frac{1}{\sqrt{2}},\ \frac{\sqrt{6}}{2}x,\ \frac{\sqrt{10}}{4}(3x^2-1)\right\}$이다.

Topic 51 최소제곱문제

01

정답 풀이 참조

(1) $A^TA=\begin{bmatrix}2&4&-2\\1&2&1\end{bmatrix}\begin{bmatrix}2&1\\4&2\\-2&1\end{bmatrix}=\begin{bmatrix}24&8\\8&6\end{bmatrix}$,

$A^Tb=\begin{bmatrix}2&4&-2\\1&2&1\end{bmatrix}\begin{bmatrix}3\\2\\1\end{bmatrix}=\begin{bmatrix}12\\8\end{bmatrix}$이므로 정규방정식은

$\begin{bmatrix}24&8\\8&6\end{bmatrix}\begin{bmatrix}x\\y\end{bmatrix}=\begin{bmatrix}12\\8\end{bmatrix}$이다. 첨가행렬을 사용하여 선형계를 풀면

$\left[\begin{array}{cc|c}24&8&12\\8&6&8\end{array}\right]\sim\left[\begin{array}{cc|c}1&0&\frac{1}{10}\\0&1&\frac{6}{5}\end{array}\right]$이므로 $x=\frac{1}{10}$, $y=\frac{6}{5}$이다.

(2) $A^TA=\begin{bmatrix}1&-1&-1\\1&1&2\end{bmatrix}\begin{bmatrix}1&1\\-1&1\\-1&2\end{bmatrix}=\begin{bmatrix}3&-2\\-2&6\end{bmatrix}$

$A^Tb=\begin{bmatrix}1&-1&-1\\1&1&2\end{bmatrix}\begin{bmatrix}7\\0\\-7\end{bmatrix}=\begin{bmatrix}14\\-7\end{bmatrix}$이므로 정규방정식은

$\begin{bmatrix}3&-2\\-2&6\end{bmatrix}\begin{bmatrix}x\\y\end{bmatrix}=\begin{bmatrix}14\\-7\end{bmatrix}$

첨가행렬을 사용하여 선형계를 풀면

$\left[\begin{array}{cc|c}3&-2&14\\-2&6&-7\end{array}\right]\sim\left[\begin{array}{cc|c}1&0&5\\0&1&\frac{1}{2}\end{array}\right]$이므로 $x=5$, $y=\frac{1}{2}$이다.

02

정답 (1) $\frac{4}{5}\sqrt{5}$ (2) $\frac{3}{2}\sqrt{14}$

(1) $b-A\hat{x}=\begin{bmatrix}3\\2\\1\end{bmatrix}-\begin{bmatrix}2&1\\4&2\\-2&1\end{bmatrix}\begin{bmatrix}\frac{1}{10}\\\frac{6}{5}\end{bmatrix}=\begin{bmatrix}3\\2\\1\end{bmatrix}-\frac{1}{5}\begin{bmatrix}7\\14\\5\end{bmatrix}=\begin{bmatrix}\frac{8}{5}\\-\frac{4}{5}\\0\end{bmatrix}$

이므로 최소제곱오차는

$\|b-A\hat{x}\|=\sqrt{\left(\frac{8}{5}\right)^2+\left(-\frac{4}{5}\right)^2+0}=\sqrt{\frac{80}{25}}=\frac{4}{5}\sqrt{5}$

(2) $b-A\hat{x}=\begin{bmatrix}7\\0\\-7\end{bmatrix}-\begin{bmatrix}1&1\\-1&1\\-1&2\end{bmatrix}\begin{bmatrix}5\\\frac{1}{2}\end{bmatrix}=\begin{bmatrix}7\\0\\-7\end{bmatrix}-\frac{1}{2}\begin{bmatrix}11\\-9\\-8\end{bmatrix}=\begin{bmatrix}\frac{3}{2}\\\frac{9}{2}\\-3\end{bmatrix}$

이므로 최소제곱오차는

$\|b-A\hat{x}\|=\sqrt{\left(\frac{3}{2}\right)^2+\left(\frac{9}{2}\right)^2+(-3)^2}=\sqrt{\frac{126}{4}}=\frac{3\sqrt{14}}{2}$

03

정답 풀이 참조

(1) $A\boldsymbol{x}=\boldsymbol{b}\Rightarrow\begin{bmatrix}1&2&1\\1&-1&2\\1&5&0\end{bmatrix}\begin{bmatrix}x_1\\x_2\\x_3\end{bmatrix}=\begin{bmatrix}4\\-11\\19\end{bmatrix}$라 하면

$A^TA=\begin{bmatrix}1&1&1\\2&-1&5\\1&2&0\end{bmatrix}\begin{bmatrix}1&2&1\\1&-1&2\\1&5&0\end{bmatrix}=\begin{bmatrix}3&6&3\\6&30&0\\3&0&5\end{bmatrix}$,

$A^T\boldsymbol{b}=\begin{bmatrix}1&1&1\\2&-1&5\\1&2&0\end{bmatrix}\begin{bmatrix}4\\-11\\19\end{bmatrix}=\begin{bmatrix}12\\114\\-18\end{bmatrix}$이므로 정규방정식은

$\begin{bmatrix}3&6&3\\6&30&0\\3&0&5\end{bmatrix}\begin{bmatrix}x_1\\x_2\\x_3\end{bmatrix}=\begin{bmatrix}12\\144\\-18\end{bmatrix}$이고 첨가행렬을 사용하여 선형계를 풀면

$\left[\begin{array}{ccc|c}3&6&3&12\\6&30&0&114\\3&0&5&-18\end{array}\right]\sim\left[\begin{array}{ccc|c}1&0&\frac{5}{3}&-6\\0&1&-\frac{1}{3}&5\\0&0&0&0\end{array}\right]$이므로 최소제곱해는

$\begin{bmatrix}x_1\\x_2\\x_3\end{bmatrix}=t\begin{bmatrix}-\frac{5}{3}\\\frac{1}{3}\\0\end{bmatrix}+\begin{bmatrix}-6\\5\\0\end{bmatrix}$이다.

(2) $A^TA=\begin{bmatrix}1&-1&0&1\\1&1&-1&0\\1&1&1&1\end{bmatrix}\begin{bmatrix}1&1&1\\-1&1&1\\0&-1&1\\1&0&1\end{bmatrix}=\begin{bmatrix}3&0&1\\0&3&1\\1&1&4\end{bmatrix}$,

$A^Tb=\begin{bmatrix}1&-1&0&1\\1&1&-1&0\\1&1&1&1\end{bmatrix}\begin{bmatrix}4\\0\\1\\2\end{bmatrix}=\begin{bmatrix}6\\3\\7\end{bmatrix}$이므로 정규방정식은

$\begin{bmatrix}3&0&1\\0&3&1\\1&1&4\end{bmatrix}\begin{bmatrix}x_1\\x_2\\x_3\end{bmatrix}=\begin{bmatrix}6\\3\\7\end{bmatrix}$이다. 첨가행렬을 사용하여 선형계를 풀면

$\left[\begin{array}{ccc|c}3&0&1&6\\0&3&1&3\\1&1&4&7\end{array}\right]\sim\left[\begin{array}{ccc|c}1&0&0&\frac{8}{5}\\0&1&0&\frac{3}{5}\\0&0&1&\frac{6}{5}\end{array}\right]$

이므로 최소제곱해는 $x_1=\frac{8}{5}$, $x_2=\frac{3}{5}$, $x_3=\frac{6}{5}$이다.

04

정답 (1) $\left(\frac{2}{3},\ \frac{7}{3},\ \frac{5}{3}\right)$ (2) $(3,\ -4,\ -1)$

두 벡터 v_1, v_2를 열벡터로 하는 행렬 A의 열공간을 W라 하자. $\boldsymbol{x}$가 $A\boldsymbol{x}=\boldsymbol{b}$의 최소제곱해이면 $\boldsymbol{b}$에서 W로의 정사영은 $proj_w\,\boldsymbol{b}=A\boldsymbol{x}$이다.

(1) $A^TA=\begin{bmatrix}1&1&0\\1&2&1\end{bmatrix}\begin{bmatrix}1&1\\1&2\\0&1\end{bmatrix}=\begin{bmatrix}2&3\\3&6\end{bmatrix}$,

$A^T\boldsymbol{b}=\begin{bmatrix}1&1&0\\1&2&1\end{bmatrix}\begin{bmatrix}2\\1\\3\end{bmatrix}=\begin{bmatrix}3\\7\end{bmatrix}$이므로 정규방정식은

$\begin{bmatrix}2&3\\3&6\end{bmatrix}\begin{bmatrix}x_1\\x_2\end{bmatrix}=\begin{bmatrix}3\\7\end{bmatrix}$이고 최소제곱해는 $x=-1$, $y=\frac{5}{3}$이다.

$A\hat{\boldsymbol{x}}=\begin{bmatrix}1&1\\1&2\\0&1\end{bmatrix}\begin{bmatrix}-1\\\frac{5}{3}\end{bmatrix}=\frac{1}{3}\begin{bmatrix}2\\7\\5\end{bmatrix}$이므로 구하는 정사영은

$\left(\frac{2}{3},\ \frac{7}{3},\ \frac{5}{3}\right)$이다.

| 다른 풀이 |

v_1, v_2가 생성하는 부분공간의 R^3의 평면이므로 법선벡터를 v라 하면

$$v=\begin{vmatrix} i & j & k \\ 1 & 1 & 0 \\ 1 & 2 & 1 \end{vmatrix}=i-j+k$$

점 $(1, 1, 0)$을 지나므로 평면의 방정식은

$x-1-(y-1)+z=0 \Rightarrow x-y+z=0$이다. 따라서

$$proj_w u=u-proj_v u=u-\frac{<u, v>}{\|v\|\|v\|}v$$
$$=(2, 1, 3)-\frac{<(2, 1, 3), (1, -1, 1)>}{\sqrt{3}\sqrt{3}}(1, -1, 1)$$
$$=(2, 1, 3)-\frac{4}{3}(1, -1, 1)$$
$$=\left(\frac{2}{3}, \frac{7}{3}, \frac{5}{3}\right)$$

(2) $A^TA=\begin{bmatrix} -1 & 2 & 1 \\ 2 & 2 & 4 \end{bmatrix}\begin{bmatrix} -1 & 2 \\ 2 & 2 \\ 1 & 4 \end{bmatrix}=\begin{bmatrix} 6 & 6 \\ 6 & 24 \end{bmatrix}$,

$A^Tb=\begin{bmatrix} -1 & 2 & 1 \\ 2 & 2 & 4 \end{bmatrix}\begin{bmatrix} 1 \\ -6 \\ 1 \end{bmatrix}=\begin{bmatrix} -12 \\ -6 \end{bmatrix}$이므로 정규방정식은

$\begin{bmatrix} 6 & 6 \\ 6 & 24 \end{bmatrix}\begin{bmatrix} x_1 \\ x_2 \end{bmatrix}=\begin{bmatrix} -12 \\ -6 \end{bmatrix}$이고 최소제곱해는 $x=-\frac{7}{3}$, $y=\frac{1}{3}$이다.

$A\hat{x}=\begin{bmatrix} -1 & 2 \\ 2 & 2 \\ 1 & 4 \end{bmatrix}\begin{bmatrix} -\frac{7}{3} \\ \frac{1}{3} \end{bmatrix}=\begin{bmatrix} 3 \\ -4 \\ -1 \end{bmatrix}$이므로 구하는 정사영은

$(3, -4, -1)$이다.

05

정답 ②

평면의 법선벡터를 n이라고 하면

$$n=\begin{vmatrix} i & j & k \\ 1 & 1 & 2 \\ 1 & 2 & 3 \end{vmatrix}=<-1, -1, 1>\text{이 된다}$$

$proj_n\vec{b}=\frac{\vec{b}\cdot n}{n\cdot n}n=<2, 2, -2>$이고

$proj_W\vec{b}=\vec{b}-proj_n\vec{b}=<-1, 1, 0>$이다

따라서 $p_1+p_2+p_3=0$ 이다.

06

정답 ①

벡터 y로부터 W까지 거리는 W에 있는 점 중에서 가장 가까운 점, 즉 y의 W 위로의 정사영 $\hat{y}$까지의 거리이다. 생성된 벡터공간에 대한 정사영벡터 P는 $P=A(A^TA)^{-1}A^TB$이므로

$A=\begin{bmatrix} 1 & 1 \\ 1 & 0 \\ 1 & 1 \end{bmatrix}$에서 $A^TA=\begin{bmatrix} 1 & 1 & 1 \\ 1 & 0 & 1 \end{bmatrix}\begin{bmatrix} 1 & 1 \\ 1 & 0 \\ 1 & 1 \end{bmatrix}=\begin{bmatrix} 3 & 2 \\ 2 & 2 \end{bmatrix}$이고

$(A^TA)^{-1}=\frac{1}{2}\begin{bmatrix} 2 & -2 \\ -2 & 3 \end{bmatrix}$이다. 이때,

$A^TB=\begin{bmatrix} 1 & 1 & 1 \\ 1 & 0 & 1 \end{bmatrix}\begin{bmatrix} 1 \\ 2 \\ 3 \end{bmatrix}=\begin{bmatrix} 6 \\ 4 \end{bmatrix}$이므로

$X=\frac{1}{2}\begin{bmatrix} 2 & -2 \\ -2 & 3 \end{bmatrix}\begin{bmatrix} 6 \\ 4 \end{bmatrix}=\begin{bmatrix} 2 \\ 0 \end{bmatrix}$이다.

따라서 정사영 $\hat{y}=\begin{bmatrix} 1 & 1 \\ 1 & 0 \\ 1 & 1 \end{bmatrix}\begin{bmatrix} 2 \\ 0 \end{bmatrix}=\begin{bmatrix} 2 \\ 2 \\ 2 \end{bmatrix}$이므로

벡터 y로부터 W까지의 최단거리는

$$\sqrt{(1-2)^2+(2-2)^2+(3-2)^2}=\sqrt{2}$$

| 다른 풀이 |

두 벡터 $(1, 1, 1)$, $(1, 0, 1)$에 의해 생성되는 부분공간은 원점을 포함하는 평면이므로 법선벡터는

$\begin{vmatrix} i & j & k \\ 1 & 1 & 1 \\ 1 & 0 & 1 \end{vmatrix}=(1, 0, -1)$이고 평면의 방정식은

$(x-1)-(z-1)=0$에서 $x-z=0$이다.

이 평면과 점 $(1, 2, 3)$사이의 거리는

$\frac{|1\times1+0\times2+(-1)\times3+0|}{\sqrt{1^2+(-1)^2}}=\frac{|-2|}{\sqrt{2}}=\sqrt{2}$이다.

07

정답 $y=\frac{2}{3}+\frac{1}{6}x$

직선 $y=a+bx$가 주어진 네 점 (x_1, y_1), (x_2, y_2), (x_3, y_3), (x_4, y_4)를 지난다고 가정하면 다음 선형계가 성립한다.

$$\begin{cases} y_1=a+bx_1 \\ y_2=a+bx_2 \\ y_3=a+bx_3 \\ y_4=a+bx_4 \end{cases} \Rightarrow \begin{bmatrix} 1 & x_1 \\ 1 & x_2 \\ 1 & x_3 \\ 1 & x_4 \end{bmatrix}\begin{bmatrix} a \\ b \end{bmatrix}=\begin{bmatrix} y_1 \\ y_2 \\ y_3 \\ y_4 \end{bmatrix}$$

이 선형계의 최소제곱해가 직선의 계수가 된다. 따라서

$$\begin{bmatrix} 1 & 0 \\ 1 & 2 \\ 1 & 3 \\ 1 & 3 \end{bmatrix}\begin{bmatrix} a \\ b \end{bmatrix}=\begin{bmatrix} 1 \\ 0 \\ 1 \\ 2 \end{bmatrix}$$

정규방정식을 만들면

$$\begin{bmatrix} 1 & 1 & 1 & 1 \\ 0 & 2 & 3 & 3 \end{bmatrix}\begin{bmatrix} 1 & 0 \\ 1 & 2 \\ 1 & 3 \\ 1 & 3 \end{bmatrix}\begin{bmatrix} a \\ b \end{bmatrix}=\begin{bmatrix} 1 & 1 & 1 & 1 \\ 0 & 2 & 3 & 3 \end{bmatrix}\begin{bmatrix} 1 \\ 0 \\ 1 \\ 2 \end{bmatrix}$$

$$\Rightarrow \begin{bmatrix} 4 & 8 \\ 8 & 22 \end{bmatrix}\begin{bmatrix} a \\ b \end{bmatrix}=\begin{bmatrix} 4 \\ 9 \end{bmatrix}$$

$$\therefore a=\frac{2}{3},\ b=\frac{1}{6} \quad \therefore y=\frac{2}{3}+\frac{1}{6}x$$

참고 정규방정식의 행렬이 2×2인 경우 다음과 같이 구할 수도 있다.

$$\begin{bmatrix} n & \sum_{i=1}^{4}x_i \\ \sum_{i=1}^{4}x_i & \sum_{i=1}^{4}{x_i}^2 \end{bmatrix}\begin{bmatrix} a \\ b \end{bmatrix}=\begin{bmatrix} \sum_{i=1}^{4}y_i \\ \sum_{i=1}^{4}{y_i}^2 \end{bmatrix}$$

08

정답 ⑤

$y_i=mx_i+b \Leftrightarrow \begin{bmatrix} 1 & 1 \\ 2 & 1 \\ 3 & 1 \\ 4 & 1 \end{bmatrix}\begin{bmatrix} m \\ b \end{bmatrix}=\begin{bmatrix} 2 \\ 3 \\ 6 \\ 7 \end{bmatrix} \Leftrightarrow Ax=b$의 관계를 만족해야 한다.

최소제곱해를 이용하여 $x=\begin{bmatrix} m \\ b \end{bmatrix}$를 구하자.

$$x=\begin{bmatrix} m \\ b \end{bmatrix}=(A^tA)^{-1}A^tb$$
$$=\begin{bmatrix} 30 & 10 \\ 10 & 4 \end{bmatrix}^{-1}\begin{bmatrix} 54 \\ 18 \end{bmatrix}$$
$$=\frac{1}{20}\begin{bmatrix} 4 & -10 \\ -10 & 30 \end{bmatrix}\begin{bmatrix} 54 \\ 18 \end{bmatrix}$$
$$=\frac{9}{5}\begin{bmatrix} 2 & -5 \\ -5 & 15 \end{bmatrix}\begin{bmatrix} 3 \\ 1 \end{bmatrix}=\frac{9}{5}\begin{bmatrix} 1 \\ 0 \end{bmatrix}$$

이므로 $m=\frac{9}{5}$, $b=0$이다. 그러므로 $m+b=\frac{9}{5}$이다.

09

정답 $y=1-\frac{11}{6}x+\frac{2}{3}x^2$

정규방정식은 다음과 같다.

$$\begin{bmatrix} n & \sum_{i=1}^{4} x_i & \sum_{i=1}^{4} {x_i}^2 \\ \sum_{i=1}^{4} x_i & \sum_{i=1}^{4} {x_i}^2 & \sum_{i=1}^{4} {x_i}^3 \\ \sum_{i=1}^{4} {x_i}^2 & \sum_{i=1}^{4} x_i^3 & \sum_{i=1}^{4} {x_i}^4 \end{bmatrix} \begin{bmatrix} a \\ b \\ c \end{bmatrix} = \begin{bmatrix} \sum_{i=1}^{4} y_i \\ \sum_{i=1}^{4} x_i y_i \\ \sum_{i=1}^{4} {x_i}^2 y_i \end{bmatrix}$$

$$\Rightarrow \begin{bmatrix} 4 & 8 & 22 \\ 8 & 22 & 62 \\ 22 & 62 & 178 \end{bmatrix} \begin{bmatrix} a \\ b \\ c \end{bmatrix} = \begin{bmatrix} 4 \\ 9 \\ 27 \end{bmatrix}$$

첨가행렬을 사용하여 해를 구하면

$$\left[\begin{array}{ccc|c} 4 & 8 & 22 & 4 \\ 8 & 22 & 62 & 9 \\ 22 & 62 & 178 & 27 \end{array}\right] \sim \left[\begin{array}{ccc|c} 1 & 0 & 0 & 1 \\ 0 & 1 & 0 & -\frac{11}{6} \\ 0 & 0 & 1 & \frac{2}{3} \end{array}\right]$$

$\therefore a=1,\ b=-\frac{11}{6},\ c=\frac{2}{3}$

$\therefore y=1-\frac{11}{6}x+\frac{2}{3}x^2$

Topic 52 이차형식

01

정답 풀이 참조

(1) $[x \ \ y]\begin{bmatrix} 2 & 0 \\ 0 & 1 \end{bmatrix}\begin{bmatrix} x \\ y \end{bmatrix}$

(2) $[x \ \ y]\begin{bmatrix} 5 & 0 \\ 0 & -3 \end{bmatrix}\begin{bmatrix} x \\ y \end{bmatrix}$

(3) $[x \ \ y]\begin{bmatrix} 3 & 1 \\ 1 & 0 \end{bmatrix}\begin{bmatrix} x \\ y \end{bmatrix}$

(4) $[x \ \ y]\begin{bmatrix} 0 & -\frac{7}{2} \\ -\frac{7}{2} & 0 \end{bmatrix}\begin{bmatrix} x \\ y \end{bmatrix}$

(5) $[x \ \ y]\begin{bmatrix} 4 & -3 \\ -3 & -9 \end{bmatrix}\begin{bmatrix} x \\ y \end{bmatrix}$

02

정답 풀이 참조

(1) $[x \ \ y \ \ z]\begin{bmatrix} 9 & 3 & -4 \\ 3 & -1 & \frac{1}{2} \\ -4 & \frac{1}{2} & 4 \end{bmatrix}\begin{bmatrix} x \\ y \\ z \end{bmatrix}$

(2) $[x \ \ y \ \ z]\begin{bmatrix} 1 & -2 & 4 \\ -2 & 1 & 0 \\ 4 & 0 & -3 \end{bmatrix}\begin{bmatrix} x \\ y \\ z \end{bmatrix}$

03

정답 풀이 참조

(1) $2x^2+5y^2-6xy$

(2) $-2x^2+3z^2+5xy+12yz+2zx$

04

정답 풀이 참조

$(x+2y+3z)^2=x^2+4y^2+9z^2+4xy+12yz+6zx$이므로

$[x \ \ y \ \ z]\begin{bmatrix} 1 & 2 & 3 \\ 2 & 4 & 6 \\ 3 & 6 & 9 \end{bmatrix}\begin{bmatrix} x \\ y \\ z \end{bmatrix}$

05

정답 풀이 참조

(1) $[x \ \ y]\begin{bmatrix} 3 & -2 \\ -2 & 3 \end{bmatrix}\begin{bmatrix} x \\ y \end{bmatrix}=3x^2+3x^2-4xy$

(2) $[x \ \ y \ \ z]\begin{bmatrix} 4 & 5 & -7 \\ 5 & -8 & -6 \\ -7 & -6 & 1 \end{bmatrix}\begin{bmatrix} x \\ y \\ z \end{bmatrix}$

$=4x^2-8y^2+z^2+10xy-12yz-14zx$

(3) $[x \ \ y \ \ z \ \ w]\begin{bmatrix} 2 & 4 & -1 & 5 \\ 4 & -7 & -6 & 8 \\ -1 & -6 & 3 & 9 \\ 5 & 8 & 9 & 1 \end{bmatrix}\begin{bmatrix} x \\ y \\ z \\ w \end{bmatrix}$

$=2x^2-7y^2+3z^2+w^2+8xy-2xz+10xw-12yz+16yw$
$+18zw$

06

정답 ④

대칭행렬 $A=\begin{pmatrix} a & b \\ b & c \end{pmatrix}$이고 특성다항식

$\lambda^2-(a+c)\lambda+ac-b^2=\lambda(\lambda-k)=\lambda^2-k\lambda$이므로 $k=a+c$이다.

Topic 53 이차형식을 수반한 문제들(1)

01

정답 풀이 참조

(1) 서로 다른 고윳값은 0, 2이고 각각의 고유벡터를 구하면

$\lambda=0$일 때, $\begin{bmatrix} 1 & 1 & 0 \\ 1 & 1 & 0 \\ 0 & 0 & 0 \end{bmatrix}\begin{bmatrix} x \\ y \\ z \end{bmatrix}=\begin{bmatrix} 0 \\ 0 \\ 0 \end{bmatrix}$에서

$\begin{bmatrix} x \\ y \\ z \end{bmatrix}=\begin{bmatrix} 1 \\ -1 \\ 0 \end{bmatrix}+t\begin{bmatrix} 0 \\ 0 \\ 1 \end{bmatrix}$이므로 $\begin{bmatrix} 1 \\ -1 \\ 0 \end{bmatrix}$, $\begin{bmatrix} 0 \\ 0 \\ 1 \end{bmatrix}$이다.

정규화하면

$\left(\frac{1}{\sqrt{2}}, -\frac{1}{\sqrt{2}}, 0\right)$, $(0, 0, 1)$이고

그램-슈미트 직교화 과정을 적용하면

$v_1=u_1=\left(\frac{1}{\sqrt{2}}, -\frac{1}{\sqrt{2}}, 0\right)$

$v_2=u_2-\frac{< u_2, v_1 >}{\|v_1\|^2}v_1=(0, 0, 1)-(0, 0, 0)=(0, 0, 1)$이다.

$\lambda=2$일 때, $\begin{bmatrix} -1 & 1 & 0 \\ 1 & -1 & 0 \\ 0 & 0 & -2 \end{bmatrix}\begin{bmatrix} x \\ y \\ z \end{bmatrix}=\begin{bmatrix} 0 \\ 0 \\ 0 \end{bmatrix}$에서

$x-y=0,\ z=0$이므로 $\begin{bmatrix} 1 \\ 1 \\ 0 \end{bmatrix}$이고 정규화하면

$\left(\frac{1}{\sqrt{2}}, \frac{1}{\sqrt{2}}, 0\right)$이다. 따라서

$$P=\begin{bmatrix}\frac{1}{\sqrt{2}} & 0 & \frac{1}{\sqrt{2}}\\ -\frac{1}{\sqrt{2}} & 0 & \frac{1}{\sqrt{2}}\\ 0 & 1 & 0\end{bmatrix},\ P^{-1}=\begin{bmatrix}\frac{1}{\sqrt{2}} & -\frac{1}{\sqrt{2}} & 0\\ 0 & 0 & 1\\ \frac{1}{\sqrt{2}} & \frac{1}{\sqrt{2}} & 0\end{bmatrix}$$

이고

$$P^{-1}AP=\begin{bmatrix}\frac{1}{\sqrt{2}} & 0 & \frac{1}{\sqrt{2}}\\ -\frac{1}{\sqrt{2}} & 0 & \frac{1}{\sqrt{2}}\\ 0 & 1 & 0\end{bmatrix}\begin{bmatrix}1 & 1 & 0\\ 1 & 1 & 0\\ 0 & 0 & 0\end{bmatrix}\begin{bmatrix}\frac{1}{\sqrt{2}} & 0 & \frac{1}{\sqrt{2}}\\ -\frac{1}{\sqrt{2}} & 0 & \frac{1}{\sqrt{2}}\\ 0 & 1 & 0\end{bmatrix}$$

$$=\begin{bmatrix}0 & 0 & 0\\ 0 & 0 & 0\\ 0 & 0 & 2\end{bmatrix}\text{이다.}$$

(2) $\begin{vmatrix}1-\lambda & 0 & 1\\ 0 & 1-\lambda & 0\\ 1 & 0 & 1-\lambda\end{vmatrix}=-\lambda^3+3\lambda^2-2\lambda$

$=-\lambda(\lambda-1)(\lambda-2)=0$

에서 고윳값은 0, 1, 2이다.

$\lambda=0$일 때, 고유벡터는 $(1, 0, -1)\rightarrow\left(\frac{1}{\sqrt{2}}, 0, -\frac{1}{\sqrt{2}}\right)$

$\lambda=1$일 때, 고유벡터는 $(0, 1, 0)$,

$\lambda=2$일 때, 고유벡터는 $(1, 0, 1)\rightarrow\left(\frac{1}{\sqrt{2}}, 0, \frac{1}{\sqrt{2}}\right)$

따라서

$$P=\begin{bmatrix}\frac{1}{\sqrt{2}} & 0 & \frac{1}{\sqrt{2}}\\ 0 & 1 & 0\\ -\frac{1}{\sqrt{2}} & 0 & \frac{1}{\sqrt{2}}\end{bmatrix},\ P^{-1}=\begin{bmatrix}\frac{1}{\sqrt{2}} & 0 & -\frac{1}{\sqrt{2}}\\ 0 & 1 & 0\\ \frac{1}{\sqrt{2}} & 0 & \frac{1}{\sqrt{2}}\end{bmatrix}\text{이고}$$

$$P^{-1}AP=\begin{bmatrix}0 & 0 & 0\\ 0 & 1 & 0\\ 0 & 0 & 2\end{bmatrix}\text{이다.}$$

02

정답 풀이 참조

(1) $Q=\boldsymbol{x}^T A\boldsymbol{x}=\begin{bmatrix}x_1 & x_2\end{bmatrix}\begin{bmatrix}2 & -1\\ -1 & 2\end{bmatrix}\begin{bmatrix}x_1\\ x_2\end{bmatrix}$에서

$|\lambda I-A|=\begin{vmatrix}\lambda-2 & 1\\ 1 & \lambda-2\end{vmatrix}=\lambda^2-4\lambda+3=0$이므로 고윳값은 1, 3이다.

$\lambda=1$일 때, $\begin{bmatrix}-1 & 1\\ 1 & -1\end{bmatrix}\begin{bmatrix}x_1\\ x_2\end{bmatrix}=\begin{bmatrix}0\\ 0\end{bmatrix}$에서 고유벡터는 $(1, 1)$ 정규화하면 $\left(\frac{1}{\sqrt{2}}, \frac{1}{\sqrt{2}}\right)$

$\lambda=3$일 때, $\begin{bmatrix}1 & 1\\ 1 & 1\end{bmatrix}\begin{bmatrix}x_1\\ x_2\end{bmatrix}=\begin{bmatrix}0\\ 0\end{bmatrix}$에서 고유벡터는 $(1, -1)$,

정규화하면 $\left(\frac{1}{\sqrt{2}}, -\frac{1}{\sqrt{2}}\right)$이다. 따라서 직교변환 $\boldsymbol{x}=P\boldsymbol{y}$는

$$\begin{bmatrix}x_1\\ x_2\end{bmatrix}=\begin{bmatrix}\frac{1}{\sqrt{2}} & \frac{1}{\sqrt{2}}\\ \frac{1}{\sqrt{2}} & -\frac{1}{\sqrt{2}}\end{bmatrix}\begin{bmatrix}y_1\\ y_2\end{bmatrix}\text{이고}$$

$\boldsymbol{x}^T A\boldsymbol{x}=\boldsymbol{y}^T(P^TAP)\boldsymbol{y}=\begin{bmatrix}y_1 & y_2\end{bmatrix}\begin{bmatrix}1 & 0\\ 0 & 3\end{bmatrix}\begin{bmatrix}y_1\\ y_2\end{bmatrix}$,

$Q={y_1}^2+3{y_2}^2$이다.

(2) $A=\begin{bmatrix}5 & 2 & 0\\ 2 & 2 & 0\\ 0 & 0 & 4\end{bmatrix}$이므로

$\begin{vmatrix}5-\lambda & 2 & 0\\ 2 & 2-\lambda & 0\\ 0 & 0 & 4-\lambda\end{vmatrix}=(4-\lambda)\{(5-\lambda)(2-\lambda)-4\}$

$=(4-\lambda)(1-\lambda)(6-\lambda)=0$

에서 고윳값은 $\lambda=1, 4, 6$이다. 대응되는 고유벡터는 각각 $(1, -2, 0)$, $(0, 0, 1)$, $(2, 1, 0)$이고 정규화하면

$\left(\frac{1}{\sqrt{5}}, -\frac{2}{\sqrt{5}}, 0\right)$, $(0, 0, 1)$, $\left(\frac{2}{\sqrt{5}}, \frac{1}{\sqrt{5}}, 0\right)$이므로

$$\boldsymbol{x}=P\boldsymbol{y}\Rightarrow\boldsymbol{x}=\begin{bmatrix}\frac{1}{\sqrt{5}} & 0 & \frac{2}{\sqrt{5}}\\ -\frac{2}{\sqrt{5}} & 0 & \frac{1}{\sqrt{2}}\\ 0 & 1 & 0\end{bmatrix}\boldsymbol{y}\text{이고}$$

$\boldsymbol{x}^T A\boldsymbol{x}=\boldsymbol{y}^T(P^TAP)\boldsymbol{y}=\begin{bmatrix}y_1 & y_2 & y_3\end{bmatrix}\begin{bmatrix}1 & 0 & 0\\ 0 & 4 & 0\\ 0 & 0 & 6\end{bmatrix}\begin{bmatrix}y_1\\ y_2\\ y_3\end{bmatrix}$이므로

$Q={y_1}^2+4{y_2}^2+6{y_3}^2$이다.

(3) $A=\begin{bmatrix}3 & 2 & 0\\ 2 & 4 & -2\\ 0 & -2 & 5\end{bmatrix}$이므로

$\begin{vmatrix}3-\lambda & 2 & 0\\ 2 & 4-\lambda & -2\\ 0 & -2 & 5-\lambda\end{vmatrix}=(3-\lambda)\{(4-\lambda)(5-\lambda)-4\}$

$-2\{2(5-\lambda)\}$

$=-\lambda^3+12\lambda-39\lambda+28$

$=-(\lambda-1)(\lambda-4)(\lambda-7)=0$

에서 고윳값은 $\lambda=1, 4, 7$이다. 대응되는 고유벡터는 각각 $(2, -2, -1)$, $(2, 1, 2)$, $(1, 2, -2)$이고 정규화하면

$\left(\frac{2}{3}, -\frac{2}{3}, -\frac{1}{3}\right)$, $\left(\frac{2}{3}, \frac{1}{3}, \frac{2}{3}\right)$, $\left(\frac{1}{3}, \frac{2}{3}, -\frac{2}{3}\right)$이므로

$$\boldsymbol{x}=P\boldsymbol{y}\Rightarrow\boldsymbol{x}=\begin{bmatrix}\frac{2}{3} & \frac{2}{3} & \frac{1}{3}\\ -\frac{2}{3} & \frac{1}{3} & \frac{2}{3}\\ -\frac{1}{3} & \frac{2}{3} & -\frac{2}{3}\end{bmatrix}\boldsymbol{y}\text{이고}$$

$Q={y_1}^2+4{y_2}^2+7{y_3}^2$이다.

(4) $A=\begin{bmatrix}2 & 2 & -2\\ 2 & 5 & -4\\ -2 & -4 & 5\end{bmatrix}$이므로

$\begin{vmatrix}2-\lambda & 2 & -2\\ 2 & 5-\lambda & -4\\ -2 & -4 & 5-\lambda\end{vmatrix}=-\lambda^3+12\lambda^2-21\lambda+10$

$=-(\lambda-1)^2(\lambda-10)=0$

에서 고윳값은 $\lambda=1, 1, 10$이고 대응되는 고윳값은 각각 $(2, -1, 0)$, $(2, 0, 1)$,$(1, 2, -2)$이다. 정규화하면

$\left(\frac{2}{\sqrt{5}}, -\frac{1}{\sqrt{5}}, 0\right)$, $\left(\frac{2}{\sqrt{5}}, 0, \frac{1}{\sqrt{5}}\right)$, $\left(\frac{1}{3}, \frac{2}{3}, -\frac{2}{3}\right)$이므로

$$\boldsymbol{x}=P\boldsymbol{y}\Rightarrow\boldsymbol{x}=\begin{bmatrix}\frac{2}{\sqrt{5}} & \frac{2}{\sqrt{5}} & \frac{1}{3}\\ -\frac{1}{\sqrt{5}} & 0 & \frac{2}{3}\\ 0 & \frac{1}{\sqrt{5}} & -\frac{2}{3}\end{bmatrix}\boldsymbol{y}\text{이고}$$

$Q={y_1}^2+{y_2}^2+10{y_3}^2$이다.

03

정답 ①

$2xy+2xz=[x,y,z]\begin{bmatrix}0&1&1\\1&0&0\\1&0&0\end{bmatrix}\begin{bmatrix}x\\y\\z\end{bmatrix}$으로 표현할 수 있다.

또한 행렬 $A=\begin{bmatrix}0&1&1\\1&0&0\\1&0&0\end{bmatrix}$의 고유치를 구하면

$\begin{vmatrix}-\lambda&1&1\\1&-\lambda&0\\1&0&-\lambda\end{vmatrix}=-\lambda^3+2\lambda=0$이므로 $\lambda=0,\ \pm\sqrt{2}$이다.

또한 주축정리를 이용하면 교차항을 소거한 꼴은 $aX^2+bY^2+cZ^2$ (단, a, b, c는 행렬 A의 고유치) 이므로

$2xy+2xz=0{t_1}^2+\sqrt{2}{t_2}^2-\sqrt{2}{t_3}^2$이다.

04

정답 풀이 참조

(1) $A=\begin{bmatrix}2&-1\\-1&2\end{bmatrix}$이므로

$\begin{vmatrix}2-\lambda&-1\\-1&2-\lambda\end{vmatrix}=(\lambda-1)(\lambda-3)=0$에서 고윳값은 $\lambda=1, 3$이다.

대응되는 고유벡터는

$\lambda=1$일 때 $(1, 1)$, $\lambda=3$일 때 $(-1, 1)$이므로 정규화하면

$\left(\frac{1}{\sqrt{2}}, \frac{1}{\sqrt{2}}\right)$, $\left(-\frac{1}{\sqrt{2}}, \frac{1}{\sqrt{2}}\right)$이다.

변환된 좌표계에서의 방정식은

$[x\ \ y]\begin{bmatrix}1&0\\0&3\end{bmatrix}\begin{bmatrix}x\\y\end{bmatrix}=x^2+3y^2=4$이고 이 원뿔곡선은 타원이다.

이때 좌표축이 회전한 각 θ는

$P=\begin{bmatrix}\frac{1}{\sqrt{2}}&-\frac{1}{\sqrt{2}}\\\frac{1}{\sqrt{2}}&\frac{1}{\sqrt{2}}\end{bmatrix}=\begin{bmatrix}\cos\theta&-\sin\theta\\\sin\theta&\cos\theta\end{bmatrix}$에서 $\theta=\frac{\pi}{4}$이다.

(2) $A=\begin{bmatrix}2&-2\\-2&-1\end{bmatrix}$이므로

$\begin{vmatrix}2-\lambda&-2\\-2&-1-\lambda\end{vmatrix}=\lambda^2-\lambda-6=0$에서 고윳값은 $\lambda=3, -2$이다.

대응되는 고유벡터를 구하면 각각 $(2, -1)$, $(1, 2)$이므로 정규화하면

$\left(\frac{2}{\sqrt{5}}, -\frac{1}{\sqrt{5}}\right)$, $\left(\frac{1}{\sqrt{5}}, \frac{2}{\sqrt{5}}\right)$이다.

변환된 좌표계에서의 방정식은 $3x^2-2y^2=-8$이고 이 원뿔곡선은 쌍곡선이다. 이때 좌표계가 회전한 각 θ는

$P=\begin{bmatrix}\frac{2}{\sqrt{5}}&\frac{1}{\sqrt{5}}\\-\frac{1}{\sqrt{5}}&\frac{2}{\sqrt{5}}\end{bmatrix}$에서 $\cos\theta=\frac{2}{\sqrt{5}}$, $\sin\theta=\frac{1}{\sqrt{5}}$이므로

$\tan\theta=\frac{1}{2}$이다. $\therefore \theta=\tan^{-1}\left(\frac{1}{2}\right)$

(3) $A=\begin{bmatrix}11&12\\12&4\end{bmatrix}$이므로

$\begin{vmatrix}11-\lambda&12\\12&4-\lambda\end{vmatrix}=\lambda^2-15\lambda-100=(\lambda+5)(\lambda-20)=0$에서 고윳값은 $\lambda=-5, 20$이다. 대응되는 고유벡터는 $\lambda=-5$일 때 $(3, -4)$, $\lambda=20$일 때 $(4, 3)$이므로 정규화하면

$\left(\frac{3}{5}, -\frac{4}{5}\right)$, $\left(\frac{4}{5}, \frac{3}{5}\right)$이다.

따라서 변환된 좌표계에서의 방정식은 $-5x^2+20y^2=15$ 즉 $x^2-4y^2=-3$이고 쌍곡선이다. 이때 좌표축이 회전한 각 θ는

$\cos\theta=\frac{3}{5}$, $\sin\theta=-\frac{4}{5}$이므로 $\tan\theta=-\frac{4}{3}$이다.

$\therefore \theta=\tan^{-1}\left(-\frac{4}{3}\right)$

05

정답 풀이 참조

xyz 좌표계의 z축을 중심으로 반시계방향으로 θ만큼 회전시킨 새로운 좌표계를 XYZ좌표계라 하면 이 변환은 원래의 기저 $B=\{u_1, u_2, u_3\}$에서 새로운 기저 $B'=\{u_1', u_2', u_3'\}$으로의 기저변환으로 볼 수 있다. 즉

$[u_1']_B^{B'}=\begin{bmatrix}\cos\theta\\\sin\theta\\0\end{bmatrix}$, $[u_2']_B^{B'}=\begin{bmatrix}-\sin\theta\\\cos\theta\\0\end{bmatrix}$, $[u_3']_B^{B'}=\begin{bmatrix}0\\0\\1\end{bmatrix}$에서

B'에서 B로의 추이행렬은 $P=\begin{bmatrix}\cos\theta&-\sin\theta&0\\\sin\theta&\cos\theta&0\\0&0&1\end{bmatrix}$이고 이 행렬은 직교행렬이므로 B에서 B'으로의 추이행렬은

$P^{-1}=\begin{bmatrix}\cos\theta&\sin\theta&0\\-\sin\theta&\cos\theta&0\\0&0&1\end{bmatrix}$이다. 따라서

$\begin{bmatrix}X\\Y\\Z\end{bmatrix}=P^{-1}\begin{bmatrix}x\\y\\z\end{bmatrix}$, $\begin{bmatrix}x\\y\\z\end{bmatrix}=P\begin{bmatrix}X\\Y\\Z\end{bmatrix}$이다.

(1) $\begin{bmatrix}\frac{1}{\sqrt{2}}&\frac{1}{\sqrt{2}}&0\\-\frac{1}{\sqrt{2}}&\frac{1}{\sqrt{2}}&0\\0&0&1\end{bmatrix}\begin{bmatrix}1\\-2\\3\end{bmatrix}=\begin{bmatrix}-\frac{1}{\sqrt{2}}\\-\frac{3}{\sqrt{2}}\\3\end{bmatrix}$

(2) $\begin{bmatrix}\frac{1}{\sqrt{2}}&-\frac{1}{\sqrt{2}}&0\\\frac{1}{\sqrt{2}}&\frac{1}{\sqrt{2}}&0\\0&0&1\end{bmatrix}\begin{bmatrix}2\\3\\-5\end{bmatrix}=\begin{bmatrix}-\frac{1}{\sqrt{2}}\\\frac{5}{\sqrt{2}}\\-5\end{bmatrix}$

06

정답 ①

대칭행렬 $A=\begin{pmatrix}0&1&1\\1&0&0\\1&0&0\end{pmatrix}$의 고유방정식은 $\lambda(\lambda+\sqrt{2})(\lambda-\sqrt{2})=0$이므로 고윳값은

$\sqrt{2}$, $-\sqrt{2}$, 0이다. 주축정리에 의해

$\sqrt{2}(x')^2-\sqrt{2}(y')^2=1 \Leftrightarrow (x')^2-(y')^2=\frac{1}{\sqrt{2}}$

이므로 주어진 이차곡면은 쌍곡선기둥이다.

07

정답 ③

$v^TAv=1 \Leftrightarrow (x\ \ y)\begin{pmatrix}3&1\\1&3\end{pmatrix}\begin{pmatrix}x\\y\end{pmatrix}=1$

$\Leftrightarrow 3x^2+2xy+3y^2=1$

이고 $\begin{vmatrix}3-\lambda&1\\1&3-\lambda\end{vmatrix}=\lambda^2-6\lambda+8=(\lambda-4)(\lambda-2)$

이므로 주축정리를 이용하면

$4x^2+2y^2=1 \Leftrightarrow \frac{x^2}{\left(\frac{1}{2}\right)^2}+\frac{y^2}{\left(\frac{1}{\sqrt{2}}\right)^2}=1$이다.

따라서 주어진 타원의 장축의 길이는 $\frac{1}{\sqrt{2}}\times 2=\sqrt{2}$, 단축의 길이는 $\frac{1}{2}\times 2=1$이다.

08

정답 ③

$A=\begin{bmatrix}2&2\\2&5\end{bmatrix}$로 놓으면

$\begin{vmatrix}2-\lambda & 2\\ 2 & 5-\lambda\end{vmatrix}=\lambda^2-7\lambda+6=0$에서 $\lambda=1, 6$이다.

$\lambda=1$일 때, $\begin{bmatrix}1&2\\2&4\end{bmatrix}\begin{bmatrix}x\\y\end{bmatrix}=\begin{bmatrix}0\\0\end{bmatrix}$에서 고유벡터는 $\begin{bmatrix}2\\-1\end{bmatrix}$,

$\lambda=6$일 때, $\begin{bmatrix}-4&2\\2&-1\end{bmatrix}\begin{bmatrix}x\\y\end{bmatrix}=\begin{bmatrix}0\\0\end{bmatrix}$에서 고유벡터는 $\begin{bmatrix}1\\2\end{bmatrix}$이다.

각 고유벡터를 정규화하면

$\begin{bmatrix}\frac{2}{\sqrt{5}}\\-\frac{1}{\sqrt{5}}\end{bmatrix}$, $\begin{bmatrix}\frac{1}{\sqrt{5}}\\\frac{2}{\sqrt{5}}\end{bmatrix}$이므로 $P=\begin{bmatrix}\frac{2}{\sqrt{5}}&\frac{1}{\sqrt{5}}\\-\frac{1}{\sqrt{5}}&\frac{2}{\sqrt{5}}\end{bmatrix}$로 놓으면

$\begin{bmatrix}2&2\\2&5\end{bmatrix}=\begin{bmatrix}\frac{2}{\sqrt{5}}&\frac{1}{\sqrt{5}}\\-\frac{1}{\sqrt{5}}&\frac{2}{\sqrt{5}}\end{bmatrix}\begin{bmatrix}1&0\\0&6\end{bmatrix}\begin{bmatrix}\frac{2}{\sqrt{5}}&-\frac{1}{\sqrt{5}}\\\frac{1}{\sqrt{5}}&\frac{2}{\sqrt{5}}\end{bmatrix}$가 성립한다.

09

정답 ①

$2x^2+2xy+2y^2=(x\ \ y)\begin{pmatrix}2&1\\1&2\end{pmatrix}\begin{pmatrix}x\\y\end{pmatrix}=v^tAv$ 라 하면,

행렬 A의 고윳값은 1, 3이고 이에 대응하는 고유벡터는

$\begin{pmatrix}\frac{1}{\sqrt{2}}\\-\frac{1}{\sqrt{2}}\end{pmatrix}$, $\begin{pmatrix}\frac{1}{\sqrt{2}}\\\frac{1}{\sqrt{2}}\end{pmatrix}$이다.

이 때, 고유벡터로 이루어진 행렬 $P=\begin{pmatrix}\frac{1}{\sqrt{2}}&\frac{1}{\sqrt{2}}\\-\frac{1}{\sqrt{2}}&\frac{1}{\sqrt{2}}\end{pmatrix}$,

대각행렬 $D=\begin{pmatrix}1&0\\0&3\end{pmatrix}$에 대해 이차형식 $q(x,y)$ 의 직교대각화는

$q(x,y)=v^tAv=v^t(PDP^{-1})v=(v^tP)D(P^{-1}v)$

$=(X\ Y)\begin{pmatrix}1&0\\0&3\end{pmatrix}\begin{pmatrix}X\\Y\end{pmatrix}=X^2+3Y^2$ 이다. 따라서,

$v^tP=(X\ Y)$

$\Leftrightarrow (x\ y)\begin{pmatrix}\frac{1}{\sqrt{2}}&\frac{1}{\sqrt{2}}\\-\frac{1}{\sqrt{2}}&\frac{1}{\sqrt{2}}\end{pmatrix}=(X\ Y)$

$\Leftrightarrow \begin{cases}X=\frac{1}{\sqrt{2}}x-\frac{1}{\sqrt{2}}y\\ Y=\frac{1}{\sqrt{2}}x+\frac{1}{\sqrt{2}}y\end{cases}$ 이다.

$\therefore\ l=\frac{1}{\sqrt{2}},\ m=-\frac{1}{\sqrt{2}}$

10

정답 7

이차형식 $q(x, y)=3x^2+2xy-y^2$이라 하면

$q(x, y)=\boldsymbol{x}^TA\boldsymbol{x}$이고 $\boldsymbol{x}=P\boldsymbol{y}$이다.

$\begin{bmatrix}x\\y\end{bmatrix}=\begin{bmatrix}1&-3\\2&1\end{bmatrix}\begin{bmatrix}s\\t\end{bmatrix}$에서 $P=\begin{bmatrix}1&-3\\2&1\end{bmatrix}$이고

$\boldsymbol{x}^TA\boldsymbol{x}=\boldsymbol{y}^TP^TAP\boldsymbol{y}$이므로

$[s\ \ t]\begin{bmatrix}1&2\\-3&1\end{bmatrix}\begin{bmatrix}3&1\\1&-1\end{bmatrix}\begin{bmatrix}1&-3\\2&1\end{bmatrix}\begin{bmatrix}s\\t\end{bmatrix}$

$\Rightarrow [s\ \ t]\begin{bmatrix}3&-16\\-16&20\end{bmatrix}\begin{bmatrix}s\\t\end{bmatrix}$

이다. 따라서 $a+b+c=3-16+20=7$이다.

11

정답 풀이 참조

y축을 중심으로 회전시켰을 때,

$X=x\cos\theta-z\sin\theta,\ Y=y,\ Z=x\sin\theta+z\cos\theta$이므로

$[T]_B^{B'}=\begin{bmatrix}\cos\theta&0&-\sin\theta\\0&1&0\\\sin\theta&0&\cos\theta\end{bmatrix}$, $[T]_{B'}^{B}=\begin{bmatrix}\cos\theta&0&\sin\theta\\0&1&0\\-\sin\theta&0&\cos\theta\end{bmatrix}$

x축을 중심으로 회전시켰을 때,

$X=x,\ Y=y\cos\theta+z\sin\theta,\ Z=-y\sin\theta+z\cos\theta$이므로

$[T]_B^{B'}=\begin{bmatrix}1&0&0\\0&\cos\theta&\sin\theta\\0&-\sin\theta&\cos\theta\end{bmatrix}$, $[T]_{B'}^{B}=\begin{bmatrix}1&0&0\\0&\cos\theta&-\sin\theta\\0&\sin\theta&\cos\theta\end{bmatrix}$

Topic 54 이차형식을 수반한 문제들(2)

01

정답 풀이 참조

(1) $7x^2-5y^2=\boldsymbol{x}^TA\boldsymbol{x}=[x\ \ y]\begin{bmatrix}7&0\\0&-5\end{bmatrix}\begin{bmatrix}x\\y\end{bmatrix}$이므로

대칭행렬 A의 고윳값은 7, -5이고 대응하는 고유벡터는 각각 $(1, 0), (0, 1)$이다. 따라서 $(\pm 1, 0)$일 때, 최댓값 7, $(0, \pm 1)$일 때, 최솟값 -5를 갖는다.

(2) $xy=[x\ \ y]\begin{bmatrix}0&\frac{1}{2}\\\frac{1}{2}&0\end{bmatrix}\begin{bmatrix}x\\y\end{bmatrix}$이고 $\begin{vmatrix}\lambda&-\frac{1}{2}\\-\frac{1}{2}&\lambda\end{vmatrix}=\lambda^2-\frac{1}{4}=0$이므로 고윳값은 $-\frac{1}{2}, \frac{1}{2}$이다.

$\lambda=-\frac{1}{2}$일 때, $\begin{bmatrix}-\frac{1}{2}&-\frac{1}{2}\\-\frac{1}{2}&-\frac{1}{2}\end{bmatrix}\begin{bmatrix}x\\y\end{bmatrix}=\begin{bmatrix}0\\0\end{bmatrix}$이므로 고유벡터는 $(1, -1)$이고 정규화하면 $\left(\frac{1}{\sqrt{2}}, -\frac{1}{\sqrt{2}}\right)$

$\lambda=\frac{1}{2}$일 때, $\begin{bmatrix}\frac{1}{2}&-\frac{1}{2}\\-\frac{1}{2}&\frac{1}{2}\end{bmatrix}\begin{bmatrix}x\\y\end{bmatrix}=\begin{bmatrix}0\\0\end{bmatrix}$이므로 고유벡터는 $(1, 1)$이고 정규화 하면 $\left(\frac{1}{\sqrt{2}}, \frac{1}{\sqrt{2}}\right)$이다.

따라서 $\left(\pm\frac{1}{\sqrt{2}}, \pm\frac{1}{\sqrt{2}}\right)$일 때 최댓값 $\frac{1}{2}$, $\left(\pm\frac{1}{\sqrt{2}}, \mp\frac{1}{\sqrt{2}}\right)$일 때 최솟값 $-\frac{1}{2}$를 갖는다.

(3) $A=\begin{bmatrix}1&2\\2&1\end{bmatrix}$에서 $|\lambda I-A|=\begin{vmatrix}\lambda-1&-2\\-2&\lambda-1\end{vmatrix}=\lambda^2-2\lambda-3=0$

이므로 고윳값은 3, -1이고

$\lambda=3$일 때, $\begin{bmatrix}2 & -2\\ -2 & 2\end{bmatrix}\begin{bmatrix}x\\ y\end{bmatrix}=\begin{bmatrix}0\\ 0\end{bmatrix}$이므로 고유벡터는 $(1,1)$,

정규화하면 $\left(\frac{1}{\sqrt{2}}, \frac{1}{\sqrt{2}}\right)$

$\lambda=-1$일 때, $\begin{bmatrix}-2 & -2\\ -2 & -2\end{bmatrix}\begin{bmatrix}x\\ y\end{bmatrix}=\begin{bmatrix}0\\ 0\end{bmatrix}$이므로 고유벡터는 $(1,-1)$,

정규화하면 $\left(\frac{1}{\sqrt{2}}, -\frac{1}{\sqrt{2}}\right)$이다.

따라서 $\left(\pm\frac{1}{\sqrt{2}}, \pm\frac{1}{\sqrt{2}}\right)$에서 최댓값 3, $\left(\pm\frac{1}{\sqrt{2}}, \mp\frac{1}{\sqrt{2}}\right)$에서 최솟값 -1을 갖는다.

(4) $A=\begin{bmatrix}3 & 2\\ 2 & 0\end{bmatrix}$이므로 $|\lambda I-A|=\begin{vmatrix}\lambda-3 & -2\\ -2 & \lambda\end{vmatrix}=\lambda^2-3\lambda-4=0$

에서 고윳값은 4, -1이다.

$\lambda=4$일 때, $\begin{bmatrix}1 & -2\\ -2 & 4\end{bmatrix}\begin{bmatrix}x\\ y\end{bmatrix}=\begin{bmatrix}0\\ 0\end{bmatrix}$에서 고유벡터는 $(2,1)$,

정규화하면 $\left(\frac{2}{\sqrt{5}}, \frac{1}{\sqrt{5}}\right)$

$\lambda=-1$일 때, $\begin{bmatrix}-4 & -2\\ -2 & -1\end{bmatrix}\begin{bmatrix}x\\ y\end{bmatrix}=\begin{bmatrix}0\\ 0\end{bmatrix}$에서 고유벡터는 $(1,-2)$,

정규화하면 $\left(\frac{1}{\sqrt{5}}, -\frac{2}{\sqrt{5}}\right)$이다.

따라서, $\left(\pm\frac{2}{\sqrt{5}}, \pm\frac{1}{\sqrt{5}}\right)$에서 최댓값 4, $\left(\pm\frac{1}{\sqrt{5}}, \mp\frac{2}{\sqrt{5}}\right)$에서 최솟값 -1을 갖는다.

02

정답 풀이 참조

(1) $A=\begin{bmatrix}9 & 0 & 0\\ 0 & 4 & 0\\ 0 & 0 & 3\end{bmatrix}$이므로 고윳값은 $\lambda=9,4,3$이고 단위고유벡터는

각각 $(1,0,0)$, $(0,1,0)$, $(0,0,1)$이므로

$(\pm1,0,0)$에서 최댓값 9, $(0,0,\pm1)$에서 최솟값 3을 갖는다.

(2) $A=\begin{bmatrix}2 & 1 & 1\\ 1 & 1 & 0\\ 1 & 0 & 1\end{bmatrix}$에서

$$|\lambda I-A|=\begin{vmatrix}\lambda-2 & -1 & -1\\ -1 & \lambda-1 & 0\\ -1 & 0 & \lambda-1\end{vmatrix}$$

$$=-\begin{vmatrix}-1 & -1\\ \lambda-1 & 0\end{vmatrix}+(\lambda-1)\begin{vmatrix}\lambda-2 & -1\\ -1 & \lambda-1\end{vmatrix}$$

(3행에 대한 여인수 전개)

$$=-(\lambda-1)+(\lambda-1)\{(\lambda-2)(\lambda-1)-1\}$$
$$=(\lambda-1)\{-1+(\lambda-2)(\lambda-1)-1\}$$
$$=(\lambda-1)(\lambda^2-3\lambda)$$
$$=\lambda(\lambda-1)(\lambda-3)=0$$

이므로 고윳값은 0, 1, 3이다.

$\lambda=0$일 때, $\begin{bmatrix}-2 & -1 & -1\\ -1 & -1 & 0\\ -1 & 0 & -1\end{bmatrix}\begin{bmatrix}x\\ y\\ z\end{bmatrix}=\begin{bmatrix}0\\ 0\\ 0\end{bmatrix}$이므로

$-x-z=0$, $-x-y=0$, $-2x-y-z=0$에서 x를 자유변수 t로 놓으면 $z=-t$, $y=-t$이므로 고유벡터는 $(1,-1,-1)$, 정규화하면 $\left(\frac{1}{\sqrt{3}}, -\frac{1}{\sqrt{3}}, -\frac{1}{\sqrt{3}}\right)$

$\lambda=3$일 때, $\begin{bmatrix}1 & -1 & -1\\ -1 & 2 & 0\\ -1 & 0 & 2\end{bmatrix}\begin{bmatrix}x\\ y\\ z\end{bmatrix}=\begin{bmatrix}0\\ 0\\ 0\end{bmatrix}$이므로

$-x+2z=0$, $-x+2y=0$, $x-y-z=0$에서 x를 자유변수 t로 놓으면 $z=\frac{1}{2}t$, $y=\frac{1}{2}t$이므로 고유벡터는 $(2,1,1)$,

정규화하면 $\left(\frac{2}{\sqrt{6}}, \frac{1}{\sqrt{6}}, \frac{1}{\sqrt{6}}\right)$이다.

따라서 $\left(\pm\frac{2}{\sqrt{6}}, \pm\frac{1}{\sqrt{6}}, \pm\frac{1}{\sqrt{6}}\right)$일 때 최댓값 3, $\left(\pm\frac{1}{\sqrt{3}}, \mp\frac{1}{\sqrt{3}}, \mp\frac{1}{\sqrt{3}}\right)$에서 최솟값 0을 갖는다.

03

정답 (1), (2), (3), (4)

(1) 고윳값 $\lambda=1, 2>0$이므로 양정치이다.
(2) $|A_1|=1$, $|A_2|=5-4=1>0$이므로 양정치이다.
(3) $|A_1|=2$, $|A_2|=3$, $|A_3|=15$이므로 양정치이다.
(4) $|A_1|=3$, $|A_2|=5$, $|A_3|=12$이므로 양정치이다.

04

정답 ②

$4x^2+8y^2=16 \Rightarrow \left(\frac{x}{2}\right)^2+\left(\frac{y}{\sqrt{2}}\right)^2=1$에서

$X=\frac{x}{2}$, $Y=\frac{y}{\sqrt{2}}$로 놓으면

제약조건 $X^2+Y^2=1$ 하에서 $2\sqrt{2}XY$의 최대, 최소를 구하면 된다.

이차형식으로 나타내면

$[X\ \ Y]\begin{bmatrix}0 & \sqrt{2}\\ \sqrt{2} & 0\end{bmatrix}\begin{bmatrix}X\\ Y\end{bmatrix}$이므로 $\begin{vmatrix}-\lambda & \sqrt{2}\\ \sqrt{2} & -\lambda\end{vmatrix}=\lambda^2-2=0$

따라서 최댓값은 $\sqrt{2}$, 최솟값은 $-\sqrt{2}$이다

$\therefore |Mm|=2$

05

정답 최댓값 4, 최솟값 -1

A가 대칭행렬이고

$\frac{x^TAx}{x^Tx}=\frac{x^TAx}{\|x\|^2}=\frac{x^T}{\|x\|}A\frac{x}{\|x\|}$이므로

최댓값과 최솟값은 각각 고윳값의 최댓값과 최솟값이다.

$$\begin{vmatrix}2-\lambda & 1 & 1\\ 1 & 1-\lambda & 2\\ 1 & 2 & 1-\lambda\end{vmatrix}$$
$$=(2-\lambda)(1-\lambda)^2+2+2-\{(1-\lambda)+4(2-\lambda)+(1-\lambda)\}$$
$$=-\lambda^3+4\lambda^2+\lambda-4$$
$$=(1+\lambda)(1-\lambda)(\lambda-4)=0$$

에서 $\lambda=-1, 1, 4$이다. 따라서 최댓값은 4, 최솟값은 -1이다.

06

정답 ③

$\|Av\|=|\lambda|\,\|v\|=|\lambda|$

$A=\begin{bmatrix}3 & 2\\ 2 & 0\end{bmatrix} \Rightarrow |A-\lambda I|=0 \Rightarrow \lambda=-1, 4 \Rightarrow |\lambda|=1, 4$

$\therefore \frac{M}{m}=4$

실력 UP 단원 마무리

01

ㄴ. $<ku, v>=k^2u_1^{\ 2}v_1^{\ 2}+k^2u_2^{\ 2}v_2^{\ 2}+k^2u_3^{\ 2}v_3^{\ 2}$

$k<u, v>=k(u_1^{\ 2}v_1^{\ 2}+u_2^{\ 2}v_2^{\ 2}+u_3^{\ 2}v_3^{\ 2})$이므로

$<ku, v>\neq k<u, v>$이다.

ㄹ. $u=v=(0, 1, 0)$으로 놓으면

$<u, u>=-1<0$이다.

따라서 내적으로 정의할 수 없는 것은 ㄴ, ㄹ의 2개이다.

정답 ②

02

$A-B=\begin{bmatrix} 3 & 3 \\ -5 & -2 \end{bmatrix}$이므로

$<A-B, A-B>=tr\left(\begin{bmatrix} 3 & -5 \\ 3 & -2 \end{bmatrix}\begin{bmatrix} 3 & 3 \\ -5 & -2 \end{bmatrix}\right)$

$=tr\begin{bmatrix} 34 & 19 \\ 19 & 13 \end{bmatrix}=47$

이고 $d(A, B)=\sqrt{<A-B, A-B>}=\sqrt{47}$이다.

정답 ③

03

(i) 1과 $x+\alpha$가 서로 수직이면

$\langle 1, x+\alpha\rangle=\int_{-1}^{1}(x+\alpha)\,dx=2\alpha=0$이어야 하므로 $\alpha=0$이다.

(ii) x와 $x^2+\beta x+\gamma$가 서로 수직이면

$\langle x, x^2+\beta x+\gamma\rangle=\int_{-1}^{1}(x^3+\beta x^2+\gamma x)\,dx=\frac{2}{3}\beta=0$

이어야 하므로 $\beta=0$이다.

(iii) 1과 $x^2+\gamma$가 서로 수직이면

$\langle 1, x^2+\gamma\rangle=\int_{-1}^{1}(x^2+\gamma)\,dx=\frac{2}{3}+2\gamma=0$이어야 하므로

$\gamma=-\frac{1}{3}$이다.

(i)~(iii)에 의하여 $\alpha+\beta+\gamma=-\frac{1}{3}$이다.

정답 ③

04

$\|u-v\|=\sqrt{<u-v, u-v>}$

$=\sqrt{<u, u-v>-<v, u-v>}$

$=\sqrt{<u, u>-<u, v>-<v, u>+<v, v>}$

$=\sqrt{\|u\|^2-0-0+\|v\|^2}$ $(\because <u, v>=<v, u>=0)$

$=\sqrt{2}$

정답 ③

05

$u_1=(1, 1, 1, 1)$, $u_2=(1, 2, 2, 2)$, $u_3=(1, 2, 3, 3)$이라 두면

$v_1=u_1=(1, 1, 1, 1)$

$v_2=u_2-\frac{\langle u_2, v_1\rangle}{|v_1|^2}v_1$

$=(1, 2, 2, 2)-\frac{1+2+2+2}{4}(1, 1, 1, 1)$

$=\left(-\frac{3}{4}, \frac{1}{4}, \frac{1}{4}, \frac{1}{4}\right)//(-3, 1, 1, 1)$

$v_3=u_3-\frac{\langle u_3, v_1\rangle}{|v_1|^2}v_1-\frac{\langle u_3, v_2\rangle}{|v_2|^2}v_2$

$=(1, 2, 3, 3)-\frac{9}{4}(1, 1, 1, 1)$

$-\frac{\frac{-3+2+3+3}{4}}{\frac{3}{4}}\left(-\frac{3}{4}, \frac{1}{4}, \frac{1}{4}, \frac{1}{4}\right)$

$=(1, 2, 3, 3)-\frac{9}{4}(1, 1, 1, 1)-\frac{5}{3}\left(-\frac{3}{4}, \frac{1}{4}, \frac{1}{4}, \frac{1}{4}\right)$

$=\left(\frac{12-27+15}{12}, \frac{24-27-5}{12}, \frac{36-27-5}{12}, \frac{36-27-5}{12}\right)$

$=\left(0, -\frac{2}{3}, \frac{1}{3}, \frac{1}{3}\right)//(0, -2, 1, 1)$

이므로 직교기저로 가능한 것은

$\{(1, 1, 1, 1), (-3, 1, 1, 1), (0, -2, 1, 1)\}$이다.

정답 ①

06

$W=\{v\in V\,|\,3v=0\}=\{v\in V\,|\,v=0\}$이므로 W는 영벡터로 구성된 V의 부분공간이다.

따라서 차원정리에 의해 W의 차원은 0이다.

또한 부분공간의 정의와 차원 정리에 의해 나머지는 모두 옳다.

정답 ②

07

W의 한 기저 v와 w를 그램-슈미트과정으로 직교기저 v, v_1으로 나타내면,

$v=(1, 1, 1, 1, 1)$,

$v_1=w-porj_v w=(-2, -1, 0, 2, 3)-\frac{2}{5}(1, 1, 1, 1, 1)$

$=\frac{1}{5}(-12, -7, -2, 8, 13)$

$//(-12, -7, -2, 8, 13)=v_2$

이 때, 직교기저 v, v_2로 생성된 공간 W로의 정사영은 다음과 같다.

$P_W(u)=P_v(u)+P_{v_1}(u)$

$=\frac{9}{5}(1, 1, 1, 1, 1)+\frac{-1}{10}(-12, -7, -2, 8, 13)$

$=\left(3, \frac{5}{2}, 2, 1, \frac{1}{2}\right)$

$\therefore\ (u_1, u_2, u_3, u_4, u_5)=\left(3, \frac{5}{2}, 2, 1, \frac{1}{2}\right)$

$\therefore\ 2(u_1^{\ 2}+u_2^{\ 2}+u_3^{\ 2}+u_4^{\ 2}+u_5^{\ 2})=41$

정답 41

08

$2x_1-x_3+x_4=0 \Leftrightarrow (2\ \ 0\ \ -1\ \ 1)\begin{pmatrix} x_1 \\ x_2 \\ x_3 \\ x_4 \end{pmatrix}=0$이므로

$(A$의 해공간$)^{\perp}=(A$의 행공간$)=(2, 0, -1, 1)$이다.

따라서 점 $(1, 1, 1, 1)$의 W로의 직교사영은

$(1, 1, 1, 1) - proj_{(2, 0, -1, 1)}(1, 1, 1, 1)$
$= (1, 1, 1, 1) - \frac{2}{4+1+1}(2, 0, -1, 1)$
$= \frac{1}{3}\{(3, 3, 3, 3) - (2, 0, -1, 1)\}$
$= \frac{1}{3}(1, 3, 4, 2)$
이다.

정답 ⑤

09

$A^TA = \begin{bmatrix} 1 & 1 & 2 \\ 2 & 1 & 3 \end{bmatrix}\begin{bmatrix} 1 & 2 \\ 1 & 1 \\ 2 & 3 \end{bmatrix} = \begin{pmatrix} 6 & 9 \\ 9 & 14 \end{pmatrix}$,

$(A^TA)^{-1} = \begin{bmatrix} 6 & 9 \\ 9 & 14 \end{bmatrix}^{-1} = \frac{1}{3}\begin{bmatrix} 14 & -9 \\ -9 & 6 \end{bmatrix}$,

$A^TB = \begin{bmatrix} 1 & 1 & 2 \\ 2 & 1 & 3 \end{bmatrix}\begin{bmatrix} 3 \\ 1 \\ 3 \end{bmatrix} = \begin{bmatrix} 10 \\ 16 \end{bmatrix}$

이므로 최소제곱 해 $\overline{X}$ 는

$\overline{X} = \begin{bmatrix} \overline{x_1} \\ \overline{x_2} \end{bmatrix} = (A^TA)^{-1}A^TB = \frac{1}{3}\begin{bmatrix} 14 & -9 \\ -9 & 6 \end{bmatrix}\begin{bmatrix} 10 \\ 16 \end{bmatrix}$

$= \frac{1}{3}\begin{bmatrix} -4 \\ 6 \end{bmatrix} = \begin{bmatrix} -4/3 \\ 2 \end{bmatrix}$

이다.

정답 $\begin{pmatrix} -\frac{4}{3} \\ 2 \end{pmatrix}$

10

$\begin{bmatrix} 1 & 1 \\ 1 & -1 \\ 2 & 1 \end{bmatrix}\begin{bmatrix} x \\ y \end{bmatrix} = \begin{bmatrix} 1 \\ 0 \\ 2 \end{bmatrix} \Rightarrow \begin{bmatrix} 1 & 1 & 2 \\ 1 & -1 & 1 \end{bmatrix}\begin{bmatrix} 1 & 1 \\ 1 & -1 \\ 2 & 1 \end{bmatrix}\begin{bmatrix} x^* \\ y^* \end{bmatrix} = \begin{bmatrix} 1 & 1 & 2 \\ 1 & -1 & 1 \end{bmatrix}\begin{bmatrix} 1 \\ 0 \\ 2 \end{bmatrix}$

$\Rightarrow \begin{bmatrix} 6 & 2 \\ 2 & 3 \end{bmatrix}\begin{bmatrix} x^* \\ y^* \end{bmatrix} = \begin{bmatrix} 5 \\ 3 \end{bmatrix}$

크래머의 법칙으로부터

$x^* = \frac{\begin{vmatrix} 5 & 2 \\ 3 & 3 \end{vmatrix}}{\begin{vmatrix} 6 & 2 \\ 2 & 3 \end{vmatrix}} = \frac{9}{14},\ y^* = \frac{\begin{vmatrix} 6 & 5 \\ 2 & 3 \end{vmatrix}}{\begin{vmatrix} 6 & 2 \\ 2 & 3 \end{vmatrix}} = \frac{4}{7}$

정답 ③

11

$\begin{cases} a+b = 1 \\ a+2b = 3 \\ a+3b = 4 \\ a+4b = 3 \end{cases} \Leftrightarrow a\begin{bmatrix} 1 \\ 1 \\ 1 \\ 1 \end{bmatrix} + b\begin{bmatrix} 1 \\ 2 \\ 3 \\ 4 \end{bmatrix} = \begin{bmatrix} 1 \\ 3 \\ 4 \\ 3 \end{bmatrix}$

$\vec{x} = \begin{bmatrix} 1 \\ 1 \\ 1 \\ 1 \end{bmatrix}, \vec{y} = \begin{bmatrix} 1 \\ 2 \\ 3 \\ 4 \end{bmatrix}, \vec{v} = \begin{bmatrix} 1 \\ 3 \\ 4 \\ 3 \end{bmatrix}$ 라고 하자.

$\begin{bmatrix} \vec{x}\cdot\vec{x} & \vec{x}\cdot\vec{y} \\ \vec{y}\cdot\vec{x} & \vec{y}\cdot\vec{y} \end{bmatrix}\begin{bmatrix} a \\ b \end{bmatrix} = \begin{bmatrix} \vec{x}\cdot\vec{v} \\ \vec{y}\cdot\vec{v} \end{bmatrix}$

$\Leftrightarrow \begin{bmatrix} 4 & 10 \\ 10 & 30 \end{bmatrix}\begin{bmatrix} a \\ b \end{bmatrix} = \begin{bmatrix} 11 \\ 31 \end{bmatrix}$

따라서 $a = 1$, $b = 0.7$ 이므로 $a+b = 1.7$ 이다.

12

$x^2 + 4xz + 2y^2 + z^2 = [x\ y\ z]\begin{bmatrix} 1 & 0 & 2 \\ 0 & 2 & 0 \\ 2 & 0 & 1 \end{bmatrix}\begin{bmatrix} x \\ y \\ z \end{bmatrix} = v^TAv$를

직교대각화 하면,

$a_1X^2 + a_2Y^2 + a_3Z^2 = [X\ Y\ Z]\begin{bmatrix} a_1 & 0 & 0 \\ 0 & a_2 & 0 \\ 0 & 0 & a_3 \end{bmatrix}\begin{bmatrix} X \\ Y \\ Z \end{bmatrix} = w^TDw$ 이다.

이 때, $w^TDw = w^TP^{-1}APw$ (단, P는 A의 고유벡터를 열로 갖는 직교행렬)이고 행렬 A의 고윳값은

$\begin{vmatrix} 1-\lambda & 0 & 2 \\ 0 & 2-\lambda & 0 \\ 2 & 0 & 1-\lambda \end{vmatrix} = (2-\lambda)(\lambda-3)(\lambda+1) = 0$ 에서

$\lambda = -1, 2, 3$ 이고 이 때, 고유벡터 v는

$v_1 = \begin{bmatrix} 1 \\ 0 \\ -1 \end{bmatrix},\ v_2 = \begin{bmatrix} 0 \\ 1 \\ 0 \end{bmatrix},\ v_3 = \begin{bmatrix} 1 \\ 0 \\ 1 \end{bmatrix}$ 이므로

$P = \begin{bmatrix} \frac{1}{\sqrt{2}} & 0 & \frac{1}{\sqrt{2}} \\ 0 & 1 & 0 \\ -\frac{1}{\sqrt{2}} & 0 & \frac{1}{\sqrt{2}} \end{bmatrix}$ 이다.

즉, $v^TAv \Rightarrow w^TP^{-1}APw$ 에서 $v = Pw$이다.

즉, $\begin{bmatrix} x \\ y \\ z \end{bmatrix} = \begin{bmatrix} \frac{1}{\sqrt{2}} & 0 & \frac{1}{\sqrt{2}} \\ 0 & 1 & 0 \\ -\frac{1}{\sqrt{2}} & 0 & \frac{1}{\sqrt{2}} \end{bmatrix}\begin{bmatrix} X \\ Y \\ X \end{bmatrix}$

$\Rightarrow \begin{bmatrix} X \\ Y \\ Z \end{bmatrix} = \begin{bmatrix} \frac{1}{\sqrt{2}} & 0 & -\frac{1}{\sqrt{2}} \\ 0 & 1 & 0 \\ \frac{1}{\sqrt{2}} & 0 & \frac{1}{\sqrt{2}} \end{bmatrix}\begin{bmatrix} x \\ y \\ z \end{bmatrix}$

$\therefore Z = \frac{1}{\sqrt{2}}x + \frac{1}{\sqrt{2}}z,\ \alpha+\beta+\gamma = \sqrt{2}$

정답 ③

13

$-2x_1^2 - x_2^2 + 4x_1x_2 + 4x_2x_3 = [\,x_1\ \ x_2\ \ x_3\,]\begin{bmatrix} -2 & 2 & 0 \\ 2 & -1 & 2 \\ 0 & 2 & 0 \end{bmatrix}\begin{bmatrix} x_1 \\ x_2 \\ x_3 \end{bmatrix}$ 이

므로 행렬 $\begin{bmatrix} -2 & 2 & 0 \\ 2 & -1 & 2 \\ 0 & 2 & 0 \end{bmatrix}$ 의 고유값을 구하여보자.

$\begin{vmatrix} -2-\lambda & 2 & 0 \\ 2 & -1-\lambda & 2 \\ 0 & 2 & -\lambda \end{vmatrix}$

$= (-2)\begin{vmatrix} -2-\lambda & 2 \\ 0 & 2 \end{vmatrix} + (-\lambda)\begin{vmatrix} -2-\lambda & 2 \\ 2 & -1-\lambda \end{vmatrix}$

$= (-2)(-4-2\lambda) - \lambda(\lambda^2+3\lambda-2)$

$= -\lambda^3 - 3\lambda^2 + 6\lambda + 8$

$= -(\lambda-2)(\lambda+1)(\lambda+4) = 0$

이므로 주어진 행렬의 고유치는 $\lambda = 2, -1, -4$이다.

그러므로 주어진 이차형식의 최댓값은 2이 된다.

이제 최댓값을 갖는 점을 구하여 보면

$\begin{bmatrix} -4 & 2 & 0 \\ 2 & -3 & 2 \\ 0 & 2 & -2 \end{bmatrix}\begin{bmatrix} x_1 \\ x_2 \\ x_3 \end{bmatrix} = \begin{bmatrix} 0 \\ 0 \\ 0 \end{bmatrix} \Leftrightarrow 2x_1 = x_2 = x_3$을 만족하며

$x_1^2 + {x_2}^2 + {x_3}^2 = 1$ 을 동시에 만족하여야 하므로 $\left(\frac{1}{3}, \frac{2}{3}, \frac{2}{3}\right)$가 된

다. 그러므로 $\left(\frac{1}{3}, \frac{2}{3}, \frac{2}{3}\right)$에서 최댓값 2를 갖는다.

정답 ①

14

$Ax = \begin{bmatrix} 4 & 0 & 1 \\ 0 & 3 & 0 \\ 1 & 0 & 4 \end{bmatrix} \begin{bmatrix} x_1 \\ x_2 \\ x_3 \end{bmatrix} = \begin{bmatrix} 4x_1 + x_3 \\ 3x_2 \\ x_1 + 4x_3 \end{bmatrix}$ 이므로

$$\begin{aligned} |Ax| &= \sqrt{(4x_1 + x_3)^2 + (3x_2)^2 + (x_1 + 4x_3)^2} \\ &= \sqrt{16x_1{}^2 + 8x_1x_3 + x_3{}^2 + 9x_2{}^2 + x_1{}^2 + 8x_1x_3 + 16x_3{}^2} \\ &= \sqrt{9(x_1{}^2 + x_2{}^2 + x_3{}^2) + 8x_1{}^2 + 8x_3{}^2 + 16x_1x_3} \\ &= \sqrt{36 + 8x_1{}^2 + 8x_3{}^2 + 16x_1x_3} \end{aligned}$$

이다.

$f(x_1, x_2, x_3) = 8x_1^2 + 8x_3{}^2 + 16x_1x_3$ 라고 할 때, $x_1{}^2 + x_2{}^2 + x_3{}^2 = 4$ 위에서 최댓값을 구하자.

$x_1 = 2u$, $x_2 = 2v$, $x_3 = 2w$로 치환하면

$u^2 + v^2 + w^2 = 1$이고 $f(u, v, w) = 32u^2 + 32w^2 + 64uw$ $= 32(u^2 + w^2 + 2uw)$이다.

이차형식을 이용하면 $u^2 + w^2 + 2uw = [\, u \ \ v \ \ w \,] \begin{bmatrix} 1 & 0 & 1 \\ 0 & 0 & 0 \\ 1 & 0 & 1 \end{bmatrix} \begin{bmatrix} u \\ v \\ w \end{bmatrix}$ 이고

$\begin{vmatrix} 1-\lambda & 0 & 1 \\ 0 & -\lambda & 0 \\ 1 & 0 & 1-\lambda \end{vmatrix} = -\lambda(\lambda^2 - 2\lambda) = \lambda^2(2-\lambda)$ 이므로 최댓값은 2, 최솟값은 0이이다.

따라서 $f(u, v, w) = 32u^2 + 32w^2 + 64uw$의 최댓값은 64이고 $|Ax|$의 최댓값은 $\sqrt{36 + 64} = 10$이다.

정답 ③

15

직사각형의 넓이를 z라 하면 $z = 4xy$이다.

$4x^2 + 9y^2 = 36 \Rightarrow \left(\frac{x}{3}\right)^2 + \left(\frac{y}{2}\right)^2 = 1$에서

$\frac{x}{3} = x'$, $\frac{y}{2} = y'$으로 놓으면 제약조건은

$(x')^2 + (y')^2 = 1$이 된다. 이차형식 $24x'y'$의 최댓값을 구하면

$\begin{bmatrix} 0 & 12 \\ 12 & 0 \end{bmatrix}$에서 $\begin{vmatrix} -\lambda & 12 \\ 12 & -\lambda \end{vmatrix} = \lambda^2 - 12^2 = 0$에서 최대 고윳값은 12이므로 z의 최댓값은 12이다.

고윳값 12에 대응하는 고유벡터는 $(1, 1)$이므로 정규화하면 $\left(\frac{1}{\sqrt{2}}, \frac{1}{\sqrt{2}}\right)$이다. 따라서 직사각형의 넓이를 최대가 되게 하는 음이 아닌 x, y의 값은 $x = \frac{1}{\sqrt{2}}$, $y = \frac{1}{\sqrt{2}}$ 이다.

정답 ②